高等学校计算机专业系列教材

深度学习理论与应用

蒙祖强 欧元汉 编著

清华大学出版社
北京

内容简介

本书基于 PyTorch 框架介绍深度学习的有关理论和应用，以 Python 为实现语言。全书共分 10 章，内容包括深度学习的概念和发展过程、感知器、全连接神经网络、卷积神经网络、若干经典 CNN 预训练模型及其迁移方法、深度卷积神经网络应用案例、循环神经网络、基于预训练模型的自然语言处理、面向模型解释的深度神经网络可视化方法、多模态学习与多模态数据分类等。

本书兼顾理论与应用、原理与方法，集系统性、实用性、便捷性于一体，易于入门，实例丰富，所有代码全部经过调试和运行。此外，每一章后面都配有适量的习题，供教学和学习参考使用。

本书可作为各类高等学校人工智能和计算机相关专业的"人工智能"或"机器学习"课程的教材，也可作为人工智能、深度学习爱好者和初学者的自学教材，以及从事人工智能课题研究和应用开发人员的参考用书。

图书在版编目(CIP)数据

深度学习理论与应用/蒙祖强，欧元汉编著. —北京：清华大学出版社，2023.7
高等学校计算机专业系列教材
ISBN 978-7-302-63508-6

Ⅰ. ①深… Ⅱ. ①蒙… ②欧… Ⅲ. ①机器学习－高等学校－教材 Ⅳ. ①TP181

中国国家版本馆 CIP 数据核字(2023)第 085357 号

责任编辑：龙启铭
封面设计：何凤霞
责任校对：胡伟民
责任印制：沈　露

出版发行：清华大学出版社
网　　址：http://www.tup.com.cn，http://www.wqbook.com
地　　址：北京清华大学学研大厦 A 座　　**邮　　编**：100084
社 总 机：010-83470000　　**邮　　购**：010-62786544
投稿与读者服务：010-62776969，c-service@tup.tsinghua.edu.cn
质量反馈：010-62772015，zhiliang@tup.tsinghua.edu.cn
课件下载：http://www.tup.com.cn，010-83470236
印 装 者：三河市龙大印装有限公司
经　　销：全国新华书店
开　　本：185mm×260mm　　**印　　张**：19.5　　**字　　数**：490 千字
版　　次：2023 年 7 月第 1 版　　**印　　次**：2023 年 7 月第 1 次印刷
定　　价：59.00 元

产品编号：099881-01

前言

2022年11月，OpenAI公司发布了ChatGPT。该产品在极短的时间内迅速受到了人们的空前关注，被认为是人工智能史上继AlphaGo战胜了李世石以来的又一个里程碑事件。这些事件掀起了一轮又一轮的人工智能研究风暴，使得“深度学习”“神经网络”“人工智能”等术语像流行歌词一样为世人所知晓。实际上，在此之前LannYeCun等于1998年提出了最早的卷积神经网络——LeNet，Hinton和他的学生Salakhutdinov于2006年提出深度学习的概念，Hinton的学生Krizhevsky Alex于2012年提出了LeNet的加宽版——AlexNet，这些标志着深度学习时代的来临。2014年GoogLeNet和VGG同时诞生，2015年残差神经网络ResNet诞生。围棋事件只不过是新一轮人工智能研究风暴的导火索，此后还出现了AlphaGo的升级版——AlphaGo Zero、预训练模型EfficientNet、刷新人们对深度神经网络认知的Transformer框架及基于此框架大型预训练模型BERT和GPT等，而ChatGPT的出现更是令人对人工智能拍案叫绝、赞不绝口。

与往次不同的是，本次人工智能革命不但有扎实的理论和技术为基础，在图像识别、语音处理、自然语言处理等领域中均获得了突破性进展，而且有强力的资本注入，有市场的需求，形成了科技、产业协同发展的新模式，更是国家战略（工业4.0——智能化）发展的需要，推动着人类进入了“AI＋”时代。因此，我们有理由相信，在可预见的未来，人工智能一直都是带动各行各业发展的重要引擎，是新一轮经济腾飞的发动机。人工智能及相关产业的从业者已是不计其数，将来也会创造更多的就业岗位。

在“AI＋”时代，作为当代的大学生，人工智能和计算机类专业等工科类学生，甚至文科类学生，都在学习人工智能和应用人工智能，都希望运用人工智能理论和技术解决各自领域中的科学问题、技术难题等。虽然现在学生学习深度学习的热情很高，但是编者注意到，要掌握能够学以致用的深度学习技术和方法并非易事。其原因主要在于：①虽然现在网络资料、文献书籍非常多，但其呈现的知识碎片化严重，学生往往容易迷失在这些浩如烟海知识海洋中，需要花费大量的时间才能整理出知识脉络，形成自己的知识结构，导致学习效率十分低下。②市场上关于深度学习的书籍虽然已经非常多了，但有的过于偏重理论，主要阐述深度学习的理论知识，只适合于有较好深度学习基础的读者，像学生这样的初学者，看了以后也不知道如何入手。有的书籍又过于偏重所谓的实践技能，它们往往罗列出一大堆代码，却不分析代码背后的基本原理和相关理论知识，使得学生为了学习深度学习而学习代码，不能举一反三，更不能学以致用,以至于最后还是"盲人摸象",收获甚微。③有很多学生是带着热情来学习深度学习的,但学习热情是相对的,需要有学习成功的喜悦来加持。而实际情况往往是,学生做了很多努力,却由于知识碎片化、缺少合适的书籍等因素不知从何入手,多次尝试也难以达到预期的目标,进而难以坚持学习,热情自然也就消退了,即使能够坚持下来,也难以达到学习深度学习的既定目标。

笔者长期从事人工智能和深度学习方面的教学和科研工作,也一直指导本科生和研究生从事这方面的课题研究,主要有两点体会比较深刻:①每次面对新一届的学生时,都需要从头给他们培训深度学习方法的理论知识和实践知识,以使得他们尽快进入研究课题的门槛,很耗费时间和精力。如果有一本兼顾理论与应用、综合原理与方法、适合初学者的深度学习书籍,那么这种培训工作就容易得多了,甚至让学生自己学习就可以了,从而省去了这个培训环节。②由于缺乏系统的学习资料,学生需要整理大量的笔记和资料,以形成自己的知识体系,结果导致学习效率低下,严重影响课题的研究进度。对研究生而言,由于上述原因,他们往往要利用一年左右的时间来系统地学习深度学习,这导致他们真正花在课题上的研究时间非常有限。对本科生而言,他们大多在大三或大四时开始接触和学习深度学习。也由于上述原因,加上考研、找工作等多种因素,他们根本没有较长时间来学习深度学习,因此在做课题研究时往往从网上下载一段代码来改一改,能够运行就可以,结果往往是"只知其然,而不知其所以然",而且学的内容很片面,其效果也就是"盲人摸象"。实际上,如果有一本合适的深度学习入门教材,本科生和研究生都可以用2~3个月的时间即可系统地学习深度学习的有关理论和应用知识,那么老师的指导和学生的学习都会变得相对容易,而且指导和学习的操作性和针对性都更强。

本书正是在考虑到上述三个原因和两点体会的基础上编写的。从案例收集、教学经验积累开始,到最后的撰写,大约经历了三年时间,本书终于和读者见面。本书的撰写不仅是深度学习知识的书面文字化,更是笔者多年从事人工智能和深度学习教研的心得体会与经验总结。本书共分为10章,第1章介绍深度学习的概念和发展过程,重点介绍张量的基本操作;第2章介绍神经网络的基本计算单元——感知器;第3章介绍全连接神经网络及梯度计算和参数优化的理论基础;第4章介绍卷积神经网络,涉及网络的主要操作和设计方法等;第5章介绍若干经典CNN预训练模型及其迁移方法;第6章介绍深度卷积神经网络的应用案例;第7章结合文本处理介绍循环神经网络;第8章介绍基于预训练模型的自然语言处理技术和方法;第9章介绍面向深度神经网络可解释性的可视化方法;第10章介绍多模态学习与多模态数据分类,这是人工智能比较前沿的领域。

本书的特点体现在四个方面:①坚持"一个中心,两个基本点"的基本原则。一个中心是指理论中心,即本书结合损失函数的设计,针对基本网络结构,详细介绍了基于梯度反向传播的参数训练理论和方法,而且内容由浅入深,通俗易懂,使读者不但知其然,而且知其所以然。一个基本点是针对图像处理,系统介绍卷积神经网络的理论和方法,包括优化和设计理论,基于PyTorch的开发方法,然后介绍卷积神经网络的若干经典预训练模型。另一个基本点是针对序列数据,尤其是文本数据,系统地介绍了循环神经网络的基本原理和使用方法,进而介绍了Transformer以及基于Transformer的预训练模型。②系统性和实用性。本书不但从"零"开始介绍了深度神经网络的设计方法,而且介绍了相应预训练模型的使用方法,内容全面,涉及深度学习各方面的知识。读者不但可以深入、系统地理解深度模型的基本原理，而且可以“站在巨人的肩膀上”，通过使用已有的预训练模型并通过微调来解决面临的复杂问题，达到学以致用的目的。③易于入门。本书虽然包含了许多理论知识，但主要是高等数学中的知识，这些知识在大一和大二一般都学习过，而且本书尽量用通俗的语言加以阐述，用小例子帮助具体化，所以相关理论非常容易入门。与此同时，在许多章节的开头，尽量用一个简单的例子来“开胃”，让读者对复杂的设计方法有一个初步的感知，然后据此扩展，介绍相关的理论和知识。所以，本书内容整体上由浅入深，通俗易懂，非常容易入门。不管是工科类还是非工科类学生，都可以利用本书快速入门，跨越各自专业课题研究所需的深度学习技术门槛，为专业课题的实质性研究提供支持。④便捷性。为了方便读者阅览和学习，本书中每个程序代码一般都尽可能地在一个 Python 文件中编写完成(即“一个程序一个 Python 文件”)，不涉及复杂的文档结构，以保证读者能够聚焦关键信息和掌握核心知识。同时，本书尽可能删除无关和不必要的代码，只保留与知识点密切相关的代码和维持程序运行的必要代码，保证每个程序代码都可以独立运行，同时提供相应的数据集。

总之，本书由浅入深、通俗易懂，具有较好的操作性，所有代码全部通过调试运行。本书兼顾理论与应用、原理与方法，内容涵盖深度学习的基础理论和主流方法，实例翔实，逻辑性强，结构清晰，条理清楚，重点突出。此外，每一章后面都配有适量的习题，供教学和学习参考使用。

本书可作为各类高等学校人工智能和计算机相近专业的深度学习、神经网络、机器学习、自然语言处理、图像处理、模式识别等人工智能课程及相关课程的教材，也可以作为人工智能、深度学习爱好者和初学者的自学教材，以及从事人工智能和深度学习应用开发的人员参考。本书提供的所有的源代码和本书案例中使用到的数据集，以及教学大纲和 PPT 课件等资源，都可以从清华大学出版社网站(http://www.tup.com.cn/)免费下载。读者如有问题或需要技术支持，联系 longqm@163.com。

全书由广西大学蒙祖强教授执笔，欧元汉副教授审阅了本书全稿，研究生潘秋宇、莫书渊、徐洋、梁羿、郑毅等为程序调试做了大量工作，研究生王新育、付闻达、陈舒静、陀海铭、张道胜、施子豪等为稿件的纠错提供了大量帮助。此外，参与本书编写、资料整理和调试程序的还有白琳、杨丽娜等老师。在此，对他们的贡献表示由衷的感谢！

感谢所有关心和支持本书编写和出版的人员，包括广西大学武新章教授、陈宁江教授，以及一些老师、研究生和技术人员，同时感谢清华大学出版社的领导和编辑，他们为本书的编写和出版提供了大量的指导。本书参考了相关文献和网络资源，在此，对这些资料的著作者表示衷心感谢。

编　者

2023 年 3 月

目 录

第 8 章 基于预训练模型的自然语言处理 /217

第 9 章 面向解释的深度神经网络可视化方法 /270

第1章 绪论与 PyTorch 基础

什么是深度学习？它与人工智能有什么关系？如何搭建深度学习编程环境？如何编写一个简单的深度学习程序？这些或许是一个深度学习初学者最为关心的问题。为此，本章由浅入深，先介绍人工智能和神经网络的发展过程，进而说明深度学习的起源和发展，接着介绍深度学习编程环境的搭建，并介绍如何开发一个“Hello World”的 PyTorch 程序，然后重点介绍张量(Tensor)的基础知识，涉及张量的各种编程和应用，最后在 PyTorch 框架下介绍如何编写一个深度神经网络程序。

本章几乎以“零基础”引导读者进入深度学习编程世界，让读者了解深度学习的相关背景，并掌握 PyTorch 程序开发的基本原理。

1.1 人工智能与神经网络

对人类智能的模拟一直是人类执着追逐的梦想，最早可以追溯到 3000 多年前的西周时期[1]。但受限于社会生产力的发展，在 20 世纪中叶以前长达几千年的人类历史长河中，人类对人工智能的探索并无太多的进展。直到计算机出现以后，人工智能才逐步得到了长足发展，并呈现出越来越快的发展态势。

1956 年夏季，在美国的达特茅斯(Dartmouth)大学举办了一次长达 2 个月的研讨会，与会者认真热烈地讨论用机器模拟人类智能的问题。会上，首次使用了人工智能(Artificial Intelligence，AI)这一术语，这标志着人工智能学科的诞生，具有十分重要的历史意义。1969 年召开了第一届国际人工智能联合会议(International Joint Conference on AI，IJCAI)，1970 年 *International Journal of AI* 创刊。这些重要事件的发生有力推动了人工智能发展。

在发展过程中，人工智能大约经历了三次热潮期。第一次热潮是从人工智能诞生开始到 20 世纪 70 年代初。这个时期主要以命题逻辑、谓词逻辑等知识表达、启发式搜索算法为代表，同时出现了感知器。第二个热潮是从 20 世纪 80 年代初到 1987 年前后。这个时期主要研究专家系统、知识工程、医疗诊断等，同时出现了 Hopfield 神经网络、BP 算法等，这为后面神经网络的发展奠定了基础。第三个热潮是从 2012 到现在。2012 年，AlexNet 在图像识别上取得重大突破，掀起了新一轮的人工智能热潮。2016 年 3 月，AlphaGo 战胜了国际顶尖围棋职业选手李世石，人工智能再次引起人们的空前关注。

最近两次人工智能热潮都是由神经网络掀起的，再加上卷积神经网络在图像识别、语音处理等领域的成功应用，很多人直接把神经网络等同于人工智能。实际上，神经网络只是人工智能研究的一个子问题。

从学派的角度看，人工智能主要分为三大学派，分别是符号主义(Symbolicism)、联结主义(Connectionism)和行为主义(Actionism)。其中，神经网络就属于联结主义学派，该学派也称为仿生学派(Bionicsism)或生理学派(Physiologism)。这个学派也表明了神经网络是人工智能的一个研究内容。

一般认为，人工神经网络(Artificial Neural Network，ANN)的兴起以M-P模型的出现为标志。M-P模型是由心理学家麦卡洛克(McCulloch)和逻辑学家皮茨(Pitts)于1943年提出的一种模拟人类大脑的神经元模型，这是一种数学模型，奠定了神经网络模型的基础。1958年，美国科学家罗森布拉特(Roseblatt)提出了感知器模型。感知器是一种线性分类模型，在训练数据的作用下该模型可以实现参数的自动更新，吸引了人们对人工神经网络的极大兴趣和广泛关注。1982年，美国John Hopfield教授提出了一种结合存储系统和二元系统的循环神经网络，称为Hopfield网络。1986年，Meclelland和Rumelhart等发展了BP算法，提出一种基于梯度信息的参数修正算法，为神经网络的训练提供了一种非常成功的参数学习方法。目前，正在盛行的深度学习中各种网络模型也均采用1986年提出的BP算法来训练。

1.2 深度学习

1.2.1 什么是深度学习

如今，深度学习(Deep Learning)不管是在学术界还是工业界都是一个热门话题。那么，什么是深度学习呢？简单而言，深度学习是使用深层神经网络来处理多维数据的一种神经网络学习方法。

在这里我们要准确把握“深度”的内涵，而不能简单地理解为“深度学习就是网络层数比较多的一种神经网络学习方法”。在“加深”网络之前，要解决几大问题：①大算力。加深就意味着参数的大量增加，需要大量的计算资源来支撑海量参数的学习。以前，限于技术条件和财力，人们难以获得足够的算力支撑。但现在，随着GPU技术的发展，大算力的支持已经成为现实。②大数据。参数的大量增多，不但需要强大的算力支持，而且需要大量数据支持，否则我们也难以训练这些海量的参数。③梯度消失和梯度爆炸。随着网络层数的增多，从高层逐层反向传递的梯度信息可能会越来越弱，以至于传到底层时梯度几乎为零，从而造成底层参数无法得到更新，导致网络无法收敛；也有可能在反向传递时，大于1的梯度值不断相乘，导致梯度值越来越大，使得网络处于震荡状态而无法收敛。

这些问题的解决既得益于科学家们的主观努力，也得益于这个时代技术发展的结果。它们的解决造就了深度学习诞生的土壤，使得通过加深网络层数来提升网络表达能力成为可能，再加上社会发展的需要，使得深度学习破茧而出，逐步发展成为如今的深度学习。

深度学习是一种机器学习方法，同属人工智能研究的范畴。三者的关系可用图1-1来表示。

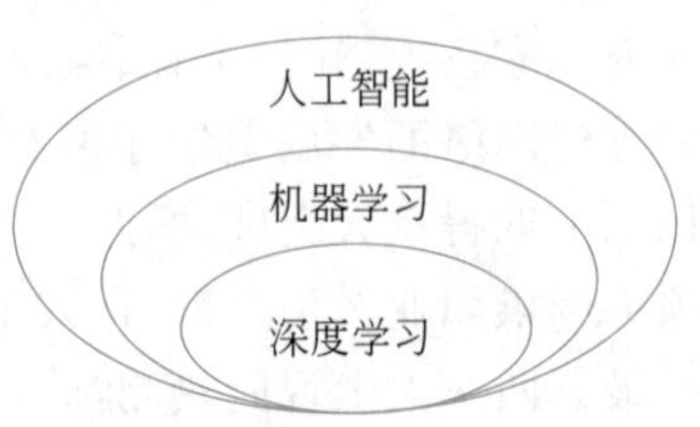

图1-1 人工智能、机器学习和深度学习的关系

1.2.2 深度学习的发展过程

深度学习最早可追溯到LannYeCun等于1998年提出的卷积神经网络——LeNet。LeNet主要由两个卷积层和两个池化层组成,其设计之初是用于手写数字图像的识别,是最早达到实用水平的神经网络。实际上,深度学习的概念是由Hinton以及他的学生Salakhutdinov于2006年提出的。他们当年在*Sciences*上发表了一篇论文,详细论述了梯度消失的解决方法。从此,深度学习方法逐步引起了学术界和工业界的广泛关注。

2012年,Hinton的学生Krizhevsky Alex提出了LeNet的加宽版——AlexNet。AlexNet在当年的ImageNet视觉挑战赛(ImageNet Large Scale Visual Recognition Challenge,ILSVRC)上以巨大的优势获得冠军,这正式掀起了深度学习的风暴,标志着深度学习时代的来临。

2014年,GoogLeNet和VGG同时诞生。GoogLeNet是当年的ILSVRC冠军,通过设计和开发Inception模块,使得模型的参数大幅度减少。VGG则继续加深网络,通过扩展网络的深度来获取性能的提升。同年,Facebook开发的深度学习项目——DeepFace项目在人脸识别上的准确率达到97%以上,已经达到甚至超越了人类的识别水平。

2015年,残差神经网络ResNet诞生,并在当年获得ILSVRC冠军。ResNet的主要特点是网络层数很多,是一种真正的深度神经网络,较好地解决了因深度增加而出现性能退化的问题。

2016年3月,谷歌公司基于深度学习技术开发的AlphaGo以4∶1战胜了国际顶尖围棋职业选手李世石,这一事件在当时引起了世界瞩目,使得“深度学习”“神经网络”“人工智能”等术语像流行歌词一样为世人所知晓。2017年,基于强化学习开发的AlphaGo升级版——AlphaGo Zero在不使用训练样本的情况下“自我成才”,以100∶0的战绩战胜了之前的AlphaGo。至此,在围棋上机器战胜人类已无悬念,谷歌公司也宣布从此不再开展类似的比赛。

2019年,谷歌公司开发了一种高效的深度神经网络——EfficientNet,该网络仍然是至今为止最好的图像识别网络之一。

与此同时,在自然语言处理方面,神经网络技术也在迅猛发展。其中,比较有名的是长短时记忆网络。长短时记忆网络(Long Short Term Memory Network,LSTM)是由德国科学家Schmidhuber于1997年提出来的一种循环神经网络。该网络擅长处理像文本这类序列结构的数据,一直是自然语言处理(NLP)领域中的重要处理模型,为NLP的发展做出了重要贡献。Schmidhuber本人也因此被尊称为“LSTM之父”。

最近,在NLP领域中又出现了一个十分出色的处理框架——Transformer。Transformer是谷歌团队在论文*Attention is All You Need*[2]中提出的一种计算架构。该架构完全抛弃了传统神经网络(如CNN和RNN等)的做法,采用纯注意力机制,通过多头自注意力的堆叠来构建模型。Transformer首先在NLP领域中取得了非常惊人的成绩。此后,基于Transformer框架构建的大型预训练模型BERT、GPT以及BERTology系列模型等相继出现,使得深度神经网络走进了一个新时代——预训练模型时代。预训练模型解决了自然语言处理标注数据不足的问题,使得运用经济、便宜的大规模文本语料来训练大模型成为可能,泛化能力等相关性能在包括文本理解和文本生成在内的NLP任务上均获得大幅度的提升。

此外，Transformer 还被导入机器视觉的目标检测任务中[3]，随后又被导入图像分类任务中[4]，开启了用 Transformer 处理图像的另一个时代。

1.2.3 深度学习的基础网络

深度学习是一种神经网络学习方法。在不同的任务中，可能构建不同结构的神经网络。在这些繁杂的网络结构中，有一些网络可以被称为基础神经网络，正是它们的不同组合而形成了纷繁的网络世界。这些网络主要包括如下。

(1) 全连接神经网络(Fully Connected Neural Network，FCNN)。这是一种最为常用的神经网络，通常用于数值拟合或分类，所以有时候也称为分类网络。

(2) 卷积神经网络(Convolutional Neural Network，CNN)。这是最为著名的深度神经网络，在早期几乎成为深度学习的代名词。它主要用于提取图像的特征，其后面往往跟着一个全连接网络，用于对提取的特征进行分类。

(3) 循环神经网络(Recurrent Neural Network，RNN)。这类网络主要用于处理序列数据，尤其是早期的文本处理几乎都是利用这类神经网络来完成的。

(4) 基于注意力机制的神经网络(Attention Mechanism-based Neural Network)。这类网络主要指基于 Transformer 发展而形成的网络模型，它抛弃了传统的 CNN 和 RNN，是一种采用纯注意力机制的网络。

本书中，一般用“深度神经网络”统称这些网络，或者统称由这些网络堆叠而形成的其他复杂网络，具体含义应根据上下文来判别。

1.3 建立 PyTorch 的开发环境

本书是基于 PyTorch 框架介绍深度学习的有关理论和应用，主要使用 Python 和 Torch (PyTorch 是 Python 版的 Torch)，因此需要安装 Python 和 Torch。另外，本书以 PyCharm 作为 Python 代码的集成开发环境，因此还需安装 PyCharm。

1.3.1 Anaconda 与 Python 的安装

Python 是一种语法简洁、明了的编程语言，非常容易上手。自然地，我们希望直接安装并使用它。遗憾的是，Python 只是一个基本的编程语言，在代码开发过程中一般还要使用很多其他的包和模块，而 Python 又没有，于是需要频繁地利用 pip 等工具去安装需要的包和模块。显然，这会导致代码编写工作变得很烦琐，而且容易出现 Bug 等问题，严重降低代码编写的效率和质量。实际上，主流的做法是以安装 Anaconda 来代替直接安装 Python。

Anaconda 是一个科学计算环境，它不但包含了 Python，而且包含了一些常用的包和库，如 numpy、scrip、matplotlib 等。因此，成功安装了 Anaconda 以后，就相当于安装了 Python 以及相关的库和包等。

Anaconda 的官网是 https://www.anaconda.com。笔者从官网下载了安装文件 Anaconda3-Windows-x86_64.exe，然后双击该文件进行安装，并按照提示进行操作。如果能够成功安装，则意味着 Python 等会随之安装完成，这时理论上就可以开始使用

Python 了。

成功安装后，会产生 Anaconda3 的一个根目录，并做一系列的配置。比如，笔者安装时 Anaconda3 的根目录为 D:\ProgramData\Anaconda3。安装产生的绝大部分文件都在此目录下，其中包括 python.exe 等。python.exe 用于启动 Python，方法是：用 cmd 命令进入命令提示符并进入 D:\ProgramData\Anaconda3 目录下，然后输入 python 命令并回车即可进入 Python 运行环境，如图 1-2 所示。

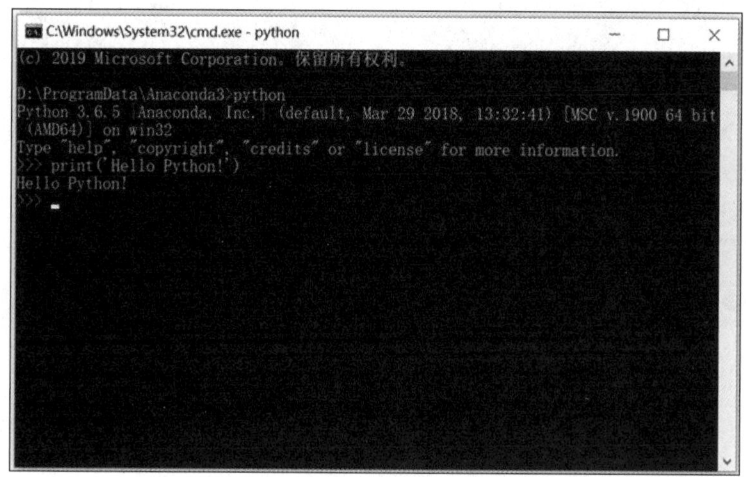

图 1-2 Python 运行环境

1.3.2 PyCharm 和 PyTorch 的安装

显然，在图 1-2 所示的环境下编写 Python 代码是低效的，而实际上都是利用另外的软件作为 Python 的开发环境，如 PyCharm、Jupyter、Vim、Eclipse with PyDev、Sublime Text、Visual Studio Code、Atom、Emacs、Spyder、Thonny、Wing 等。笔者推荐的是 PyCharm，因为它是高度集成的开发环境，这对比较“零散”的 Python 语言而来说就显得尤其重要，而且它与其他常用的主流集成开发工具很相似，符合读者的一般认知习惯。

PyCharm 是一款专门针对 Python 的编辑器，其功能强大、配置简单。该工具的官方下载地址是 https://www.jetbrains.com/pycharm。笔者下载了 PyCharm 社区版，安装文件为 pycharm-community-2018.1.exe。双击该文件，按提示进行安装即可。

PyCharm 只是一种开发环境，运行代码时要用到相应的 Python。在 PyCharm 中设置 Python 路径的方法是：打开 PyCharm，选择菜单 File→Setting…，打开设置界面，并在左边展开相应的项目名(这里为 newProject)，然后选择 Project Interpreter，如图 1-3 所示。这时会看到，针对该项目的 Python 为 D:\ProgramData\Anaconda3\python.exe；窗口正中央列出的都是目前可用的包。

当然，如果需要，也可以选择其他目录下的 Python 作为 PyCharm 运行时使用的 Python。

在完成 Anaconda 和 PyCharm 的安装后，还不能直接使用 Torch，因为在安装 Anaconda 时，很多库和包虽然都已经被安装了，但其中并不包含 Torch。除了 Torch 外，还

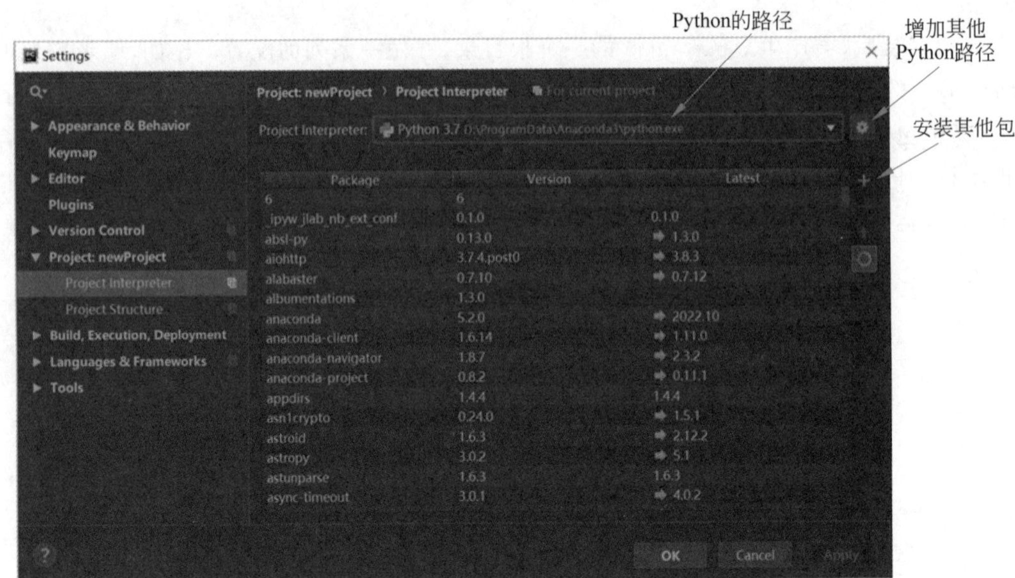

图 1-3 Setting 设置界面

有很多其他的包也没有被安装，这些包数量很多，这里无法一一列举，此后只能是"少什么装什么"。

对于缺少的包，通常有两种途径来安装：一是在 PyCharm 中安装，二是在命令提示符界面中使用 pip 命令安装。在 PyCharm 中，单击靠右上角的"＋"按钮，按照提示安装即可。

在第二种方式中，用 cmd 进入命令提示符界面后，用下列 pip 命令安装：

```
pip install torch
```

此后，在 PyCharm 编辑器中就可以用 import 命令导入该包：

```
import torch
```

显然，导入 torch 是开发 PyTorch 程序的前提。

如果要卸载，则用下列命令：

```
pip uninstall torch
```

其他包的安装和卸载方法基本一样，在此不赘述。

1.3.3 PyTorch 的 Hello World 程序

如何编写和运行一个简单的 PyTorch 程序呢？或许这是初学者最为关心的问题。利用 PyCharm 开发工具，编写和运行 PyTorch 程序会变得很简单。方法是：安装成功后，打开 PyCharm，建立项目 newProject 和 test.py 文件，然后打开 test.py 文件，在编辑器中编写如下代码：

```
import torch                                    #导入 torch 库
print("Hello World")                            #打印字符串"Hello World"
```

```
print(torch.__version__)                #打印 torch 的版本号
print(torch.cuda.is_available())        #检测计算机上是否有可用的 GPU
```

之后，在编辑器中右击，在弹出的菜单中选择“run test”项(第一次运行时一般用这种方法)，或者单击右上角的绿色三角形按钮，运行文件 test.py，结果如图 1-4 所示。这表示 PyTorch 程序已经能够成功运行。

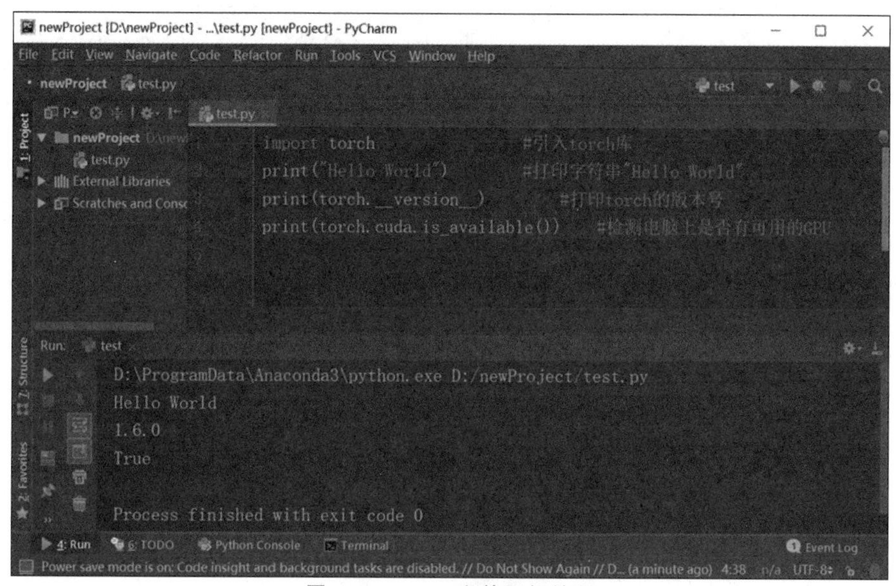

图 1-4　test.py 文件运行结果

本书所有代码均在 PyCharm 中编写完成，并通过了调试和运行，其中 Python 的版本号为 3.6.5。建议在阅读本书之前，先学习 Python 的一些基础知识，如 numpy 数组、列表、元组、集合、字典以及相关的语法知识等。

另外，在开发 PyTorch 程序中，需要导入很多的库和包，而且有不同版本的区别。因此，本书尽可能地给出相对完整的代码。这样做虽然会增加一定的篇幅，但对提高学习效率是大有裨益的，尤其是对初学者。还有，为了方便读者阅览和学习，本书中每个程序代码一般都尽可能地在一个 Python 文件中编写完成(即“一个程序一个 Python 文件”)，不涉及复杂的文档结构，以保证读者能够聚焦关键信息和掌握核心知识。

1.4　张量基础

在 PyTorch 框架中，处理的对象基本上都是张量(Tensor)。例如，模型输入的是张量，模型输出的是张量，模型产生的中间结果还是张量。因此，张量是一个非常重要的概念。

1.4.1　张量的定义及其物理含义

张量(Tensor)是来自物理学的概念。在 PyTorch 中，它可以简单理解为一种“数据立方体”，是数据建模和表示的一种手段。具体一点，张量可以理解为计算机编程语言中多维数组的推广：零阶张量是标量(一般数值)，一阶张量是一维数组(向量)，二阶张量是二维数组(矩阵),三阶张量是三维数组(数据立方体),……其中,"n 阶张量"也称为"n 维张量",表示有 n 个维的张量。

下面介绍在 PyTorch 中定义张量的方法。

张量可用 torch.tensor()函数定义。先看下列代码:

```
import torch
x0 = torch.tensor(2)                 #0 阶张量,形状为 torch.Size([]),亦写为()
x1 = torch.tensor([2])               #1 阶张量,形状为 torch.Size([1]),亦写为(1)
x2 = torch.tensor([2,3])             #1 阶张量,形状为 torch.Size([2]),亦写为(2)
x3 = torch.tensor([[2,3,4],          #2 阶张量,形状为 torch.Size([2, 3]),亦写为(2, 3)
                   [5,6,7]])
x4 = torch.tensor([[2,3,4],          #2 阶张量,形状为 torch.Size([3, 3]),亦写为(3, 3)
                   [5, 6, 7],
                   [8, 9, 10]])
print('x0 的阶数为: {},形状为: {}'.format(x0.ndim, x0.size()))
print('x1 的阶数为: {},形状为: {}'.format(x1.ndim, x1.size()))
print('x2 的阶数为: {},形状为: {}'.format(x2.ndim, x2.size()))
print('x3 的阶数为: {},形状为: {}'.format(x3.ndim, x3.size()))
print('x4 的阶数为: {},形状为: {}'.format(x4.ndim, x4.size()))
```

执行上述代码,输出结果如下:

```
x0 的阶数为: 0,形状为: torch.Size([])
x1 的阶数为: 1,形状为: torch.Size([1])
x2 的阶数为: 1,形状为: torch.Size([2])
x3 的阶数为: 2,形状为: torch.Size([2, 3])
x4 的阶数为: 2,形状为: torch.Size([3, 3])
```

可以看到,x0 是 0 阶张量,x1 和 x2 都是 1 阶张量,x3 和 x4 都是 2 阶张量。从 x0 和 x1 的定义中可以看到,在 torch.tensor()函数中直接放一个数值,就是定义 0 阶张量;如果函数中放一个中括号[],再放一个数值,那就是定义 1 阶张量。再往后观察可以发现,连续有多少个"[",阶数就为多少。例如,在 x3 和 x4 的定义函数中,连续有 2 个"[",因此它们的阶数都为 2。实际上,张量是根据坐标轴来定义的,张量的阶就是坐标轴的数量。

张量的形状表达了张量中元素"堆放"的格式,主要由张量的阶(维数)和各阶(维)的大小来描述。

例如,张量 x3 的形状为 torch.Size([2,3])(也简写为(2,3)或 2×3),因而从这个形状表达式中可以看出:它的阶(维数)为 2(等于其中整数的个数),其中第 1 阶(维)的大小为 2、第 2 阶(维)的大小为 3,且其中的元素是按照 2×3 的格式存放的。又如,如果一个张量的形状为 torch.Size([1,5,3,2]),则该张量的阶(维数)为 4,其中第 1、2、3 和 4 维的大小分别为 1、5、3 和 2,即元素的存放格式为 $1\times5\times3\times2$,一共有 30 个元素。

一般地,一个 n 阶(维)张量的形状可表示为下列格式:

$$(D_1, D_2, \cdots, D_n)$$

其中,D_1 为该张量第 1 维的大小,D_2 为第 2 维的大小,…,D_n 为第 n 维的大小。在 PyTorch 中,通常用 1 维(阶)张量表示向量(维的大小为张量的长度),用 2 维(阶)张量表示矩阵或一张单通道图像,用 3 维(阶)张量表示一个特征图(Feature Map)或一张彩色图像,用 4 维(阶)张量表示一个批量的特征图或彩色图像,用 5 维(阶)张量表示视频等带有时间维的数据。

上述张量的定义方法是根据具体内容来生成张量。但有时候需要按照指定的形状来生成张量,而内容是随机生成的。这时,经常用到的函数是 torch.randn()、torch.rand()、torch.randint()等。例如,下列语句都是按照形状 torch.Size([32,3,224,224])分别生成了相应的张量:

```
x5 = torch.randn(32,3,224,224)
x6 = torch.rand(32,3,224,224)
x7 = torch.randint(0,6,[32,3,224,224])
```

不同的是,torch.randn()是从标准正态分布(均值为0,方差为1,即高斯白噪声)中抽取的一组随机数来生成张量,这些数一般是0附近的实数;torch.rand()则是从区间[0,1)的均匀分布中抽取的一组随机数来构造张量,这些数是[0,1)的实数;而 torch.randint()函数则是从区间[0,6)中随机抽取(有放回的抽取)一组整数来构造张量。

由于 torch.randint()函数生成的张量是由指定范围内的整数构成,因此为了提高可读性,本章乃至后面章节中的很多地方都利用该函数来生成张量。

张量中的元素是有数据类型,可以用张量的属性 dtype 输出其中元素的数据类型。例如,下面语句输出张量 x1 和 x5 的数据类型:

```
print(x1.dtype, x5.dtype)
```

其中 x1 和 x5 的数据类型分别为 torch.int64 和 torch.float32。注意,张量中的所有元素的数据类型要相同,而且只能是数值类型,不能是字符串类型。

torch.tensor()默认生成 torch.int64 类型张量,而 torch.Tensor()默认生成 torch.float32 类型张量。例如:

```
x = torch.tensor([2,3])                 #torch.int64
x = torch.Tensor([2,3])                 #torch.float32
```

torch.tensor()还可以自动识别数据类型:

```
x = torch.tensor([2,3.])                #torch.float32(自动识别)
```

也可以在定义时显式声明数据类型,例如:

```
x = torch.ByteTensor([2,3])             #torch.uint8
x = torch.CharTensor([2,3])             #torch.int8
x = torch.ShortTensor([2,3])            #torch.int16
x = torch.IntTensor([2,3])              #torch.int32
x = torch.LongTensor([2,3])             #torch.int64
x = torch.FloatTensor([2,3])            #torch.float32
x = torch.DoubleTensor([2,3])           #torch.float64
```

或者模仿下面语句声明数据类型:

```
x = torch.tensor([2,3], dtype=torch.float64)        #torch.float64
```

也可以定义后对数据类型进行转换,例如:

```
x = torch.tensor([2,3]).byte()          #torch.uint8
x = torch.tensor([2,3]).char()          #torch.int8
```

```
x = torch.tensor([2,3]).short()        #torch.int16
x = torch.tensor([2,3]).int()          #torch.int32
x = torch.tensor([2,3]).long()         #torch.int64
x = torch.tensor([2,3]).float()        #torch.float32
x = torch.tensor([2,3]).double()       #torch.float64
```

那么，各种形状的张量到底表示什么意思呢？或者它们的物理含义是什么呢？弄清楚这些问题对张量的了解和应用很重要。下面结合实际情况简要介绍。

张量的作用是用于对数据进行建模和表示。它可以表示图像，也可以表示编码后的文本，或者表示模型计算的中间结果和输出结果。例如，形状为 torch.Size([300,400])的张量可表示一张灰色图像，其中 300 和 400 分别表示图像的高和宽(单位为像素)；形状为 torch.Size([3,300,400])的张量可表示一张 RGB 彩色图像，其中 300 和 400 同上，3 表示图像的通道数；形状为 torch.Size([32,3,300,400])的张量可表示一个批量的图像，其中 3、300 和 400 同上，32 表示一个批量(batch)中有 32 张这样的图像，即 32 表示批量的大小。

又如，在模型的执行过程中，每个网络层的输入和输出都是一个特征图，实际上一个特征图就是一个张量。如果一个特征图的形状为 torch.Size([128,512,7,7])，则可能表示模型输入的批量大小为 128，该特征图有 512 条通道(图像)，各条通道的大小均为 7×7。

再如，文本数据在输入模型之前，需要先对其进行索引编码。编码后可能表示成形状为 torch.Size([128,20,512])的张量，其中 128 可能表示批量的大小，即一次输入模型的文本条数为 128，20 表示每条文本序列的固定长度，512 则可能表示文本序列中每个元素(如单词)的向量的长度，即每个元素被表示为长度为 512 的向量。

1.4.2 张量的切片操作

如果把张量看成一个(超)数据立方体，那么“切片操作”就是从该立方体中切除若干个小块，也可能是替换或更新其中的若干个小块。

对张量的切片是按维进行的，基本格式如下：

$$\text{tensor}[\cdots,\underbrace{\text{start: end: step}}_{\text{第}i\text{维}},\cdots]$$

该操作表达式意味着，取出所有满足第 i 维上索引为 start，start＋1 * step，start＋2 * step，…，end-1 的元素，并按“原来顺序”组成新的张量。

例如，执行下列代码：

```
x=torch.randint(0,10,[4,10])
print(x)
print(x[::,3:8:2])
```

输出结果如下：

```
tensor([[2, 9, 2, 0, 0, 2, 6, 7, 9, 4],
        [1, 1, 6, 1, 2, 9, 4, 1, 3, 0],
        [0, 6, 5, 7, 9, 2, 1, 6, 0, 6],
        [6, 5, 3, 9, 4, 6, 1, 8, 0, 5]])
```

```
tensor([[0, 2, 7],
        [1, 9, 1],
        [7, 2, 6],
        [9, 6, 8]])
```

可以看到，x[::,3:8:2]是从 x 中取出所有满足第 2 维上索引为 3、5、7 的元素来构成新的张量。

如果步长 step 为 1，则 step 可以省略；如果 step 省略了，则对应的最后一个冒号“:”也可以省略。例如，下面 3 条语句是等价的：

```
print(x[::,3:8:1])
print(x[::,3:8:])
print(x[::,3:8])
```

它们输出结果都是一样的，即：

```
tensor([[0, 0, 2, 6, 7],
        [1, 2, 9, 4, 1],
        [7, 9, 2, 1, 6],
        [9, 4, 6, 1, 8]])
```

start 和 end 也可以设置为负数，表示倒数（从右往左数）的意思，但 step 不能为负数。例如，执行下面语句：

```
print(x[::,-4:-1:])
```

输出结果如下：

```
tensor([[6, 7, 9],
        [4, 1, 3],
        [1, 6, 0],
        [1, 8, 0]])
```

如果同时对两个维进行切片操作，则取它们的“交集”。例如，执行下面语句：

```
print(x[1:20:2,3:8:])
```

输出结果如下：

```
tensor([[1, 2, 9, 4, 1],
        [9, 4, 6, 1, 8]])
```

注意，如果 end 超过了维的最大长度，则以最大长度为准。所以，这里的“20”已经超过了 x 的第 1 维的长度 4，但结果并无“异常”。

此外，还可以利用列表来对张量进行切片。例如，在第 2 维上使用由索引构成的列表[3,1,0,0]，而且列表中可以有重复的索引，然后将该列表放在相应的维上，得到 x[::,[3,1,0,0]]，接着输出其内容：

```
print(x[::,[3,1,0,0]])
```

输出结果如下：

```
tensor([[0, 9, 2, 2],
        [1, 1, 1, 1],
        [7, 6, 0, 0],
        [9, 5, 6, 6]])
```

可以看到，x 的第 1 列被两次使用来组装成为新的张量。

如果只对第 1 维进行切片操作，其他维“原封不动”，则其他维可以省略。例如，x[1::2,::]和 x[1::2]是一样的。

此外，我们还可以按切片表达式对原张量进行部分赋值。例如，执行下面语句：

```
x=torch.randint(0,10,[4,5])
print(x)
x[::,2::2] = torch.zeros(4,2)
print(x)
```

结果张量 x 的第 3 列和第 5 列的值均被改为 0：

```
tensor([[2, 9, 2, 0, 0],
        [2, 6, 7, 9, 4],
        [1, 1, 6, 1, 2],
        [9, 4, 1, 3, 0]])

tensor([[2, 9, 0, 0, 0],
        [2, 6, 0, 9, 0],
        [1, 1, 0, 1, 0],
        [9, 4, 0, 3, 0]])
```

其中，torch.zeros(4,2)用于产生形状为 4×2、元素全为 0 的张量(简称全 0 张量)。类似地，torch.ones(4,2)用于产生形状为 4×2、元素全为 1 的张量(简称全 1 张量)。

如果已知一个张量 x，现在要生成与 x 形状一样的全 0 张量和全 1 张量，则可分别用下面两条语句来实现：

```
y1 = torch.zeros_like(x)
y2 = torch.ones_like(x)
```

张量还支持条件类型的切片操作。例如，执行下列代码：

```
x=torch.randint(-6,8,[3,4])
print(x)
print(x[x<=0])
```

输出结果如下：

```
tensor([[-1, -4,  5,  0],
        [ 1,  2,  7, -5],
        [-4,  2,  1,  7]])
tensor([-1, -4,  0, -5, -4])
```

可见，x[x<=0]返回的是将 x 中所有满足条件(这里是<=0)的元素重新组成一个一维张量。

但注意，如果对 x[x<=0]赋值，则将 x 中所有满足条件(即<=0)的元素修改为相应的数值。例如，执行下列代码：

```
x=torch.tensor([[-1, -4,  5,  0],
                [ 1,  2,  7, -5],
                [-4,  2,  1,  7]])
print(x)
x[x<=0] = 0            #赋值
print(x)
```

输出结果如下：

```
tensor([[-1, -4,  5,  0],
        [ 1,  2,  7, -5],
        [-4,  2,  1,  7]])
tensor([[0, 0, 5, 0],
        [1, 2, 7, 0],
        [0, 2, 1, 7]])
```

可以看到，张量 x 中那些值小于或等于 0 的元素都被修改为 0。

1.4.3 面向张量的数学函数

针对张量的数学函数有很多，我们介绍以下常用的几种。

1. sum()函数

执行下列代码：

```
x=torch.randint(0,6,[2,3])
print(x)
print(x.sum())                    #求 x 中所有元素之和
print(x.sum(dim=0))               #沿着第 1 维进行相加
print(x.sum(dim=1))               #沿着第 2 维进行相加
```

输出结果如下：

```
tensor([[4, 1, 0],
        [0, 4, 2]])


tensor(11)


tensor([4, 5, 2])
tensor([5, 6])
```

可以看到，x.sum()是对 x 中的所有元素进行相加的结果，x.sum(dim=0)和 x.sum(dim=1)则分别是沿着第 1 维和第 2 维进行相加的结果。

注意，torch 函数和方法的调用格式十分灵活。例如，x.sum(dim=0)也可以写成 torch.sum(x,dim=0)。下面介绍的其他函数和方法也有类似的情况，我们不再一一提示了。

2. min()和 max()函数

先观察 min()函数的效果。执行下列代码：

```
x=torch.randint(-6,6,[2,3])
print(x)
print(x.min())
print(x.min(dim=0))
print(x.min(dim=1))
```

输出结果如下：

```
tensor([[ 4, -5,  0],
        [ 0, -2, -4]])

tensor(-5)

torch.return_types.min(
values=tensor([ 0, -5, -4]),        #在第 1 维上的最小值
indices=tensor([1, 0, 1]))          #在第 1 维上最小值的索引

torch.return_types.min(
values=tensor([-5, -4]),            #在第 2 维上的最小值
indices=tensor([1, 2]))             #在第 2 维上最小值的索引
```

可以看到，x.min()仅返回 x 中值最小的元素，x.min(dim=0)沿着第 1 维寻找值最小的元素，然后返回该元素以及该元素在第 1 维上的索引构成的张量，其中 x.min(dim=0)[0]返回由元素构成的张量，x.min(dim=0)[1]返回由索引构成的张量。如果执行语句：

```
print(x.min(dim=0)[0])
print(x.min(dim=0)[1])
```

则可以看到下面的输出结果：

```
tensor([ 0, -5, -4])
tensor([1, 0, 1])
```

max()函数的使用方法也类似，在此不再举例。

3. mean()和 sqrt()函数

mean()函数是对张量中所有元素求平均值，也可以沿着指定的维来计算平均值。例如，执行下列代码：

```
x=torch.randint(-6,6,[2,3])
print(x)
print(x.float().mean())
print(x.float().mean(dim=0))      #沿着第 1 维计算平均值
print(x.float().mean(dim=1))      #沿着第 2 维计算平均值
```

输出结果如下：

```
tensor([[ 4, -5,  0],
        [ 0, -2, -4]])

tensor(-1.1667)
```

```
tensor([2.0000, -3.5000, -2.0000])
tensor([-0.3333, -2.0000])
```

注意，mean()函数仅对浮点数有效，所以在运用之前先将之转化为浮点数数据。

sqrt()函数是对张量中的元素分别进行开方运算。例如，执行下列代码：

```
x=torch.randint(0,6,[2,3])
print(x)
print(x.float().sqrt())
```

输出结果如下：

```
tensor([[4, 1, 0],
        [0, 4, 2]])

tensor([[2.0000, 1.0000, 0.0000],
        [0.0000, 2.0000, 1.4142]])
```

4. argmax()和 argmin()函数

argmax()函数用于返回最大值的索引。例如，执行下列语句：

```
x=torch.randint(-6,6,[2,3])
print(x)
print(x.argmax(dim=0))           #输出第 1 维上最大值的索引
print(x.argmax(dim=1))           #输出第 2 维上最大值的索引
```

输出结果如下：

```
tensor([[ 3, -1,  0],
        [ 1,  1,  5]])

tensor([0, 1, 1])      第 1 维上最大值的索引构成的张量
tensor([0, 2])         第 2 维上最大值的索引构成的张量
```

argmin()函数与 argmax()函数的使用方法一样。

argmax()函数多用于处理分类结果，可以获取最可能类别的索引，是网络模型实现数据分类的常用函数之一。

实际上，max()函数也具有 argmax()函数的功能，而 argmax()函数只具有 max()函数的一半功能，因为 max()函数不但可以返回最大值的索引，还能返回最大值本身。

5. to()方法

该方法用将张量转移到指定的设备上。例如，下列语句分别将张量 x 转移 GPU 上和 CPU 上：

```
x.to('cuda')
x.to('cpu')
```

6. item()函数

对于只有一个元素的张量，该函数可用于提取该元素值，把它转化为一般数值。假设有下列张量 x：

```
x = torch.tensor([[[2]]])
```

那么，x.item()为普通的整数 2。该函数常常用于将元素从张量中“脱离”出来。

1.4.4 张量的变形

张量的变形是指改变张量的形状。张量的许多运算都是建立在与形状相符的基础之上。因此，在很多场合需要改变张量的形状。下面介绍几种常用的方法。

1. reshape()方法

该方法用于对一个张量的形状进行改变，从而得到另一个张量。例如，下列第二条语句执行后，从原来张量 x 得到形状为(10,4,5)的新张量 y：

```
x=torch.randint(0,6,[10,20])
y = x.reshape(10,4,5)          #等价于 y = x.view(10,4,5)
```

注意，上述第二条语句执行后，x 还是保持原来的形状(10,20)不变。

另外需要注意的是，不管用什么方法改变张量的形状，能改变的前提是：对于改变后得到的张量，其元素个数和原来张量中元素个数要相等。例如，如果把上面最后一条语句改为：

```
y = x.reshape(10,4,6)
```

结果会报错，原因在于该条语句产生的张量 y 一共含有 240 个元素，而原来张量 x 只含有 200 个元素。

有时在 reshape()方法中使用参数－1，表示自动计算之意。例如，执行下面代码：

```
x=torch.randint(0,6,[10,20])
y = x.reshape(1,-1)
```

那么 y 的形状为(1,200)。这是根据元素相等原则，自动算出参数－1 所在位置的维的大小。这种使用方法非常普遍，也非常方便，今后还会大量出现。

2. unsqueeze()和 squeeze()方法——升维和降维

unsqueeze()方法用于为张量增加一个长度为 1 的维(即升维)，而 squeeze()方法则用于去掉长度为 1 的维度(即降维)。观察下列代码：

```
x=torch.randint(0,6,[10,20])
y1 = x.unsqueeze(0)            #增加第 1 维,维的长度为 1
y2 = x.unsqueeze(1)            #增加第 2 维,维的长度为 1
print(x.shape)
print(y1.shape)
print(y2.shape)
print('------------------')
x=torch.randint(0,6,[1,1,1,10,20])
y3 = x.squeeze(2)              #去掉第 3 维
y4 = x.squeeze(3)              #无效,因为第 4 维的长度不是 1
y5 = x.squeeze()               #去掉 x 中所有长度为 1 的维
print(x.shape)
print(y3.shape)
```

```
print(y4.shape)
print(y5.shape)
```

执行后得到的输出结果如下：

```
torch.Size([10, 20])
torch.Size([1, 10, 20])
torch.Size([10, 1, 20])
------------------
torch.Size([1, 1, 1, 10, 20])
torch.Size([1, 1, 10, 20])
torch.Size([1, 1, 1, 10, 20])
torch.Size([10, 20])
```

结合上述代码中的说明，不难理解 unsqueeze()和 squeeze()方法的作用。

3. transpose()、t()和 permute()函数

这 3 个函数主要用于调换维的位置，或者称张量的转置。但 t()只适用于 2 阶张量。例如，执行下列语句：

```
x=torch.randint(0,6,[2,4])
y = x.t()                    #交换第 1 维和第 2 维(只适用于 2 阶张量)
print(x.shape,y.shape)
x=torch.randint(0,6,[2,4,6,8])
y = x.transpose(0,2)        #交换第 1 维和第 3 维
print(x.shape,y.shape)
```

输出结果如下：

```
torch.Size([2, 4]) torch.Size([4, 2])
torch.Size([2, 4, 6, 8]) torch.Size([6, 4, 2, 8])
```

permute()函数可以理解为通过对张量的维进行重新排列来实现维的调换。例如，下列语句也是实现第 1 维和第 3 维的调换，但它需要把所有维的索引都罗列出来：

```
y = x.permute([2,1,0,3])          #相当于交换第 1 维和第 3 维
```

1.4.5 张量的常用运算

张量支持的运算类型非常多，这里主要是介绍常用的一些类型。

1. 基本数学运算

这里，基本数学运算是指通常意义下的张量相加、相减、相乘和相除。如果两个张量的形状完全一样，那么它们可以进行通常意义下按元素的相加、相减、相乘和相除，得到的结果与原来张量的形状一样。例如，执行下列代码：

```
x=torch.randint(0,6,[2,3])
y=torch.randint(1,8,[2,3])
print(x)
print(y)
print('x/y 结果如下：')
print(x.float()/y)              #浮点数才能进行除运算
```

输出结果如下：

```
tensor([[3, 5, 0],
        [1, 1, 5]])
tensor([[1, 2, 7],
        [4, 2, 5]])
x/y 结果如下:
tensor([[3.0000, 2.5000, 0.0000],
        [0.2500, 0.5000, 1.0000]])
```

对于 x * y，假设 x 为张量，y 为标量(一般的数值或 0 阶张量)，那么 x * y 是表示将 x 中的每个元素乘以 y 后得到的新张量。对于 x＋y、x-y 和 x/y，亦有类似的结论。例如，执行下列语句：

```
x=torch.randint(0,6,[2,3])          #张量
y = 3                               #一般的数值
print(x)
print(y)
print('x * y 结果如下: ')
print(x+y)
```

输出结果如下：

```
tensor([[3, 5, 0],
        [1, 1, 5]])
3
```

x * y 的输出结果如下：

```
tensor([[6, 8, 3],
        [4, 4, 8]])
```

2. 点积运算 dot()

dot()函数可用于实现两个同等长度的 1 维张量的点积运算(元素相乘，再求和)。例如，执行下列代码：

```
x=torch.randint(0,6,[4])
y=torch.randint(-5,6,[4])
z = torch.dot(x,y)
print(x)
print(y)
print(z)
```

输出结果如下：

```
tensor([5, 3, 2, 0])
tensor([ 4, -1,  0,  2])
tensor(17)
```

注意，参与运算的 x 和 y 必须是等长的 1 维张量，实际上它们就是向量。

3. 矩阵相乘 mm()

这里的矩阵是指由 2 维张量表示的矩阵，矩阵相乘是指传统数学意义上的矩阵相乘。

假设 x 和 y 是这样的张量，矩阵相乘的前提是 x 的第 2 维和 y 的第 1 维的长度要相等，且 x 和 y 都必须是 2 维(阶)张量。例如，执行下列代码：

```
x=torch.randint(0,5,[2,3])          #矩阵 x,其第 2 维的长度为 3(2×3 矩阵)
y=torch.randint(-2,3,[3,4])         #矩阵 y,其第 1 维的长度亦为 3(3×4 矩阵)
z = torch.mm(x,y)                   #产生 2×4 矩阵
print(x)
print(y)
print(z)
```

输出结果如下：

```
tensor([[2, 1, 2],
        [1, 1, 0]])
tensor([[ 0, -2,  0,  2],
        [ 2, -2,  2,  1],
        [-1,  2,  1, -1]])

tensor([[ 0, -2,  4,  3],
        [ 2, -4,  2,  3]])
```

4. 带批量大小的矩阵相乘 bmm()

在图像处理中，一个矩阵可以表示一张图像。两个矩阵相乘可以理解为两张图像的某种运算。上述介绍结果告诉我们，mm()函数只能处理两张图像的矩阵运算。如果同时有很多这样的图像对，那么似乎只能通过循环来实现这种运算，但效率会很低。幸运的是，bmm()函数解决这个问题提供了方法。

对于多张单通道图像，一般用下面格式表示：

```
(batch_size, height, width)
```

其中，batch_size 表示一个批量(batch)中图像的数量(批量大小)，height 和 width 分别表示图像的高和宽。比如，(32,300,400)表示有 32 张 300×400 的图像。

于是，利用 bmm()函数便可实现多张图像对的相乘运算(带批量大小的矩阵相乘)。例如，执行下列代码：

```
x=torch.randint(0,5,[32, 300, 400])          #批量大小为 32
y=torch.randint(-2,3,[32, 400, 500])         #批量大小为 32
#x 和 y 的第 1 维的长度(批量大小)必须相等
#x 的第 3 维和 y 的第 2 维的长度要相等
z = torch.bmm(x,y)
print(x.shape)
print(y.shape)
print(z.shape)
```

输出结果如下：

```
torch.Size([32, 300, 400])
torch.Size([32, 400, 500])
torch.Size([32, 300, 500])          #x 和 y 的运算结果
```

5. 含多个维度的矩阵相乘 matmul()

一个张量可以包含多个维度。一般可以理解为，最后两个维度用于刻画矩阵，而前面的维度则用于对矩阵进行"分组"。当需要对两组已经"分组"的矩阵进行相乘时，可以用函数 torch.matmul()来实现。

例如，下列代码是执行对两个 4 维张量进行相乘：

```
x=torch.randint(0,5,[5,7,2,3])          #35 个 2×3 矩阵(先分为 5 组,再分为 7 组)
y=torch.randint(-2,3,[5,7,3,4])         #35 个 3×4 矩阵(先分为 5 组,再分为 7 组)
z = torch.matmul(x,y)
print(x.shape,'*',y.shape,'--->',z.shape)
```

输出结果如下：

```
torch.Size([5, 7, 2, 3]) * torch.Size([5, 7, 3, 4]) ---> torch.Size([5, 7, 2, 4])
```

其中，每个 4 维张量都可以理解为由 5×7=35 个矩阵构成的"矩阵组"，而且要求前面两个维度要分别相等，同时要满足矩阵相乘的条件(例如，2×3 矩阵可以与 3×4 矩阵相乘，但是 2×3 矩阵不能与 5×4 矩阵相乘)。

函数 matmul()的功能比较强，它可以实现函数 mm()和函数 bmm()的功能。例如，对于下面的张量 x 和 y：

```
x=torch.randint(0,5,[2,3])          #矩阵 x,其第 2 维的长度为 3(2×3 矩阵)
y=torch.randint(-2,3,[3,4])         #矩阵 y,其第 1 维的长度亦为 3(3×4 矩阵)
```

下面两条语句是等价的：

```
z = torch.mm(x,y)
z = torch.matmul(x,y)
```

这表明，函数 matmul()可以实现函数 mm()的功能。

类似地，对于下面的张量 x 和 y：

```
x=torch.randint(0,5,[32, 300, 400])
y=torch.randint(-2,3,[32, 400, 500])
```

下面两条语句是等价的：

```
z = torch.bmm(x,y)
z = torch.matmul(x,y)
```

这也表明了函数 matmul()可以实现函数 bmm()的功能。

6. 常用的数学函数

这里提及的数学函数包括四舍五入、求指数、取对数、求幂等函数。这些函数都是分别对张量中的元素求函数值，然后形成新的张量。例如，执行下列代码：

```
x=torch.randint(1,5,[3,4])
x = x/2.
y = torch.log2(x)     #求 log2(x)
print(x)
print(y)
```

输出结果如下：

```
tensor([[2.0000, 2.0000, 0.5000, 1.5000],
        [0.5000, 1.5000, 1.5000, 0.5000],
        [1.0000, 1.5000, 1.5000, 1.5000]])

tensor([[ 1.0000,  1.0000, -1.0000,  0.5850],
        [-1.0000,  0.5850,  0.5850, -1.0000],
        [ 0.0000,  0.5850,  0.5850,  0.5850]])
```

可见，torch.log2(x)是对 x 中的元素分别计算以 2 为底的对数，从而构成新的张量，而且新张量和原来张量 x 的形状是一样的。对其他函数的使用方法，举例说明如下：

```
y = torch.round(x)          #四舍五入
y = torch.exp(x)            #求 e^x
y = torch.log(x)            #求 log_e(x)
y = torch.log10(x)          #求 log_10(x)
y = torch.pow(x,2)          #幂运算，torch.pow(x,2)等价于 x**2
```

1.4.6 张量的广播机制

顾名思义，广播就是一点到多点的发送。这里的"广播"似乎也有类似的原理：它是指一个数据复制为多个数据，进而支持形状不同的两个张量的运算。先观察下面代码：

```
x=torch.randint(1,5,[3,1])
y=torch.randint(-3,5,[1,4])
print(x)
print(y)
print(x+y)
```

执行后，输出结果如下：

```
tensor([[3],
        [2],
        [3]])

tensor([[-1,  1, -1,  3]])

tensor([[2, 4, 2, 6],
        [1, 3, 1, 5],
        [2, 4, 2, 6]])
```

可以看到，张量 x 和 y 的形状分别为(3,1)和(1,4)，它们形状虽然是不同的，但它们却能够相加并得到相应的结果。那么，它们是如何执行这种运算的呢？实际上，它们用到了广播机制。

首先，PyTorch 会将 x 唯一的 1 列复制（广播）为 4 列，使得其列数与 y 的列数一样，结果 x 变为：

```
tensor([[3, 3, 3, 3],
        [2, 2, 2, 2],
        [3, 3, 3, 3]])
```

然后，再将 y 唯一的 1 行复制（广播）为 3 行，与 x 的行数一样，结果 y 变为：

```
tensor([[-1,  1,  -1,  3],
        [-1,  1,  -1,  3],
        [-1,  1,  -1,  3]])
```

这样，x 和 y 的形状就完全一样了，最后按元素进行相加即可得到上述结果。

注意，并不是任意两个形状不同的张量都可以用广播机制实现相加功能。实际上，认真分析广播机制可以发现，复制操作是针对长度为 1 的维进行的；如果复制后无法使得两个张量的形状一样，那么就无法实现这两个张量的相加。

1.4.7 梯度的自动计算

完成梯度计算是深度学习框架的基本功能，因为深度学习模型需要梯度来更新参数，从而达到参数学习之目的。PyTorch 框架也不例外，它也可以非常容易地实现梯度的计算。了解梯度计算的基本原理有利于掌握深度学习的基础理论和方法。

先观察下列函数：

$$z = 2 \times x^2 - 6 \times y^2$$
$$f = z^2$$

根据导数的求导公式知道，$\frac{\partial f}{\partial x} = \frac{\partial f}{\partial z}\frac{\partial z}{\partial x} = 2 \times z \times 4 \times x = 8 \times z \times x$，同理$\frac{\partial f}{\partial y} = -24 \times z \times y$。如果令 $x = 3.0, y = 2.0$，则 $z = -6$。于是，f 关于 x 在 $x = 3.0$ 上的梯度为 -144.0，f 关于 y 在 $y = 2.0$ 上的梯度为 288.0，f 关于 z 在 $z = -6.0$ 上的梯度为 -12.0。

在 PyTorch 框架中，可以用下列代码计算上述导数：

```
x=torch.tensor([3.],requires_grad=True)
y=torch.tensor([2.],requires_grad=True)
z = 2 * x**2-6 * y * * 2
f = z**2
f.backward()            #自动求导
print('f 的值为: ',f.item())
print('f 关于 x 的梯度为: ',x.grad.item())
print('f 关于 y 的梯度为: ',y.grad.item())
```

在上述代码中，当执行 f.backward()时，PyTorch 会调用反向传播算法自动计算 f 关于 x 和 y 在 x=3.0、y=2.0 上的导数（梯度），输出结果如下：

```
f 的值为: 36.0
f 关于 x 的梯度为: -144.0
f 关于 y 的梯度为: 288.0
```

该结果与手工算出来的结果是一样的。

注意，张量有一个属性——requires_grad，其默认值为 False，表示不能计算它的梯度（以提高计算效率和节省内存等）。因此，在定义张量 x 和 y 时，需要显式声明它们的 requires_grad 属性值为 True。

另外，在自动计算梯度的过程中，中间结果的梯度不会自动被保留下来。但我们可以为某一个中间变量注册一个 hook（钩子），从而利用该 hook 来获取（勾住）中间变量的梯度信

息。例如,为获得中间变量 z 的梯度,可以用下列代码实现:

```
def get_z_grad(g):                  #定义一个 hook
    global z_grad                   #定义全局变量,用于存放梯度
    z_grad = g
    return None
x = torch.tensor([3.], requires_grad=True)
y = torch.tensor([2.], requires_grad=True)
z = 2 * x ** 2 - 6 * y ** 2
f = z ** 2
z.register_hook(get_z_grad)         #注册该 hook,但必须在 f.backward()之前注册 hook
f.backward()                        #自动求导
print('f 关于 z 的梯度为: ', z_grad.item())
```

执行上述代码后,得到 f 关于 z 的梯度为 -12.0。

1.4.8 张量与其他对象的相互转换

1. 张量与 numpy 数组之间的转换

numpy 数组是 Python 中重要数据存储结构,它与张量有着十分相似的操作和访问方式。在程序开发过程中,经常需要在张量和 numpy 数组之间进行转换。

将 numpy 数组转换为张量时,可直接将 numpy 数组作为内容来定义张量,或者利用 torch.from_numpy()函数来实现。例如,下列代码先产生一个 numpy 数组 a,然后用两种方法把它转化为张量:

```
a = [[4,1,0], [0,4,2]]
a = np.array(a)                     #先生成一个 numpy 数组 a
b = torch.tensor(a)                 #转化为张量 b
c = torch.from_numpy(a)             #转化为张量 c
```

可以验证,b 和 c 是一样的。

利用 np.array()、numpy()等函数可以将给定的张量转化为数组。例如,下列代码可以将张量 x 转化为数组 a 和 b:

```
x = torch.randint(0,6,[2,3])
a = np.array(x)
b = x.numpy()
```

可以验证,a 和 b 是完全相等的。

张量与 numpy 数组的区别主要体现在,在 PyTorch 中,张量可以在 GPU 上运行,从而提高效率;而 numpy 数组只能在 CPU 上运行,效率会低得多。此外,numpy 数组中的元素的类型可以是数值型,也可以是字符串型;而张量中的元素的类型只能是数值型。

另外,可以利用 tolist()函数将一个张量转化为相应的列表(list)。例如:

```
x = torch.randint(0,6,[2,3])
print(x.tolist())
```

输出结果如下:

```
[[4, 1, 0], [0, 4, 2]]
```

2. 张量与 PIL 格式图像之间的转换

张量主要是在模型中“流动”，因而在数据预处理、模型调试等过程中可能需要在张量与 PIL 格式图像之间进行转换。PIL 格式是 PyTorch 主要推荐的图像格式之一。

下面代码先从磁盘上读取图像文件 campus.jpg，得到 PIL 格式文件，然后把它转化为张量，接着调用 to_pil_image()函数将张量转换为 PIL 格式文件：

```
import torch
import numpy as np
from PIL import Image
import matplotlib.pyplot as plt
from torchvision.transforms.functional import to_pil_image
path = r'./data/Interpretability/images'
name = 'campus.jpg'
img_path = path + '\\' + name
origin_img = Image.open(img_path).convert('RGB')    #打开图片并转换为 RGB 模型

#PIL---->Tensor(转为张量)
img1 = np.array(origin_img)                          #先转为 numpy 数组
img1 = torch.ByteTensor(img1)                        #再转为张量

#Tensor---->PIL(又转回 PIL 图像)
pil_img2 = to_pil_image(np.array(img1), mode='RGB')

plt.imshow(pil_img2)                                 #显示图像
plt.show()
```

另外，使用 transforms 模块进行图像格式转换也是经常使用的方法。例如，下列代码利用 transforms 模块将 PIL 图像转换为张量，然后转换为 PIL 图像：

```
import torchvision.transforms as transforms
#PIL---->Tensor(转为张量)
##在.Compose()中可添加多个操作,对图片进行改变
tfs = transforms.Compose([transforms.ToTensor()])
img2 = tfs(origin_img)

#Tensor---->PIL(又转回 PIL 图像)
pil_img2 = transforms.ToPILImage()(img2)
```

1.4.9 张量的拼接

张量的拼接是在特征融合等应用中经常使用到的操作。拼接是按某一维进行的。当按照某一个维进行拼接时，除了该维的长度可以不相等以外，其他维的长度必须相等，否则不能拼接。

例如，下列代码对 x1 和 x2 按照第 2 维进行拼接：

```
x1 = torch.randint(0,6,[3,4])
x2 = torch.randint(0,6,[3,2])
x = torch.cat([x1,x2],dim=1)
print(x1)
```

```
print(x2)
print(x)
```

输出结果如下：

```
tensor([[5, 0, 2, 5],
        [3, 0, 2, 3],
        [5, 5, 2, 5]])
tensor([[3, 5],
        [1, 4],
        [0, 2]])

tensor([[5, 0, 2, 5, 3, 5],
        [3, 0, 2, 3, 1, 4],
        [5, 5, 2, 5, 0, 2]])
```

张量 x1 和 x2 分别有 4 列和 2 列，拼接后产生的张量包含了 6 列，正是这 4 列和 2 列"并排放在一起"的结果。

也可以同时对更多个高维的张量进行拼接。例如，下列代码先定义 4 个 4 维张量，然后按第 2 维进行拼接，结果得到形状为(3,20,5,6,7)的张量 x：

```
x1 = torch.randint(0,6,[3,2,5,6,7])
x2 = torch.randint(0,6,[3,5,5,6,7])
x3 = torch.randint(0,6,[3,6,5,6,7])
x4 = torch.randint(0,6,[3,7,5,6,7])
x = torch.cat([x1,x2,x3,x4],dim=1)
```

结果，x 的形状为 torch.Size([3,20,5,6,7])。

1.5 初识 PyTorch 框架

基于 PyTorch 框架的深度网络模型一般是通过继承 Module 类来实现的，主要分为 3 个步骤来完成：

(1) 定义深度网络模型类，使它继承自 Module 类；

(2) 在模型类中定义网络层；

(3) 在模型类的 forward()方法中，编写网络的业务逻辑，即利用已定义的网络层，构建逻辑上的神经网络。

1.5.1 一个简单的网络模型

在本节中，我们定义了 Module 类的子类——MyModel 类，并由该类构建了一个网络程序。这是一个相对完整的程序，它能够接收数据输入，经过相应处理后，产生相应的输出。代码如下：

```
import torch
import torch.nn as nn
class MyModel(nn.Module):                              #定义深度神经网络模型类
    def __init__(self):
```

```
(5)         super().__init__()
(6)         self.features = nn.Sequential(
(7)             nn.Conv2d(3, 20, 5),              #第1个卷积层
(8)             nn.ReLU(),                        #激活函数 relu
(9)             nn.Conv2d(20, 10, 3),             #第2个卷积层
(10)        )
(11)        #自适应平均池化层(但该层可以放到 forward()方法中)
(12)        self.avgpool = nn.AdaptiveAvgPool2d((32, 32))
(13)        self.fc = nn.Linear(10 * 32 * 32, 2)  #全连接层
(14)    def forward(self,x):
(15)        out = self.features(x)                #输入两个卷积层
(16)        out = torch.max_pool2d(out, 2, 2)     #输入池化层
(17)        out = self.avgpool(out)               #输入自适应平均池化层
(18)        out = out.reshape(x.shape[0], -1)     #扁平化
(19)        out = self.fc(out)                    #输入全连接层
(20)        return out
(21) mymodel = MyModel()
(22) x = torch.randn(32,3,224,224)                #x为模型的输入张量
(23) pre_y = mymodel(x)                           #pre_y为输出的张量
(24) print('输入数据 x 的形状为: ',x.shape)
(25) print('输入数据 pre_y 的形状为: ',pre_y.shape)
```

我们先不管这个类和程序的作用是什么，只需知道这个类是一个网络模型类，其实例化对象可以接收模拟数据的输入，在经过处理后产生相应的输出，具有一般网络模型类的基本特点。对于这种网络模型类，说明以下几点：

（1）网络模型类通过继承 nn.Module 类来实现。

（2）nn.Conv2d 卷积层接收 4 维张量的输入，且其形状需满足下列格式：

（batch_size，channels，height，width）

其中，batch_size 表示批量的大小，channels 表示张量的通道数，height 和 width 分别为通道的高度和宽度。由于上述代码中，第一个卷积层的 channels 设置为 3，因此该模型只能接收通道数为 3 的图像作为输入。例如，对上述模型而言，下面 4 个张量中前两个张量是正确的输入，后面 2 个张量是错误的输入：

```
x = torch.randn(32,3,224,224)          #正确
x = torch.randn(1,3,300,200)           #正确
x = torch.randn(32,4,224,224)          #错误,通道数必须为3
x = torch.randn(1,32,3,224,224)        #错误,维的数量(阶)必须为4
```

（3）在__init__(self)函数中，第(6)～(13)行的代码为初始化部分，分别建立了两个卷积层、一个自适应平均池化层和一个全连接层。

（4）在模型类的 forward()方法中，将输入 x 送入两个卷积层，然后进入最大池化层和自适应平均池化层，接着进行扁平化，最后送入全连接层，其输出即为整个模型的输出。这些代码的作用实际上是相当于将定义的卷积层和全连接层等“连接”起来，在逻辑上形成一个神经网络，从而实现网络的计算功能。

（5）第(23)行所示的语句实际上在调用 forward()方法，或者说，在调用模型实例时该方法被默认调用，即 mymodel(x)等价于 mymodel.forward(x)。

(6) 自适应平均池化层 self.avgpool 的主要作用之一是通过池化将其输入转变为统一的形状,而不管其输入的形状是什么。这样,由于 self.avgpool 输出的形状是固定的,所以其后面的全连接层也可以固定,从而使得模型可以接收任意形状的通道输入(即通道的高和宽可以取任意值),而不需要修改模型的结构。

(7) 两个卷积层放在一个序列容器 nn.Sequential 中,这样做的目的主要是使在 forward()方法中写业务逻辑变得简单一些。

(8) 一般来说,__init__(self)函数部分主要用于定义网络层,尤其是那些有参数的网络层和可能需要放入 GPU 运行的网络层,这样在实例化模型类时可以一次性放入 GPU 中;而在 forward()方法中定义网络层,则需要逐一重新放入 GPU 中。

1.5.2 访问网络模型的各个网络层

一个网络模型由一系列网络层或模块组成,我们可以将这些网络层或模块逐一“拆”出来,这可以利用 nn.Module 的 children()方法来实现。例如,对于上面定义的网络模型 mymodel,下列代码可以逐一获得各个网络层:

```
#调用 children()方法获取各个网络层
for k,layer in enumerate(mymodel.children()):
    print('第%d 层(块)如下:'%(k+1))
    print(layer)
```

执行后得到输出结果如下:

```
第 1 层(块)如下:
Sequential(
    (0): Conv2d(3, 20, kernel_size=(3, 3), stride=(1, 1))
    (1): ReLU()
    (2): Conv2d(20, 10, kernel_size=(3, 3), stride=(1, 1))
)
第 2 层(块)如下:
AdaptiveAvgPool2d(output_size=(32, 32))
第 3 层(块)如下:
Linear(in_features=10240, out_features=2, bias=True)
```

如果还想同时获得各层的名称,可用 named_children()方法来完成:

```
for k,(name,layer) in enumerate(mymodel.named_children()):
    print('第%d 层(块)的名称为: %s'%(k+1,name))
    print(layer)
```

该代码输出结果如下:

```
第 1 层(块)的名称为: features
Sequential(
    (0): Conv2d(3, 20, kernel_size=(3, 3), stride=(1, 1))
    (1): ReLU()
    (2): Conv2d(20, 10, kernel_size=(3, 3), stride=(1, 1))
)
```

```
第 2 层(块)的名称为: avgpool
AdaptiveAvgPool2d(output_size=(32, 32))
第 3 层(块)的名称为: fc
Linear(in_features=10240, out_features=2, bias=True)
```

但是我们注意到,不管 children()方法还是 named_children()方法,都只能获得整块(容器),而无法获得一个容器中的各个网络层。然而,调用 modules()方法则可以获得所有的网络层:

```
for k,layer_block in enumerate(mymodel.modules()):        #调用 modules()方法
    print( '----------- %d -----------'%(k+1))
    print(layer_block)
```

执行上述代码后,产生如下结果:

```
----------- 1 -----------
MyModel(
    (features): Sequential(
        (0): Conv2d(3, 20, kernel_size=(3, 3), stride=(1, 1))
        (1): ReLU()
        (2): Conv2d(20, 10, kernel_size=(3, 3), stride=(1, 1))
    )
    (avgpool): AdaptiveAvgPool2d(output_size=(32, 32))
    (fc): Linear(in_features=10240, out_features=2, bias=True)
)
----------- 2 -----------
Sequential(
    (0): Conv2d(3, 20, kernel_size=(3, 3), stride=(1, 1))
    (1): ReLU()
    (2): Conv2d(20, 10, kernel_size=(3, 3), stride=(1, 1))
)
----------- 3 -----------
Conv2d(3, 20, kernel_size=(3, 3), stride=(1, 1))
----------- 4 -----------
ReLU()
----------- 5 -----------
Conv2d(20, 10, kernel_size=(3, 3), stride=(1, 1))
----------- 6 -----------
AdaptiveAvgPool2d(output_size=(32, 32))
----------- 7 -----------
Linear(in_features=10240, out_features=2, bias=True)
```

可以看到,modules()方法确实可以获得所有的网络层。但是,它不但输出容器内的所有网络层,而且整个容器也一并输出。因此,输出结果有部分重复了。当然,如果需要,可以增加一些条件来选择。

另外,如果只需要某一个特定的网络层(而不全部),可以先用 print(mymodel)查看网络的结构,然后利用网络层的名称或索引来访问特定的网络层。例如,第 2 个卷积层在容器 Sequential 中的索引为 2,容器的名称为 features,因而可以用下列代码访问该卷积层:

```
layer = mymodel.features[2]
```

如果需要，也可以将数据输入该网络层进行处理。例如：

```
x = torch.randn(32,20,100,100)          #构造模拟数据,但要符合网络层输入形状
out = layer(x)                          #将 x 输入该网络层
print(out.shape)                        #输出的形状为 torch.Size([32, 10, 98, 98])
```

1.5.3 访问模型参数及模型保存和加载方法

一个网络模型的核心是网络拓扑结构和网络的参数。在训练阶段，以目标为导向，不断修改网络的参数，使得计算结果不断接近目标；在测试阶段，网络参数已经被固定，主要工作是根据网络结构所约定的运算规则，将输入数据与网络参数进行多层计算，最后形成输出。因此，网络参数很重要，同时网络的结构信息也很重要，两者缺一不可。

可以调用网络模型的 parameters()方法来获取模型包含的所有参数。例如，利用下列代码可输出模型 mymodel 中的所有参数以及统计模型的参数总量：

```
param_num = 0
for param in mymodel.parameters():
    param_num += torch.numel(param)      #统计模型参数总量
    print(param.shape)                   #输出模型各层的参数(形状)
print('该网络参数的总量为: ',param_num)
```

输出结果如下：

```
torch.Size([20, 3, 5, 5])
torch.Size([20])
torch.Size([10, 20, 3, 3])
torch.Size([10])
torch.Size([2, 10240])
torch.Size([2])
该网络参数的总量为: 23812
```

可见，模型的参数保存在各个张量当中；该模型参数总量为 23812 个参数。显然，利用这种方法，我们也可以计算任意一个模型的参数总量。

参数有一个重要的属性——requires_grad，默认情况下该属性的值为 True，表示参数是可更新的(可学习的)。如果设置为 False，则表示参数是不可学习的，亦即参数被冻结了。例如，下列语句可对模型 mymodel 的所有参数进行冻结：

```
for param in mymodel.parameters():
    param.requires_grad = False         #冻结参数
```

如果想同时获得参数本身和参数的名称，可用下列代码来实现：

```
for param in mymodel.named_parameters():
    print('参数名称为: ',param[0], '参数的形状为: ', param[1].shape)
```

此外，state_dict()方法以字典的形式保存各层参数的名称及参数本身(分别作为字典的键和键值)，它与 named_parameters()方法包含的信息都一样。例如，下面代码与上面代码基本上是等价的：

```
for key,param in mymodel.state_dict().items():
    print('参数名称为: ', key, '\t 参数的形状为: ', param.shape)
```

深度学习模型可能需要大量的数据进行长时间的训练。在这个过程中，可能需要多次保存不同时间点上的模型参数，以备在出现问题时从最近的时间点上接着训练模型。即使训练完毕，也需要将模型保存下来，以备他用。这些都要求对模型进行保存。

模型保存有两种方式：仅保存模型参数和保存整个模型。

1. 仅保存模型参数

模型参数是放在模型参数字典中的，因此只保存该字典即可。例如，下列代码仅保存模型 mymodel 的参数：

```
#文件扩展名推荐为 pth 或 ph 或其他
torch.save(mymodel.state_dict(), 'mymodel.pth')
```

由于只保存模型的参数，因此在恢复模型时，要先创建一个结构完全一样的模型：

```
my_new_model = MyModel()
```

然后读取模型参数：

```
mymodel_paramters = torch.load('mymodel.pth')
```

最后用读到的参数更新模型 my_new_model：

```
my_new_model.load_state_dict(mymodel_paramters)
```

这时，模型 my_new_model 与保存时的模型 mymodel 完全一样（包括结构和参数）。

2. 保存整个模型

保存整个模型也利用 torch.save()函数来完成，但其形式更为简单，只需将模型“直接保存”下来即可。例如，下列语句是将模型 mymodel 作为一个整体保存下来（包括网络结构及其参数）：

```
torch.save(mymodel, 'mymodel.pth')
```

加载时调用下列语句：

```
my_new_model = torch.load('mymodel.pth')
```

这时得到的模型 my_new_model 与原来模型 mymodel 是完全一样的。但注意，加载时原来用于实例化模型 mymodel 的类 MyModel 要在 Python 文件中存在。

显然，由于在保存整个模型时，除了保存参数以外还要保存模型的结构，因此所占用的磁盘空间就大一些，保存时间也多一些。

1.6 本章小结

本章首先简要介绍了人工智能和神经网络的发展过程，重点介绍了什么是深度学习；然后介绍了建立 PyTorch 开发环境的方法，重点介绍了张量的概念及其使用方法，为后续章节的学习奠定了基础；最后通过定义网络模型，具体介绍了 PyTorch 程序的开发步骤以及访问各个网络层和网络参数的方法。

1.7　习　　题

1. 什么是深度学习？请简要说明它的发展过程。
2. 请简要介绍神经网络的发展过程。
3. 请说明人工智能、机器学习和深度学习之间的关系。
4. 请简要说明 Anaconda 的作用，以及它与 Python 之间的关系。
5. 请简要说明 PyCharm 和 PyTorch 的关系。
6. 什么是张量？为何要学习张量？
7. 什么是张量的切片操作？它有何作用？
8. 什么是张量的广播机制？
9. 如何使用张量进行梯度计算？
10. 请说明张量与 numpy 数组之间如何进行转换？
11. 什么是张量的拼接？它有什么意义？
12. 请编写一个 PyTorch 程序，使之可以自动计算下列函数在 $x=2$ 上的导数：

$$f(x)=4^x\mathrm{e}^x-2^x+20$$

第2章 感知器——神经元

神经网络是由多个神经元(Neuron)连接而形成的网络,即神经元是神经网络的基本组成单元。当然,一个神经元也可以看作由一个基本单元构成的神经网络。神经元也称为感知器(perceptron),它具有一定的线性拟合和分类功能。本章主要介绍感知器的基本原理及其训练方法,为后面深入学习神经网络奠定理论基础。

2.1 感知器的定义

一个感知器可以理解为由若干输入的线性组合及其变换构成的计算单元,其结构可用图2-1表示。

在图2-1中,$x_1,x_2,\cdots,x_m$ 为 m 个输入,一般表示一个样本的 m 个特征(m 表示特征的个数,是感知器设计时需要设置的超参数),Σ表示加权求和符号,b 为偏置项,σ 表示一种函数变换,通常称为激活函数。每个输入用一个小圆圈节点表示,它们与大圆圈节点之间都由一条边连接,边上标注的 $w_1,w_2,\cdots,w_m$ 分别是对应输入的权重参数。这样,一个感知器的数学模型可表示为:

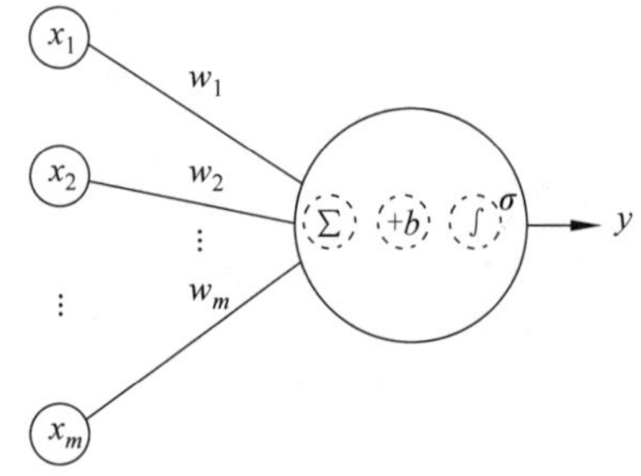

图2-1 感知器(神经元)的基本结构

$$y=\sigma(w_1\cdot x_1+w_2\cdot x_2+\cdots+w_m\cdot x_m+b)$$
$$=\sigma\left(\sum_{j=1}^{m}w_j\cdot x_j+b\right)$$

也就是说,一个感知器在工作时先对输入进行加权求和,然后加上偏置项,最后用激活函数对其进行变换。

通常情况下,$x_1,x_2,\cdots,x_m$ 表示一个样本的 m 个特征值,该样本可记为 $x=(x_1,x_2,\cdots,x_m)$,表示输入的特征向量。类似地,令 $w=(w_1,w_2,\cdots,w_m)$,表示由权重参数 $w_1,w_2,\cdots,w_m$ 构成的权重向量。这样,上述表达式可表示为向量相乘的形式:

$$y=\sigma(\boldsymbol{w}\cdot\boldsymbol{x}+b)$$

也就是说,在数学上 $\sigma(\boldsymbol{w}\cdot\boldsymbol{x}+b)$ 表示一种感知器,或者称"感知器 $\sigma(\boldsymbol{w}\cdot\boldsymbol{x}+b)$"。

在本书中,向量和矩阵一般都用加粗斜体表示。另外,有的图书将 b 看成固定输入为1的边的权重,这样输入向量和权重向量分别表示为 $\boldsymbol{x}=(x_1,x_2,\cdots,x_m,1)$ 和 $\boldsymbol{w}=(w_1,w_2,\cdots,w_m,b)$。但根据大多数读者的认知习惯,本书一般不采用这种表示方法。

显然,只要确定了 $\boldsymbol{w}$ 和 b,$\sigma(\boldsymbol{w}\cdot\boldsymbol{x}+b)$ 就确定了。因此,当我们将一个问题建模为感知

器 $\sigma(\boldsymbol{w} \cdot \boldsymbol{x}+b)$时，剩下的问题就是如何找到适当的 $\boldsymbol{w}$ 和 b，这将在接下来的内容里面介绍。

2.2 激活函数

激活函数的选择对感知器以及后面介绍的神经网络至关重要。下面先介绍几种常用的激活函数及其它们的性质。

比较常用的激活函数包括 sigmoid()、tanh()和 relu()函数，它们的数学公式如下：

$$\text{sigmoid}(x)=\frac{1}{1+\mathrm{e}^{x}}$$

$$\tanh(x)=\frac{\mathrm{e}^{x}-\mathrm{e}^{-x}}{\mathrm{e}^{x}+\mathrm{e}^{-x}}$$

$$\text{relu}(x)=\begin{cases}x, & \text{当 } x \geqslant 0 \\ 0, & \text{其他}\end{cases}$$

图 2-2 是这 3 个激活函数在区间[−10,10]上的曲线图。可以推知，函数 sigmoid(x)是将实数区间(−∞,+∞)内的数映射到区间(0,1)内，tanh(x)则将之映射到(−1,1)内，而 relu(x)将小于 0 的实数映射为 0，非负实数保持不变。sigmoid(x)和 tanh(x)是对实数 x 进行非线性变换，多用于全连接网络，为实现网络的非线性拟合功能奠定基础。如果没有这些激活函数，网络的非线性表达能力将急剧减弱，在后面的例子中我们将感受到这一点。relu(x)则多用于卷积神经网络，其取值范围为[0,1]，以后再详细介绍。

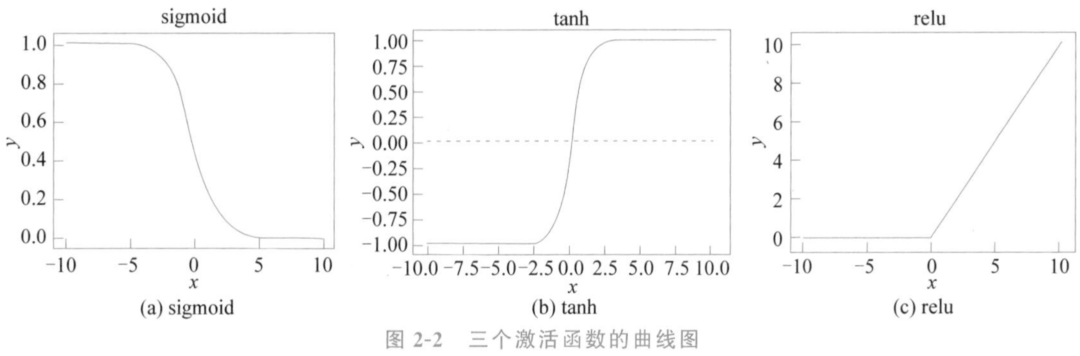

图 2-2 三个激活函数的曲线图

sigmoid(x)、tanh(x)和 relu(x)对应的 PyTorch 函数分别是 torch.sigmoid(x)、torch.tanh(x)和 torch.relu(x)，其中 x 必须为张量。

函数 tanh(x)的值域比 sigmoid(x)的值域大，但它们的变换原理一样，所以 tanh(x)一般优于 sigmoid(x)，在应用场景允许的情况下尽可能选择 tanh(x)。但在逻辑回归输出时，如果要求输出范围为(0,1)，则应当选择 sigmoid(x)。

下面考察它们的导数。

令 y=sigmoid(x)，则不难推导出 sigmoid(x)关于 x 的导数函数可以表示为

$$y(1-y)$$

这说明，sigmoid(x)的导数可以由其自身来表示，这使得计算起来非常方便、快捷。例如，假设欲求函数 sigmoid(x)在 $x=0$ 上的导数，我们可以先求 $y=\text{sigmoid}(x)=\text{sigmoid}(0)=0.5$，进而得知该导数值为 $y(1-y)=0.5$。

类似地，令 $y=\tanh(x)$，则 $\tanh(x)$的导数函数可以表示为

$$(1+y)(1-y)$$

可见，这两个函数的特点之一就是它们的导数可用它们自身来表示。这使得它们在函数求导、运算速度等方面表现出优越的性能，这也是它们在全连接网络中受到广泛应用的一个重要原因。

对于激活函数，需要注意以下几点。

(1) 当一个感知器运用 sigmoid()函数或 tanh()函数时，最好对输入数据统一进行归一化处理。这是因为，这两个函数都是对位于 0 附近的 x 值有着较强的区分能力，而对于远离 0 的 x 值的区分能力则比较弱。

例如，$\text{sigmoid}(20)-\text{sigmoid}(10)=4.54\times10^{-5}$，而 $\text{sigmoid}(0.2)-\text{sigmoid}(0.1)=0.0249$，这意味着 20 和 10 几乎被视为相等的两个数，而 0.2 和 0.1 则有“很大”的区别。

因此，如果没有归一化，那么远离 0 的那些特征值可能失去作用。

(2) 在回归预测问题中对 y 值也应该先归一化，因为这两个函数的输出范围为(0,1)和(−1,1)，如果 y 值很大，那么感知器的输出值对样本误差的计算几乎没有影响，从而导致参数更新失败。

(3) 在使用 sigmoid()函数或 tanh()函数时，感知器应该使用偏置项 b。从图 2-2(a)和图 2-2(b)可以知道，偏置项 b 可以控制函数曲线在水平方向上左右移动。因而，通过对偏置项 b 的学习，可以使得“重要”的数据自动移动到 0 的附近，以发挥它们的区分能力。

此外，阶跃函数、恒等映射等函数在感知器、神经网络中也经常得到应用。阶跃函数、恒等映射的数学公式如下：

$$f(x)=\begin{cases}0, & \text{当 } x>\alpha \\ 1, & \text{其他}\end{cases} \qquad \text{(阶跃函数，其中 } \alpha \text{ 为一实数值)}$$

$$f(x)=x \qquad \text{(恒等映射)}$$

显然，恒等映射的效果相当于没有运用激活函数。

2.3 感知器的训练

当一个问题已被建模为感知器 $\sigma(\boldsymbol{w}\cdot\boldsymbol{x}+b)$后，下一步的工作就是确定具体的 $\boldsymbol{w}$ 和 b。在此之前，首先了解两个概念——监督学习和无监督学习，然后介绍基于梯度下降的感知器训练方法。

2.3.1 监督学习和无监督学习

机器学习方法大致可以分为 3 大类：监督学习、无监督学习和半监督学习。在监督学习中，我们需要提供多个带标记(label)的训练样本，其中每个样本除了提供若干个特征值以外，还应提供样本所属的类别信息。不妨令：

$$D=\{\boldsymbol{s}=(\boldsymbol{x},y)\mid \boldsymbol{x}=(x_1,x_2,\cdots,x_m)\in\Re,y\in\psi\}$$

表示一个样本数据集，其中 $\boldsymbol{x}=(x_1,x_2,\cdots,x_m)$为特征向量，表示样本 $\boldsymbol{s}$ 的 m 个特征值；y 表示该样本的标记(或称为标签)，一般为数值标量或离散符号；$\Re$和ψ分别表示 m 维特征空间和标记集。为了区别样本的序号，本书利用带括号的上标来表示不同的序号。例如，第 i

个样本表示为

$$s^{(i)}=(\boldsymbol{x}^{(i)},y^{(i)})$$

其中 $\boldsymbol{x}^{(i)}=(\boldsymbol{x}_1^{(i)},x_2^{(i)},\cdots,x_m^{(i)})$。在监督学习中，特征向量 $\boldsymbol{x}$ 和标记 y 都需要事先给出。当我们向模型中输入 $\boldsymbol{x}$ 时，希望输出的结果是 y(期望输出)。但是，由于误差等原因，模型的输出未必是 y。实际上，在多数情况输出的结果都与 y 有一定的差别，我们把模型的“实际输出”记为 $\hat{y}$(在 PyTorch 代码中通常写为 pre_y)。当向模型提供足够的样本，并利用有效的算法来训练模型，使得实际输出不断接近期望输出，以至于将两者的误差控制在足够小的范围内以后，我们就可以认为训练方法已经收敛，这时得到的模型可用于对新的输入进行分析，以预测产生的结果。

简而言之，监督学习就是利用样本的特征向量及其标记来学习数据分布规律的一种机器学习方法，即它既要求提供 $\boldsymbol{x}$，也要提供 y。数据分类就是一种典型的监督学习方法，以神经网络为核心内容的深度学习也属于监督学习的范畴。

无监督学习则是仅仅基于样本特征向量而无需样本标记的一种机器学习方法，即它仅要求提供 $\boldsymbol{x}$，而不需要提供 y。例如，聚类方法就是一种典型的无监督学习方法。

作为一种监督学习方法，深度学习已经掀起了新的一轮人工智能研究热潮，在诸多领域中已得到成功的应用。但监督学习依赖带标记的样本数据，而构造样本标记是一项耗时耗力的工程，这使得监督学习的应用在许多场景中受到限制。对需要海量标记数据的深度学习而言，这种限制更为严重。因此，有时监督学习和无监督学习需要结合运用，这就催生了另一种机器学习方法——半监督学习。例如，利用少量的带标记的样本，通过聚类算法，为没有标记的样本构造标记，从而产生更多带标记的样本，进而满足监督学习方法对海量标记样本的需要。深入介绍这方面的内容超出了本书的范围，感兴趣的读者请参考相关文献和书籍。

2.3.2　面向回归问题的训练方法

1. 分类、线性回归与逻辑回归

我们先介绍两个概念：回归与分类问题。

在回归(Regression)问题中，模型的输出是连续值，是定量输出，即回归分析主要用于预测。例如，建立的模型用于预测房屋价格或日常温度等，模型输出的值都是连续类型的数值，因而此类问题都属于回归问题。这时，样本标记 y 一般是连续值。

逻辑回归(Logistic Regression)是在回归的基础上要求输出范围为(0,1)，以用于解决分类问题，即逻辑回归主要用于分类，尤其是二分类。

在分类(Classification)问题中，模型的输出是有限个数的离散值，是定性输出。例如，如果一个模型的输出是“猫”和“狗”两个类别或者“苹果”“橘子”和“雪梨”三个类别等，那么这类问题就属于分类问题。当然，在深度学习中，分类问题在底层上是利用数值(概率)来实现，但在整体上体现出来的是离散类别的选择。这时，样本标记 y 一般是离散值或类别符号。

2. 目标函数与随机梯度下降算法

假设待解决的问题已被建模为感知器 $\sigma(\boldsymbol{w}\cdot\boldsymbol{x}+b)$，并已拥有训练该感知器所需的带

标记的样本集 $D=\{s=(x,y) \mid x=(x_1,x_2,\cdots,x_m)\in\Re, y\in\psi\}$。

对任意输入(x,y)，希望感知器的实际输出$\hat{y}$与期望输出 y 越接近越好。为此，我们需要构造一种非负的函数来表征这种接近程度：两者越接近，函数值越小(但大于 0)；当两者完全吻合时，函数值达到最小值。不妨把这种函数记为$\mathcal{L}(\hat{y},y)$，其中$\hat{y}$表示感知器的实际输出，即$\hat{y}=\sigma(\boldsymbol{w}\cdot\boldsymbol{x}+b)$，$y$ 为给定的样本标记，也是模型的期望输出。确定 w 和 b 的方法正是通过最小化$\mathcal{L}(\hat{y},y)$的途径来实现，因而$\mathcal{L}(\hat{y},y)$是我们优化的目标，称为目标函数。注意，目标函数的最小值不一定是 0。例如，如果目标函数带有正则化项时，目标函数的值通常大于 0，这将在后面章节中介绍。

需要说明一点，目标函数是针对优化问题而言，是优化问题中的一个概念，通常带有一定的约束条件。在机器学习中，损失函数(Loss Function)也称为代价函数(Cost Function)，通常是表示预测值与真实值之间的差异的函数。可以看到，在深度学习中目标函数和损失函数在大多情况下是等价的，因而有时也混用这两个概念(实际上，在理论分析中，由于强调优化问题，因而通常使用“目标函数”，而在 PyTorch 代码分析中，常常使用“损失函数”)。

针对回归问题，每输入一个特征向量 $\boldsymbol{x}$，模型的输出$\hat{y}$是一个连续型的数值，当然事先给定标记 y 也是一个数值，因此可以通过相减的方法来衡量$\hat{y}$和 y 的接近程度。其中，针对回归问题常用的目标函数设计如下：

$$\mathcal{L}(\hat{y},y)=\frac{1}{2}(\hat{y}-y)^2$$

对感知器而言，$\hat{y}=\sigma(\boldsymbol{w}\cdot\boldsymbol{x}+b)$，式中的$\frac{1}{2}$是为了导数计算方便，别无他用。针对回归问题，在感知器中激活函数 σ 通常设置为恒等映射，即相当于不需要激活函数；如果设置为其他激活函数，在梯度计算过程中需要对其进行求导。

当然，回归问题的这种目标函数设计并非是唯一的，还有其他多种设计，这将在今后的学习中逐步接触到。但这种设计具有一定代表性，应用场合也比较多，故作为典型例子来介绍。

目标函数$\mathcal{L}(\hat{y},y)$是关于$\hat{y}$的函数，而$\hat{y}$是关于 $\boldsymbol{w}$ 和 b 的函数，x 和 y 均为事先给定的样本数据，视为常数。因此，优化的目标是：找到适当的 $\boldsymbol{w}$ 和 b，使得$\mathcal{L}(\hat{y},y)$达到最小值。在数学上，该优化问题可表示为

$$\underset{\boldsymbol{w},b}{\operatorname{argmin}}\mathcal{L}(\hat{y},y)$$

由于 $\boldsymbol{w}=(w_1,w_2,\cdots,w_m)$，故$\mathcal{L}(\hat{y},y)$是 $m+1$ 元函数(因为含一个偏置项 b)，这说明一共有 $m+1$ 个参数需要优化。那么如何对这 $m+1$ 个参数进行优化呢？这是问题的关键。

先考虑最简单的情况：一元函数的优化问题。作为例子，考虑如下的一元函数：

$$f(\boldsymbol{w})=2(\boldsymbol{w}-2)^2+1$$

该函数在区间$[-1.5,5.5]$上的函数曲线如图 2-3 所示。

函数 $f(\boldsymbol{w})$的最小值点位于 $\boldsymbol{w}=2$ 处，最小值为 $f(\boldsymbol{w})=1$。现任意选择一点，假设为点(5,19)。易知，$f(\boldsymbol{w})$的导数函数为 $f'(\boldsymbol{w})=4(\boldsymbol{w}-2)$，其在该点上的导数(梯度)为 $f'(5)=$

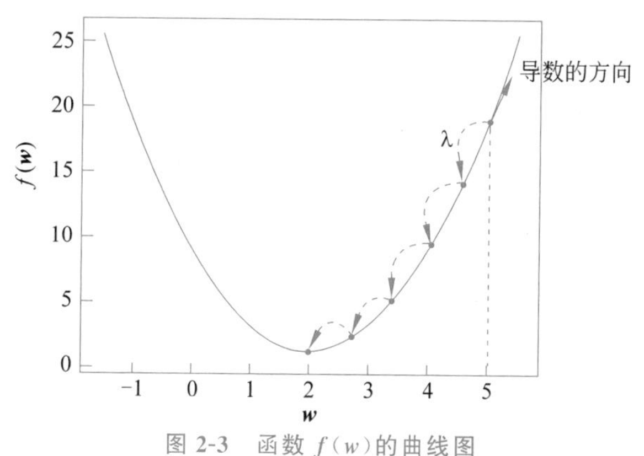

图 2-3 函数 $f(w)$的曲线图

4(5－2)＝12,该导数的方向如图 2-3 中的箭头所示。该方向是函数 $f(\boldsymbol{w})$随 $\boldsymbol{w}$ 上升最快的方向。但我们要找的是最小值,而不是最大值,因此要沿着与此相反的方向才能以最快速度找到最小值。为此,我们需沿着与该导数方向相反的方向“走”,也就是沿着梯度下降的方向“走”(如图 2-3 中的虚线箭头)。于是,将 $f(\boldsymbol{w})$在 $\boldsymbol{w}=5$ 上的导数值 12 乘以－1 以后得到－12(导数值的相反数),再用于修正 $\boldsymbol{w}$,结果得到 $\boldsymbol{w}=5+(-12)=-7$。显然,这已经向左严重“跨过”了 $\boldsymbol{w}=2$ 处,这说明“跨步”太大了。于是,学者们用一个小系数乘以导数值的相反数,用于控制“迈出”的步长。假如该小系数为 0.1,则“迈出”的步长为－1.2,以之修正 $\boldsymbol{w}$ 后得到 $\boldsymbol{w}=5+(-1.2)=3.8$。然后,从 $\boldsymbol{w}=3.8$ 开始,用同样方法就可以不断逼近 $\boldsymbol{w}=2$ 的位置,总体上大致沿着图 2-3 所示的虚线箭头方向逼近。而这个小系数就是所谓的学习率(Learning Rate),本书一般用 λ 表示学习率(在 PyTorch 代码中多用 lr 表示)。它是一个超参数,需要手工设置,其取值通常为 0.1,0.01 等之类的非负小实数。

据此,我们可以得到参数 $\boldsymbol{w}$ 的如下更新方式:

$$\boldsymbol{w} \leftarrow \boldsymbol{w} - \lambda \frac{\partial f}{\partial w}$$

这种方法就是所谓的梯度下降算法。

下面,以此作为例子,基于上述原理,用 PyTorch 代码来求出具体的最小值点。

【例 2.1】 给定函数 $f(\boldsymbol{w})=2(\boldsymbol{w}-2)^2+1$,请用梯度下降算法求该函数的最小值点。

本例中,我们用 PyTorch 求出该函数的最小值点。为此,先定义实现 $f(\boldsymbol{w})$的 PyTorch 函数,代码如下:

```
def f(w):
    t = 2 * (w - 2) ** 2 + 1
    return t
```

然后定义函数 $f(w)$的导数函数:

```
def df(w):
    t = 4 * (w - 2)
    return t
```

接着设置学习率和寻找的起点:

```
lr = 0.1  #学习率
w = torch.Tensor([5.0])                                #设置寻找的起点
```

最后编写迭代循环代码：

```
for epoch in range(20):                                    #迭代循环
    w = w - lr * df(w)                                     #更新 w
y = f(w)
w, y = round(w.item(), 2), round(y.item(),2)
print("该函数的最小值点是: (%0.2f,%0.2f)"%(w, y))          #输出最小值点
```

整个程序的完整代码如下：

```
import torch
def f(w):                                                  #定义函数
    t = 2 * (w - 2) ** 2 + 1
    return t
def df(w):                                                 #函数的导数
    t = 4 * (w - 2)
    return t
lr = 0.1                                                   #学习率
w = torch.Tensor([5.0])                                    #设置寻找的起点
for epoch in range(20):                                    #迭代循环
    w = w - lr * df(w)                                     #更新 w
y = f(w)
w, y = round(w.item(),2), round(y.item(),2)
print("该函数的最小值点是: (%0.2f,%0.2f)"%(w, y))          #输出最小值点
```

运行该程序，输出结果如下：

```
该函数的最小值点是: (2.00,1.00)
```

可以看到，程序输出的结果与我们预想的是一样的。这说明前面列出的迭代方法是正确的。

在这个例子中，我们掌握了面向一元函数的梯度下降迭代算法，即每次都是沿着梯度下降最快的方向(与梯度方向相反)去更新参数，从而快速找到所需要的参数。这种思想就是梯度下降算法的基本思路。但对于多元函数，又是如何对众多的参数进行优化呢？其实原理很简单：当对某一个参数进行优化时，把其他参数看成是常数，这样就可以用上面介绍的方法对当前的参数进行优化，进而优化所有的参数。据此，针对 $m+1$ 元的目标函数$\mathcal{L}(\hat{y},y)$，参数优化的核心操作可表示如下：

$$w_j \leftarrow w_j - \lambda \frac{\partial \mathcal{L}}{\partial w_j}, \quad j=1,2,\cdots,m$$

$$b \leftarrow b - \lambda \frac{\partial \mathcal{L}}{\partial b}$$

如果每次更新时只利用一个样本进行梯度计算，并以此更新参数，那么这种梯度下降算法通常称为随机梯度下降算法(Stochastic Sradient Descent Algorithm)。该算法描述如下。

随机梯度下降算法

输入：待学习的感知器 $\boldsymbol{w}\cdot\boldsymbol{x}+b$，以及数据集 $D=\{(\boldsymbol{x}^{(i)},y^{(i)})\mid i=1,2,\cdots,n\}$
输出：训练好的感知器 $\boldsymbol{w}\cdot\boldsymbol{x}+b$
Begin
(1) 读入数据集 D，并设置学习率 λ；
(2) 随机初始化 w 和 b，其中 $w=(w_1,w_2,\cdots,w_m)$；
(3) 设计目标函数 $\mathcal{L}(\hat{y},y)$，并导出其导数函数；
(4) While(未达到停止条件)：
(5) 　　For $i=1$ to n do：　　　# 通常先随机打乱 D 中样本的顺序
(6) 　　　　利用 $\mathcal{L}(\hat{y}^{(i)},y^{(i)})$ 计算 $\frac{\partial\mathcal{L}}{\partial w_j}$ 和 $\frac{\partial\mathcal{L}}{\partial b}$；
(7) 　　　　令 $w_j\leftarrow w_j-\lambda\frac{\partial\mathcal{L}}{\partial w_j}$，$j=1,2,\cdots,m$；
(8) 　　　　令 $b\leftarrow b-\lambda\frac{\partial\mathcal{L}}{\partial b}$；
(9) 输出 $\boldsymbol{w}\cdot\boldsymbol{x}+b$　　　# 这时 $\boldsymbol{w}$ 和 b 都已经被优化
End

上述算法中，$\frac{\partial\mathcal{L}}{\partial w_j}$ 和 $\frac{\partial\mathcal{L}}{\partial b}$ 的计算要根据具体的目标函数来完成；停止条件可根据实际需要来设定，例如，可在运行若干轮(epoch)后停止，也可以在参数误差变化足够小时停止等。

3. 随机梯度下降算法举例

【例 2.2】　构建一个感知器，使之可以对给定的若干离散点进行线性拟合(二维平面中的数据点)。

假设在一个二维平面中给定 10 个点，其坐标分别是(1，−9.51)、(2，−5.74)、(3，−2.84)、(4，−1.80)、(5，0.54)、(6，1.51)、(7，4.33)、(8，7.06)、(9，9.34)、(10，10.72)。如果将其标在一个坐标平面中，则结果如图 2-4 所示。下面构造一个线性感知器，以实现对这些离散点的拟合，即该感知器可以"绘出"图 2-4 中的虚线。

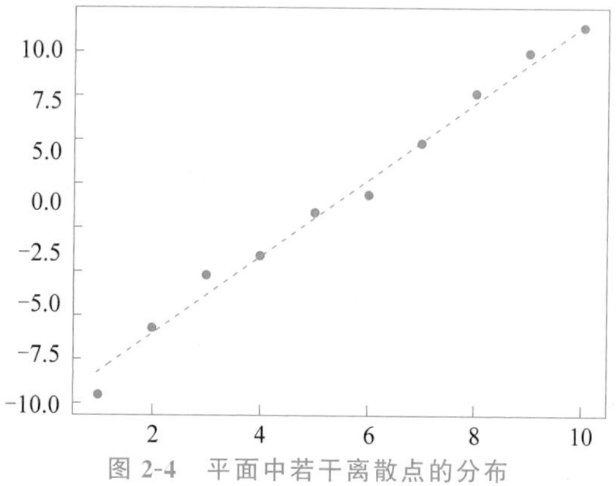

图 2-4　平面中若干离散点的分布

根据输入数据的特点，每个样本数据只有一个特征，因此设置 $m=1$，于是设计如下的感知器：

$$\hat{y}=\boldsymbol{w}\cdot\boldsymbol{x}+b$$

这是最简单的感知器，只需确定两个参数：$\boldsymbol{w}$ 和 b。进而按照随机梯度下降算法，编写求解该问题的 PyTorch 代码，主要步骤和代码如下：

首先，读取数据和定义感知器函数：

```
import torch
X = [1, 2, 3, 4, 5, 6, 7, 8, 9, 10]                  #读取数据
Y = [-9.51, -5.74, -2.84, -1.8, 0.54, 1.51, 4.33, 7.06, 9.34, 10.72]
X = torch.Tensor(X)                                   #转换为张量
Y = torch.Tensor(Y)
def f(x):                                             #定义感知器函数
    t = w*x + b
return t
```

其中，$f(x)$相当于根据当前 $\boldsymbol{w}$ 和 b 的值来计算感知器的输出$\hat{y}$。

然后，按照随机梯度下降算法的基本步骤编写 PyTorch 代码：

(1) 随机初始化参数：

```
w, b = torch.rand(1), torch.rand(1)       #随机初始化 w 和 b
```

(2) 确定目标函数$\mathcal{L}(\hat{y},y)=\frac{1}{2}(\hat{y}-y)^2$，其关于 $\boldsymbol{w}$ 和 b 的导数函数分别是：

$$\begin{aligned}\frac{\partial \mathcal{L}}{\partial \boldsymbol{w}} &= \frac{\partial}{\partial \boldsymbol{w}}\left(\frac{1}{2}(\hat{y}-y)^2\right) \\ &= (\hat{y}-y)\frac{\partial \hat{y}}{\partial \boldsymbol{w}} \\ &= (\hat{y}-y)\boldsymbol{x}\end{aligned}$$

$$\frac{\partial \mathcal{L}}{\partial b} = (\hat{y}-y)$$

据此，编写关于 $\boldsymbol{w}$ 和 b 的导数函数的实现代码：

```
def dw(x, y):                         #目标函数关于 w 的导数函数:
    t = (f(x) -y) * x
    return t
def db(x, y):                         #目标函数关于 b 的导数函数:
    t = (f(x) -y)
    return t
```

注意，我们并不需要显式计算目标函数$\mathcal{L}(\hat{y},y)$的值，而只需要利用其导数函数。

(3) 设置学习率：

```
lr = torch.Tensor([0.01])            #设置学习率
```

(4) 编写循环体代码，对一个样本数据，做一次梯度计算和参数更新，同时以循环代数作为算法停止条件：

```
for epoch in range(1000):            #设置循环的代数
    for x,y in zip(X, Y):            #注意,X 和 Y 中的元素一一对应
        dw_v, db_v = dw(x,y), db(x,y)
        w = w - lr * dw_v
        b = b - lr * db_v
```

经过上述迭代循环以后，得到的 $\boldsymbol{w}$ 和 b 的值即为符合我们的需要。在笔者的计算机

上，$\boldsymbol{w}$ 和 b 的值分别为 2.1095 和 -10.3826。

以下是绘制如图 2-4 所示的代码：

```
import matplotlib.pyplot as plt
plt.scatter(X,Y,c='r')
X2 = [X[0],X[len(X)-1]]                  #过两点绘制感知器函数直线图
Y2 = [f(X[0]),f(X[len(X)-1])]
plt.plot(X2,Y2,'--',c='b')
plt.tick_params(labelsize=13)
plt.show()
```

4. 批量梯度下降算法及举例

前面讨论的目标函数$\mathcal{L}(\hat{y},y)$实际上仅仅刻画单个样本在模型上造成的误差，故也称为单个样本的误差。然而，如果按照上面的思路，每处理一个样本，就按照上式做一次所有参数的更新，那么对大数据集而言，这种做法是低效的。实际上，当输入多个样本后，利用多个样本的平均误差做一次梯度计算和参数更新，这种方法称为批量梯度下降算法（**Batch Gradient Descent**），其效率和效果会明显好转。下面介绍这种方法。

令$(\boldsymbol{X},\boldsymbol{Y})$表示由 n 个样本构成的一批样本，称为一个批量（Batch），其中 $\boldsymbol{X}=(\boldsymbol{x}^{(1)},\boldsymbol{x}^{(2)},\cdots,\boldsymbol{x}^{(n)})$，$\boldsymbol{Y}=(y^{(1)},y^{(2)},\cdots,y^{(n)})$。$\boldsymbol{X}$ 可理解为表示这批样本的 $n\times m$ 特征矩阵，$\boldsymbol{Y}$ 称为标记向量；令$\hat{\boldsymbol{Y}}=(\hat{y}^{(1)},\hat{y}^{(2)},\cdots,\hat{y}^{(n)})$，称为模型的输出向量。显然，$\hat{y}^{(i)}$、$y^{(i)}$ 和特征矩阵 $\boldsymbol{X}$ 中的第 i 行相互对应，即：

$$\hat{y}^{(j)}=\boldsymbol{w}\cdot\boldsymbol{x}^{(j)}+b,\quad j=1,2,\cdots,n$$

令：

$$\mathcal{L}(\hat{\boldsymbol{Y}},\boldsymbol{Y})=\frac{1}{n}\sum_{i=1}^{n}\mathcal{L}(\hat{y}^{(i)},y^{(i)})=\frac{1}{2n}\sum_{i=1}^{n}(\hat{y}^{(i)}-y^{(i)})^2$$

显然，$\mathcal{L}(\hat{\boldsymbol{Y}},\boldsymbol{Y})$是批量$(\boldsymbol{X},\boldsymbol{Y})$中所有样本误差的平均值。批量梯度下降算法正是先计算这 n 个样本的误差平均值，然后通过梯度计算对 $\boldsymbol{w}$ 和 b 做一次更新。

$\mathcal{L}(\hat{\boldsymbol{Y}},\boldsymbol{Y})$关于 $\boldsymbol{w}$ 和 b 的导数函数推导如下：

$$\begin{aligned}\frac{\partial\mathcal{L}(\hat{\boldsymbol{Y}},\boldsymbol{Y})}{\partial w_j}&=\frac{\partial}{\partial w_j}\left(\frac{1}{2n}\sum_{i=1}^{n}(\hat{y}^{(i)}-y^{(i)})^2\right)=\frac{1}{2n}\sum_{i=1}^{n}\frac{\partial}{\partial w_j}(\hat{y}^{(i)}-y^{(i)})^2\\&=\frac{1}{n}\sum_{i=1}^{n}(\hat{y}^{(i)}-y^{(i)})\frac{\partial\hat{y}^{(i)}}{\partial w_j}=\frac{1}{n}\sum_{i=1}^{n}(\hat{y}^{(i)}-y^{(i)})x_j^{(i)}\end{aligned}$$

$$\frac{\partial\mathcal{L}(\hat{\boldsymbol{Y}},\boldsymbol{Y})}{\partial b}=\frac{1}{n}\sum_{i=1}^{n}(\hat{y}^{(i)}-y^{(i)})$$

其中，$j=1,2,\cdots,m$。

根据上面推导结果，对于批量$(\boldsymbol{X},\boldsymbol{Y})$，我们得到如下的参数更新操作：

$$w_j\leftarrow w_j-\lambda\frac{1}{n}\sum_{i=1}^{n}(\hat{y}^{(i)}-y^{(i)})x_j^{(i)},\quad j=1,2,\cdots,m$$

$$b\leftarrow b-\lambda\frac{1}{n}\sum_{i=1}^{n}(\hat{y}^{(i)}-y^{(i)})$$

这些操作便是批量梯度下降算法中参数更新的关键操作。根据此更新操作及上述随机梯度下降算法，我们不难给出批量梯度下降算法的描述。但为节省篇幅，在此略过。

对于批量梯度下降算法，批量大小 n 的设置很重要。如果令 $n=1$，则批量梯度下降算法退化为随机梯度下降算法；如果令 $n=|D|$，即以整个数据集作为一个批输出，则会耗费很大的内存资源，对大数据集可能无法运行。显然，批量大小 n 应大于 1 而小于 $|D|$，具体要视数据集的特征数、内存资源等因素来决定，通常设置为 32、64、128 等 2 的幂次方。

将一个数据集划分为一系列不相交的输入批量的操作称为数据打包。在 PyTorch 语言中，有专门的语句用来实现数据打包，从第 3 章开始将大量接触到数据打包的方法。在下面的例子中，主要是介绍数据打包的基本原理，以便在原理上理解数据打包，为后面数据打包的应用作准备。

【例 2.3】 对例 2.2 所述的离散点线性拟合的问题，请改用批量梯度下降算法来解决。

与例 2.2 相比，这里需要做两点修改：①对数据进行打包，即将数据集划分若干个包，形成多个批量；②以批量为单位，计算它们的平均误差，然后据此计算关于各个参数的梯度，进而用于更新相应的参数。由于例子比较简单，下面直接给出核心代码，其中批的大小设置为 4：

```
torch.manual_seed(123)
X = [1, 2, 3, 4, 5, 6, 7, 8, 9, 10]
Y = [-9.51, -5.74, -2.84, -1.8, 0.54, 1.51, 4.33, 7.06, 9.34, 10.72]
X = torch.Tensor(X)                                  #转换为张量
Y = torch.Tensor(Y)

#数据打包：
n = 4                                                #包的大小设置为 4
X1,Y1 = X[0:n],Y[0:n]                                #该包的大小为 4
X2,Y2 = X[n:2*n],Y[n:2*n]                            #该包的大小为 4
X3,Y3 = X[2*n:3*n],Y[2*n:3*n]                        #该包的大小为 2
X,Y = [X1,X2,X3],[Y1,Y2,Y3]                          #重新定义 X 和 Y

#定义感知器的函数
def f(x):
    t = w*x + b
    return t
def dw(x,y):                                         #目标函数关于 w 的导数函数：
    t = (f(x) -y) * x
    return t
def db(x,y):                                         #目标函数关于 b 的导数函数：
    t = (f(x) -y)
    return t
#-----------------------------
w, b = torch.rand(1), torch.rand(1)                  #随机初始化 w 和 b
lr = torch.Tensor([0.01])                            #设置学习率
for epoch in range(1000):                            #设置循环的代数
    for bX, bY in zip(X, Y):                         #此处与例 2.2 不同
        dw_v, db_v = dw(bX, bY), db(bX, bY)          #由于 bX 和 bY 均为张量，
                                                     #所以函数 dw 和 db 不需要修改
        dw_v = dw_v.mean()                           #求平均值
        db_v = db_v.mean()
        w = w - lr * dw_v
```

```
        b = b - lr * db_v
print("优化后,参数 w 和 b 的值分别为: %0.4f 和%0.4f"%(w,b))
```

运行上述代码后,其产生的效果与例 2.2 中的效果是一样的,均如图 2-4 所示。

2.3.3 面向分类问题的训练方法

分类问题可以分为二分类问题或多分类问题(类别为 3 类或更多类的分类问题)。一个感知器一般只能解决二分类问题,所以本章仅讨论此类问题,其他多分类问题将在后续章节介绍。

在二分类问题中,一般一个类别用 0 表示,另一个类别用 1 表示(至于哪个类别为 0,哪个为 1? 这无关紧要)。考虑如下的感知器:

$$\hat{y}=\sigma(\boldsymbol{w}\cdot\boldsymbol{x}+b)$$

我们的期望是:该感知器能够将属于 0 类的特征向量映射为接近 0 的数值,而将属于 1 类的特征向量映射为接近 1 的数值,这些映射值都在(0,1)范围内。为实现这种映射功能,感知器的激活函数 σ 一般设置为 sigmoid 函数,其目标函数常定义为如下的交叉熵损失函数:

$$\mathcal{L}(\hat{y},y)=-y\log(\hat{y})-(1-y)\log(1-\hat{y})$$

其中,log 为自然对数,$\mathcal{L}(\hat{y},y)$是关于 $\boldsymbol{w}$ 和 b 的函数,y 是标记,视为常数。

从该目标函数可以看出:如果 $y=0$,则模型输出$\hat{y}$越接近 0,$\mathcal{L}(\hat{y},y)$的值越小,而$\hat{y}$越接近 1,$\mathcal{L}(\hat{y},y)$越大;如果 $y=1$,则$\hat{y}$越接近 1,$\mathcal{L}(\hat{y},y)$越小,而$\hat{y}$越接近 0,$\mathcal{L}(\hat{y},y)$越大。这说明,当通过不断修正 $\boldsymbol{w}$ 和 b 而使得$\mathcal{L}(\hat{y},y)$被最小化时,该感知器能够将属于 0 类和 1 类的特征向量分别映射为接近 0 和 1 的数值。

显然,二分类感知器的训练方法也是采用批量梯度下降算法或随机梯度下降算法,相应算法的描述与针对回归问题的算法描述完全一样,不同的是,目标函数$\mathcal{L}(\hat{y},y)$的梯度函数发生了变化。下面给出此处$\mathcal{L}(\hat{y},y)$的梯度函数的推导过程:

$$\begin{aligned}
\frac{\partial\mathcal{L}}{\partial w_j}&=\frac{\partial}{\partial w_j}(-y\log(\hat{y})-(1-y)\log(1-\hat{y}))=\frac{-y}{\hat{y}}\frac{\partial\hat{y}}{\partial w_j}-\frac{1-y}{1-\hat{y}}\frac{\partial(-\hat{y})}{\partial w_j}\\
&=\left(\frac{1-y}{1-\hat{y}}-\frac{y}{\hat{y}}\right)\frac{\partial\hat{y}}{\partial w_j}=\left(\frac{1-y}{1-\hat{y}}-\frac{y}{\hat{y}}\right)\frac{\partial\sigma(\boldsymbol{w}\cdot\boldsymbol{x}+b)}{\partial w_j}\\
&=\left(\frac{1-y}{1-\hat{y}}-\frac{y}{\hat{y}}\right)\hat{y}(1-\hat{y})\frac{\partial(\boldsymbol{w}\cdot\boldsymbol{x}+b)}{\partial w_j}\\
&=\left(\frac{1-y}{1-\hat{y}}-\frac{y}{\hat{y}}\right)\hat{y}(1-\hat{y})x_j \qquad \text{(注:利用了函数 sigmoid() 的导数性质)}\\
&=[(1-y)\hat{y}-(1-\hat{y})y]x_j
\end{aligned}$$

类似地,可以推导出:

$$\frac{\partial\mathcal{L}}{\partial b}=(1-y)\hat{y}-(1-\hat{y})y$$

这样,针对二分类问题的感知器,其参数更新的核心操作是:

$$w_j\leftarrow w_j-\lambda[(1-y)\hat{y}-(1-\hat{y})y]x_j,\quad j=1,2,\cdots,m$$

$$b \leftarrow b - \lambda[(1-y)\hat{y} - (1-\hat{y})y]$$

上述设计的感知器是在线性回归(只有一个实数值输出)的基础上,运用了激活函数sigmoid(),使得感知器的输出范围为(0,1),因而这种感知器实际上是利用逻辑回归方法来解决二分类问题。

利用上述的参数更新操作和梯度下降算法,我们就可以利用感知器来解决二分类问题。需要注意的是,在使用训练好的感知器做分类时,需要导入阈值,对感知器的输出做阶跃变换,输出大于或等于0.5的归为1类,否则归为0类。

【例2.4】 在一个二维平面中,对给定的若干个线性可分的离散点,其中部分属于0类,另一部分属于1类。请构造一个感知器,使之能够对这些点进行分类。

假设给定10个线性可分的离散点,其中5个点属于0类,另外5个点属于1类。这些点的坐标分别是(2.49,2.86)、(0.50,0.21)、(2.73,2.91)、(3.47,2.34)、(1.38,0.37)、(1.03,0.27)、(0.59,1.73)、(2.25,3.75)、(0.15,1.45)和(2.73,3.42),它们的类别标记分别是1、0、1、1、0、0、0、1、0和1。将这些点标记在一个坐标系中,结果如图2-5所示,其中圆黑点和下三角黑点分别表示0类和1类。

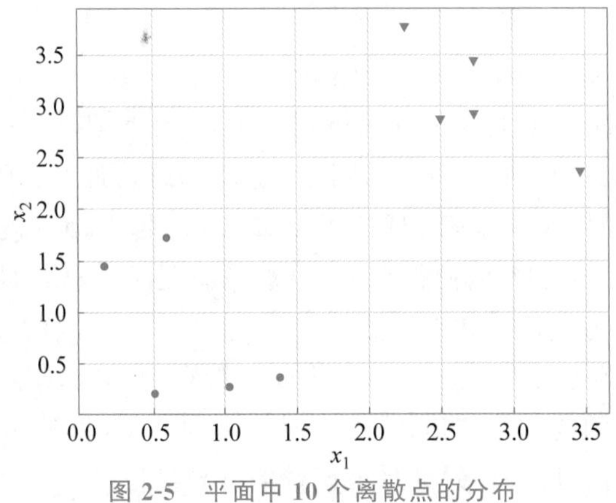

图2-5 平面中10个离散点的分布

显然,这属于典型的二分类问题,样本的特征值个数为2,为此设计如下的感知器:

$$\hat{y} = \text{sigmoid}(\boldsymbol{w} \cdot \boldsymbol{x} + b)$$

其中,$\boldsymbol{w}=(w_1,w_2)$,$\boldsymbol{x}=(x_1,x_2)$,b为偏置项,一共有3个参数待优化:w_1、w_2和b。

该感知器的目标函数构造如下:

$$\mathcal{L}(\hat{y},y) = -y\log(\hat{y}) - (1-y)\log(1-\hat{y})$$

其中,y为样本的类标记,取值为0或1。

下面按照随机梯度下降算法编写该感知器的训练代码,同时为了便于下一节介绍PyTorch框架,我们用面向对象编程方法来编写这些代码。所有代码如下:

```
import torch
import matplotlib.pyplot as plt
#读入数据
X1=[2.49, 0.50, 2.73, 3.47, 1.38, 1.03, 0.59, 2.25, 0.15, 2.73]
X2=[2.86, 0.21, 2.91, 2.34, 0.37, 0.27, 1.73, 3.75, 1.45, 3.42]
Y = [1, 0, 1, 1, 0, 0, 0, 1, 0, 1]                    #类标记
```

```
X1 = torch.Tensor(X1)
X2 = torch.Tensor(X2)
X = torch.stack((X1,X2),dim=1)          #将所有特征数据“组装”为一个张量
#形状为 torch.Size([10, 2])
Y = torch.Tensor(Y)                     #形状为 torch.Size([10])
lr = torch.Tensor([0.1])                #设置学习率
class Perceptron2():
    def __init__(self):
        self.w1 = torch.Tensor([0.0])#定义 3 个待优化参数(属性)
        self.w2 = torch.Tensor([0.0])
        self.b = torch.Tensor([0.0])

    def f(self, x):                     #感知器函数的实现代码
        x1, x2 = x[0], x[1]
        t = self.w1 * x1 + self.w2 * x2 + self.b
        z = 1.0 / (1 + torch.exp(t))   #运用 sigmoid 函数
        return z
    def forward_compute(self, x):       #前向计算
        pre_y = self.f(x)
        return pre_y                    #只有一个实数值输出
#--------------------------------------------------
perceptron2 = Perceptron2()             #创建实例 perceptron2
for ep in range(100):                   #迭代代数为 100
    for (x, y) in zip(X, Y):
        pre_y = perceptron2.forward_compute(x)               #执行前向计算
        x1, x2 = x[0], x[1]
        dw1 = ((1 - y) * pre_y - (1 - pre_y) * y) * x1    #目标函数关于 w1 的偏导数
        dw2 = ((1 - y) * pre_y - (1 - pre_y) * y) * x2    #目标函数关于 w2 的偏导数
        db = ((1 - y) * pre_y - (1 - pre_y) * y) * 1      #目标函数关于 b 的偏导数
        perceptron2.w1 = perceptron2.w1 + lr * dw1        #更新 w1
        perceptron2.w2 = perceptron2.w2 + lr * dw2        #更新 w2
        perceptron2.b = perceptron2.b + lr * db           #更新 b
s = '学习到的感知器: pre_y = sigmoid(%0.2f * x1 + %0.2f * x2 + %0.2f)'\
%(perceptron2.w1,perceptron2.w2,perceptron2.b)
print(s)
for (x, y) in zip(X, Y):                                 #使用感知器做预测测试
    t = 1 if perceptron2.f(x) > 0.5 else 0               #阶跃变换
    s = ''
    if t == y.item():
        s = '点(%0.2f, %0.2f)被<正确>分类! '%(x[0],x[1])
    else:
        s = '点(%0.2f, %0.2f)被<错误>分类! ' %(x[0], x[1])
    print(s)

#----- 以下为非必要代码,仅用于绘制散点图和学习到的直线 -----
#绘制散点图
t1 = [i for (i, e) in enumerate(Y) if e == 0]           #获得 0 类标记在 Y 中的下标值
t2 = [i for (i, e) in enumerate(Y) if e == 1]           #获得 1 类标记在 Y 中的下标值
X1,X2 = X[t1],X[t2]
plt.scatter(X1[:, 0], X1[:, 1], marker='o',c='r')  #在坐标系中绘制 0 类样本数据点
```

```
plt.scatter(X2[:, 0], X2[:, 1], marker='v',c='b')    #在坐标系中绘制 1 类样本数据点
#绘制直线
def g(x1):
    x2 = -(perceptron2.w1 * x1 + perceptron2.b) / perceptron2.w2
    return x2
xmin,xmax = X[:,0].min(), X[:,0].max()
T1 = [xmin, xmax]
T2 = [g(xmin),g(xmax)]
plt.plot(T1, T2, '--', c='b')
plt.grid()
plt.tick_params(labelsize=13)
plt.xlabel("x$_1$",fontsize=13)
plt.ylabel("x$_2$",fontsize=13)
plt.show()
```

执行上述代码,输出结果如下:

```
学习到的感知器: pre_y = sigmoid(-1.82 * x1 + -1.39 * x2 + 5.43)
点(2.49, 2.86)被<正确>分类!
点(0.50, 0.21)被<正确>分类!
点(2.73, 2.91)被<正确>分类!
点(3.47, 2.34)被<正确>分类!
点(1.38, 0.37)被<正确>分类!
点(1.03, 0.27)被<正确>分类!
点(0.59, 1.73)被<正确>分类!
点(2.25, 3.75)被<正确>分类!
点(0.15, 1.45)被<正确>分类!
点(2.73, 3.42)被<正确>分类!
```

绘制的图如图 2-6 所示。

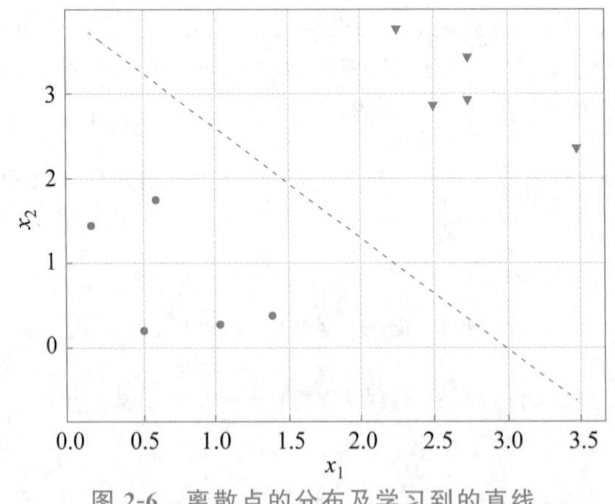

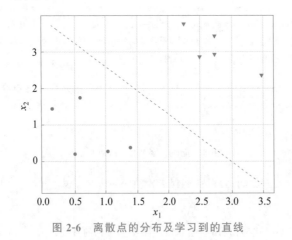

图 2-6 离散点的分布及学习到的直线

2.4 使用 PyTorch 框架

本节主要介绍为何要使用 PyTorch 框架以及如何在 PyTorch 框架下开发感知器。

2.4.1　PyTorch 框架的作用

从前面介绍的内容可以看出，编写程序的工作量主要体现在两方面：①设计模型(包括感知器)的结构，以及让程序能够执行从输入到输出的前向计算；②设计目标函数，并让程序能够反向计算各参数的梯度及更新这些参数。实际上，为了进行梯度计算和参数更新，我们往往需要耗费大量的精力去编写相应的代码，而且随着网络结构的复杂化，这些工作量将成倍增加。自然地，如果有一个工具，它能够自动帮助我们完成梯度计算和参数更新，那么我们就可以将更多的精力放在编写业务逻辑上面，不断提升程序的功能。深度学习框架正是出于这种需要的而推出的。实际上，它不但可以自动完成梯度计算和参数更新，而且提供了大量的辅助功能——通过调用其提供的函数可以轻而易举地实现复杂的业务逻辑，使得深度学习应用开发事半功倍。

目前，比较常见的开源深度学习框架主要包括 Caffe/Caffe2、Torch、TensorFlow、Keras、MXNet、百度飞桨 PaddlePaddle、华为 MindSpore、CNTK、DL4J 等。这些框架不但封装了常用的深度学习函数，如卷积、sigmoid()、softmax()等，而且支持自动梯度计算和参数更新。利用这些框架，我们只需编写前向计算过程，它们会自动进行梯度计算和反向传播，完成参数的自动更新，大大减少编程人员的工作量。在学术界，最常用的框架是 PyTorch(基于 Python 的 Torch)，其次是 TensorFlow。

当然，在进行深度学习应用开发时，具体选择哪一种框架，应根据个人的知识结构、易用程度、运行性能、是否真正开源等方面去斟酌。本书主要利用 PyTorch 框架来介绍深度学习的基础理论和开发技能。

2.4.2　使用 PyTorch 框架实现感知器

在例 2.4 中，我们使用了许多代码来实现梯度计算和参数更新功能。在下面的例子中，我们看看 PyTorch 框架如何自动实现这种计算和更新功能。

【例 2.5】 使用 PyTorch 框架实现例 2.4 的感知器功能。

为了运用 PyTorch 框架，一般都需要使用面向对象编程方法，即先定义类，然后创建类的对象，进而通过调用对象的方法来实现学习功能。这是因为我们需要通过创建新类才能继承类 nn.Module，而该类封装了 PyTorch 框架提供的诸多强大的功能，包括梯度计算和参数更新功能等。

在例 2.4 中，我们已经通过定义类 Perceptron2 来实现感知器功能。在此，为运用 PyTorch 框架，我们首先对类 Perceptron2 做两个地方的修改：一是让类 Perceptron2 继承类 nn.Module(改写为 Perceptron2(nn.Module)即可)，同时要在代码开头导入 torch.nn 模块：

```
import torch.nn as nn
```

二是在类 Perceptron2 的 __init__(self)方法中添加一种特殊的方法：super(Perceptron2,self).__init__()，它解决了子类调用父类方法的一些问题；或者去掉所有的参数，写成 super().__init__()。

在此基础上，主要再修改如下 3 个地方。

(1) 告诉 PyTorch 框架哪些参数需要更新。为此，删除__init__(self)方法中原来用于定义 3 个变量 w_1、w_2 和 b 的代码：

```
self.w1 = torch.Tensor([0.0])
self.w2 = torch.Tensor([0.0])
self.b = torch.Tensor([0.0])
```

修改为如下代码：

```
self.w1 = nn.Parameter(torch.Tensor([0.0]))
self.w2 = nn.Parameter(torch.Tensor([0.0]))
self.b = nn.Parameter(torch.Tensor([0.0]))
```

这 3 行代码的作用是，告诉 PyTorch 框架：这 3 个变量 self.w1、self.w2 和 self.b 所包含参数是需要训练的(可学习的)，即需要不断更新，以使模型输出的值接近目标值。它们的初始值均为 0.0。

(2) 选择优化器和设置学习率。优化器有很多种，其中 Adam 已经被验证在多种场合下均有较好性能的优化器，一般选择它作为优化器。在本例中，我们设置如下：

```
optimizer = torch.optim.Adam(perceptron2.parameters(), lr=0.1)
```

其中，perceptron2.parameters()包含了实例 perceptron2 中所有需要优化的参数，Adam 将自动对这些参数进行求导和优化。我们也可以直接打印这些参数出来查看：

```
for e in perceptron2.parameters():
    print(e.data)
```

另外，lr=0.1 表示学习率设置为 0.1，也可根据需要进行更改，其默认值为 0.01。

(3) 让 PyTorch 框架执行反向传播和自动的梯度计算和参数更新。为此，可删除原来程序中用于计算梯度和更新参数的代码：

```
dw1 = ((1 - y) * pre_y - (1 - pre_y) * y) * x1        #目标函数关于 w1 的偏导数
dw2 = ((1 - y) * pre_y - (1 - pre_y) * y) * x2        #目标函数关于 w2 的偏导数
db = ((1 - y) * pre_y - (1 - pre_y) * y) * 1          #目标函数关于 b 的偏导数
perceptron2.w1 = perceptron2.w1 + lr * dw1            #更新 w1
perceptron2.w2 = perceptron2.w2 + lr * dw2            #更新 w2
perceptron2.b = perceptron2.b + lr * db               #更新 b
```

改为如下代码：

```
optimizer.zero_grad()    #对参数的梯度清零,去掉以前保存的梯度,否则会自动累加梯度
loss.backward()          #反向转播并计算各参数的梯度
optimizer.step()         #利用梯度更新参数
```

另外，还利用 nn 模块提供的函数来构造目标函数(损失函数)，代码如下：

```
loss = nn.BCELoss()(pre_y, y)
```

该语句实际上就是用 PyTorch 函数来表示我们定义的目标函数。该目标函数的数学公式如下：

$$\mathcal{L}(\hat{y}, y) = -y\log(\hat{y}) - (1-y)\log(1-\hat{y})$$

其中，$\hat{y}$相当于代码中的 pre_y。

当然，我们可以自己编写目标函数的实现代码，然后调用它。例如：

```
def L(pre_y, y):   #定义目标函数
    loss = -y * torch.log(pre_y) - (1.0 - y) * torch.log(1.0 - pre_y)
    return loss
loss = L(pre_y, y)
```

这段代码完全同等于 loss=nn.BCELoss()(pre_y,y)。但是，PyTorch 框架提供了许多目标函数，建议调用它提供的函数来构造目标函数（损失函数），而不必从头去编写目标函数。

下面是本例子程序的完整代码，并加注了适当的注解，以方便读者理解和对比：

```
import torch
import matplotlib.pyplot as plt
import torch.nn as nn
#读入数据
X1=[2.49, 0.50, 2.73, 3.47, 1.38, 1.03, 0.59, 2.25, 0.15, 2.73]
X2=[2.86, 0.21, 2.91, 2.34, 0.37, 0.27, 1.73, 3.75, 1.45, 3.42]
Y = [1, 0, 1, 1, 0, 0, 0, 1, 0, 1]               #类标记
X1 = torch.Tensor(X1)
X2 = torch.Tensor(X2)
X = torch.stack((X1,X2),dim=1)                   #将所有特征数据"组装"为一个张量
                                                 #形状为 torch.Size([10, 2])
Y = torch.Tensor(Y)                              #形状为 torch.Size([10])
#定义类 Perceptron2:
class Perceptron2(nn.Module):                    #必须继承类 nn.Module
    def __init__(self):
        super(Perceptron2, self).__init__()
        #定义三个待优化参数(属性)
        #将张量 torch.Tensor([0.0])转化为可
        #训练的参数(其初始值为 0.0),下同
        self.w1 = nn.Parameter(torch.Tensor([0.0]))
        self.w2 = nn.Parameter(torch.Tensor([0.0]))
        self.b = nn.Parameter(torch.Tensor([0.0]))
    def f(self, x):                              #感知器函数的实现代码
        x1, x2 = x[0], x[1]
        t = self.w1 * x1 + self.w2 * x2 + self.b
        z = 1.0 / (1 + torch.exp(t))             #运用 sigmoid 函数
        return z
    def forward(self, x):                        #该方法的名称是固定的,用于编写前向计算逻辑
        pre_y = self.f(x)
        return pre_y
#----------------------------------------------
perceptron2 = Perceptron2()                      #创建实例 perceptron2
#设计优化器
optimizer = torch.optim.Adam(perceptron2.parameters(), lr=0.1)
#以下开始训练
for ep in range(100):                            #迭代代数为 100
    for (x, y) in zip(X, Y):
```

```
    #执行前向计算,等价于调用 perceptron2.forward(x)
        pre_y = perceptron2(x)
        y = torch.Tensor([y])                 #为了适合于函数 nn.BCELoss()的计算,
        #将 y 的形状由 torch.Size([])改为 torch.Size([1])
        loss = nn.BCELoss()(pre_y, y)         #nn.Module 提供的目标函数
        optimizer.zero_grad()                 #对参数的梯度清零,去掉以前保存的梯度
        loss.backward()                       #反向转播并计算各参数的梯度
        optimizer.step()                      #利用梯度更新参数
#至此,训练完毕
s = '学习到的感知器: pre_y = sigmoid(%0.2f * x1 + %0.2f * x2 + %0.2f)'\
%(perceptron2.w1,perceptron2.w2,perceptron2.b)
print(s)
for (x, y) in zip(X, Y):                      #使用感知器做预测测试
    t = 1 if perceptron2.f(x) > 0.5 else 0          #阶跃变换
    s = ''
    if t == y.item():
        s = '点(%0.2f, %0.2f)被<正确>分类! '%(x[0],x[1])
    else:
        s = '点(%0.2f, %0.2f)被<错误>分类! ' %(x[0], x[1])
    print(s)
```

从运行结果中可以发现,该程序与例 2.4 的程序的结果是一样的。相比而言,在例 2.5 的程序中,我们几乎不需要编写代码去实现梯度计算和参数更新了,这是 PyTorch 框架的主要亮点之一。在越复杂的程序中,这种优越的作用就越明显。此外,PyTorch 框架为我们提供的其他强大的辅助功能也将在后面的编程实践中逐步体会到。

一个感知器可以视为一个神经元,而神经网络是由多个神经元组成的计算网络。显然,单个神经元(感知器)也可以视为一个神经网络,只是这种网络的功能比较弱小而已。PyTorch 框架既然是为神经网络而"生"的,那么它也应该支持构建一个感知器的功能。实际上正是如此,PyTorch 框架提供了 nn.Linear()函数来创建一个由多个神经元组成的神经网络层。当一个网络中只有一个网络层,而且该层中只有一个神经元时,该网络实际上就是由单个神经元(感知器)组成的。

带偏置项的单个神经元(感知器)可用如下代码创建:

```
nn.Linear(in_features=m, out_features=1, bias=True)
```

其中,in_features=m 表示输入样本的特征个数为 m,out_features=1 表示仅有一个神经元,因而也只有一个输出,bias=True 表示为每个神经元设置一个偏置项(如果有多个神经元的话)。注意,该函数没有设置任何的激活函数。

执行该函数时,其涉及的 m+1 参数都自动被设置为可训练参数,而不需要 nn.Parameter()再做设置。关于 nn.Linear()函数的运用,将在第 3 章进一步介绍。

【例 2.6】 利用 nn.Linear()函数来创建感知器,实现例 2.4 和例 2.5 的功能要求。

从对 nn.Linear()函数的上述介绍可以知道,由于一个样本有两个特征值,要实现本例的要求,主要是修改例 2.5 程序中的如下代码:

```
self.w1 = nn.Parameter(torch.Tensor([0.0]))
self.w2 = nn.Parameter(torch.Tensor([0.0]))
self.b = nn.Parameter(torch.Tensor([0.0]))
```

将其改为：

```
self.fc = nn.Linear(in_features=2, out_features=1, bias=True)
```

该语句创建了有两个特征值输入、带一个偏置项的感知器。其他与此相关的代码也做相应的变动。这样，整个程序代码如下：

```
import torch
import matplotlib.pyplot as plt
import torch.nn as nn
#读入数据
X1=[2.49, 0.50, 2.73, 3.47, 1.38, 1.03, 0.59, 2.25, 0.15, 2.73]
X2=[2.86, 0.21, 2.91, 2.34, 0.37, 0.27, 1.73, 3.75, 1.45, 3.42]
Y = [1, 0, 1, 1, 0, 0, 0, 1, 0, 1]                  #类标记
X1 = torch.Tensor(X1)
X2 = torch.Tensor(X2)
X = torch.stack((X1,X2),dim=1)                    #将所有特征数据"组装"为一个张量
                                                  #形状为 torch.Size([10, 2])
Y = torch.Tensor(Y)                               #形状为 torch.Size([10])
#定义类 Perceptron2:
class Perceptron2(nn.Module):                     #必须继承类 nn.Module
    def __init__(self):
        super(Perceptron2, self).__init__()
        #下面语句用于创建感知器：有两个参数,带一个偏置项,一共三个参数,
        #并且已被设置为可训练参数
        self.fc = nn.Linear(in_features=2, out_features=1, bias=True)
    def forward(self, x):                         #编写前向计算逻辑
        out = self.fc(x)                          #调用感知器,执行前向计算
        out = torch.sigmoid(out)                  #运用 sigmoid 激活函数
        return out
#-----------------------------------------------
perceptron2 = Perceptron2()                       #创建实例 perceptron2
optimizer = torch.optim.Adam(perceptron2.parameters(), lr=0.1)        #设计优化器
#以下开始训练
for ep in range(100):                             #迭代代数为 100
    for (x, y) in zip(X, Y):
        pre_y = perceptron2(x)                    #x 的形状为 torch.Size([2])
        y = torch.Tensor([y])                     #为了适合于函数 nn.BCELoss()的计算形状
        loss = nn.BCELoss()(pre_y, y)             #nn 提供的一种目标函数
        optimizer.zero_grad()                     #对参数的梯度清零,即去掉以前保存的梯度
        loss.backward()                           #反向转播并计算各参数的梯度
        optimizer.step()                          #利用梯度更新参数
#至此,训练完毕
#下面几行代码用于读出感知器中的参数 w1、w2 和 b
t = list(perceptron2.parameters())
w1 = t[0].data[0,0]
w2 = t[0].data[0,1]
b = t[1].data
s = '学习到的感知器: pre_y = sigmoid(%0.2f * x1 + %0.2f * x2 + %0.2f)'\
%(w1,w2,b)
print(s)
```

```
perceptron2.eval()                              #设置为测试模式
for (x, y) in zip(X, Y):                        #使用感知器做预测测试
    t = 1 if perceptron2(x) > 0.5 else 0        #阶跃变换
    s = ''
    if t == y.item():
        s = '点(%0.2f, %0.2f)被<正确>分类!'%(x[0],x[1])
    else:
        s = '点(%0.2f, %0.2f)被<错误>分类!' %(x[0], x[1])
    print(s)
#----- 以下为非必要代码,仅用于绘制散点图和学习到的直线 -----
#绘制散点图
t1 = [i for (i, e) in enumerate(Y) if e == 0]            #获得 0 类标记在 Y 中的下标值
t2 = [i for (i, e) in enumerate(Y) if e == 1]            #获得 1 类标记在 Y 中的下标值
X1,X2 = X[t1],X[t2]
plt.scatter(X1[:, 0], X1[:, 1], marker='o',c='k')        #在坐标系中绘制 0 类样本数据点
plt.scatter(X2[:, 0], X2[:, 1], marker='v',c='k')        #在坐标系中绘制 1 类样本数据点
#绘制直线
def g(x1):
    x2 = -(w1 * x1 + b) / w2                             #这里与例 2.5 中的代码有所不同
    return x2
xmin,xmax = X[:,0].min(), X[:,0].max()
T1 = [xmin, xmax]
T2 = [g(xmin),g(xmax)]
plt.plot(T1, T2, '--', c='k')
plt.grid()
plt.tick_params(labelsize=13)
plt.xlabel("x$_1$",fontsize=13)
plt.ylabel("x$_2$",fontsize=13)
plt.show()
```

执行该程序,其输出结果与例 2.4 和例 2.5 的效果一样,绘制的图形在效果上也一样(如图 2-6 所示)。

在这种程序代码中,一般来有待优化参数的方法才放在__init__(self)函数中定义,否则放在其他地方定义,例如放在 forward()方法中。

该程序的特点是,只用了一条语句即创建了一个感知器,并且几乎不需要编写实现梯度计算和参数更新的代码,使得程序更为简洁,让程序员能够把更多的精力集中于编写业务逻辑。

实际上,对本科生而言,如果不需要了解梯度计算和参数更新的原理,可以直接跳到本例来学习,这并不妨碍对深度学习方法的理解和应用。

2.5 本章小结

本章首先介绍了感知器、监督学习、无监督学习、线性回归、逻辑回归、分类、目标函数等基本概念;然后介绍了基于梯度计算求解目标函数最小值的基本原理,进而在理论上重点分析了感知器的训练方法,并通过实例说明感知器的使用方法;最后介绍了基于 PyTorch 框架开发感知器的方法,说明了 PyTorch 框架的优点和作用。

这一章的内容并不复杂，但涉及的基于梯度的优化理论和方法可以作为后面学习深度神经网络的理论和方法作准备。

2.6 习 题

1. 请简述回归和分类的区别与联系。

2. 为何使用 PyTorch 框架开发深度神经网络程序？它有何优点？

3. 请简述基于梯度方法求目标函数最小值的基本原理。

4. 什么是有监督学习和无监督学习？它们有何区别？

5. 简述感知器和神经网络的区别与联系。

6. 假设在一个二维平面中有下列的数据点：(−1.0,7.1)、(−0.8,7.3)、(−0.7,7.0)、(−0.5,6.9)、(−0.4,6.4)、(−0.2,6.0)、(−0.1,5.6)、(0.1,4.8)、(0.3,4.7)、(0.4,4.9)、(0.6,4.3)、(0.7,3.7)、(0.9,3.3)、(1.1,3.7)、(1.2,3.0)、(1.4,2.3)、(1.5,2.0)、(1.7,2.5)、(1.8,2.2)和(2.0,1.7)，请构建一个感知器，使之可以对这些数据点进行线性拟合。

7. 已知逻辑与运算 and 的真值表如表 2-1 所示，其中 x_1 和 x_2 分别为参与运算的逻辑数，y 表示运算结果。请设计一个感知器，使之可以实现与运算 and。

表 2-1 逻辑与运算 and 的真值表

x_1	x_2	y
0	0	0
0	1	0
1	0	0
1	1	1

第3章 全连接神经网络

本章主要介绍4方面的内容，一是全连接神经网络的设计、构造和训练方法；二是几种主流损失函数的使用方法；三是神经网络的前向计算方法；四是神经网络的反向梯度计算和参数更新的原理，同时结合具体的示例进行介绍。

为了表述简洁，本章一般将全连接神经网络(Fully Connected Neural Network，FCNN)简称为神经网络。

3.1 构建一个简单的全连接神经网络——解决二分类问题

本节构建一个简单的全连接神经网络，用于解决一个二分类问题，并对程序代码进行解释，以让读者快速地对全连接神经网络的构建和训练方法有一个初步的认知。

3.1.1 一个简单全连接神经网络的构建和训练

本章从一个非常简单的示例入手，让读者逐步了解和掌握全连接神经网络的基本原理和使用方法。

【例3.1】 构建一个全连接神经网络，并用给定的数据集对其进行训练，使其实现相应的二分类任务。

本例设计一个三层结构全连接神经网络，其结构如图3-1所示。

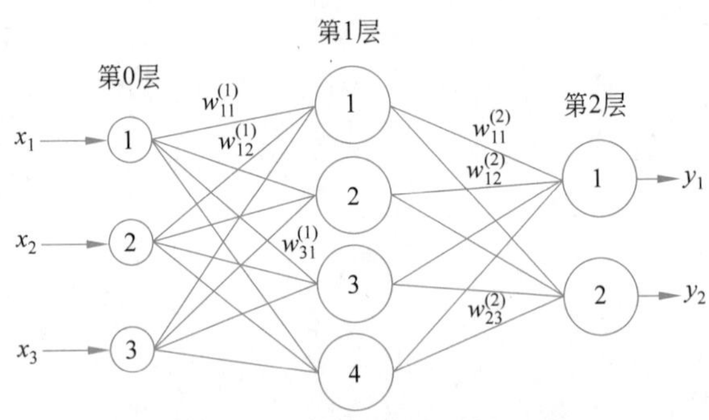

图3-1 一个三层全连接神经网络

严格地说，该网络只包含两个网络层，因为第0层(即输入层)只是传递数据给后面的网络层，它本身没有计算功能，只有后面两个网络层有计算功能。但按照习惯，还是称为“三层全连接神经网络”。

该网络用于对一个用数学方法构造出来的数据集进行分类。该数据集保存在./data 目录下(这里“.”代表本书资源文件所在的根目录,这些资源文件都可以从清华大学出版社网站上免费下载。下同),文件名为“例 3.1 数据.txt”。在该数据集中,0 类样本和 1 类样本都分别有 1020 条,一共有 2040 条数据样本。文件“例 3.1 数据.txt”中的数据格式如下:

```
1.9308,-2.5692,-3.5692,0 ┐
2.6044,-1.8956,-2.8956,0 ┘—1020 条 0 类样本
-6.1000,-1.6000,-0.6000,1 ┐
-6.0949,-1.5949,-0.5949,1 ┘—1020 条 1 类样本
```

其中,每一行表示一条数据样本,前面 3 个数字分别表示三维空间中的 3 个坐标值,它们共同表示三维空间中的一个点;最后面的数字为 0 或 1,表示类别索引,即 0 类或 1 类。

在产生这些数据时,通过数学方法使得它们能够被一个平面隔开,在平面的一边是属于 0 类的点,在另一边是属于 1 类的点,即确保它们是线性可分的。

本例构造如图 3-1 所示的三层全连接神经网络来实现对该数据集中的数据进行分类,全部代码及其说明如下:

```
import torch
import torch.nn as nn
import matplotlib.pyplot as plt
torch.manual_seed(123)
#---------------------------------
#读取文件"例 3.1 数据.txt"中的数据:
path = r'.\\data'
fg=open(path+'\\'+"例 3.1 数据.txt","r",encoding='utf-8')
s=list(fg)
X1,X2,X3,Y = [],[],[],[]
for i,v in enumerate(s):
    v = v.replace('\n','')
    v = v.split(',')
    X1.append(float(v[0]))
    X2.append(float(v[1]))
    X3.append(float(v[2]))
    Y.append(int(v[3]))
fg.close()
#张量化
X1,X2, X3, Y = torch.Tensor(X1), torch.Tensor(X2), torch.Tensor(X3), torch.
LongTensor(Y)
#按列“组装”特征值,形成特征张量,形状为 torch.Size([2040, 3])
X = torch.stack((X1,X2,X3),dim=1)
del X1,X2,X3
index = torch.randperm(len(Y))           #随机打乱样本的顺序,注意保持 X 和 Y 的一致性
X,Y = X[index],Y[index]                  #Y 的形状为 torch.Size([2040])

#定义类 Model3_1
class Model3_1(nn.Module):
    def __init__(self):
        super(Model3_1, self).__init__()
```

```
        self.fc1 = nn.Linear(3, 4)              #用于构建神经网络的第 1 层(隐含层),
                                                #其中包含 4 个神经元
        self.fc2 = nn.Linear(4, 2)              #用于构建神经网络的第 2 层(输出层),
                                                #其中包含 2 个神经元,因为有 2 个类别
    def forward(self,x):                        #在该方法中实现网络的逻辑结构
        out = self.fc1(x)
        out = torch.tanh(out)                   #该激活函数可用可不用
        out = self.fc2(out)
        #此处不宜用激活函数 sigmoid,因为下面的损失函数会用到
        return out
#---------------------------------------------------------------
model3_1 = Model3_1()
optimizer = torch.optim.Adam(model3_1.parameters(), lr=0.01)
LS = []
for epoch in range(5):
    i = 0
    for x,y in zip(X,Y):
    #增加在 x 的第一个维上插入一个长度为 1 的维,这是
    #nn.CrossEntropyLoss()的需要。这个 1 可理解为由 1 个样本构成的批量
        x = x.unsqueeze(0)
        pre_y = model3_1(x)                     #默认调用 forward()方法
        #nn.CrossEntropyLoss()函数要求 y 的数据类型为 long
        y = torch.LongTensor([y])
        loss = nn.CrossEntropyLoss()(pre_y,y)   #交叉熵损失函数
        #print(loss.item())
        if i%50==0:
            LS.append(loss.item())              #采样损失函数值,用于画图
        i += 1
        optimizer.zero_grad()                   #梯度清零
        loss.backward()                         #反向计算梯度
        optimizer.step()                        #参数更新
#绘制损失函数值的变化趋势图
plt.plot(LS)
plt.tick_params(labelsize=13)
plt.rcParams['font.sans-serif'] = ['SimHei']
plt.rcParams['axes.unicode_minus'] = False
plt.grid()
plt.xlabel("损失函数值采样次序",fontsize=13)
plt.ylabel("交叉熵损失函数值",fontsize=13)
plt.show()
```

3.1.2 程序代码解释及网络层的构建方法

上述代码主要是做了如下的工作。

(1) 读取文件“例 3.1 数据.txt”中的数据,并组装特征值张量 X 和标记张量 Y,它们的形状分别为 torch.Size([2040,3])和 torch.Size([2040])。在 PyTorch 环境中,建议将数值数据全部表示为张量,因为张量的计算效率比较高,而且 PyTorch 的许多函数只接受张量输入,其输出亦为张量。

在本程序中，读取数据时，先将数据集中的 4 列数据分别保存到列表 X1、X2、X3、Y 中，然后将它们分别转换为 4 个一维张量，形状均为 torch.Size([2040])，最后将这 4 个“竖着放”的一维张量沿水平方向“靠拢”在一起，形成张量 X，其形状为 torch.Size([2040,3])。“靠拢”操作由如下语句实现：

```
X = torch.stack((X1, X2, X3), dim=1)
```

该语句等价于下列语句：

```
X = torch.cat((X1.view(-1,1),X2.view(-1,1),X3.view(-1,1)),dim=1)
```

这样，整个数据集就转变为张量 X 和 Y 了，为送入网络模型做准备。

(2) 定义类 Model3_1。该类的实例即为我们要构建的神经网络模型。在其__init__(self)方法中用函数 nn.Linear()来定义了两个全连接神经网络层：

```
self.fc1 = nn.Linear(3, 4)
self.fc2 = nn.Linear(4, 2)
```

其中，nn.Linear(3,4)等效于：

```
nn.Linear(in_features=3, out_features=4, bias=True)
```

或者说前者省略了参数 in_features 和 out_features，同时使参数 bias 的默认值 True。今后，我们将更多使用这种省略式的写法。

nn.Linear(3,4)的作用是构造这样的一个神经网络层：该网络层上一共有 4 个神经元，每个神经元都有一个偏置项，且每个神经元都有共同的 3 个输入，或者说都有 3 个输入节点，如图 3-2 所示。类似地，nn.Linear(4,2)构造了由 2 个神经元节点和 4 个输入节点构成的神经网络层，如图 3-3 所示。

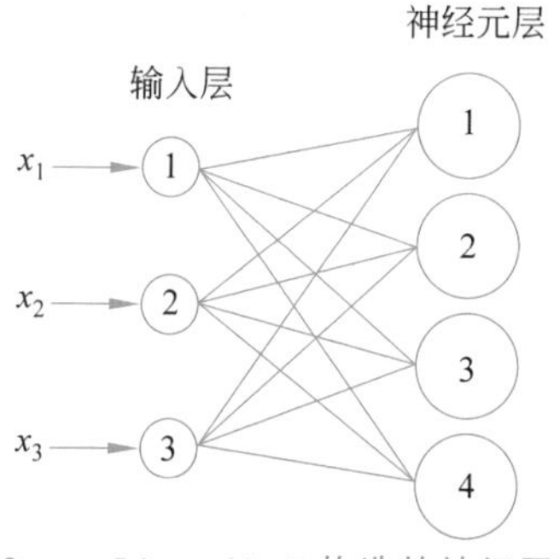

图 3-2　nn.Linear(3,4)构造的神经网络层

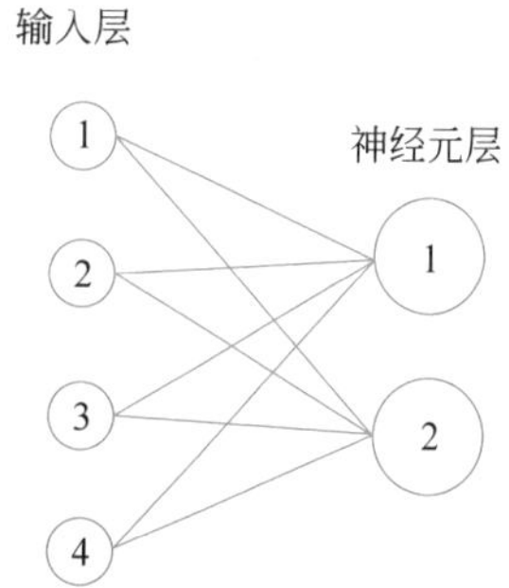

图 3-3　nn.Linear(4,2)构造的神经网络层

这两个网络层“拼接”在一起时就得到如图 3-1 所示的神经网络。实际上，从 forward()方法的代码中可以看出，最初输入的数据进入第一个网络层(图 3-2)，经过计算后产生了输出；而这个输出是作为第二个网络层(图 3-3) 的输入，经计算又产生输出。也就是说，输入和输出是相对网络层而言的，实际上在物理上并没有将任何两个网络层连接在一起，只是在逻辑上看似乎形成了一张网络。因此，在今后谈到神经络时，上一层的输出都可以看成当前层的输入，而当前层的输出又是下一层的输入。

(3) 网络的训练。神经网络的训练通过两层循环来进行。其中，每执行一次内层循环，就遍历一次数据集，而对数据集的每一次遍历通常称为一代或者一轮(epoch)。显然，外层循环用于控制训练的代数。

在训练过程中,使用了如下一条语句:

```
x = x.unsqueeze(0)
```

其作用是将 x 的形状由 torch.Size([3])改为 torch.Size([1,3])。主要原因在于,PyTorch 程序默认支持批量梯度下降算法。对于输入的张量,它的第一个维的大小一般表示批量中样本的数量。但现在我们每输入一个样本就进行一次梯度计算和一次参数更新,实际上相当于使用随机梯度下降算法,可以不需要这个维。但为了符合 PyTorch 程序的输入要求(严格说,是损失函数 nn.CrossEntropyLoss()的需要),需要添加这个大小为 1 的维,故使用上面的语句。

(4) 多分类问题常使用的损失函数——nn.CrossEntropyLoss()。训练过程中还运用到一个新的损失函数——nn.CrossEntropyLoss()。该函数是一种交叉熵损失函数,它经常在多分类问题中被用作损失函数。

对于其输入的两个参数 pre_y 和 y,可这样理解:pre_y 是一个数字矩阵(张量),一行对应一个样本,一列对应一个类别;第 i 行和第 j 列上的元素 m_{ij} 表示当前批量中第 i 个样本被判定为第 j 类的程度,而 y 包含了当前批量中每个样本的类别标记(整型),是类别标记构成的一维张量。从形状上看,如果 pre_y 的形状为 torch.Size([2,3]),则 y 的形状必须为 torch.Size([2]),其取值范围是[0,3-1]的整数(有 3 个类别);如果 pre_y 的形状为 torch.Size([500,10]),则 y 的形状必为 torch.Size([500]),其取值范围是[0,10-1]的整数(有 10 个类别)。

令 y_k 表示 y 中第 k 个分量的值(整型),则 pre_y 和 y_k 共同表示矩阵 pre_y 中第 k 行上第 y_k 列中的元素。这种对应关系可用图 3-4 来表示。例如,y 中第 1 个分量的值 $y_1=4$ 对应矩阵 pre_y 中第 1 行上第 4 列中的值 0.4(注意:行和列分别都是从第 0 行和第 0 列开始编号,本书均采用这种编号)。

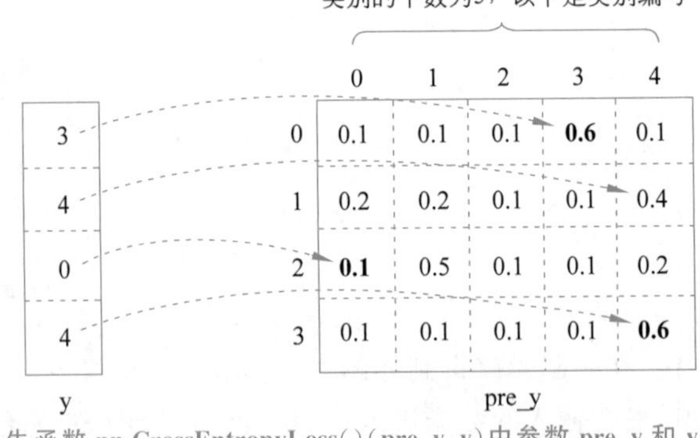

图 3-4 损失函数 nn.CrossEntropyLoss()(pre_y,y)中参数 pre_y 和 y 之间的关系

在本例中,由于 pre_y 的形状为 torch.Size([1,2]),而原来的 y 为标量,故 y 的形状必须改为 torch.Size([1])。为此,用下列语句改造 y 的形状:

```
y = torch.LongTensor([y])  #执行后,y的形状变为 torch.Size([1])
```

(5) 显示训练过程中损失函数值的变化趋势。每处理 50 个样本,对损失函数值进行一次采样保存,最后绘制在一个坐标系,结果如图 3-5 所示。

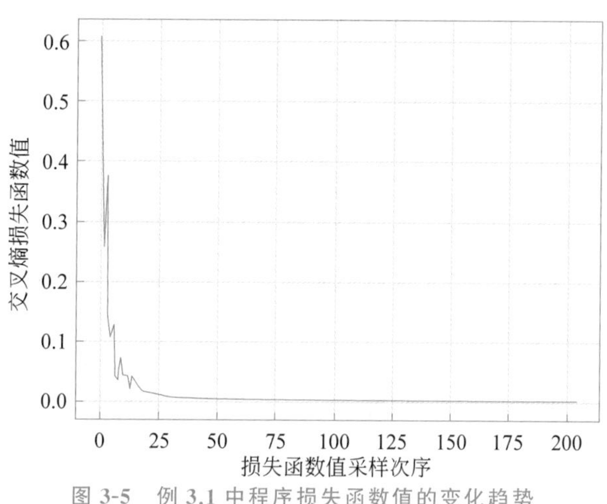

图 3-5　例 3.1 中程序损失函数数值的变化趋势

从图 3-5 中可以看出，损失函数值虽然在局部上有波动，但在总体上呈现迅速降低的趋势，以至于后面降低到 0。这说明构建的全连接神经网络对给定的数据集是有效的，网络模型是收敛的，在经过充分训练后可以实现对给定数据的分类。

3.2　全连接神经网络的构造方法

在 PyTorch 框架中，构建全连接网络的方法是，先定义所需要的网络层，然后将这些网络层"连接"起来，在逻辑上形成具有特定结构的神经网络。下面将以此为线索，介绍全连接神经网络的构造方法。

3.2.1　网络层的定义

一个全连接网络层(简称网络层)是由 nn.Linear()函数定义的，该函数的调用格式可简化说明如下：

```
nn.Linear(in_features=m, out_features=k, bias=True/False)
```

其中：

- in_features＝m：表示有 m 个输入节点，能够接收特征个数为 m 的特征向量的输入。
- out_features＝k：表示有 k 个神经元，因而也有 k 个输出节点(每个神经元仅有一个输出)。
- bias＝True/False：当选择 bias＝True 时，表示为每个神经设置一个偏置项(默认设置)；当选择 bias＝False 时，表示所有神经元都没有偏置项。

该函数的作用是，建立一个全连接神经网络层，该网络层中有 m 个输入节点和 k 个输出节点(神经元节点)。从逻辑上看，每个输入节点和每个神经元节点都有一条边相连，每条边都有一个权值与之相对应。所有这些权值即是该网络层要学习的参数，总数为 m×k 个；此外，如果 bias＝True，则每个神经都带有一个偏置项，这也是需要学习的参数。

总之，该函数用于创建这样的一个网络层：该网络层一共有 m×k＋k 个参数(如果 bias＝True)或 m×k 个参数(bias＝False)需要学习；如果用函数 nn.Linear()的参数来表示

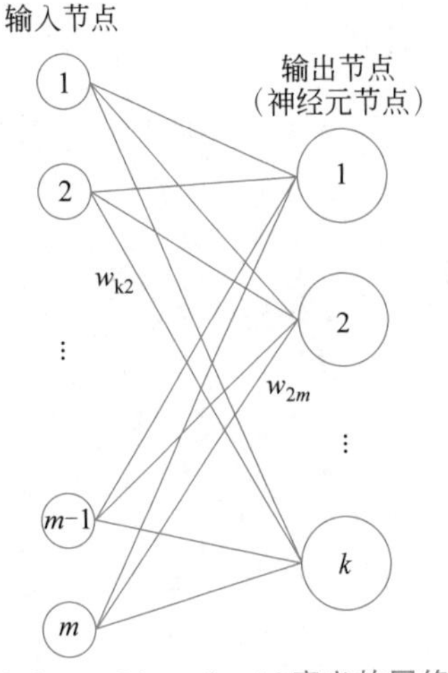

图 3-6 nn.Linear(m,k)定义的网络层

整个网络层的参数个数,那么上述两种情况的神经元个数分别为 in_features×out_features+out_features 和 in_features×out_features。该函数构建的网络层的结构如图 3-6 所示。

在 PyTorch 框架中,一个全连接神经网络层并非按照图的存储结构来保存,而是被定义为一个参数矩阵以及由偏置项构成的偏置项向量。例如,nn.Linear(m,k,bias=False)定义了一个 k×m 的参数矩阵,nn.Linear(m,k,bias=True)则定义了一个 k×m 的参数矩阵和一个长度为 k 的偏置项向量。因此,一个全连接神经网络层可以视为一个参数矩阵和偏置项向量。当然,不管是矩阵还是向量,在 PyTorch 框架中实际上都是张量。

例如,下列代码定义了一个 50×30 的全连接神经网络层:

```
fc_layer = nn.Linear(30, 50, bias=True)
```

其中,该网络层含有 30 个输入节点和 50 个输出节点(神经元节点),同时包含 50 个偏置项。

对于任何张量,只要它的最后一个维的大小为 30,它都能被该网络层接收。在经过该网络层以后,大小为 30 的维就变成了大小为 50 的维(其他维的大小保持不变)。例如,下列代码定义的张量 x1、x2、x3 都能被上述定义的网络层接收,而张量 x4 则不能被接收:

```
x1 = torch.randn(32,30)
y1 = fc_layer(x1)        #torch.Size([32, 30]) ---> torch.Size([32, 50])

x2 = torch.randn(32,5,30)
y2 = fc_layer(x2)        #torch.Size([32, 5, 30]) ---> torch.Size([32, 5, 50])

x3 = torch.randn(1,2,3,30)
y3 = fc_layer(x3)        #torch.Size([1, 2, 3, 30]) ---> torch.Size([1, 2, 3, 50])

x4 = torch.randn(32,5,15)            #不能被网络层 fc_layer 接收
y4 = fc_layer(x4)                    #执行时将产生错误
```

3.2.2 网络结构的实现

由 nn.Linear()函数定义而产生的网络层是一个孤立的网络层,只有将各个孤立的网络层"连接"起来才能形成一个完整的神经网络。观察下面的例子。

【例 3.2】 利用 nn.Linear()函数,构建如图 3-7 所示的全连接神经网络。

显然,该网络是由 4 个全连接网络层组成,可通过如下代码来定义这些网络层:

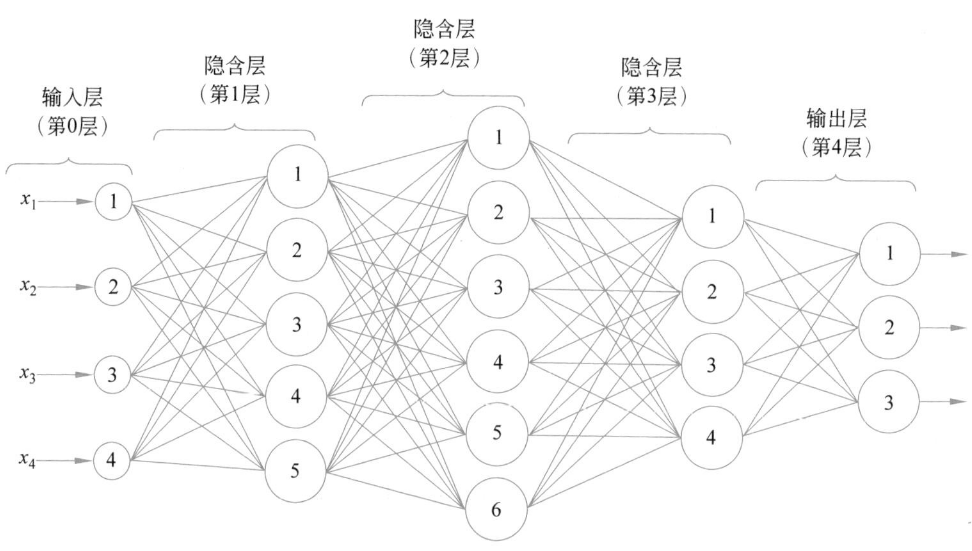

图 3-7 一个全连接神经网络

```
self.fc1 = nn.Linear(4, 5)
self.fc2 = nn.Linear(5, 6)
self.fc3 = nn.Linear(6, 4)
self.fc4 = nn.Linear(4, 3)
```

这 4 条语句分别用于构建图 3-7 中的第 1 层、第 2 层、第 3 层和第 4 层网络。但这些网络层是独立的,需要使用如下代码将它们"连接"起来(一般在 forward()方法中实现),形成逻辑上的网络:

```
out = self.fc1(x)
out = self.fc2(out)
out = self.fc3(out)
out = self.fc4(out)
```

但上述代码并未给相应神经元启用激活函数。如果希望设置 tanh()函数为第 1 层神经元的激活函数,rule()函数为第 2 层神经元的激活函数,sigmoid()函数为第 3 层神经元的激活函数,可以用如下代码实现:

```
out = self.fc1(x)
out = torch.tanh(out)              #以 tanh()函数为激活函数
out = self.fc2(out)
out = torch.rule(out)              #以 rule()函数为激活函数
out = self.fc3(out)
out = torch.sigmoid(out)           #以 sigmoid()函数为激活函数
out = self.fc4(out)
```

下面是本例的完整代码。

```
import torch
import torch.nn as nn
#定义全连接神经网络
class AFullNet(nn.Module):
```

```
    def __init__(self):                  #在该函数中定义网络层
        super().__init__()
                                          #下面创建 4 个全连接网络层:
        self.fc1 = nn.Linear(4, 5)  #如果不设置偏置项,则添加 bias=False 即可,下同
        self.fc2 = nn.Linear(5, 6)
        self.fc3 = nn.Linear(6, 4)
        self.fc4 = nn.Linear(4, 3)
    def forward(self, x):             #在该方法中将各个网络层连接起来,构成一个完整的网络
        out = self.fc1(x)
        out = self.fc2(out)
        out = self.fc3(out)
        out = self.fc4(out)
        return out
anet = AFullNet()
sum = 0
for param in anet.parameters():     #计算整个网络的参数量
    sum += torch.numel(param)
print('该网络参数总量: %d'%sum)
```

执行该代码,输出结果如下:

```
该网络参数总量: 104
```

按照前面介绍的参数量计算方法,该网络的参数量为$(4\times5+5)+(5\times6+6)+(6\times4+4)+(4\times3+3)=104$,这与运行结果是一致的。这也从一个侧面反映了我们创建的全连接网络是正确的。

3.2.3 从网络结构判断网络的功能

对于给定的一个全连接神经网络,不管它的结构是简单的还是复杂的,从其输入节点和输出节点的数量都可以大致判断其基本特点和功能。

输入节点的数量越大,表示其能够处理的样本的特征维度越大,能够处理的问题越复杂。在这种情况下,其隐含层节点的数量一般比较多,整个网络的参数量也比较大,需要的训练数据也比较多。相反,如果输入节点的数量比较少,那么该网络的功能一般比较弱,处理的问题相对简单。

从网络输出层节点的数量看,我们大致能够判断该网络是用于回归还是分类。一般情况下,仅有一个输出节点的网络多用于预测,属于回归分析,但也有的通过逻辑回归用于解决二分类问题。有两个或两个以上输出节点的网络一般用于解决多分类问题。一般地,对于 c 分类问题,相应网络有 c 个输出节点,每个节点输出一个数值,在进行 softmax 归一化以后得到长度为 c 的概率分布,其中最大概率值所对应的类即为预测的类。

3.3 几种主流的损失函数

损失函数大致可以分为两种类型,一种是用于解决回归问题的损失函数,另一种是用于解决分类问题的损失函数。当然,这种分类并非是严格的。下面从理论上介绍几种主流的损失函数的基本原理和使用方法。

3.3.1　nn.CrossEntropyLoss()和 nn.NLLLoss()函数

在有监督学习中，样本标记构成了一个固定的数据分布，而模型的输出又是另外一个与模型参数相关的数据分布。显然，我们需要一个能够衡量这两种分布相似程度的函数，而交叉熵正是用来衡量两个分布之间相似性的一种度量函数。

假设 $p_1, p_2, \cdots, p_m$ 和 $q_1, q_2, \cdots, q_m$ 为两个分布，则两者的交叉熵可表示为：

$$-\sum_{i=1}^{m} p_i log\ (q_i)$$

该交叉熵的值越小，两个分布越接近。我们的目标是，通过不断更新模型参数，使得模型输出的数据分布不断接近样本标记构成的数据分布。

在运用上述公式之前，p_i 和 q_i 一般都应先做 softmax 归一化，即对两个分布进行概率归一化。就 c 分类问题（即有 c 个类别的分类问题）而言，令 x 表示样本的特征向量，y 为类别索引（整数），不妨假设 $y=k$。由于样本 $\boldsymbol{x}$ 只能属于一个类别，所以 y 的分布式表示为：

$$(l_1, l_2, \cdots, l_c) = (0, 0, \cdots, 0, 1, 0, \cdots, 0)$$

其中，第 k 个元素为 1，其他元素为 0。可以看到，该分布已经概率归一化了。

假设输入样本 $\boldsymbol{x}$ 后，模型在这 c 个类别上的输出分别为 $v_1, v_2, \cdots, v_c$，即模型输出 $\hat{y}$ 的分布式表示为：

$$(v_1, v_2, \cdots, v_c)$$

不妨将 $\hat{y}$ 表示为 $\hat{y}=(v_1, v_2, \cdots, v_c)$。于是，对该分布的 softmax 归一化公式为：

$$\frac{\exp(v_i)}{\sum_{j=1}^{c}\exp(v_j)},\quad i=1,2,\cdots,c$$

显然，归一化后，该分布转变为一种概率分布，即该分布中每个分量值均为[0,1]上的实数，它们之和为 1。

这样，我们可以用上述交叉熵公式来表示模型关于标记 y 和输出 $\hat{y}$ 的损失函数：

$$\begin{aligned}
\mathcal{L}(\hat{y}, y) &= -\sum_{i=1}^{c} l_i \log\left(\frac{\exp(v_i)}{\sum_{j=1}^{c}\exp(v_j)}\right) \\
&= -\log\left(\frac{\exp(v_k)}{\sum_{j=1}^{c}\exp(v_j)}\right) \\
&= -\log(\exp(v_k)) + \log\left(\sum_{j=1}^{c}\exp(v_j)\right) \\
&= -v_k + \log\left(\sum_{j=1}^{c}\exp(v_j)\right)
\end{aligned}$$

$\mathcal{L}(\hat{y}, y)$ 就是针对单条样本 $\boldsymbol{x}$ 及其标记 y 的交叉熵损失函数，其中 $\hat{y}$ 为模型的输出。

从上述公式可以看出，作为类别索引的整数 y，它实际上指向分布 $(v_1, v_2, \cdots, v_c)$ 中某一元素的下标值（索引）。被指向的元素将被用于构造损失函数值，其他元素则被“丢弃”。从上式可以看出，对被指向的元素（如 v_k），依次进行 softmax 归一化操作、自然对数运算和取反操作，最后得到样本 $\boldsymbol{x}$ 的实际输出$\hat{y}$和期望输出 y 之间的误差（交叉熵损失函数的值）。

按照这种思路，我们也可以构造针对多条样本的交叉熵损失函数。

假设一个数据批量 $\boldsymbol{X}$ 由 n 条样本构成，$\boldsymbol{Y}$ 是与其对应的标记向量，并假设 $\boldsymbol{X}=(\boldsymbol{x}_1, \boldsymbol{x}_2, \cdots, \boldsymbol{x}_m)$，$\boldsymbol{Y}=(y_1, y_2, \cdots, y_n)$，其中 $y_1, y_2, \cdots, y_n$ 取值为$[0, c-1]$的整数，c 为类别的个数，m 为特征的个数。假设在 $\boldsymbol{X}$ 输入模型后得到的输出是$\hat{\boldsymbol{Y}}$，易知$\hat{\boldsymbol{Y}}$是一个 $n\times c$ 的矩阵，表示如下：

$$\hat{\boldsymbol{Y}}=\begin{bmatrix} v_1^{(1)}, & v_2^{(1)}, & \cdots, & v_c^{(1)} \\ v_1^{(2)}, & v_2^{(2)}, & \cdots, & v_c^{(2)} \\ \vdots & \vdots & & \vdots \\ v_1^{(n)}, & v_2^{(n)}, & \cdots, & v_c^{(n)} \end{bmatrix}$$

然后，取出$\hat{\boldsymbol{Y}}$在第 1 至 n 行中分别以 $y_1, y_2, \cdots, y_n$ 为下标的元素，接着按照上述方法分别计算它们的交叉熵损失函数的值，最后以这些损失函数值的平均值作为这个数据批量 $\boldsymbol{X}$ 的交叉熵损失函数值：

$$\mathcal{L}(\hat{\boldsymbol{Y}}, \boldsymbol{Y})=\frac{1}{n}\left(-\sum_{i=1}^{n} v_{y_i}^{(i)}+\sum_{i=1}^{n} \log\left(\sum_{j=1}^{c} \exp(v_j^{(i)})\right)\right)$$

$\mathcal{L}(\hat{\boldsymbol{Y}}, \boldsymbol{Y})$就是数据批量 $\boldsymbol{X}$ 的交叉熵损失函数，其中$\hat{\boldsymbol{Y}}$为模型的输出。

在 PyTorch 中，$\hat{\boldsymbol{Y}}$可理解为二维实值张量，其中第一维的大小为 n，第二维的大小为 c；$\boldsymbol{Y}$ 理解为一维整型张量，其维的大小为 n。于是，我们可用 nn.CrossEntropyLoss()函数来计算交叉熵损失函数$\mathcal{L}(\hat{\boldsymbol{Y}}, \boldsymbol{Y})$的值。

nn.CrossEntropyLoss()函数是类的形式封装，所以需要先对其进行实例化，然后调用（本节介绍的损失函数都是一样，不再赘述）。

例如，给定如下两个张量 pre_y 和 y(分别对应上述公式中的$\hat{\boldsymbol{Y}}$和 $\boldsymbol{Y}$)：

```
pre_y = [[5, 9, 5, 5],
         [9, 8, 7, 9],
         [7, 5, 6, 5]]
y = [0, 1, 2]                      #分别指向第 1 行中的 5、第 2 行中的 8 和第 3 行中的 6
pre_y = torch.Tensor(pre_y)   #张量化
y = torch.LongTensor(y)
```

然后，执行如下语句：

```
loss = nn.CrossEntropyLoss()(pre_y, y)
```

结果 loss 的值为 2.4883。

如果按照上述$\mathcal{L}(\hat{\boldsymbol{Y}}, \boldsymbol{Y})$的公式，则得到如下的计算表达式：

$$\frac{1}{3}[-(5+8+6)+\log(e^5+e^9+e^5+e^5)+\log(e^9+e^8+e^7+e^9)+\log(e^7+e^5+e^6+e^5)]$$

计算结果为 2.4883，这与 nn.CrossEntropyLoss()计算的结果是一样的。这说明，$\mathcal{L}(\hat{\boldsymbol{Y}}, \boldsymbol{Y})$ 和 nn.CrossEntropyLoss()(pre_y, y)确实是表达相同的含义。

从上述公式推导中也可以看出，nn.CrossEntropyLoss(pre_y, y)的计算过程大致分为三步：

(1) 按水平方向计算矩阵 pre_y 中每一行上数值的概率分布,即按行进行 softmax 归一化,可用 torch.softmax()函数实现。例如,对于上述张量 pre_y,对其 softmax 归一化的代码如下:

```
pre_y2 = torch.softmax(pre_y, dim=1)
```

结果 pre_y2 的内容如下:

```
tensor([[0.0174, 0.9479, 0.0174, 0.0174],
        [0.3995, 0.1470, 0.0541, 0.3995],
        [0.6103, 0.0826, 0.2245, 0.0826]])
```

(2) 对矩阵 pre_y 中每个元素计算它们的自然对数,可用 torch.log()函数实现。例如,对当前张量 pre_y2 运用 torch.log()函数:

```
pre_y3 = torch.log(pre_y2)
```

结果 pre_y3 的内容变为:

```
tensor([[-4.0535, -0.0535, -4.0535, -4.0535],
        [-0.9176, -1.9176, -2.9176, -0.9176],
        [-0.4938, -2.4938, -1.4938, -2.4938]])
```

经过简单的计算可以知道,这个结果 pre_y3 确实是对 pre_y2 中的每个元素计算自然对数后得到的。

(3) 抽取当前矩阵 pre_y 中由 y 指定的那些元素,计算它们的平均值,然后取反即为 nn.CrossEntropyLoss()的计算结果,这可由 nn.NLLLoss()函数实现。例如,由于 y=[0,1,2],所以 y 分别指向第 1 行中的−4.0535、第 2 行中的−1.9176 和第 3 行中的−1.4938。这些元素的平均值为(−4.0535−1.9176−1.4938)/3=−2.4883,对该结果取反后得到 2.4883。如果用 nn.NLLLoss()函数计算,相应代码如下:

```
loss = nn.NLLLoss()(pre_y3, y)
```

运行上述代码,结果可以发现 loss 的值为 2.4883,这与上面手工计算的结果是一致的。

也就是说,nn.CrossEntropyLoss()(pre_y,y)语句等同于如下 3 条语句:

```
pre_y2 = torch.softmax(pre_y, dim=1)
pre_y3 = torch.log(pre_y2)
loss = nn.NLLLoss()(pre_y3, y)
```

nn.NLLLoss()也是一种损失函数,称为负对数似然损失函数(Negative Log Likelihood Loss Function)。对于下列调用格式:

```
loss = nn.NLLLoss()(pre_y, y)
```

其作用是,按 y 给定的下标值,取出 pre_y 中相应元素进行相加,然后除以元素个数(即求平均值),最后取反。例如,对于如下代码:

```
pre_y = torch.tensor([[4, 3, 4, 0],
                      [0, 3, 3, 3],
                      [4, 3, 3, 2]]).float()
```

```
y = [2, 1, 3]
y = torch.LongTensor(y)
loss = nn.NLLLoss()(pre_y, y)
```

执行后，loss 的值为 −3.0。

按照上述 nn.NLLLoss()函数的功能介绍，nn.NLLLoss()(pre_y，y)的值应该为 −(4＋3＋2)/3＝−3.0，这与代码执行的结果是一致的。

一般来说，nn.NLLLoss()函数甚少单独使用，往往与 torch.softmax()函数和 torch.log()函数结合使用。实际上，通常先用 torch.softmax()函数，然后用 torch.log()函数，最后用 nn.NLLLoss()函数，其效果相当于使用 nn.CrossEntropyLoss()函数。简而言之，nn.CrossEntropyLoss()＝torch.softmax()＋torch.log()＋nn.NLLLoss()。

显然，nn.CrossEntropyLoss()和 nn.NLLLoss()主要用于解决分类问题。

3.3.2 nn.MSELoss()函数

假设张量 $\boldsymbol{Y}=(y^{(1)},y^{(2)},\cdots,y^{(n)})$，$\hat{\boldsymbol{Y}}=(\hat{y}^{(1)},\hat{y}^{(2)},\cdots,\hat{y}^{(n)})$，则 $\boldsymbol{Y}$ 和 $\hat{\boldsymbol{Y}}$ 的均方差可表示为：

$$\mathcal{L}(\hat{\boldsymbol{Y}},\boldsymbol{Y})=\frac{1}{n}\sum_{i=1}^{n}(\hat{y}^{(i)}-y^{(i)})^2$$

这里假设了 $\boldsymbol{Y}$ 和 $\hat{\boldsymbol{Y}}$ 为一维张量。实际上，对于多维张量的情况，亦可以此类推：分别取出 $\boldsymbol{Y}$ 和 $\hat{\boldsymbol{Y}}$ 中相对应的元素相减，然后平方，最后除以元素个数。显然，要求 $\boldsymbol{Y}$ 和 $\hat{\boldsymbol{Y}}$ 的形状必须相同。

在 PyTorch 框架中，可用 nn.MSELoss()函数来计算 $\boldsymbol{Y}$ 和 $\hat{\boldsymbol{Y}}$ 的均方差。MSELoss 是 Mean Squared Error Loss 的缩写，对应的中文意思是平均平方误差，简称均方差。因此，nn.MSELoss()函数称为均方差损失函数。显然，该函数用于度量两个张量的误差。

例如，下列代码先构建两个形状相同的张量 pre_y 和 y，然后利用 nn.MSELoss()函数计算它们的均方差：

```
pre_y = torch.tensor([[4, 1, 0, 0],
                      [4, 2, 0, 5],
                      [5, 4, 5, 1]]).float()
y = torch.tensor([[0, 1, 4, 3],
                  [0, 3, 1, 4],
                  [4, 4, 1, 3]]).float()
loss = nn.MSELoss()(pre_y, y)          #计算均方差
```

执行这些代码后可以发现，loss 的值为 6.75。

均方差损失函数 nn.MSELoss()主要用于回归分析。

3.3.3 nn.BCELoss()和 nn.BCEWithLogitsLoss()函数

令 $\boldsymbol{X}$ 表示由 n 个样本构成的数据批量(张量)，其对应的标记张量为 $\boldsymbol{Y}=(y^{(1)},y^{(2)},\cdots,y^{(n)})$，其中 $y^{(i)}\in\{0,1\}$(0 表示一个类别，1 表示另一个类别)，$i=1,2,\cdots,n$，并假设在输入 $\boldsymbol{X}$ 后模型的输出为 $\hat{\boldsymbol{Y}}=(\hat{y}^{(1)},\hat{y}^{(2)},\cdots,\hat{y}^{(n)})$，其中 $y^{(i)}\in(0,1)$，$i=1,2,\cdots,n$。这样，模型在批量 $\boldsymbol{X}$ 上的损失函数为：

$$\mathcal{L}(\hat{\boldsymbol{Y}},\boldsymbol{Y})=-\frac{1}{n}\sum_{i=1}^{n}[y^{(i)}\log(\hat{y}^{(i)})+(1-y^{(i)})\log(1-\hat{y}^{(i)})]$$

观察该公式可以发现，对于 $\boldsymbol{X}$ 中所有属于 0 类的样本（$y^{(i)}=0$），它们的模型输出（$\hat{y}^{(i)}$）越接近 0，$\mathcal{L}(\hat{\boldsymbol{Y}},\boldsymbol{Y})$的值越小；对于所有属于 1 类的样本（$y^{(i)}=1$），它们的模型输出（$\hat{y}^{(i)}$）越接近 1，$\mathcal{L}(\hat{\boldsymbol{Y}},\boldsymbol{Y})$的值越小。因此，通过最小化$\mathcal{L}(\hat{\boldsymbol{Y}},\boldsymbol{Y})$，更新模型中的参数，可以使得模型的输出越来越接近目标值。

在 PyTorch 框架中，nn.BCELoss()函数用来计算上述$\mathcal{L}(\hat{\boldsymbol{Y}},\boldsymbol{Y})$。BCELoss 是 Binary CrossEntropyLoss 的缩写，也就是说，nn.BCELoss()也是一种交叉熵损失函数，但它只适用于二分类问题，因而称为二分类交叉熵损失函数。

例如，下列代码先构造张量 pre_y 和 y（两者分别相当于上述公式中的$\hat{\boldsymbol{Y}}$和 $\boldsymbol{Y}$），然后将 pre_y 归一化到(0,1)中，最后调用 nn.BCELoss()计算交叉熵损失函数的值：

```
pre_y = torch.tensor([[-0.3696],
                      [-0.2404],
                      [-1.1969],
                      [ 0.2093]])
y = torch.tensor([[0],
                  [1],
                  [1],
                  [0]]).float()
pre_y = torch.sigmoid(pre_y)          #将 pre_y 归一化到(0, 1)中
loss = nn.BCELoss()(pre_y,y)
```

执行后，loss 为 0.9025。

运用激活函数 torch.sigmoid()的目的是，将 pre_y 归一化到(0,1)中，否则可能因为 pre_y 为 0 而导致计算 pre_y 的对数时出现错误。

实际上，nn.BCEWithLogitsLoss()函数相当于先启用激活函数 torch.sigmoid()，然后调用 nn.BCELoss()。也就是说，如果使用 nn.BCEWithLogitsLoss()函数来计算交叉熵，则不需要再使用激活函数 torch.sigmoid()。简而言之，nn.BCEWithLogitsLoss() = torch.sigmoid() + nn.BCELoss()。

nn.BCEWithLogitsLoss()函数是通过逻辑回归的方法来解决二分类问题。

3.3.4 nn.L1Loss()函数

有时候可能以模型输出张量和标记张量中各对应元素之差的绝对值的平均值作为刻画输出张量和标记张量之间的误差。为此，假设输出张量$\hat{\boldsymbol{Y}}=(\hat{y}^{(1)},\hat{y}^{(2)},\cdots,\hat{y}^{(n)})$，标记张量为$\boldsymbol{Y}=(y^{(1)},y^{(2)},\cdots,y^{(n)})$，则这种误差可表示为：

$$\mathcal{L}(\hat{\boldsymbol{Y}},\boldsymbol{Y})=\frac{1}{n}\sum_{i=1}^{n}|\hat{y}^{(i)}-y^{(i)}|$$

$\mathcal{L}(\hat{\boldsymbol{Y}},\boldsymbol{Y})$称为绝对值误差。在 PyTorch 框架中，可用 nn.L1Loss()函数来实现此误差的计算。例如，下面代码先构造张量 pre_y 和 y，然后调用 nn.L1Loss()函数来计算它们之间的绝对值误差：

```
pre_y = torch.tensor([[-3,  4, -3, -5],
                      [-5, -3,  1,  2],
                      [ 4, -1, -4, -4]]).float()
y = torch.tensor([[ 1, -4, -3,  4],
                  [-1, -4, -2, -5],
                  [-5,  1,  0,  2]]).float()
loss = nn.L1Loss()(pre_y,y)
```

执行后,loss 的值为 4.75。显然,pre_y 和 y 必须有相同的形状,否则无法计算。

如果不想计算绝对值的平均值,只求绝对值之和,则可用下列的 nn.L1Loss()函数来实现:

```
loss = nn.L1Loss(reduction='sum')(pre_y,y)        #默认设置为 reduction='mean'
```

其他损失函数也有类似的参数设置,请读者自行测试。

显然,nn.L1Loss()函数也主要用于回归分析。

3.4 网络模型的训练与测试

一般情况下,程序员的工作是定义 nn.Module 类的派生类并将神经网络的功能封装在其中。因此,需要实例化派生类后才形成网络模型,进而将数据输入网络模型,以对其进行训练,训练完毕后才能测试,这是一个基本的流程。为此,本节先介绍数据集分割、数据打包的方法,然后再介绍网络模型的训练和测试方法。

3.4.1 数据集分割

为对构建的模型进行有效的训练和评估,一般需要将数据集分割为训练集和测试集。训练集用于对构造的模型进行训练,测试集则用于对训练后的模型进行评估。通常情况下,训练集和测试集的规模之比为 7∶3或 8∶2等。有很多现成的工具可以按给定的比例将一个数据集分割为训练集和测试集。然而,在 PyTorch 中,一般使用的数据都表示为张量。在此情况下,通过利用张量的切片操作,数据集的分割就变得十分简单。

例如,对于将例 3.1 中已经读取并已放在张量 $\boldsymbol{X}$ 和 $\boldsymbol{Y}$ 中的数据集,如果按 7∶3划分为训练集和测试集,则可以使用下列代码实现:

```
rate = 0.7                                            #定义分割的比例
X, Y = torch.randn(2040,3), torch.randn(2040)         #产生模拟数据
train_len = int(len(X) * rate)                        #设置训练集的规模,结果是
                                                      #2040×0.7=1428
trainX, trainY = X[:train_len], Y[:train_len]         #取前面 70%的样本作为训练集
testX, testY = X[train_len:], Y[train_len:]           #取后面 30%的样本作为测试集
```

一般来说,在进行数据集分割之前,先随机打乱数据集中样本的顺序,可参考如下代码:

```
index = torch.randperm(len(Y))   #效果相当于对[0, len(Y)-1]中的整数进行随机排列
X, Y = X[index], Y[index]        #随机打乱 X 和 Y 中样本的顺序
```

有时候,可能需要按一定的比例将数据集分割为训练集、验证集(主要用于在模型训练过程中检验当前模型是否过拟合等)和测试集,这种划分方法也可以参照上述思路来解决。

3.4.2 数据打包

批量梯度下降方法已被实践检验为可行的训练方法，也是最常用的训练方法。为使用这种方法，需要事先对训练用的数据进行打包。何为数据打包？实际上，就是将给定的数据集（包括训练集、验证集和测试集等）划分为若干个同等规模的数据批量（batch）的过程，而一个批量也称为一个数据包，因而划分为批量的过程也称为数据打包。当然，批量的大小是需要事先设定的，最后一个批量在规模上可能小于其他批量。

对于数据打包，可利用 Python 语言并通过分段切片来实现。例如，对含有 1428 条样本的训练集进行打包，包的大小（batch_size）设置为 100，则可用如下代码来实现：

```
batch_size = 100                                 #设置包的大小
train_loader = []                                #放置数据包的容器
for i in range(0, len(trainX), batch_size):      #分段切片，构造数据包
    t_trainX,t_trainY = trainX[i:i+batch_size],trainY[i:i+batch_size]
    t = (t_trainX,t_trainY)                      #将特征数据包和标记包组成元组
    train_loader.append(t)                       #将元组保存到容器 train_loader 中
```

输出各包的规模可以发现，前面 14 个包的规模均为 100，而最后一个包的规模为 28。原因在于，在总共包含 1428 条的数据样本中，前面 14 个包一共用了 1400 条样本，而最后只剩下 28 条样本，所以最后一个数据包的规模为 28。

通过上述代码，我们不难理解数据打包的基本原理。但如果在实践中，要编写这么多代码才能完成数据打包，就会显得比较烦琐。有没有更简便的方法呢？有！PyTorch 为我们提供了更简便的方法。

例如，为了完成上述代码相同的功能，我们仅需如下两条语句：

```
from torch.utils.data import DataLoader, TensorDataset
#trainX, trainY = torch.randn(1428,3), torch.randn(1428)  #产生模拟数据
train_set = TensorDataset(trainX, trainY)         #对 trainX 和 trainY 进行组对
train_loader = DataLoader(dataset=train_set,      #调用打包函数
                          batch_size=100,         #包的大小
                          shuffle=True)           #默认 shuffle=False
```

其中，TensorDataset()函数用于对 trainX 和 trainY 进行“组对”，类似 Python 中的 zip 功能；DataLoader()函数则用于完成数据打包功能，其涉及的常用参数如下。

- dataset：用于指定加载的数据集（Dataset 对象）。
- batch_size：用于设定包的大小（规模）。
- shuffle：值为 True 表示要打乱样本的顺序后再打包，为 False（默认值）则表示不打乱样本的顺序。
- num_workers：设置使用多进程加载的进程数，0 代表不使用多进程。
- drop_last：当样本总数不是 batch_size 的整数倍时，如果 drop_last 为 True，则会将多出来而又不足一个数据包的样本丢弃；如果为 False（默认值）则表示按实际剩余的数据打包。

DataLoader()函数返回的结果是一个迭代器，可以通过循环或数组化转换来访问其中的数据包。例如，运行如下代码：

```
for xb, yb in train_loader:
    print(xb.shape, yb.shape)
```

可以看到该迭代器包含的数据包的形状：

```
torch.Size([100, 3]) torch.Size([100])
torch.Size([100, 3]) torch.Size([100])
torch.Size([100, 3]) torch.Size([100])
torch.Size([100, 3]) torch.Size([100])
torch.Size([100, 3]) torch.Size([100])
torch.Size([100, 3]) torch.Size([100])
torch.Size([100, 3]) torch.Size([100])
torch.Size([100, 3]) torch.Size([100])
torch.Size([100, 3]) torch.Size([100])
torch.Size([100, 3]) torch.Size([100])
torch.Size([100, 3]) torch.Size([100])
torch.Size([100, 3]) torch.Size([100])
torch.Size([100, 3]) torch.Size([100])
torch.Size([100, 3]) torch.Size([100])
torch.Size([28, 3]) torch.Size([28])
```

注意，DataLoader()函数往往结合 Dataset 类来实现数据打包，这在后面将会逐步接触到。

3.4.3 网络模型的训练方法

把一个已定义的 nn.Module 类的派生类实例化，会得到一个网络模型。网络模型可视为由网络结构和参数组成，而实例化后得到的网络模型的参数大多是随机初始化形成的。这时模型没有任何的预测功能。训练的目的就是，将训练数据输入模型，然后正向计算模型的输出和目标之间的误差，进而反向计算误差函数在各个参数上的梯度，最后利用得到的梯度更新参数。反复执行这个过程，直到误差足够小时，停止训练过程。

网络模型训练的一个核心工作是设计误差函数，实际上就是设计损失函数（在优化理论中称为目标函数）。损失函数的设计是根据问题的性质来完成的，这在 2.3 节中已经进行了介绍。

具体地，对于给定的数据批量 $\boldsymbol{X}$ 及其标记 $\boldsymbol{Y}$，令 model 表示实例化后得到的模型，并记为：

$$\hat{\boldsymbol{Y}} = \text{model}(\boldsymbol{X})$$

$\hat{\boldsymbol{Y}}$表示批量 $\boldsymbol{X}$ 在输入模型 model 后产生的输出。令$\mathcal{L}$表示损失函数，则$\mathcal{L}(\hat{\boldsymbol{Y}},\boldsymbol{Y})$表示模型输出$\hat{\boldsymbol{Y}}$和目标 $\boldsymbol{Y}$ 之间的误差。在 PyTorch 框架中，对于每个 $\boldsymbol{X}$，利用 backward()方法，都可以自动计算$\mathcal{L}(\hat{\boldsymbol{Y}},\boldsymbol{Y})$在各个参数上的梯度，然后调用 step()方法自动利用梯度更新各个参数。

对所有的数据批量，轮流使用它们对模型 model 进行参数更新，每轮一遍称为一代或一轮。一般情况下，对一个模型的训练要经过若干轮才能收敛。模型的训练过程可用伪代码表示如下：

```
#通过实例化得到模型 model
optimizer=torch.optim.Adam(model.parameters(),lr=lr) #设置优化器
                                                      #告诉它哪些参数要优化
for epoch in range(epochs):          #epochs 为事先设定的迭代代数
    for X, Y in train_loader:        #train_loader 为所有数据集批量及其标记的集合
        Ŷ= model(X)
        loss = ℒ(Ŷ, Y)               #计算损失函数值
        optimizer.zero_grad()        #对各个参数的梯度进行清零
        loss.backward()              #自动反向计算梯度
        optimizer.step()             #利用梯度自动更新各个参数
```

显然，模型的前向计算功能是程序员在模型 model 的类代码中定义的，而复杂的反向梯度计算和参数更新则是由优化器 optimizer 在后台自动完成的。

3.4.4　梯度累加的训练方法

在网络模型训练过程中，适当增加批量的大小可以提高模型的泛化能力。但批量大小的增加会大量占用 GPU 显存资源，甚至会导致 GPU 显存溢出而无法运行程序。然而，有的模型包含大量的参数，因而模型本身就耗费大量 GPU 显存资源，因此批量大小只能设置得很低，从而影响模型的泛化能力。于是，在有限 GPU 显存资源的条件下，如何提高数据批量的大小成为提升模型泛化能力的一个关键问题。

幸运的是，我们可以通过梯度累加的方法来变相提高数据批量的大小，同时不额外占用 GPU 显存资源。

所谓梯度累加方法，就是在训练过程中每次迭代一般只计算梯度并对梯度进行累加，而不是每次都做参数更新；当累加到既定次数后再做参数更新，并对梯度清零。这种训练方法可用伪代码描述如下：

```
accu_steps = r                          #设定梯度积累的代数
#通过实例化得到模型 model
optimizer=torch.optim.Adam(model.parameters(),lr=lr)
for epoch in range(epochs):
    for k, (X, X) in enumerate(train_loader):
        Ŷ = model(X)
        loss = ℒ(Ŷ, Y)                  #计算损失函数值
        loss = loss / accu_steps        #计算损失的平均值
        loss.backward()                 #反向计算梯度并累加
        if (k+1)%accu_steps == 0:       #每 accu_steps 次迭代做一次参数更新
            optimizer.step()            #参数更新
            optimizer.zero_grad()       #梯度清零
```

该训练方法表明，在迭代过程中每做 accu_steps 次迭代（在这个过程中自动做梯度积累），才做一次参数更新（同时对梯度清零），但不增加批量的大小，因而不会增加对 GPU 显存资源的额外要求。由于做了 accu_steps 次迭代后再利用累加的梯度进行参数更新，因此其效果几乎相当于将批量大小由 $|\boldsymbol{X}|$ 改为 $|\boldsymbol{X}|$ * accu_steps，可以在既定条件下大幅度提升模型的泛化能力。

注意，在运用大批量梯度下降方法时，应适当增加学习率。梯度累加方法是一种变相的大批量梯度下降方法，因此在运用该方法时也应适当增加学习率。

这种基于梯度累加的训练方法的具体例子可参考例 8.6。

3.4.5 学习率衰减在训练中的应用

通过第 2 章的学习我们知道，在网络模型训练过程中，当学习率设置得过大时，容易造成收敛过程振荡，不易找到高精度解，但它有助于快速逼近全局最优解，降低陷于局部解的概率；当学习率设置得过小时，虽然有助于获得高精度解，但是收敛速度慢，容易陷于局部最优解。一种理想的做法是，训练刚开始时使用较大的学习率，使得网络模型快速向全局最优解逼近；随着训练过程的推进，逐步降低学习率，以找到高精度的最优解。显然，要对学习率做这样的设置，首先要找到访问学习率的方法。

在 PyTorch 中，每个优化器都有 param_groups 属性，该属性是一个 list 对象，其元素 param_groups[0]是一个 dict 对象。该 dict 对象含有 6 个键：Params、lr、betas、eps、weight_decay、amsgrad，其中键 lr 的值 param_groups[0]['lr']就是优化器的学习率，通过访问该键值即可以获得或修改学习率。据此，我们可以手动调整学习率。

例如，我们把例 3.1 中的学习率初始设置为 0.01，然后每迭代 50 次，让学习率自乘 0.9（即减少 10%），同时保证学习率的最低值不低于 0.0008；此外，为了观察衰减效果，我们仅从 X 和 Y 中选择 400 条数据样本来训练模型，并将每次迭代时的学习率保存起来，训练完后在二维平面上绘制学习率的衰减曲线图。相关代码如下：

```
model3_1 = Model3_1()
optimizer = torch.optim.Adam(model3_1.parameters(), lr=0.01)
lr_list = []                                  #保存每次迭代时的学习率
X,Y = X[:400],Y[:400]                         #仅取 400 条数据样本
i = 0
for epoch in range(5):
    for x,y in zip(X,Y):
        x = x.unsqueeze(0)
        pre_y = model3_1(x)
        y = torch.LongTensor([y])
        loss = nn.CrossEntropyLoss()(pre_y,y)
        optimizer.zero_grad()       #梯度清零
        loss.backward()             #反向计算梯度
        optimizer.step()            #参数更新

        i += 1
        if i%50==0:
            optimizer.param_groups[0]['lr'] *= 0.9   #让学习率自乘 0.9(即衰减学习率)
            #防止学习率过低:
            optimizer.param_groups[0]['lr'] \
                    max(optimizer.param_groups[0]['lr'],0.0008)
        lr_list.append(optimizer.param_groups[0]['lr'])  #保存当前的学习率
#训练完毕,下面代码用于绘制学习率的变化曲线图
plt.rcParams['font.sans-serif'] = ['SimHei']                  #用来正常显示中文标签
plt.plot(range(len(lr_list)),lr_list,c='r')
```

```
plt.xlabel("迭代次数",fontsize=14)              #X 轴标签
plt.ylabel("当前学习率",fontsize=14)            #Y 轴标签
plt.tick_params(labelsize=14)
plt.show()
```

执行上述代码，结果得到如图 3-8 所示的学习率变化曲线图。从图 3-8 可以看到，学习率确实从 0.01 开始，逐步衰减，最终降到 0.0008。

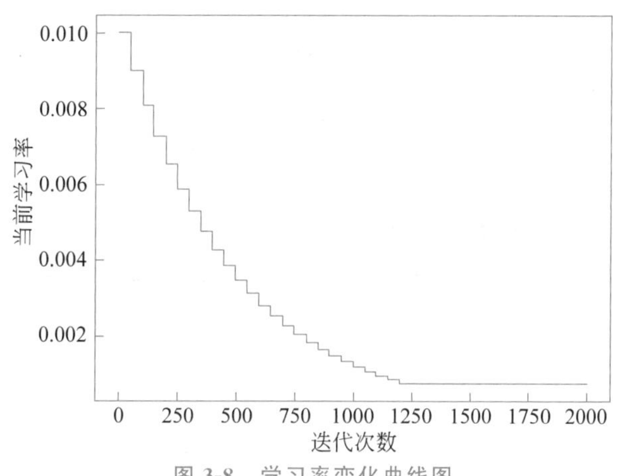

图 3-8　学习率变化曲线图

学习率衰减也可以利用 torch.optim.lr_scheduler.StepLR()方法来实现，编写的代码更为简洁。该方法主要需要设置如下 3 个参数。

- optimizer：设置当前使用的优化器对象。
- step_size：每迭代 step_size 次后更新一次学习率。
- gamma：每次更新时，学习率自乘该 gamma(学习率衰减的乘法因子，默认值为 0.1)。

调用 torch.optim.lr_scheduler.StepLR()方法时会产生一个对象，该对象提供了 step()方法。每执行一次 step()方法就相当于做了一次迭代，也就是说，迭代次数是按照 step()方法的执行次数来统计的。

例如，为了实现与上面有相同的学习率衰减效果，先用 torch.optim.lr_scheduler.StepLR()方法对优化器 optimizer 的学习率的更新方式进行设置：每迭代 50 次更新一个学习率，衰减的乘法因子设置为 0.9。相应语句如下：

```
scheduler = torch.optim.lr_scheduler.StepLR(optimizer, step_size=50, gamma=0.9)
```

然后在循环体中用下列语句更新学习率：

```
scheduler.step()
```

更改后的完整代码如下：

```
model3_1 = Model3_1()
optimizer = torch.optim.Adam(model3_1.parameters(), lr=0.01)
#设置学习率的衰减方式：
scheduler = torch.optim.lr_scheduler.StepLR(optimizer, step_size=50, gamma=0.9)
lr_list = []                                    #保存每次迭代时的学习率
X,Y = X[:400],Y[:400]                           #仅取 400 条数据样本
```

```
for epoch in range(5):
    for x,y in zip(X,Y):
        x = x.unsqueeze(0)
        pre_y = model3_1(x)
        y = torch.LongTensor([y])
        loss = nn.CrossEntropyLoss()(pre_y,y)
        optimizer.zero_grad()          #梯度清零
        loss.backward()                #反向计算梯度
        optimizer.step()               #参数更新
        scheduler.step()               #更新学习率
                                       #防止学习率过低:
        optimizer.param_groups[0]['lr'] = max(optimizer.param_groups[0]['lr'],
        0.0008)
        lr_list.append(optimizer.param_groups[0]['lr'])        #保存当前的学习率
```

当然,在学习率衰减方法中,不同例子对学习率初始值和衰减乘法因子的设置也有所不同,需要经验积累,慢慢体会。

3.4.6 网络模型的测试

对于一个已经训练好的网络模型,为测试其性能,学者们研究了多种评价指标,比如精确率(precision,又称查准率)、召回率(recall,又称查全率)、准确率(accuracy)等。其中,准确率使用得最频繁,这里先介绍这个指标的测试方法。

对分类问题而言,准确率是指被正确预测的样本数占整个测试集样本数的比值。下面通过一个例子来说明准确率的计算方法,同时也说明训练过程和测试过程。

【例 3.3】 改写例 3.1 中的程序代码,将数据集分割为训练集和测试集,采用批量梯度下降方法,用训练集训练网络,用测试集测试模型的准确率。

按照前面介绍的有关数据集分割方法、数据打包方法等内容改写了例 3.1 中的程序代码,结果如下:

```
import torch
import torch.nn as nn
import matplotlib.pyplot as plt
from torch.utils.data  import DataLoader,TensorDataset
#读取文件"例 3.1 数据.txt"中的数据:
path = r'.\\data'
fg=open(path+'\\'+"例 3.1 数据.txt","r",encoding='utf-8')
s=list(fg)
X1,X2,X3,Y = [],[],[],[]
for i,v in enumerate(s):
    v = v.replace('\n','')
    v = v.split(',')
    X1.append(float(v[0]))
    X2.append(float(v[1]))
    X3.append(float(v[2]))
    Y.append(int(v[3]))
fg.close()
```

```
X1, X2, X3, Y = torch.Tensor(X1), torch.Tensor(X2), torch.Tensor(X3), torch.
LongTensor(Y)
X = torch.stack((X1,X2,X3),dim=1)
del X1,X2,X3
index = torch.randperm(len(Y))             #随机打乱样本的顺序,注意保持 X 和 Y 的一致性
X,Y = X[index],Y[index]                    #Y 的形状为 torch.Size([2040])
#数据集分割:
rate = 0.7                                 #设置分割比例
train_len = int(len(X) * rate)
trainX,trainY = X[:train_len],Y[:train_len]            #前面数据的 70%作为训练集
testX,testY = X[train_len:],Y[train_len:]              #后面数据的 30%作为训练集
batch_size = 100                                       #设置包的大小(规模)
#对训练集打包:
train_set = TensorDataset(trainX,trainY)
train_loader = DataLoader(dataset=train_set,           #打包
                          batch_size=batch_size,       #设置包的大小
                          shuffle=False)               #默认: shuffle=False
#对测试集打包:
test_set = TensorDataset(testX,testY)
test_loader = DataLoader(dataset=test_set,
                         batch_size=batch_size,        #设置包的大小
                         shuffle=False)                #默认 shuffle=False
del train_set,test_set
del X,Y
#定义类 Model3_1
class Model3_1(nn.Module):
    def __init__(self):
        super(Model3_1, self).__init__()
        self.fc1 = nn.Linear(3, 4)     #用于构建神经网络的第 1 层(隐含层)
        self.fc2 = nn.Linear(4, 2)     #用于构建神经网络的第 2 层(输出层)
    def forward(self,x):
        out = self.fc1(x)
        out = torch.tanh(out)          #增加了一个激活函数
        out = self.fc2(out)
        return out
#------------------------------------------------------------------
model3_1 = Model3_1()                  #实例化模型
optimizer = torch.optim.Adam(model3_1.parameters(), lr=0.01)          #设置优化器
#以下为训练代码:
for epoch in range(10):                #训练代数设置为 10
    for x, y in train_loader:          #使用上面打包的训练集进行训练
        pre_y = model3_1(x)
        loss = nn.CrossEntropyLoss()(pre_y,y)          #使用交叉熵损失函数
        optimizer.zero_grad()          #梯度清零
        loss.backward()                #反向计算梯度
        optimizer.step()               #参数更新
#以下开始模型测试,计算预测的准确率:
model3_1.eval()               #设置为测试模式
correct = 0
with torch.no_grad():         #torch.no_grad()是一个上下文管理器,在其中放弃梯度计算
```

```
    for x,y in test_loader:
        pre_y = model3_1(x)
        pre_y_index = torch.argmax(pre_y, dim=1)        #找到概率最大的下标
        t = (pre_y_index==y).long().sum()
        correct += t
s = '在测试集上的预测准确率为: {:.1f}%'.format(100. * correct/len(test_loader.
dataset))
print(s)
```

运行后，输出结果如下：

```
在测试集上的预测准确率为: 100.0%
```

对上述程序代码，说明如下几点。

(1) 对从磁盘文件中读到的数据集进行分割，其中训练集占 70%，测试集占 30%。

(2) 使用函数 TensorDataset()和 DataLoader()对训练集和测试集进行了打包，包的大小设置为 100，使得程序代码变得比较简洁。但有研究表明，包的大小设置为 2 的幂次方为好，如 32、64、128 等整数，这样运算效率会更高。类似地，每一网络层中神经元的个数也应该设置为 2 的幂次方。

(3) 在测试阶段，用 torch.no_grad 设置一个上下文管理器，在此管理器中执行测试代码。其目的是，使梯度计算失效(每个计算结果的 requires_grad 属性值均为 False)，即不再做梯度计算，可以减少计算所用内存消耗，提高效率。

(4) 对于训练好的模型 model3_1，当输入一个形状为 torch.Size([100,3])的数据批量 x 后，会产生一个形状为 torch.Size([100,2])的输出 pre_y，这是一个 100×2 矩阵。按照我们对网络的设计，矩阵中的每一行对应一条样本，该行上最大值所在列的索引即为模型判断该样本所属类别的索引。这样，我们找出每一行上最大值所在列的索引即可，代码如下：

```
pre_y_index = torch.argmax(pre_y, dim=1)
```

这样的列索引保存张量 pre_y_index 中。进而，让其与给定类别索引进行对比：

```
pre_y_index==y
```

对比后，返回逻辑 True 或 False。对这些逻辑值进行整数转换后，True 和 False 分别变为 1 和 0。这样，再做一个求和即可得到被正确预测的样本数：

```
t = (pre_y_index==y).long().sum()
```

据此，经过循环迭代，即可计算出模型的预测准确率。

在本例中，测试集大小为 612，测试得到的模型准确率为 100%。

3.4.7 应用案例——波士顿房价预测

下面看一个具体的应用案例。

【例 3.4】 波士顿房屋价格预测。

在机器学习数据库(UCI，https://archive.ics.uci.edu/)中有一个关于波士顿房屋价格信息的数据集，数据文件名为 housing.data。为方便读者学习，我们将其保存在./data 目录下。该数据文件一共包含 14 个属性，其中前 13 个属性为可能影响房价的因素，最后一个属

性为房屋价格的平均值(单位为 1 万美元)。这 14 个属性的名称、含义及其数据类型说明如表 3-1 所示。

表 3-1 波士顿房屋价格数据集(housing.data)

序号	属性名	含义	数据类型
1	CRIM	人均犯罪率	连续值
2	ZN	超过 25000 平方英尺的住宅用地比例	连续值
3	INDUS	非零售商业用地比例	连续值
4	CHAS	是否临近 Charies 河	离散值(0 表示不临近,1 表示临近)
5	NOX	一氧化碳的浓度	连续值
6	RM	每栋房屋的平均房间数	连续值
7	AGE	1940 年以前建成的自住房比例	连续值
8	DIS	到波士顿 5 个就业中心的加权平均距离	连续值
9	RAD	到达高速公路的便利指数	连续值
10	TAX	每一万美元的全值财产税率	连续值
11	PTRATIO	生师比	连续值
12	B	$1000(BK-0.63)^2$,其中 BK 为黑人比例	连续值
13	LSTAT	低收入人口占比	连续值
14	MEDV	自住房屋价格的平均值(单位为 1 万美元)	连续值(预测属性)

我们现在的任务是,构建一个预测模型,然后利用这个数据集对其进行训练,使得该模型能够根据新输入的房屋信息预测房屋的价格。

编写实现上述任务的程序代码的主要步骤如下。

(1) 构建预测模型。由于预测的属性值(房价)是连续的,因而该任务属于回归问题。对于一个输入样本,有 13 个特征值输入,1 个输出。为此,我们构建一个全连接网络来充当这样的预测模型。该网络的结构如图 3-9 所示,其中输入层有 13 个输入节点,隐含层有 512 个神经元,输出层有 1 个神经元。

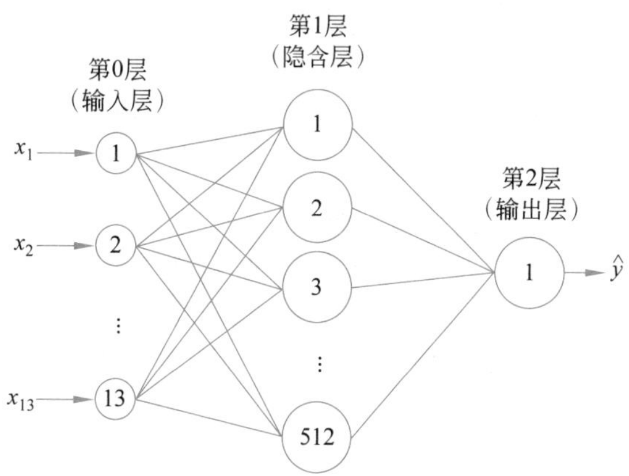

图 3-9 用于波士顿房价预测的全连接神经网络

为此，先定义两个网络层：

```
self.fc1 = nn.Linear(13, 512)
self.fc2 = nn.Linear(512, 1)
```

然后将这两个网络层“连接”起来，形成一个完整的网络：

```
out = self.fc1(x)
out = torch.sigmoid(out)          #运用激活函数 torch.sigmoid()
out = self.fc2(out)
out = torch.sigmoid(out)          #运用激活函数 torch.sigmoid()
```

(2) 读取文件 housing.data 中的数据，转换为张量 X 和 Y，并打乱其中样本的顺序。

(3) 按 8：2 将数据集分割为训练集和测试集。

(4) 按列对数据集进行归一化。为此，先定义归一化方法，然后分别对测试集和数据集进行归一化：

```
def map_minmax(T):                 #归一化函数
    min,max = torch.min(T,dim=0)[0],torch.max(T,dim=0)[0]          #对 T 按列归一化
    r = (1.0 * T-min)/(max-min)
    return r
trainX,trainY = map_minmax(trainX),map_minmax(trainY)
testX,testY = map_minmax(testX),map_minmax(testY)
```

需要注意的是，训练集和测试集一般要分开归一化(但归一化方法和原理应一样)，而不应先对整个数据集先做归一化，然后再进行分割，否则可能导致测试集和训练集之间存在依赖关系，使得测试结果不能反映实际情况。

还要注意的是，如果使用了 sigmoid()函数作为激活函数，一般需要按列对数据进行归一化，尤其需要对标记数据进行归一化，否则效果很差，甚至模型不能收敛。

(5) 对训练集和测试集进行打包，包的大小设置为 16。

(6) 选择优化器和设置学习率：

```
optimizer = torch.optim.Adam(model2_2.parameters(), lr=0.01)
```

学习率是一个重要的超参数，需要多次调试。在本例中，几经调试，发现学习率 lr 设置为 0.01 比较好(这也是默认值)。

(7) 在训练部分中，由于该问题属于回归问题，因此使用均方差损失函数：

```
loss = nn.MSELoss()(pre_y,y)
```

(8) 在测试部分中，对于回归问题，一方面通过画图来展示模型的拟合程度，编写如下的代码来实现：

```
#ls 和 lsy 的初始值均为 torch.Tensor([])
ls = torch.cat((ls, pre_y))           #pre_y 为预测输出的结果，属于张量类型
lsy = torch.cat((lsy, y))             #y 为给定的结果(样本的标记)
```

上述代码的作用是，把预测输出和期望输出(标记)分别保存到一维张量 ls 和 lsy，以便用下面的语句来绘制曲线图：

```
plt.plot(ls)
plt.plot(lsy)
```

另一方面通过计算准确率来反映模型的预测性能。注意，再精准的拟合结果都存在一定的误差，因此不能通过判断预测结果和给定结果是否相等来判断预测的成功性，而是应通过检查两者的误差是否小于给定的阈值来判断。据此，我们编写如下的代码来计算准确率：

```
t = (torch.abs(pre_y-y)<0.1)          #pre_y和y分别为预测输出和给定的结果
t = t.long().sum()                    #将逻辑True转变为1,然后求和
correct += t                          #correct的初值为0
```

整个程序的核心代码如下：

```
#读取文件"housing.data"中的数据:
path = r'.\\data'
fg=open(path+'\\'+"housing.data","r",encoding='utf-8')
s=list(fg)
X,Y = [],[]
for i,line in enumerate(s):
    line = line.replace('\n','')
    line = line.split(' ')
    line2 = [float(v) for v in line if v.strip()!='']
    X.append(line2[:-1])                                  #取得特征值向量
    Y.append(line2[-1])                                   #取样本标记(房屋价格)
fg.close()
X = torch.FloatTensor(X)
Y = torch.FloatTensor(Y)
index = torch.randperm(len(X))
X,Y = X[index],Y[index]                                   #随机打乱顺序
rate = 0.8                                                #按8:2分割数据集
train_len = int(len(X) * rate)
trainX,trainY = X[:train_len],Y[:train_len]               #训练集
testX,testY = X[train_len:],Y[train_len:]                 #测试集
#训练集和测试集一般要分开归一化,但归一化方法应一样:
def map_minmax(T):                                        #归一化函数
    min,max = torch.min(T,dim=0)[0],torch.max(T,dim=0)[0]
    r = (1.0 * T-min)/(max-min)
    return r
trainX,trainY = map_minmax(trainX),map_minmax(trainY)
testX,testY = map_minmax(testX),map_minmax(testY)
#--------------------
#对训练集打包:
batch_size = 16                                           #设置包的大小
train_set = TensorDataset(trainX,trainY)
train_loader = DataLoader(dataset=train_set,              #打包
                          batch_size=batch_size,
                          shuffle=False)                  #默认: shuffle=False
#对测试集打包:
test_set = TensorDataset(testX,testY)
test_loader = DataLoader(dataset=test_set,
                         batch_size=batch_size,
                         shuffle=False)                   #默认: shuffle=False
del X,Y,trainX,trainY,testX,testY,train_set,test_set
#定义类Model2_2
```

```
class Model2_2(nn.Module):
    def __init__(self):
        super(Model2_2, self).__init__()
        self.fc1 = nn.Linear(13, 512)
        self.fc2 = nn.Linear(512, 1)
    def forward(self,x):
        out = self.fc1(x)
        out = torch.sigmoid(out)
        out = self.fc2(out)
        out = torch.sigmoid(out)
        return out
model2_2 = Model2_2()
optimizer = torch.optim.Adam(model2_2.parameters(), lr=0.01)
ls = []
for epoch in range(200):
    for i,(x, y) in enumerate(train_loader):    #使用上面打包的训练集进行训练
        pre_y = model2_2(x)                     #pre_y 的形状为 torch.Size([16, 1])
        pre_y = pre_y.squeeze()                 #改为 torch.Size([16])
        loss = nn.MSELoss()(pre_y,y)            #均方差损失函数
        if i%100==0:
            ls.append(loss.item())
        optimizer.zero_grad()                   #梯度清零
        loss.backward()                         #反向计算梯度
        optimizer.step()                        #参数更新
#以下开始模型测试,计算预测的准确率:
lsy = torch.Tensor([])                          #存放实际标记数据
ls = torch.Tensor([])                           #存放模型输出的预测结果
model2_2.eval()                                 #设置为测试模式
correct = 0
with torch.no_grad():
    for x,y in test_loader:
        pre_y = model2_2(x)
        pre_y = pre_y.squeeze()
        t = (torch.abs(pre_y-y)<0.1)            #判断预测输出是否"等于"实际标记数据
        t = t.long().sum()
        correct += t
        ls = torch.cat((ls, pre_y))
        lsy = torch.cat((lsy, y))
s = '在测试集上的预测准确率为: {:.1f}%'.format(100. * correct/len(test_loader.
dataset))
print(s)
plt.plot(ls)
plt.plot(lsy)
plt.show()
```

运行上述代码,程序输出的结果如下:

```
在测试集上的预测准确率为: 87.3%
```

绘制的曲线图如图 3-10 所示。

从准确率和曲线图看,该程序取得了较高的拟合性能。当然,要达到实用阶段,还需更

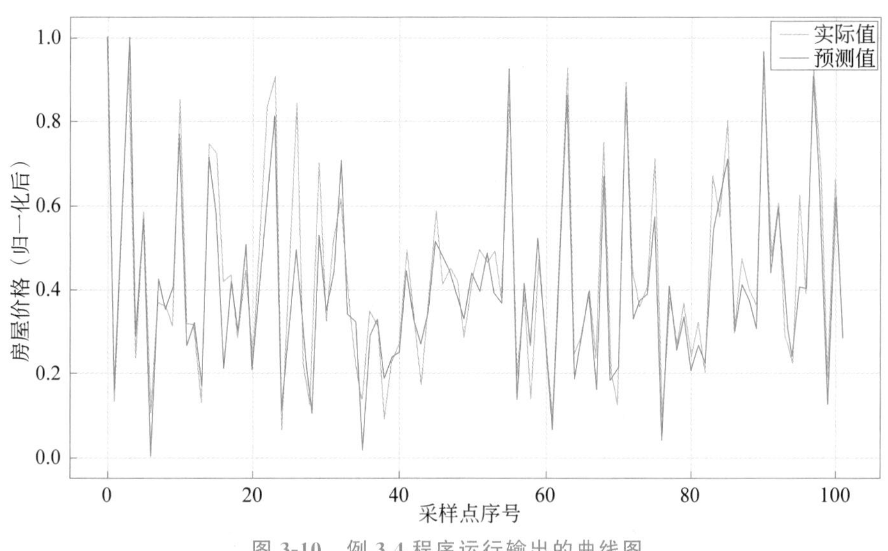

图 3-10 例 3.4 程序运行输出的曲线图

多的训练数据,并需设计更优的模型。

3.5 正向计算和反向梯度传播的理论分析

神经网络实际上是通过参数更新来完成从输入到输出的映射。如果用 f 表示这种映射,$\boldsymbol{x}$ 为输入向量,y 为网络的输出(可能是向量,也可能是标量),则可将一个神经网络简要表示为:

$$\hat{y}=f(\boldsymbol{x})$$

显然,f 中包含了大量的参数,本节将从理论上介绍全连接神经网络如何实现这些参数的更新,进而完成映射功能。为此,我们先在理论上介绍神经网络的正向计算过程,然后介绍其反向传播原理及参数更新方法。

当然,如果你不想在理论上掌握神经网络正向计算和反向梯度传播的原理,则可以略过该部分。

3.5.1 正向计算

正向计算是指从输入到输出的计算过程。我们仍然从简单的例子入手。

考虑图 3-11 所示的三层全连接神经网络。为了方便表达,对于第 l 层上的神经元,我们用 $a_i^{(l)}$ 表示其中第 i 个神经元的输出。例如,第 1 层上各神经元的输出分别为 $a_1^{(1)}$、$a_2^{(1)}$、$a_3^{(1)}$、$a_4^{(1)}$。我们把各神经元的输出标注在其右上方,得到如图 3-11 所示的带标注的神经网络图,其中 $a_1^{(0)}=x_1$,$a_2^{(0)}=x_2$,$a_3^{(0)}=x_3$,$a_1^{(2)}=y_1$,$a_2^{(2)}=y_2$。另外,需要说明的是,第 1 层上第 1 个神经元节点和第 0 层上第 2 个神经元节点的边的权值用 $w_{12}^{(1)}$ 来表示,其中上标的“(1)”表示该边隶属于第 1 层,下标中的“1”和“2”分别表示第 1 层上第 1 个节点和第 0 层上第 2 个节点,其他表示以此类推。

我们先考虑第 1 层上各神经元节点。根据第 2 章有关感知器的内容,其输出的计算表

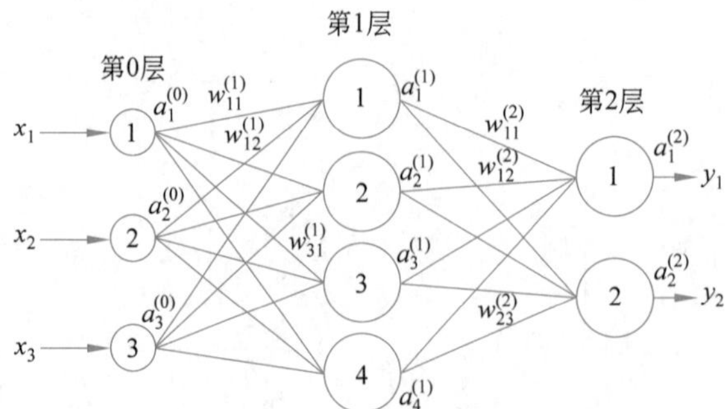

图 3-11　带输出标注的三层全连接神经网络

达式如下：

$$a_1^{(1)}=\sigma(w_{11}^{(1)}a_1^{(0)}+w_{12}^{(1)}a_2^{(0)}+w_{13}^{(1)}a_3^{(0)}+b_1^{(1)})$$
$$a_2^{(1)}=\sigma(w_{21}^{(1)}a_1^{(0)}+w_{22}^{(1)}a_2^{(0)}+w_{23}^{(1)}a_3^{(0)}+b_2^{(1)})$$
$$a_3^{(1)}=\sigma(w_{31}^{(1)}a_1^{(0)}+w_{32}^{(1)}a_2^{(0)}+w_{33}^{(1)}a_3^{(0)}+b_3^{(1)})$$
$$a_4^{(1)}=(w_{41}^{(1)}a_1^{(0)}+w_{42}^{(1)}a_2^{(0)}+w_{43}^{(1)}a_3^{(0)}+b_4^{(1)})$$

其中，$b_1^{(1)}$ 为第 1 层上第 1 个神经元的偏置项。

如果每一层的输出、参数和偏置项都用向量或矩阵来表示，即令：

$$\boldsymbol{A}^{(0)}=\begin{bmatrix}a_1^{(0)}\\a_2^{(0)}\\a_3^{(0)}\end{bmatrix}=\begin{bmatrix}x_1\\x_2\\x_3\end{bmatrix},\quad \boldsymbol{A}^{(1)}=\begin{bmatrix}a_1^{(1)}\\a_2^{(1)}\\a_3^{(1)}\\a_4^{(1)}\end{bmatrix},\quad \boldsymbol{W}^{(1)}=\begin{bmatrix}w_{11}^{(1)},w_{12}^{(1)},w_{13}^{(1)}\\w_{21}^{(1)},w_{22}^{(1)},w_{23}^{(1)}\\w_{31}^{(1)},w_{32}^{(1)},w_{33}^{(1)}\\w_{41}^{(1)},w_{42}^{(1)},w_{43}^{(1)}\end{bmatrix},\quad \boldsymbol{b}^{(1)}=\begin{bmatrix}b_1^{(1)}\\b_2^{(1)}\\b_3^{(1)}\\b_4^{(1)}\end{bmatrix}$$

那么，第 1 层的输出就可以表示为：

$$\boldsymbol{A}^{(1)}=\sigma(\boldsymbol{W}^{(1)}\boldsymbol{A}^{(0)}+\boldsymbol{b}^{(1)})$$

同理，第 2 层的输出可以表示为：

$$\boldsymbol{A}^{(2)}=\sigma(\boldsymbol{W}^{(2)}\boldsymbol{A}^{(1)}+\boldsymbol{b}^{(2)})$$

其中，σ 为激活函数，另外：

$$\boldsymbol{W}^{(2)}=\begin{bmatrix}w_{11}^{(2)},w_{12}^{(2)},w_{13}^{(2)},w_{14}^{(2)}\\w_{21}^{(2)},w_{22}^{(2)},w_{23}^{(2)},w_{24}^{(2)}\end{bmatrix},\quad \boldsymbol{b}^{(1)}=\begin{bmatrix}b_1^{(2)}\\b_2^{(2)}\end{bmatrix}$$

从上述参数向量表达式的构造可以看出：①前一层神经元的输出是当前网络层的输入；② 一个网络层的边的权值构成了一个权重参数矩阵，其中每一个神经元（当前层的输出节点）对应着矩阵的一行，每一个输入节点对应着矩阵的一列；③每个神经元一般都有一个偏置项。

一般地，假设一个网络一共有 $o+1$ 个网络层：第 0 层（输入层）、第 1 层、……、第 o 层（输出层），网络的输入为 $\boldsymbol{X}$，则该网络的正向计算过程可表示如下：

$$\boldsymbol{A}^{(0)}=\boldsymbol{X}$$
$$\boldsymbol{A}^{(1)}=\sigma(\boldsymbol{W}^{(1)}\boldsymbol{A}^{(0)}+\boldsymbol{b}^{(1)})$$
$$\boldsymbol{A}^{(2)}=\sigma(\boldsymbol{W}^{(2)}\boldsymbol{A}^{(1)}+\boldsymbol{b}^{(2)})$$
$$\vdots$$
$$\boldsymbol{A}^{(o)}=\sigma(\boldsymbol{W}^{(o)}\boldsymbol{A}^{(o-1)}+\boldsymbol{b}^{(o)})$$

$$\hat{\boldsymbol{Y}}=\boldsymbol{A}^{(o)}$$

其中,矩阵 $\boldsymbol{W}^{(1)},\boldsymbol{W}^{(2)},\cdots,\boldsymbol{W}^{(o)}$ 以及向量 $\boldsymbol{b}^{(1)},\boldsymbol{b}^{(2)},\cdots,\boldsymbol{b}^{(o)}$ 包含的参数即为所有待优化和学习的参数,$\hat{Y}$表示网络的最终输出向量。

也就是说,利用上述公式,我们可以计算任何网络的输出。

【例 3.5】 假设有一个全连接神经网络,其结构和各边权值如图 3-12 所示,其中各神经元节点下方标注的是相应的偏置项,并假设激活函数 σ 是恒等映射(相当于没有激活函数)。请给出每一层的输出结果和计算出网络中待优化参数的数量。

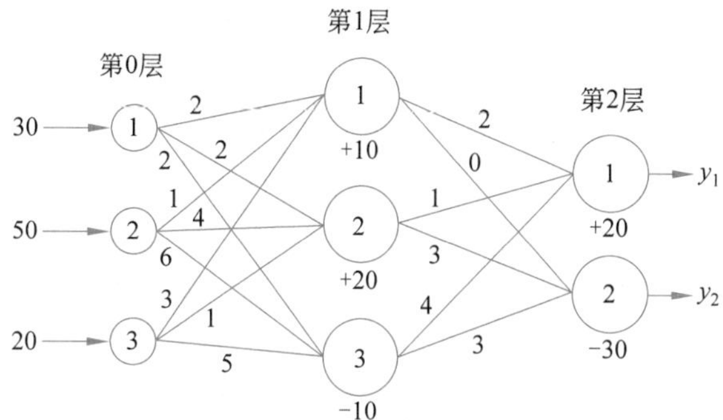

图 3-12 带参数标注的三层全连接神经网络

下面按上述公式计算网络每一层的输出和最终的输出结果。

(1) 根据网络结构及其标注,我们得到:

$$\boldsymbol{X}=\begin{bmatrix}30\\50\\20\end{bmatrix}$$

$$\boldsymbol{W}^{(1)}=\begin{bmatrix}2&1&3\\2&4&1\\2&6&5\end{bmatrix},\quad \boldsymbol{b}^{(1)}=\begin{bmatrix}10\\20\\-10\end{bmatrix}$$

$$\boldsymbol{W}^{(2)}=\begin{bmatrix}2&1&4\\0&3&3\end{bmatrix},\quad \boldsymbol{b}^{(2)}=\begin{bmatrix}20\\-30\end{bmatrix}$$

于是:

$$\boldsymbol{A}^{(0)}=\boldsymbol{X}=\begin{bmatrix}30\\50\\20\end{bmatrix}$$

$$\begin{aligned}\boldsymbol{A}^{(1)}&=\boldsymbol{W}^{(1)}\boldsymbol{A}^{(0)}+\boldsymbol{b}^{(1)} \qquad \text{(注:激活函数 }\sigma\text{ 是恒等映射)}\\&=\begin{bmatrix}2&1&3\\2&4&1\\2&6&5\end{bmatrix}\begin{bmatrix}30\\50\\20\end{bmatrix}+\begin{bmatrix}10\\20\\-10\end{bmatrix}\\&=\begin{bmatrix}180\\300\\450\end{bmatrix}\end{aligned}$$

$$\begin{aligned}\boldsymbol{A}^{(2)} &= \boldsymbol{W}^{(2)}\boldsymbol{A}^{(1)} + \boldsymbol{b}^{(2)}\\ &= \begin{bmatrix}2 & 1 & 4\\ 0 & 3 & 3\end{bmatrix}\begin{bmatrix}180\\ 300\\ 450\end{bmatrix} + \begin{bmatrix}20\\ -30\end{bmatrix}\\ &= \begin{bmatrix}2480\\ 2220\end{bmatrix}\end{aligned}$$

$$\hat{\boldsymbol{Y}} = \boldsymbol{A}^{(2)} = \begin{bmatrix}2480\\ 2220\end{bmatrix}$$

也就是说，当网络的输入为$(30,50,20)^{\mathrm{T}}$时，网络的输出为$(2480,2220)^{\mathrm{T}}$。如果激活函数σ改为 sigmoid()函数，则有：

$$\boldsymbol{A}^{(1)} = \sigma(\boldsymbol{W}^{(1)}\boldsymbol{A}^{(0)} + \boldsymbol{b}^{(1)}) = \sigma\left(\begin{bmatrix}180\\ 300\\ 450\end{bmatrix}\right) = \begin{bmatrix}1.0\\ 1.0\\ 1.0\end{bmatrix} \quad (\text{注：约等于 } 1.0)$$

$$\boldsymbol{A}^{(2)} = \sigma(\boldsymbol{W}^{(2)}\boldsymbol{A}^{(1)} + \boldsymbol{b}^{2}) = \sigma\left(\begin{bmatrix}27\\ -24\end{bmatrix}\right) = \begin{bmatrix}1.0\\ 0.0\end{bmatrix} \quad (\text{注：分别约等于 } 1.0 \text{ 和 } 0.0)$$

$$\hat{\boldsymbol{Y}} = \boldsymbol{A}^{(2)} = \begin{bmatrix}1.0\\ 0.0\end{bmatrix}$$

这个例子展示了该网络的正向计算过程。同时也说明，当输入数值比较大时，如 180、300、450，这些数值被 sigmoid()函数视为几乎一样大小，从而失去它们对事物的区分能力。因此，当使用 sigmoid()作为激活函数时，最好先对数据进行归一化。

对图 3-12 所示的神经网络，我们也可以在 PyTorch 中用手工构建出来。其基本思路是，先定义包含对应两个全连接网络层的 nn.Module 子类，然后对其实例化，建立网络的模型对象，接着用手工构建相应的权重矩阵，并以之更新模型中相应的网络层参数，最后手工构造输入张量 X 并送入模型进行计算。相关代码如下：

```
class FcNet(nn.Module):                                   #定义深度神经网络模型类
    def __init__(self):
        super().__init__()
        self.layer1 = nn.Linear(3, 3, bias=True)          #定义全连接层
        self.layer2 = nn.Linear(3, 2, bias=True)          #定义全连接层
    def forward(self,x):                                  #"连接"两个全连接层
        o = self.layer1(x)
        #o = torch.sigmoid(o)                             #激活函数
        o = self.layer2(o)
        #o = torch.sigmoid(o)                             #激活函数
        return o
fcNet = FcNet()                                           #实例化网络类
W1 = torch.tensor([[2, 1, 3],                             #构造权重矩阵 W1
                   [2, 4, 1],
                   [2, 6, 5]])
W2 = torch.tensor([[2, 1, 4],                             #构造权重矩阵 W2
                   [0, 3, 3]])
b1 = torch.tensor([10, 20, -10])                          #构造偏置项向量 b1
b2 = torch.tensor([20, -30])                              #构造偏置项向量 b2
```

```
fcNet.layer1.state_dict()['weight'].copy_(W1)   #将第 1 层上的参数设置为 W1 中的参数
fcNet.layer2.state_dict()['weight'].copy_(W2)   #将第 2 层上的参数设置为 W2 中的参数
fcNet.layer1.state_dict()['bias'].copy_(b1)  #将第 1 层上的偏置项设置为 b1 中的参数
fcNet.layer2.state_dict()['bias'].copy_(b2)  #将第 2 层上的偏置项设置为 b2 中的参数
X = torch.tensor([30, 50, 20]).float()          #构造输入张量 X
pre_Y = fcNet(X)       #将 X 送入模型 fcNet 进行计算,结果放在张量 pre_Y 中
print(X.long())
print(pre_Y.data.long())                        #输出结果
```

执行上述代码,输出结果如下:

```
tensor([30, 50, 20])
tensor([2480, 2220])
```

可以看到,这个结果和我们上面手工算出来的结果是一样的。这里的例子同时也告诉我们如何利用已有的参数去更新模型中的相应参数。

另外,如果想使用 sigmoid()激活函数,只需在 forward()方法中放开相应的注释代码即可。运算后,输出的结果是:tensor([1,0]),这与上面分析的结果也是一致的。

在网络中,待优化的参数包含在矩阵 $\boldsymbol{W}^{(1)}$ 和 $\boldsymbol{b}^{(1)}$ 以及 $\boldsymbol{W}^{(2)}$ 和 $\boldsymbol{b}^{(2)}$ 中。实际上,每一个网络层中所有边的权重构成了一个参数矩阵,矩阵的行数等于该层中神经元节点的个数,列数等于输入节点的个数,因此该矩阵包含的参数的数量为:输入节点数×神经元节点数。此外,每个神经元都包含一个偏置项(除非没有设置偏置项,即 bias=False)。这样,一个网络层中参数的个数为:

$$\text{输入节点数}\times\text{神经元节点数}+\text{神经元个数}$$

所有网络层的参数数量之和便为整个网络的参数总量。例如,对于图 3-12 所示的网络,其参数总数为:

$$(3\times3+3)+(2\times3+2)=20$$

在 PyTorch 中,可用下列代码求模型 fcNet 包含的参数的数量:

```
param_num = 0
for param in fcNet.parameters():
    param_num += torch.numel(param)        #统计模型参数总量
print('该网络参数的总量为: ', param_num)
```

3.5.2　梯度反向传播与参数更新

深度学习框架的出色工作之一就是通过自动反向计算梯度、实现参数的自动更新。在本节中,我们来介绍这种反向传播和参数更新的基本原理。

在进行梯度计算和参数更新之前,先根据问题的特点设计目标函数,把网络的训练问题转化为函数优化问题。这可分为回归和分类两类问题来讨论。

1. 面向回归问题的全连接神经网络

在回归问题中,网络的输出一般是连续类型的数值,被预测的对象也是连续型数值。这种网络模型一般只有一个输出,也就是说,网络模型的输出层只有一个神经元,这时通常设计如下的目标函数:

$$\mathcal{L}(\hat{y},y)=\frac{1}{2}(\hat{y}-y)^2$$

其中,$\hat{y}$为网络模型的实际输出,y 是样本的实际标记,也是网络模型的期望输出。

$\mathcal{L}$和$\hat{y}$都是关于网络模型 f 中所有参数的函数。我们的目标是,通过更新这些参数,使得$\mathcal{L}$达到最小值,这时的参数即为我们需要的参数。显然,参数更新的原则与第 2 章提到的方法是一样的。具体来说,对任意给定的第 l 层,该层上各参数的更新公式如下:

$$w_{ij}^{(l)} \leftarrow w_{ij}^{(l)} - \lambda \frac{\partial \mathcal{L}}{\partial w_{ij}^{(l)}}$$

$$b_i^{(l)} \leftarrow b_i^{(l)} - \lambda \frac{\partial \mathcal{L}}{\partial b_i^{(l)}}$$

其中,$w_{ij}^{(l)}$ 表示第 l 层中神经元节点 i 和输入节点 j(前一层上的节点 j,因为当前层的输入实际上就是前一层神经元节点的输出)之间的边的权值,$b_i^{(l)}$ 为该层中神经元节点 i 的偏置项,λ 为学习率。

显然,问题的关键是如何计算$\frac{\partial \mathcal{L}}{\partial w_{ij}^{(l)}}$和$\frac{\partial \mathcal{L}}{\partial b_i^{(l)}}$。

假设网络 f 一共有 $o+1$ 个网络层:第 0 层(输入层)、第 1 层、……、第 o 层(输出层),并假设激活函数为 sigmoid(),简记为 σ。先定义一个符号,令 $I_i^{(l)}$ 表示第 l 层上节点 i 的加权输入,即:

$$I_i^{(l)} = w_{i1}^{(l)} a_1^{(l-1)} + w_{i2}^{(l)} a_2^{(l-1)} + \cdots + w_{in}^{(l)} a_n^{(l-1)} + b_i^{(l)}$$

其中,此处 n 表示第 $l-1$ 层中节点的数量。

前面已经指出,$a_i^{(l)}$ 是第 l 层中节点 i 的输出,因此 $a_i^{(l)}$ 是对 $I_i^{(l)}$ 运用激活函数σ 后的结果,即 $a_i^{(l)}=\sigma(I_i^{(l)})$。两者之间的关系可用图 3-13 表示。

图 3-13 $I_i^{(l)}$ 与 $a_i^{(l)}$ 之间的关系

由于 σ 是 sigmoid()函数,所以有:

$$\frac{\partial a_i^{(l)}}{\partial I_i^{(l)}} = a_i^{(l)}(1-a_i^{(l)})$$

考虑任意一个参数 $w_{ij}^{(l)}$,其中 $0<l\leqslant o$。令 $\delta_i^{(l)}$ 表示目标函数$\mathcal{L}$关于加权输入 $I_i^{(l)}$ 的导数,即:

$$\delta_i^{(l)} = \frac{\partial \mathcal{L}}{\partial I_i^{(l)}}$$

$\delta_i^{(l)}$ 称为第 l 层中节点 i 的误差项。因为$\mathcal{L}$是加权输入 $I_i^{(l)}$ 的函数,而 $I_i^{(l)}$ 是 $w_{ij}^{(l)}$ 的函数,所以我们可以得到:

$$\frac{\partial \mathcal{L}}{\partial w_{ij}^{(l)}} = \frac{\partial \mathcal{L}}{\partial I_i^{(l)}} \frac{\partial I_i^{(l)}}{\partial w_{ij}^{(l)}} = \delta_i^{(l)} a_j^{(l-1)}$$

即:

$$\frac{\partial \mathcal{L}}{\partial w_{ij}^{(l)}} = \delta_i^{(l)} a_j^{(l-1)}$$

上式中,$a_j^{(l-1)}$ 是第 $l-1$ 层中节点 j 的激活输出,在反向传播中是已知的。这样,如果误差项 $\delta_i^{(l)}$ 能确定下来,那么$\frac{\partial \mathcal{L}}{\partial w_{ij}^{(l)}}$就确定了。

令 $l=o$，即考虑最后一层——输出层。由于面向回归问题的网络中，第 o 层(输出层)只有一个节点，即节点 1。这时：

$$\delta_1^{(o)}=\frac{\partial \mathcal{L}}{\partial I_1^{(o)}}=\frac{\partial \mathcal{L}}{\partial a_1^{(o)}}\frac{\partial a_1^{(o)}}{\partial I_1^{(o)}}=(a_1^{(o)}-y)\frac{\partial a_1^{(o)}}{\partial I_1^{(o)}}=(a_1^{(o)}-y)a_1^{(o)}(1-a_1^{(o)})$$

在反向传播时，$a_1^{(o)}$ 等于 $\hat{y}$，y 是已知的样本标记值，因此 $\delta_1^{(o)}$ 是确定的。这样，根据数学归纳法的思想，如果 $\delta_i^{(l)}$ 可以用 $\delta_k^{(l+1)}$ 来表达，那么 $\delta_i^{(l)}$ 就可以确定了，其中 $1\leqslant l\leqslant o-1$，下同。

我们注意到，$\delta_i^{(l)}$ 是 $\mathcal{L}$ 关于 $I_i^{(l)}$ 的导数，而 $I_i^{(l)}$ 对 $\mathcal{L}$ 的影响是通过第 $l+1$ 层中的节点来实现的。同时也注意到，第 $l+1$ 层中任意节点 k 的加权输入 $I_k^{(l+1)}$ 都是 $a_i^{(l)}$ 的函数，而 $a_i^{(l)}$ 又是 $I_i^{(l)}$ 的函数。令 $E^{(l+1)}$ 表示第 $l+1$ 层中节点的集合，则根据全导数公式可得到：

$$\delta_i^{(l)}=\frac{\partial \mathcal{L}}{\partial I_i^{(l)}}=\sum_{k\in E^{(l+1)}}\frac{\partial \mathcal{L}}{\partial I_k^{(l+1)}}\frac{\partial I_k^{(l+1)}}{\partial a_i^{(l)}}\frac{\partial a_i^{(l)}}{\partial I_i^{(l)}}$$

其中，

$$\frac{\partial \mathcal{L}}{\partial I_k^{(l+1)}}=\delta_k^{(l+1)}$$

$$\frac{\partial I_k^{(l+1)}}{\partial a_i^{(l)}}=w_{ki}^{(l+1)}$$

$$\frac{\partial a_i^{(l)}}{\partial I_i^{(l)}}=a_i^{(l)}(1-a_i^{(l)})$$

于是，

$$\delta_i^{(l)}=\sum_{k\in E^{(l+1)}}\delta_k^{(l+1)}w_{ki}^{(l+1)}a_i^{(l)}(1\text{-}a_i^{(l)})=a_i^{(l)}(1\text{-}a_i^{(l)})\sum_{k\in E^{(l+1)}}\delta_k^{(l+1)}w_{ki}^{(l+1)}$$

即：

$$\delta_i^{(l)}=a_i^{(l)}(1-a_i^{(l)})\sum_{k\in E^{(l+1)}}\delta_k^{(l+1)}w_{ki}^{(l+1)}$$

其中 $1\leqslant l\leqslant o-1$。

在反向传播过程中，$a_i^{(l)}$ 和 $w_{ki}^{(l+1)}$ 都是已知的，因此 $\delta_i^{(l)}$ 确实可以用 $\delta_k^{(l+1)}$ 来表达。这样，$\delta_i^{(l)}$ 也是确定的。

根据上述推导，对于网络 f 及其输入 $\boldsymbol{x}$ 和标记 y，我们可以得出如下的反向梯度计算与参数更新过程：

首先执行正向计算：

$$\begin{aligned}
&\boldsymbol{A}^{(0)}=\boldsymbol{x}\\
&\boldsymbol{A}^{(1)}=\sigma(\boldsymbol{W}^{(1)}\boldsymbol{A}^{(0)}+\boldsymbol{b}^{(1)})\\
&\boldsymbol{A}^{(2)}=\sigma(\boldsymbol{W}^{(2)}\boldsymbol{A}^{(1)}+\boldsymbol{b}^{(2)})\\
&\qquad\vdots\\
&\boldsymbol{A}^{(o)}=\sigma(\boldsymbol{W}^{(o)}\boldsymbol{A}^{(o-1)}+\boldsymbol{b}^{(o)})\\
&\hat{\boldsymbol{Y}}=\boldsymbol{A}^{(o)}
\end{aligned}$$

其中，$\boldsymbol{A}^{(l)}$ 表示由第 l 层中各神经元节点输出 $a_i^{(l)}$ 构成的向量，$\boldsymbol{A}^{(o)}=(a_1^{(o)})$，即 $a_1^{(o)}=\hat{y}$。

然后利用上述计算结果，如下执行后向梯度计算和参数更新：

(1) $\delta_1^{(o)}=(a_1^{(o)}-y)a_1^{(o)}(1-a_1^{(o)})$

(2) $\delta_i^{(o-1)} = a_i^{(o-1)}(1-a_i^{(o-1)})\sum_{k\in E^{(o)}}\delta_k^{(o)}w_{ki}^{(o)}$

$= a_i^{(o-1)}(1-a_i^{(o-1)})\delta_1^{(o)}w_{1i}^{(o)} \qquad (i\in E^{(o-1)})$

(3) $\delta_i^{(o-2)} = a_i^{(o-2)}(1-a_i^{(o-2)})\sum_{k\in E^{(o-1)}}\delta_k^{(o-1)}w_{ki}^{(o-1)} \qquad (i\in E^{(o-2)})$

⋮

(4) $\delta_i^{(2)} = a_i^{(2)}(1-a_i^{(2)})\sum_{k\in E^{(3)}}\delta_k^{(3)}w_{ki}^{(3)} \qquad (i\in E^{(2)})$

(5) $\delta_i^{(1)} = a_i^{(1)}(1-a_i^{(1)})\sum_{k\in E^{(2)}}\delta_k^{(2)}w_{ki}^{(2)} \qquad (i\in E^{(1)})$

在上述计算过程中，每计算完一个误差项 $\delta_i^{(l)}$ 后，即可用下式计算$\mathcal{L}$关于 $w_{ij}^{(l)}$ 的导数：

$$\frac{\partial\mathcal{L}}{\partial w_{ij}^{(l)}} = \delta_i^{(l)}a_j^{(l-1)}$$

进而执行下列操作，对参数 $w_{ij}^{(l)}$ 进行更新：

$$w_{ij}^{(l)} \leftarrow w_{ij}^{(l)} - \lambda\delta_i^{(l)}a_j^{(l-1)}$$

对于偏置项 $b_i^{(l)}$ 的更新，从上面的推导过程可以看出，$\frac{\partial\mathcal{L}}{\partial b_i^{(l)}} = \delta_i^{(l)}$，故 $b_i^{(l)}$ 的更新操作如下：

$$b_i^{(l)} \leftarrow b_i^{(l)} - \lambda\delta_i^{(l)}$$

也就是说，根据上述分析和推导，网络权重参数和偏置项的更新公式如下：

$$w_{ij}^{(l)} \leftarrow w_{ij}^{(l)} - \lambda\delta_i^{(l)}a_j^{(l-1)}$$

$$b_i^{(l)} \leftarrow b_i^{(l)} - \lambda\delta_i^{(l)}$$

依照这个两公式，从输出层开始，可反向逐层对网络中的参数进行更新，从而实现参数的学习。

2. 面向分类问题的全连接神经网络

对神经网络而言，回归问题和分类问题的主要不同是目标函数的不同。但这并没有在本质上对后向传播中的梯度计算和参数更新造成本质区别。仔细分析后向传播过程可以发现，目标函数只是在最初的误差项计算中使用到，也就是下面这个式子：

$$\delta_i^{(o)} = \frac{\partial\mathcal{L}}{\partial I_i^{(o)}} = \frac{\partial\mathcal{L}}{\partial a_i^{(o)}}\frac{\partial a_i^{(o)}}{\partial I_i^{(o)}} = \frac{\partial\mathcal{L}}{\partial a_i^{(o)}}a_i^{(o)}(1-a_i^{(o)}),i\in E^{(o)}$$

其中，$a_i^{(o)}=\hat{y}$，因而$\frac{\partial\mathcal{L}}{\partial a_i^{(o)}}=\frac{\partial\mathcal{L}}{\partial\hat{y}}$，这是计算目标函数$\mathcal{L}$关于网络输出$\hat{y}$的导数。因此，不同的目标函数会得到不同的导数，从而得到不同的最初误差项 $\delta_i^{(o)}$，而其他误差项 $\delta_i^{(o-1)}$，$\delta_i^{(o-2)}$，…，$\delta_i^{(1)}$ 的计算方法都不变，与目标函数没有关系。

对于二分类问题而言，常用下面的目标函数：

$$\mathcal{L}(\hat{y},y) = -y\log(\hat{y}) - (1-y)\log(1-\hat{y})$$

这时，网络只有一个输出节点 1 和一个输出$\hat{y}$，$\mathcal{L}$关于$\hat{y}$的导数$\frac{\partial\mathcal{L}}{\partial\hat{y}}=[(1-y)\hat{y}-(1-\hat{y})y]$，因而得到下面最初的误差项：

$$\delta_1^{(o)} = \frac{\partial\mathcal{L}}{\partial I_1^{(o)}} = \frac{\partial\mathcal{L}}{\partial a_1^{(o)}}\frac{\partial a_i^{(o)}}{\partial I_1^{(o)}} = [(1-y)\hat{y}-(1-\hat{y})y]\hat{y}(1-\hat{y})$$

对于多分类问题，神经网络的输出层一般有多个输出节点，其数量一般与类别的个数相等，即如果类别个数为 m，则 $|E^{(o)}|=m$，其中 $E^{(o)}$ 表示输出层中节点的集合。这样，便有多个最初的误差项：$\delta_1^{(o)},\delta_2^{(o)},\cdots,\delta_m^{(o)}$（前面介绍的网络都只有一个输出节点，因而也都只有一个最初的误差项 $\delta_1^{(o)}$）。

如上所述，在多分类问题中，预测输出 $\hat{y}$ 一般为分布式表示，多采用交叉熵损失函数。这样，为了计算 $\delta_i^{(o)},i=1,2,\cdots,m$，$\frac{\partial \mathcal{L}}{\partial a_i^{(o)}}=\frac{\partial \mathcal{L}}{\partial \hat{y}}$。$\mathcal{L}$ 关于 $\hat{y}$ 的求导过程比较复杂，属于数学问题，我们在这里不展开介绍了，有兴趣的读者可自行参考相关资料。

在计算 $\delta_1^{(o)},\delta_2^{(o)},\cdots,\delta_m^{(o)}$ 以后，再按照上述方法计算其他网络层上的误差项，并据此更新各网络层中的参数。该过程与前面介绍的都一样。

上面介绍的有关梯度计算和参数更新的方法都是基于单个样本进行的，实际上也很容易扩展到多个样本的情况，参数更新采用平均梯度来完成即可。

需要注意的是，在全连接神经网络中，由于采用 sigmoid() 函数作为激活函数，其输出为(0,1)，因而最初误差项 $\delta_1^{(o)}=(a_1^{(o)}-y)a_1^{(o)}(1-a_1^{(o)})$ 显然小于 1，而在后面的迭代中也不断乘以网络的输出值以及在此之前形成的误差项的加权和，如果各个乘法项都小于 1(或长时间小于 1)，则在反向传播到后面时梯度会变得小，甚至等于 0，这样就容易导致较低层网络的参数无法得到更新。这种问题就是所谓的梯度消失问题。网络的层数越多，这种问题就越严重，因此全连接神经网络的网络层不会太多，一般不超过 4 层。

3.6 本章小结

本章主要介绍了全连接神经网络的构建和训练方法，详细说明了面向分类问题和回归问题的损失函数的基本原理和设计方法，然后介绍了数据集的分割方法、数据打包方法、模型训练方法，最后在理论上全面介绍了在网络的反向传播过程中梯度计算方法和参数更新方法，让读者全面了解神经网络实现的基本原理及其理论基础。

在实践中，容易困扰读者的是损失函数的使用。为方便读者参考，我们对常用的损失函数进行了总结，包括其数学公式及其相应 PyTorch 函数，如表 3-2 所示。

表 3-2 常用的损失函数

名　称	数学公式	PyTorch 函数	适用问题
均方差损失函数	$\mathcal{L}(\hat{\boldsymbol{Y}},\boldsymbol{Y})=\frac{1}{n}\sum_{i=1}^{n}(\hat{y}^{(i)}-y^{(i)})^2$	loss=nn.MSELoss()(pre_y,y)	回归

交叉熵损失函数(二分类)	$\mathcal{L}(\hat{\boldsymbol{Y}},\boldsymbol{Y})=-\frac{1}{n}[y^{(i)}\log(\hat{y}^{(i)})+(1-y^{(i)})\log(1-\hat{y}^{(i)})]$，其中 $\hat{y}^{(i)},y^{(i)}\in(0,1)$	loss=nn.BCELoss()(pre_y,y)
		注：该函数要求 pre_y∈(0,1)，故需先做一次 sigmoid 归一化。而 nn.BCEWithLogitsLoss()则等效于先做 sigmoid 归一化，然后再做 nn.BCELoss()，即等效于下列语句：
		`pre_y=torch.sigmoid(pre_y)`
		`loss=nn.BCELoss()(pre_y,y)`
			逻辑回归，用于二分类问题

续表

名　　称	数学公式	PyTorch 函数	适用问题

交叉熵损失函数(多分类)	$\mathcal{L}(\hat{\boldsymbol{Y}},\boldsymbol{Y})=\frac{1}{n}\left(-\sum_{i=1}^{n}v_{y_i}^{(i)}+\sum_{i=1}^{n}\log\left(\sum_{j=1}^{c}\exp(v_j^{(i)})\right)\right)$
	其中,$\boldsymbol{Y}=(y_1,y_2,\cdots,y_n)$,$y_1,y_2,\cdots,y_n$ 取值为$[0,c-1]$的整数,c 为类别的个数,
	$\hat{\boldsymbol{Y}}=\begin{bmatrix}v_1^{(1)},v_2^{(1)},\cdots,v_c^{(1)}\\v_1^{(2)},v_2^{(2)},\cdots,v_c^{(2)}\\\cdots\cdots\\v_1^{(n)},v_2^{(n)},\cdots,v_c^{(n)}\end{bmatrix}$
		loss=nn.CrossEntropyLoss()(pre_y,y)
		注:该函数先做 softmax 归一化,然后做自然对算运算,最后调用 nn.NLLLoss()函数,因此其等效于下列语句:
		`pre_y=torch.softmax(pre_y,dim=1)`
		`pre_y=torch.log(pre_y)`
		`loss=nn.NLLLoss()(pre_y,y)`
		另外,nn.NLLLoss(pre_y,y)函数的功能是抽取当前矩阵 pre_y 中由 y 指定的那些元素,然后计算它们的平均值,最后取反
			用于多分类问题

L1　损　失函数	$\mathcal{L}(\hat{\boldsymbol{Y}}\text{和}\boldsymbol{Y})=\frac{1}{n}\sum_{i=1}^{n}\mid\hat{y}^{(i)}-y^{(i)}\mid$	loss=nn.NLLLoss()(pre_y,y)	回归

注:PyTorch 函数中的参数 pre_y 和 y 分别对应着数学公式中的$\hat{\boldsymbol{Y}}$和$\boldsymbol{Y}$,其中在未说明情况下$\hat{\boldsymbol{Y}}=(\hat{y}^{(1)},\hat{y}^{(2)},\cdots,\hat{y}^{(n)})$,$\boldsymbol{Y}=(y^{(1)},y^{(2)},\cdots,y^{(n)})$。

3.7 习　　题

1. 什么是全连接神经网络?在 PyTorch 中如何构建一个全连接神经网络?
2. 损失函数主要有哪些?它们分别适用于解决哪类问题?
3. 在 PyTorch 中如何进行数据打包?
4. 请简述网络模型训练的基本过程。
5. 请简述梯度累加训练方法的基本原理。
6. 学习率衰减在网络模型训练中有何作用?
7. 请简述在模型训练过程中参数更新的基本原理。
8. 在模型训练过程中,损失函数有什么作用?
9. 在 PyTorch 中,编写构建如图 3-13 所示的全连接神经网络的代码,其中第 1 层、第 2 层和第 3 层(输出层)的激活函数分别为 relu()、tanh()和 sigmoid()。

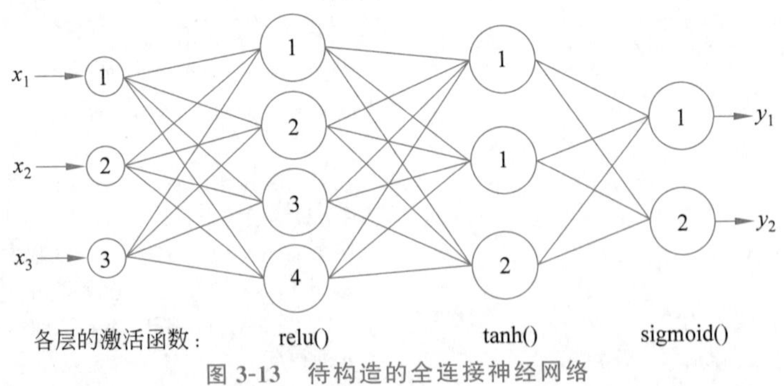

图 3-13　待构造的全连接神经网络

10. Adult 和 Iris.data 是机器学习数据库(https://archive.ics.uci.edu/)中的两个数据集,请在 PyTorch 中构造两个全连接神经网络,分别用于对这两个数据集进行分类。

第 4 章

卷积神经网络

卷积神经网络(Convolutional Neural Network,CNN)是目前最为著名的神经网络,是点燃第三次人工智能研究热潮的导火索。它在图像处理、语音识别等方面的成就已经超越人类的水平。本章主要介绍卷积神经网络涉及的主要操作以及卷积神经网络设计方法和工作机制,其中重点介绍卷积操作和池化操作的基本原理,最后通过一个示例说明卷积神经网络的设计和使用方法。

4.1 一个简单的卷积神经网络——手写数字识别

本节先构建一个用于识别手写数字的卷积神经网络程序,让读者对卷积神经网络有个初步而整体的认识,然后进一步说明卷积神经网络的理论基础和设计方法等知识。

4.1.1 程序代码

先从一个简单的卷积神经网络入手,这个程序相当于深度学习中的"Hello World"程序,主要用于快速入门。

【例 4.1】 创建一个卷积神经网络,使之能够识别手写数字图片。

程序用到的手写数字图片数据集(MNIST 数据集)来自 MNIST 官网(http://yann.lecun.com/exdb/mnist/)。该数据集已经分为训练集和测试集,分别是 6 万和 1 万张图片。可以直接从官网上下载它们,也可以利用 DataLoader()函数自动下载。本程序采用后者的方法。图 4-1 是 MNIST 数据集中的 25 个手写数字图片样例,图片大小为 28×28。

数字1 数字8 数字3 数字8 数字2
数字1 数字8 数字9 数字9 数字3
数字9 数字7 数字1 数字2 数字3
数字5 数字3 数字0 数字9 数字7
数字6 数字1 数字6 数字4 数字9

图 4-1 25 个手写数字图片

本程序首先用 6 万张图片对创建的模型进行训练，然后用 1 万张图片对训练好的模型进行预测。以下是程序的全部代码：

```
import torch
import torch.nn as nn
import torch.optim as optim
from torchvision import datasets, transforms
import time
device = torch.device("cuda" if torch.cuda.is_available() else "cpu") #判断是否有 GPU
batch_size = 512                                                  #设置包的大小
#下面利用函数 DataLoader()下载手写数字图像数据集
#下载后默认存放在./data/MNIST 子目录下
#下载训练集,6 万张图片,同时打包,包的大小由参数 batch_size 确定
train_loader = torch.utils.data.DataLoader(
        datasets.MNIST('./data', train=True, download=True, #指定下载到./data
                                                             #目录下
                     transform=transforms.Compose([transforms.ToTensor(),
                     transforms.Normalize((0.1307,), (0.3081,))])),
                     batch_size=batch_size, shuffle=True)
#下载测试集,1 万张图片,同时打包,包的大小由参数 batch_size 确定
test_loader = torch.utils.data.DataLoader(
        datasets.MNIST('./data', train=False,
                     transform=transforms.Compose([transforms.ToTensor(),
                     transforms.Normalize((0.1307,), (0.3081,))
                     ])),
        batch_size=batch_size, shuffle=True)
#-------------------------------------------------------------
#定义卷积神经网络
class Example4_1(nn.Module):
    def __init__(self):
        super().__init__()
        #下面创建两个卷积层
           self.conv1 = nn.Conv2d(1, 10, 5)          #第一个卷积层
           self.conv2 = nn.Conv2d(10, 20, 3)         #第二个卷积层
        #下面创建两个全连接层:
        self.fc1 = nn.Linear(2000, 500)              #第一个全连接层
        self.fc2 = nn.Linear(500, 10)                #第二个全连接层
    def forward(self,x):                             #x 为输入进来的数据包,其形状为
                                                     #batch×1×28×28
        out = self.conv1(x)                          #将 x 输入第一个卷积层
        out = torch.relu(out)                        #运用激活函数 relu()
        out = torch.max_pool2d(out, 2, 2)            #将 x 输入池化层
        out = self.conv2(out)                        #将 x 输入第二个卷积层
        out = torch.relu(out)                        #运用激活函数 relu()
        out = out.view(x.size(0), -1)                #对 out 扁平化后,以送入全连接层
        out = self.fc1(out)                          #将 x 输入第一个全连接层
        out = torch.relu(out)
        out = self.fc2(out)                          #将 x 输入第二个全连接层
        return out
start=time.time()                                    #计时开始
```

```
example4_1 = Example4_1().to(device)          #将实例创建在GPU中,如果有的话(下同)
optimizer = optim.Adam(example4_1.parameters())
for epoch in range(20):                       #迭代20代
    example4_1.train()
    for i, (x, y) in enumerate(train_loader):
        x, y = x.to(device), y.to(device)           #将x和y保存到GPU中
        pre_y = example4_1(x)                       #输入数据包x后
        loss = nn.CrossEntropyLoss()(pre_y, y)      #使用交叉熵损失函数
        optimizer.zero_grad()                       #梯度清零
        loss.backward()                             #反向计算梯度
        optimizer.step()                            #更新参数
        if i%30 == 0:    #每计算30个包,做一次数据采样,以显示进度信息
            print(r'训练的代数: {} [当前代完成进度: {} / {} ({:.0f}%)],\
                   当前损失函数值: {:.6f}'.format(epoch, i *
len(x),len(train_loader.dataset), 100. * i / len(train_loader),
loss.item()))
#----------------------------------------------
torch.save(example4_1,'example4_1.pth')              #保存训练好的模型
example4_1 = torch.load('example4_1.pth')            #读取保存于磁盘上已经训练好的模型
#测试----------------------
example4_1.eval()
correct = 0
with torch.no_grad():
    for x, y in test_loader:
        x, y = x.to(device), y.to(device)
        pre_y = example4_1(x)                        #输入数据包x,pre_y为其预测输出
        pre_y = torch.argmax(pre_y, dim=1)
        t = (pre_y==y).long().sum()
        correct += t                                 #这时t已为被准确预测的样本数
end = time.time()                                    #计时结束
print('运行时间: {:.1f}秒'.format(end-start))        #程序运行时间
correct = correct.data.cpu().item()         #将保存于GPU中的数据读取到CPU存储器上
correct = 1.*correct/len(test_loader.dataset) #计算准确率
print('在测试集上的预测准确率: {:0.2f}%'.format(100*correct))
```

第一次运行该程序时,会产生如图4-2所示的界面,这表示DataLoader()函数在下载数据集。下载完毕后,数据集保存在./data/MNIST目录下,其中目录./data是在代码中指定的,子目录MNIST是自动生成的。

```
Downloading http://yann.lecun.com/exdb/mnist/train-images-idx3-ubyte.gz to
54%|██████       | 5373952/9912422 [00:12<00:13, 337230.50it/s]
```

图4-2 DataLoader()函数下载数据集的进度

此后,程序进入训练阶段。图4-3展示了程序训练过程中输出的进度信息。

程序运行完毕后,在笔者计算机上输出如下结果:

```
训练的代数：7 [当前代完成进度：46080 / 60000 (76%)]，当前损失函数值：0.013703
训练的代数：8 [当前代完成进度：0 / 60000 (0%)]，当前损失函数值：0.014499
训练的代数：8 [当前代完成进度：15360 / 60000 (25%)]，当前损失函数值：0.004509
训练的代数：8 [当前代完成进度：30720 / 60000 (51%)]，当前损失函数值：0.016566
训练的代数：8 [当前代完成进度：46080 / 60000 (76%)]，当前损失函数值：0.016867
训练的代数：9 [当前代完成进度：0 / 60000 (0%)]，当前损失函数值：0.011448
训练的代数：9 [当前代完成进度：15360 / 60000 (25%)]，当前损失函数值：0.024032
训练的代数：9 [当前代完成进度：30720 / 60000 (51%)]，当前损失函数值：0.028095
训练的代数：9 [当前代完成进度：46080 / 60000 (76%)]，当前损失函数值：0.016648
```

图 4-3 程序训练过程中输出的进度信息

```
运行时间：151.7 秒
在测试集上的预测准确率：99.2%
```

需要说明的是，笔者计算机带有 GPU 卡，运行时间为 149.7 秒。如果在 CPU 上运行，运行时间为 375.1 秒，是前者的 2.5 倍。这说明，GPU 可以加倍提高网络程序的运行速度。

以上是一个完整的程序，包括训练过程和测试过程。只要网络畅通（第一次运行时需要下载数据集，故需要网络，此后再次运行就不需要网络了），不用做任何“数据安装”即可运行，并输出相应的测试结果。

4.1.2 代码解释

在本程序代码中创建了一个深度神经网络，它由两部分组成：一部分是由两个卷积层和一个池化层构成的卷积网络，另一部分是由两个网络层构成的全连接网络，如图 4-4 所示。

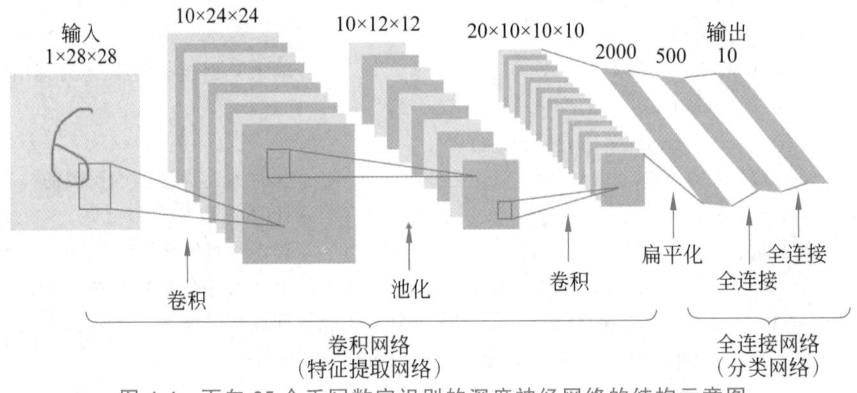

图 4-4 面向 25 个手写数字识别的深度神经网络的结构示意图

卷积网络主要用于提取图像的特征，故也称为特征提取（学习）网络；全连接网络则根据提取的特征对样本进行分类，也常称分类网络。图 4-4 所示的整个神经网络实际上是由一个卷积神经网络和一个全连接网络组成。为了区别，本书一般称之为深度神经网络。也有的书直接称为卷积神经网络，而弱化了其全连接神经网络部分，这主要是为了突出卷积神经网络的地位。

在图 4-4 中，卷积网络由两个卷积层和一个池化层组成。在上述程序代码中，卷积层的定义代码如下：

```
self.conv1 = nn.Conv2d(1, 10, 5)
self.conv2 = nn.Conv2d(10, 20, 3)
```

其中，第一条语句的第一个参数表示输入图像的通道数为1，第二个参数表示用了10个卷积核，因而输出通道数也为10(每个卷积核会产生一个输出通道)，第三个参数则表示卷积核的大小为5×5；在第二条语句中，输入通道数为10，卷积核数量为20，因而输出通道数也为20，卷积核的大小3×3。

全连接层的定义代码如下：

```
self.fc1 = nn.Linear(2000, 500)
self.fc2 = nn.Linear(500, 10)
```

这两条语句共同表示建立一个输入节点数为2000、隐含层节点数为500、输出节点数为10的全连接网络。

输入卷积网络的是28×28的单通道手写数字图像，这些图像都经过如下操作。

(1) 输入第一个卷积层，产生一个10×24×24的特征图，实现代码如下：

```
out = self.conv1(x)           #batch×1×28×28→batch×10×24×24
```

在深度学习中，特征图(feature map)是一个重要的概念，它是由一个或多个同等尺寸的二维数值矩阵构成的数据立方体，其中每个二维数值矩阵称为特征图的通道，有时也形象称为通道图像。本质上，一个特征图是一个三维张量(如果不考虑批量大小的话)，其形状为(channel，height，width)，其中channel表示特征图通道的数量，也称为特征图的深度，height和width分别是特征图的高和宽(实际上是其通道图像的高和宽)。

在卷积网络中，每一个网络层的输入和输出都是特征图，但它们的尺寸不一样。例如，对self.conv1网络层而言，输入的图像是形状为1×28×28的特征图(不考虑批量大小)，输出的特征图的形状为10×24×24。

(2) 运用relu()激活函数，将小于0的元素值变为0，大于或等于0的值不变，同时不改变out的形状：

```
out = torch.relu(out)         #batch×10×24×24→batch×10×24×24 (形状不变)
```

(3) 将上述特征图输入池化层，产生形状为10×12×12的特征图(高和宽减半)，代码如下：

```
out = torch.max_pool2d(out, 2, 2)      #batch×10×24×24→batch×10×12×12
```

(4) 输入第二个卷积层，该卷积层运用3×3卷积核，产生20×10×10的特征图：

```
out = self.conv2(out)                  #batch×10×12×12→batch×20×10×10
```

(5) 再次运用relu()激活函数，然后对输出的特征图进行扁平化操作，产生长度为2000的向量，形成2000个节点：

```
out = torch.relu(out)              #形状不变
out = out.view(x.size(0), -1)      #batch×20×10×10→batch×2000
```

注意，x.size(0)不能替换为batch_size，因为最后一个数据包的规模可能小于既定的包的规模batch_size。

(6) 输入全连接网络进行分类：

```
    out = self.fc1(out)              #batch×2000→batch×500
    out = torch.relu(out)            #运用 relu()激活函数
    out = self.fc2(out)              #batch×500->batch×10
```

全连接网络的输出 out 是各样本在 10 个类别上的概率分布。注意，上述 batch 是指一个数据包中样本的数量。

此后的代码是用于实现网络的训练和测试，这与之前的示例是一样的，因此不再做具体分析。

实际上，本程序构建的卷积神经网络并不复杂，只包含了新增的两类操作：卷积操作和池化操作，具体的操作系列如下：

卷积→relu()激活函数→池化→卷积→relu()激活函数

这些操作的基本原理和设计方法将在下一节介绍。

4.2 卷积神经网络的主要操作

卷积神经网络涉及的主要操作包括卷积(Convolution)、池化(Pooling)和 relu()激活函数。以下分别介绍。

4.2.1 单通道卷积

卷积可以说是卷积神经网络中核心的操作，其主要作用是提取图像的局部特征，如边沿特征、纹理特征以及高层语义特征等。理解卷积操作是理解卷积神经网络的关键。下面由浅入深，逐步介绍卷积操作的基本原理和具体的设计方法。

在 PyTorch 框架中，二维卷积操作是由 nn.Conv2d()函数来实现的。在介绍此函数之前，我们先介绍卷积操作的基本原理，然后再介绍利用 nn.Conv2d()函数来设计卷积操作的具体方法。

考虑如图 4-5 所示的两个数值矩阵，分别表示为矩阵 $\boldsymbol{X}$ 和矩阵 $\boldsymbol{K}$。

-3	-2	-1	-2	-1
2	1	0	-2	1
-3	-3	-1	-1	-3
-1	-2	-1	-2	-3
0	2	2	-3	1

(1) 矩阵$\boldsymbol{X}$

-1	-1	-1
-1	-1	1
-1	0	-1

(2) 矩阵$\boldsymbol{K}$

图 4-5 两个数值矩阵

发挥一下想象，从矩阵 $\boldsymbol{X}$ 的左上角元素开始，将矩阵 $\boldsymbol{K}$“扣到”矩阵 $\boldsymbol{X}$ 上去，将两者“重叠”的元素相乘，如图 4-6 所示。

然后对乘积结果求和：$[(-3)\times(-1)+2\times(-1)+1\times(-1)]+[2\times1+1\times(-1)+0\times1]+[(-3)\times1+(-3)\times0+(-1)\times(-1)]=-1$，最后将得到的结果 -1 放到另一个新矩阵(称为矩阵 $\boldsymbol{Y}$)中，作为矩阵 $\boldsymbol{Y}$ 的第一行的第一个元素(-1)。

接着，将矩阵 **K** 向右平移一列，重复上述计算方法，得到第二个数值－4，并将之作为矩阵 **Y** 中第一行的第二个元素(－4)。然后，再将矩阵 **K** 向右平移一列，用类似方法得到矩阵 **Y** 中第一行的第三个元素(7)。

之后，就不能再向右平移了，因为矩阵 **K** 在矩阵 **X** 中已经移到最右边了。这时，将矩阵 **K** 退回到矩阵 **X** 的最左边(使得矩阵 **X** 和矩阵 **K** 左对齐)，并向下移一行，然后用上述同样的方法，计算得到矩阵 **Y** 第二行的元素，它们的值分别为－4、－2 和 0。最后，将矩阵 **K** 再往下移一行，用同样的方法，得到矩阵 **Y** 第三行上的元素，它们是 5、7 和 4。

也就是说，将矩阵 **K** 放在矩阵 **X** 上滑动，从左到右、从上到下，每次移动一列或一行，在这个过程中按位相乘后求和，最后得到的矩阵 **Y** 如图 4-7 所示。

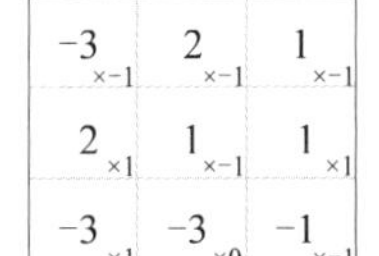

图 4-6 二矩阵对应元素相乘

-1	-4	7
-4	-2	0
5	7	4

图 4-7 得到的矩阵 *Y*

实际上，矩阵 **X** 可以视为输入的单通道图像或特征图，矩阵 **K** 则充当了卷积核(也称为过滤器)的作用，而矩阵 **Y** 则是形成的一个中间结果——特征图。简而言之，我们用卷积核 **K** 对图像 **X** 进行了卷积，结果得到特征图 **Y**。如果用符号"⊗"表示卷积操作，则上述卷积过程可表示为：**Y**＝**X**⊗**K**。也可以用图 4-8 更形象地表示该过程的一个计算步骤。

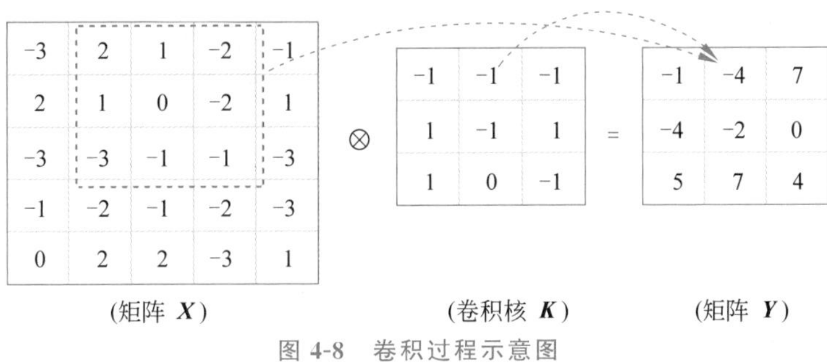

图 4-8 卷积过程示意图

一般地，令 $x_{i,j}$，$w_{i,j}$，$y_{i,j}$ 分别表示矩阵 **X**、**K** 和 **Y** 中的第 $i+1$ 行第 $j+1$ 列的元素(矩阵元素从 0 开始编号)，则矩阵 **Y** 的元素可用矩阵 **X** 和 **K** 的相关元素来表示：

$$y_{i,j}=\sum_{s=0}^{3-1}\sum_{t=0}^{3-1}w_{s,t}x_{i+s,j+t}$$

例如，

$$\begin{aligned}
y_{0,1}&=\sum_{s=0}^{2}\sum_{t=0}^{2}w_{s,t}x_{s,1+t}\\
&=[w_{0,0}x_{0,1}+w_{0,1}x_{0,2}+w_{0,2}x_{0,3}]+[w_{1,0}x_{1,1}+w_{1,1}x_{1,2}+w_{1,2}x_{1,3}]\\
&\quad+[w_{2,0}x_{2,1}+w_{2,1}x_{2,2}+w_{2,2}x_{2,3}]\\
&=[(-1)\times 2+(-1)\times 1+(-1)\times(-2)]+[1\times 1+(-1)\times 0+1\times(-2)]\\
&\quad+[1\times(-3)+0\times(-1)+(-1)\times(-1)]\\
&=-4
\end{aligned}$$

从神经网络连接和神经元计算的角度看，除了对输入进行线性求和以外，还可能需要加上一个偏置项并运用激活函数，因此完整的卷积公式应该是：

$$y_{i,j}=\sigma\left(\sum_{s=0}^{3-1}\sum_{t=0}^{3-1}w_{s,t}x_{i+s,j+t}+k_b\right)$$

其中，σ 为激活函数，k_b 为与 $\boldsymbol{K}$ 对应的偏置项(一个卷积核有一个偏置项)。

更一般地，如果 $\boldsymbol{K}$ 为 F 阶矩阵(行数和列数均为 F 的矩阵，即 $F\times F$ 矩阵，卷积核的高和宽通常相等，下同)，则有如下的卷积公式：

$$y_{i,j}=\sigma\left(\sum_{s=0}^{F-1}\sum_{t=0}^{F-1}w_{s,t}x_{i+s,j+t}+k_b\right)$$

也可以写成向量形式的卷积公式：

$$\boldsymbol{Y}=\sigma(\boldsymbol{K}\otimes\boldsymbol{X}+\boldsymbol{K}_b)$$

其中，符号“$\otimes$”表示卷积操作；$\boldsymbol{K}_b$ 是一个矩阵，其中每个元素均等于偏置项值，其规模与 $\boldsymbol{K}\otimes\boldsymbol{X}$ 的规模一样；$\sigma()$为激活函数，一般使用 relu()激活函数。

显然，矩阵 $\boldsymbol{Y}$ 的规模(行数和列数)由矩阵 $\boldsymbol{X}$ 和 $\boldsymbol{K}$ 的规模确定。再假设 $\boldsymbol{X}$ 为 $W_1\times H_1$ 矩阵(即 W_1 行 W_2 列矩阵)，$\boldsymbol{Y}$ 为 $W_2\times H_2$ 矩阵，则不难推出：

$$W_2=W_1-F+1$$

$$H_2=H_1-F+1$$

例如，对于上述例子中，由于 $\boldsymbol{X}$ 和 $\boldsymbol{K}$ 分别为 5×5 矩阵和 3×3 矩阵，所以 $\boldsymbol{Y}$ 的行数和列数均为 5－3＋1＝3。

我们注意到，在上述滑动卷积核 $\boldsymbol{K}$ 的过程中，每次只是移动一行或一列。如果每次移动 S 行或 S 列时(S 为大于或等于 1 的整数)，那么 $\boldsymbol{Y}$ 的规模又怎么计算呢？实际上，经过简单推算不难得到如下公式：

$$W_2=\frac{W_1-F}{S}+1$$

$$H_2=\frac{H_1-F}{S}+1$$

其中，S 称为滑动的步长。

还有一种情况，有时候出于某些目的，需要在矩阵 $\boldsymbol{X}$ 的外围填上几圈 0(由于 0 和任何数相乘等于 0，所以在卷积操作中不会对结果产生影响)，这种操作称为填充(Padding)，所填充 0 的圈数称为填充数。假设在矩阵 $\boldsymbol{X}$ 的外围填上 P 圈 0，则矩阵 $\boldsymbol{X}$ 由原来的 W_1 行和 H_1 列变为 W_1+2P 行和 H_1+2P 列。据此不难推出，当填上 P 圈 0 时，上述关于 $\boldsymbol{Y}$ 的规模的计算公式变为：

$$W_2=\frac{W_1-F+2P}{S}+1$$

$$H_2=\frac{H_1-F+2P}{S}+1$$

例如，对于本节介绍的例子中，当在 $\boldsymbol{X}$ 的外围填上 1 圈 0 后(如图 4-9 所示)，再用 $\boldsymbol{K}$ 对其进行卷积，则产生的 $\boldsymbol{Y}$ 的行数和列数均为(5－3＋2×1)/1＋1＝5。从这个例子也可以看出，在卷积操作中，如果设置步长 S 为 1，卷积核大小 F 为 3，填充圈数 P 为 1，则卷积后 $\boldsymbol{X}$ 和 $\boldsymbol{Y}$ 的规模完全一样，即形状不变。这个性质在卷积神经网络中经常会用到。

上述由输入 $\boldsymbol{X}$ 在卷积核 $\boldsymbol{K}$ 的作用下变化到 $\boldsymbol{Y}$ 的方法揭示了卷积操作的基本原理。但需要注意的是，真正的卷积操作是需要对卷积核 $\boldsymbol{K}$ 做左上角和右下角的互翻转以及右上角和左下角的互翻转后再进行上述卷积的。这个"互翻转"对人来说有点"充满想象"，但对计算机而言就轻而易举了。在此，我们不展开论述了。

0	0	0	0	0	0	0
0	-3	2	1	-2	-1	0
0	2	1	0	-2	1	0
0	-3	-3	-1	-1	-3	0
0	-1	-2	-1	-2	-3	0
0	0	2	2	3	-3	0
0	0	0	0	0	0	0

图 4-9　在 $\boldsymbol{X}$ 的外围填充一圈 0 后的效果

从以上介绍可以看出，一个卷积层实际上就是一个在卷积操作作用下从输入到输出的一个计算单元，这其中的主要操作包括从左到右从上到下的滑动、线性加权（包括与偏置项之和）和激活函数运算等。可以用图 4-10 来表示一个卷积层的作用示意图。

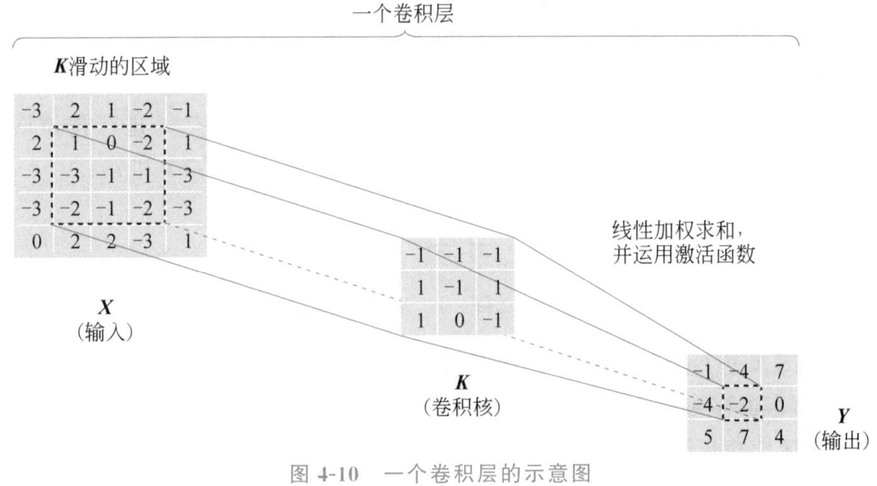

图 4-10　一个卷积层的示意图

在单通道情况下，卷积层的参数包括卷积核 $\boldsymbol{K}$ 中的参数以及一个偏置项 k_b，参数个数为 $F\times F+1$，其中 F 为卷积核的行数和列数。而且，参数的个数完全由设定的卷积核来确定，与输入节点数和输出节点数无关。例如，对于图 4-10 所示的卷积层，它一共包含 $3\times3+1=10$个参数。

在全连接网络中，在任意两个输入节点和输出节点之间都有一条边相连（一条边对应一个权重参数）。假如输入节点为 100 万个（对图像这类输入而言，这并不算多），且要求有 200 个输出节点，则在输入节点和输出节点之间有 1 亿个参数。显然，参数总数是两边节点数的乘积，与两边的节点成正比。

如果在两边节点之间不采用全连接方式，而改用一个 3×3 的卷积核 $\boldsymbol{K}$ 来"连接"，那么通过卷积核的滑动，使得输入节点都可以共享 $\boldsymbol{K}$ 中的权值（边），所使用的参数个数永远为 $3\times3+1=9$，而与输入和输出节点的数量无关。显然，9 个参数比 1 亿个参数要少得多了，这可大大减少计算量。因此，参数共享是卷积网络的重要优点之一。其次，一个输出节点是由卷积核"连接"的 F×F 个局部输入节点来产生，这就是所谓的局部连接。而在全连接网络中，一个输出节点的形成是利用所有的输入节点来计算而得到的。实践表明，局部连接是非常有效的,而且也极大地减少了计算量。局部连接是卷积神经网络的另一个重要优点。

在以上介绍的卷积操作中,输入数据只有一条通道,因而这种卷积操作也称为单通道卷积。

4.2.2 多通道卷积

对一个卷积层而言,当输入的特征图有两个或两个以上的通道时,就涉及同时对多条通道进行卷积的问题。对含有多条通道的输入(特征图)进行卷积的操作称为多通道卷积。例如,彩色图像有 3 条通道,对其卷积就属于多通道卷积;如果上一网络层输出的特征图包含了多条通道,则该特征图对于当前卷积层而言也是多通道输入,需要进行多通道卷积。

上一节介绍的都是单通道卷积,那么如何进行多通道卷积呢?

假设输入 $\boldsymbol{X}$ 包含了 d 条通道:$\boldsymbol{X}^{(0)},\boldsymbol{X}^{(1)},\cdots,\boldsymbol{X}^{(d-1)}$,其中每个 $\boldsymbol{X}^{(j)}$ 都是一个同等规模的数值矩阵,$j=0,1,\cdots,d-1$。对于给定的 d 通道输入特征图 $\boldsymbol{X}$,在卷积层中必须设置一个也包含 d 个数值矩阵的卷积核 $\boldsymbol{K}$,这 d 个数值矩阵也就是 d 条通道,分别是 $\boldsymbol{K}^{(0)}$,$\boldsymbol{K}^{(1)},\cdots,\boldsymbol{K}^{(d-1)}$,其规模 F 是超参数,需要事先设置。我们约定:称 $\boldsymbol{K}$ 为 F 阶卷积核,意指 $\boldsymbol{K}$ 包含的数值矩阵(通道)都是 F 阶矩阵。

首先,在卷积时 $\boldsymbol{K}^{(0)},\boldsymbol{K}^{(1)},\cdots,\boldsymbol{K}^{(d-1)}$ 分别对 $\boldsymbol{X}^{(0)},\boldsymbol{X}^{(1)},\cdots,\boldsymbol{X}^{(d-1)}$ 进行按位同步卷积。也就是说,对所有 $j\in[0,1,\cdots,d-1]$,同步执行下列卷积操作(同步 i 和 j):

$$y_{i,j}^{(j)}=\sum_{s=0}^{F-1}\sum_{t=0}^{F-1}w_{s,t}^{(j)}x_{i+s,j+t}^{(j)}$$

然后,令 $y_{i,j}=\sigma\left(\sum_{j=0}^{d-1}y_{i,j}^{(j)}+k_b\right)$。这样,$y_{i,j}$ 所构成的矩阵 $\boldsymbol{Y}$ 便是深度为 d 的卷积核 $\boldsymbol{K}$ 对 d 通道特征图 $\boldsymbol{X}$ 进行卷积的结果。相对 $\boldsymbol{X}$ 而言,矩阵 $\boldsymbol{Y}$ 是一个输出。由于 $\boldsymbol{Y}$ 只是一个数值矩阵,因而它也称为单通道输出。也就是说,一个卷积核只能产生一条通道。输入特征图和卷积核的这种卷积操作可用图 4-11 简要表示。

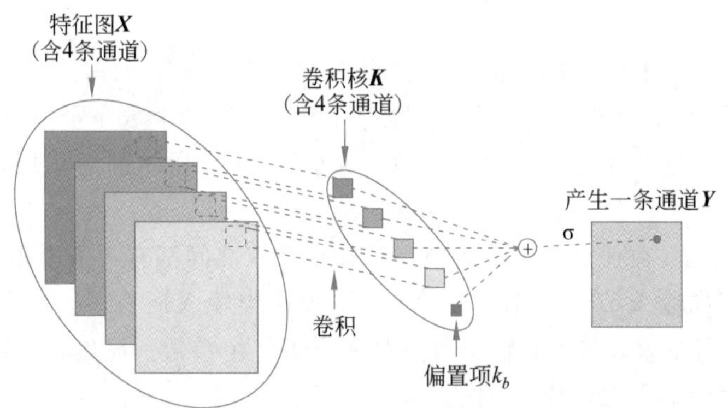

图 4-11 卷积核作用于特征图的示意图

图 4-11 中,输入的特征图 $\boldsymbol{X}$ 含有 4 条通道,因而作用于该特征图的卷积核 $\boldsymbol{K}$ 默认也有 4 条通道。卷积核 $\boldsymbol{K}$ 的 4 条通道按照上一节介绍的方法(单通道卷积方法)分别对特征图 $\boldsymbol{X}$ 的 4 条通道进行卷积(图 4-11 中按颜色对应);各通道每次卷积时都产生一个数值,一共有 4 个数值,它们相加起来,再加上偏置项 k_b,然后再运用激活函数 σ(如果显式说明要使用的话)便得到一个数值,这个数值是产生的通道 $\boldsymbol{Y}$ 的一个元素;卷积核 $\boldsymbol{K}$ 的 4 条通道从左到

右、从上到下同步进行这种卷积，便产生了 $\boldsymbol{Y}$ 的所有元素，从而形成输出的通道 $\boldsymbol{Y}$。

显然，1 个卷积核产生 1 条通道，n 个卷积核才能产生含 n 条通道的特征图。

注意，由于卷积核 $\boldsymbol{K}$ 的深度与输入特征图 $\boldsymbol{X}$ 的通道数永远是相等的，所以在提及卷积核时，通常会省略其深度（实际上是默认其深度与通道数相等），只说卷积核的高和宽。例如，我们说"3×3 卷积核"或"3 阶卷积核"，意指该卷积核包含的通道都是 3×3 的矩阵，矩阵的数量（即卷积核的深度或通道数）默认等于特征图 $\boldsymbol{X}$ 的通道数。

另外需要注意的是，每个卷积核可带有一个偏置项（也可以不设置偏置项），但不能带多个偏置项。

下面通过一个例子来说明多通道卷积的操作过程。

【例 4.2】 实现对 3 通道特征图的卷积计算。

假设给定含 3 条通道的特征图 $\boldsymbol{X}$，如图 4-12 所示，同时构造了 2 个卷积核 $\boldsymbol{K}_1$ 和 $\boldsymbol{K}_2$，它们的偏置项分别为 1 和 3，分别如图 4-13 和图 4-14 所示。现要求利用这两个卷积核对特征图 $\boldsymbol{X}$ 进行卷积，并给出关键卷积操作过程及卷积操作结果，其中步长为 2。

-3	2	1	-2	-1
2	1	0	-2	1
-3	-3	-1	-1	-3
-1	-2	-1	-2	-3
0	2	2	-3	1

(a) 通道 $\boldsymbol{X}^{(0)}$

0	0	0	2	0
2	-1	1	0	-1
2	1	-1	2	-1
-1	-1	0	2	-3
1	-3	-3	-1	-1

(b) 通道 $\boldsymbol{X}^{(1)}$

-3	-2	-2	1	-3
-3	1	0	-2	0
0	2	-3	-1	-2
-2	-1	2	0	1
-3	0	2	-1	2

(c) 通道 $\boldsymbol{X}^{(2)}$

图 4-12 特征图 $\boldsymbol{X}$ 的 3 通道

1	0	1
1	1	0
0	1	1

(a) 通道 $\boldsymbol{K}^{(0)}$

-1	-1	1
-1	-1	0
1	0	-1

(b) 通道 $\boldsymbol{K}^{(1)}$

0	0	0
0	-1	-1
0	-1	0

(c) 通道 $\boldsymbol{K}^{(2)}$

图 4-13 卷积核 $\boldsymbol{K}_1$ 的 3 通道（偏置项为 1）

1	1	1
1	1	-1
-1	-1	1

(a) 通道 $\boldsymbol{K}^{(0)}$

0	0	-1
0	-1	1
1	-1	1

(b) 通道 $\boldsymbol{K}^{(1)}$

0	0	1
-1	-1	-1
-1	-1	-1

(c) 通道 $\boldsymbol{K}^{(2)}$

图 4-14 卷积核 $\boldsymbol{K}_2$ 的 3 通道（偏置项为 3）

先考虑卷积核 $\boldsymbol{K}_1$ 按位同步对 $\boldsymbol{X}$ 进行卷积的过程，并假设在用 $\boldsymbol{K}_1$ 对 $\boldsymbol{X}$ 卷积后生成通道 $\boldsymbol{Y}_1$，即生成的一条输出通道。显然，按照前面关于规模的计算公式，$\boldsymbol{Y}_1$ 的行数和列数均为：

$$\frac{5-3+2\times 0}{2}+1=2$$

即 $\boldsymbol{Y}_1$ 是 2×2 矩阵。

进一步考虑 $\boldsymbol{Y}_1$ 中元素 $y_{0,1}$ 的同步计算过程。如图 4-15 所示，将 $\boldsymbol{K}_1$ 的 3 条通道 $\boldsymbol{K}^{(0)}$、$\boldsymbol{K}^{(1)}$、$\boldsymbol{K}^{(2)}$ 分别与 $\boldsymbol{X}$ 的 3 条通道 $\boldsymbol{X}^{(0)}$、$\boldsymbol{X}^{(1)}$、$\boldsymbol{X}^{(2)}$ 的右上角区域按位同步相乘，然后得到 3 个 3×3 矩阵，再将这 3 个矩阵中的元素分别求和，得到 −6、4 和 −2，接着将这三个数值累加起来，同时加上 $\boldsymbol{K}_1$ 的偏置项 1，结果得到 −3。如果同时还考虑激活函数 σ，并假定激活函数 σ

为 $relu()$ 函数，则在运用该激活函数后，-3 变为 0。这个 0 就是 $y_{0,1}$ 的值，即 $y_{0,1}=0$。计算 $y_{0,1}$ 的整个过程如图 4-15 所示。用同样方法也可以计算 $y_{0,0}$、$y_{1,0}$ 和 $y_{1,1}$ 的值，限于篇幅，在此略过。

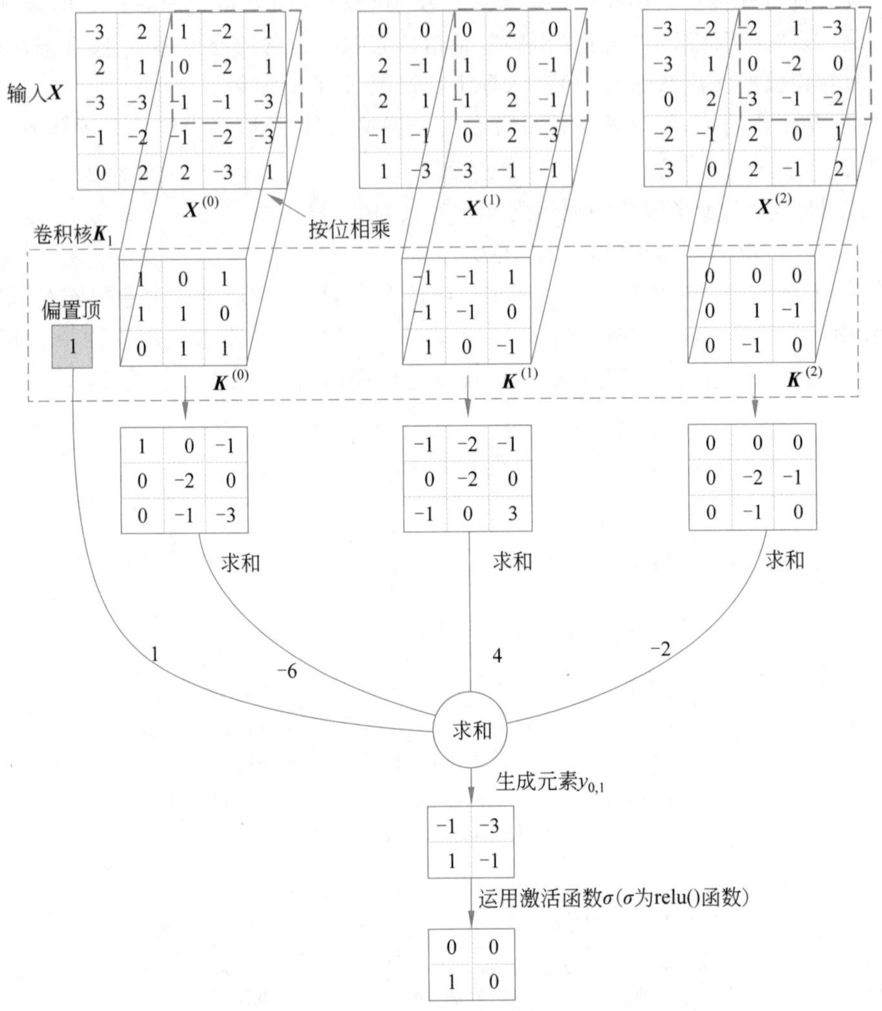

图 4-15 Y_1 中元素 $y_{0,1}$ 的同步计算过程

类似地，当以 $\boldsymbol{K}_2$ 为卷积核时，卷积后得到的矩阵 $\boldsymbol{Y}_2$ 的元素如下：

13	3
0	11

这两条输出通道 $\boldsymbol{Y}_1$ 和 $\boldsymbol{Y}_2$ 的计算过程可表示为：

$$\boldsymbol{Y}_1=\sigma(\boldsymbol{K}_1\otimes\boldsymbol{X}+\boldsymbol{K}_{1b})$$

$$\boldsymbol{Y}_2=\sigma(\boldsymbol{K}_2\otimes\boldsymbol{X}+\boldsymbol{K}_{2b})$$

其中，$\boldsymbol{K}_{1b}=\begin{bmatrix}1 & 1\\1 & 1\end{bmatrix}$，$\boldsymbol{K}_{2b}=\begin{bmatrix}3 & 3\\3 & 3\end{bmatrix}$。

如果将 $\boldsymbol{K}_1$ 和 $\boldsymbol{K}_2$ 作为一个卷积层的卷积核，则该卷积层的输入为特征图 $\boldsymbol{X}$，输出为由

通道 $\boldsymbol{Y}_1$ 和 $\boldsymbol{Y}_2$ 构成的特征图 $\boldsymbol{Y}$。

在一个卷积层中，卷积核和偏置项中的权值都是待优化的参数，或者说，卷积核和偏置项中的参数就是一个卷积层中所有待优化的参数。据此，我们可以推算出一个卷积层包含的参数总数(参数量)：对于给定的卷积层，假设其输入是通道数为 d 的特征图 $\boldsymbol{X}$，设置了 n 个 F 阶卷积核，则该卷积层中参数个数为：

$$n \times d \times F \times F + n$$

这是因为，卷积核的一条通道就有 $F \times F$ 个参数，一个深度为 d 的卷积核共有 $d \times F \times F$ 个参数，因而 n 个 F 阶卷积核共有 $n \times d \times F \times F$ 个参数，再加上每个卷积核都有一个偏置项，因此该卷积层总共有 $n \times d \times F \times F + n$ 个参数。当然，如果不设置偏置项，则参数量为 $n \times d \times F \times F$。

4.2.3 卷积操作的 PyTorch 代码实现

1. 卷积层的定义及其参数量的计算

在 PyTorch 中，二维卷积的定义是利用 nn.Conv2d()函数来完成的。我们先看看该函数的使用方法。

nn.Conv2d()函数的参数格式如下：

nn.Conv2d(in_channels,out_channels,kernel_size,stride=1,padding=0)

其参数的意义说明如下。

- in_channels：用于设置输入的通道数。设置时需要根据输入数据批量的形状来确定。
- out_channels：用于设置输出的通道数。前面已经指出，卷积核的数量与输出通道数是永远一致的。因此，该参数实际上用于设置卷积核的数量，是决定卷积层参数总量的重要参数。
- kernel_size：用于设置卷积核的大小。一般我们常常使用 3×3 和 5×5 这类规模的卷积核，它们的行数和列数相等，这时只需分别写成 kernel_size=3 和 kernel_size=5 即可；如果行数和列数不相等，如 3×5，则应该写成 kernel_size=(3,5)。注意，卷积核的深度不需设置，它默认等于输入特征图的通道数 in_channels。
- stride：用于设置卷积的步长，即卷积每次滑动的行数或列数，默认值为 1。
- padding：用于设置在被卷积对象的外围填充 0 的圈数，默认值为 0。注意，每填充一圈 0，被卷积对象就会增加两行和两列。

根据上面参数的含义以及上一节的公式，可以推出该函数定义的卷积层的参数总数为：

out_channels×in_channels×kernel_size×kernel_size+out_channels

参数的初始值是由 PyTorch 随机初始化。

在调用该函数来定义卷积层时，nn.Conv2d()函数的前面 3 个参数必须显式设置，而后两个参数有默认值，可以省略。例如，下面函数表示输入特征图的通道数为 4，输出通道数为 16(同时也意味着有 16 个卷积核)，卷积核规模为 3×3，步长为 1，没有填充。

```
nn.Conv2d(in_channels=4, out_channels=16, kernel_size=3, stride=1, padding=0)
```

该语句等价于下面的语句：

```
nn.Conv2d(4, 16, 3)
```

该语句定义的卷积层共有 16×4×3×3+16=592 个参数。这种格式也是我们比较常用的调用格式。为验证参数个数，执行下列代码：

```
conv1 = nn.Conv2d(4, 16, 3)
for para in conv1.parameters():
    para = torch.Tensor(para)
    print(para.shape)
```

结果输出如下信息：

```
torch.Size([16, 4, 3, 3])
torch.Size([16])
```

第一行表示卷积核中参数的个数为 16×4×3×3=576，第二行表示偏置项个数为 16，共有 592 个参数。这与预先计算的结果是一样的。

2. 卷积层的输入

在定义了卷积层以后，能够送入该卷积层的数据批量或特征图（两者的本质都是张量）必须是具有如下形状的 4 维张量：

(batch_size, in_channels, height, width)

其中，第一个参数 batch_size 表示批量的大小，第二个参数 in_channels 表示一个样本（如图像或特征图）包含的通道数，最后两个参数 height 和 width 分别表示图像或特征图的高度（行数）和宽度（列数）。也就是说，**输入张量时，其第二维的大小必须等于 in_channels（其他维的大小不受限制），而且输入的张量必须是 4 维张量。**

例如，对于由 conv1=nn.Conv2d(7,16,3) 定义的卷积层，如果输入特征图 x 的形状为 (128,7,28,28) 或 (1,7,10,12)，那么下面调用语句会正确执行：

```
y = conv1(x)
```

然而，如果输入特征图 x 的形状为 (128,1,28,28)、(4,10,12) 或 (128,7,28,28,1)，则调用上面语句都将报错，原因在于：前面两个特征图的第二维的大小都不等于 7，而第三个特征图的维数为 5，不等于 4。

3. 卷积层的输出

另一个问题是，如果输入特征图 x 的形状为 (batch_size, in_channels, height, width)，那么卷积后得到的输出特征图 y 的形状是什么样呢？实际上根据前面的分析，输出特征图 y 的形状可表示如下：

$$\left(\text{batch\_size}, \text{out\_channels}, \frac{\text{height-kernel\_size}+2\times\text{padding}}{\text{stride}}+1, \frac{\text{width-kernel\_size}+2\times\text{padding}}{\text{stride}}+1\right)$$

也就是说，输出特征图 y 的第一维的大小 batch_size 保持不变，这是因为输入时有 batch_size 个样本，输出时也应该分别对这 batch_size 个样本有"回复"；第二维的大小等于设定的输出通道数 out_channels；第三和第四维的大小实际上是特征图（或图像）被卷积后的高（行数）和宽（列数），相应公式在前面也已经介绍过。

例如，对于上面提及的卷积层 conv1=nn.Conv2d(4,16,3)，当输入张量 x 的形状为

(128,4,28,28)时,则输出张量的形状如下:

$$\left(128,16,\frac{28-3+2\times 0}{1}+1,\frac{28-3+2\times 0}{1}+1\right)=(128,16,26,26)$$

这个效果可以通过执行下列代码来观察:

```
conv1 = nn.Conv2d(4, 16, 3)
x = torch.randn(128,4,28,28)                #随机产生形状为(128,4,28,28)的输入特征图 x
y = conv1(x)
print(x.shape,y.shape)
```

可以看到,该代码输出的结果与上面计算的结果是一致的。

根据本节介绍的有关卷积层的定义、输入和输出,再回头看看例 4.1 中的代码,我们就不难理解有关卷积层的代码的含义了。

4.2.4　池化操作及其 PyTorch 代码实现

池化也是卷积神经网络中的另一个重要操作,其作用主要是下采样,提取特征图局部区域的显著特征,减少特征图的规模,从而减少计算量。池化层一般放在卷积层后面。需要注意的是,池化层不包含任何待优化的参数。

池化方法有多种,其中最常用的方法是最大池化(Max Pooling)。在最大池化方法中,也要设置一个池化核,但它不包含任何可学习的参数,其主要作用是按照池化核窗口的大小对特征图进行分割。方法是,从左到右、从上往下将特征图划分为与池化核窗口一样大小的若干数据区域,最后从每个数据区域中选择一个最大值作为这个区域的代表,所有这些代表按数据区域的位置摆放,重新构成新的特征图。这个新的特征图就是原来特征图被最大池化后的结果。

如图 4-16 所示,我们考虑一个 4×4 特征图 $\boldsymbol{M}$。先设置一个 2×2 池化核 $\boldsymbol{K}$,并设置步长为 2,然后用该池化核对 $\boldsymbol{M}$ 进行划分,产生 4 个不同的区域(图 4-16 中用不同的灰度背景表示),然后从每个区域中选择一个最大值作为本区域的代表,最后得到如图 4-16 中最右边方框所示的特征图。显然,我们不难将这种池化的原理推广到 $n\times n$ 池化核的情况,但基于 2×2 池化核的池化方法仍然是目前最为常用的方法之一。

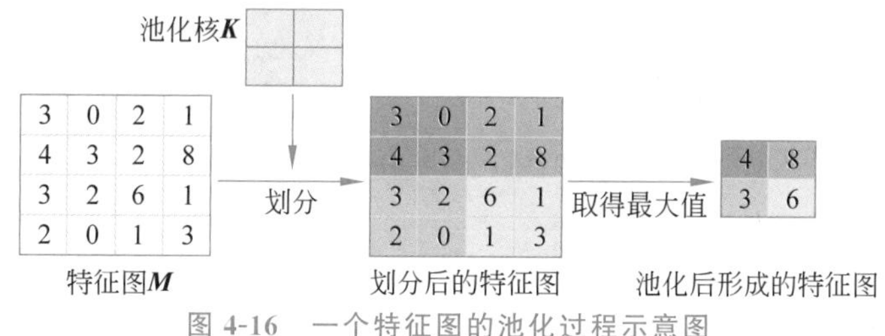

图 4-16　一个特征图的池化过程示意图

平均池化(Mean Pooling)则是取每个区域中数据的平均值作为本区域的代表,从而构成新的特征图。

对于深度为 d 的特征图,各通道(即各矩阵)独立、但按位同步进行池化,因此池化后形成的特征图的深度仍然为 d,即池化操作不改变特征图的深度,或者说不改变输出通道的数量,但在纵向和横向上都极大地缩减了特征图的规模,减少了参与计算的数据量。一般来说，使用的池化核越大，特征图就缩减得越多。一般情况下，通常使用 2×2 池化核。

最大池化用 torch.max_pool2d()函数来实现。例如，图 4-16 所示的池化结果可用下列函数来实现：

```
torch.max_pool2d(input=x, kernel_size = (2,2), stride=(2,2), padding=0)
```

如果输入特征图 x 的形状为(128,3,60,60)，则该函数返回的特征图是形状为(128,3,30,30)的张量。经对比可以发现，该函数不改变前面两个参数的值(即不改变特征图的数量和通道数)，但后面两个分别表示高度和宽度的参数值都减半了。

torch.max_pool2d()函数的主要参数说明如下。

- input：用于接收输入池化层的特征图(张量)，该特征图的形状为(batch_size，in_channels，height，width)。
- kernel_size：用于设置池化核窗口的大小，其值可以设为单个整数 a，这时表示窗口大小为 a×a；也可以设为一个元组(a，b)，这时表示窗口大小为 a×b。
- stride：用于设置步长。如果不设置该参数，那么默认步长与最大池化窗口大小一致。如果设置为单个整数 a，那么卷积核窗口在滑动时每次向右或向下都移动 a 个元素位置；如果设置为元组(a，b)，那么每次向右移动 b 个元素位置，向下移动 a 个元素位置。
- padding：用于设置填充 0 的方式。该参数默认值为 0，表示不填充。如果设置为单个整数值 a，则表示在输入特征图的外围填充 a 圈 0；如果设置为(a，b)，则表示在上下两个方向上各填充 a 个 0 行，在左右两个方向上各填充 b 个 0 列。

在调用该函数时，参数名都可以省略。例如，上面函数与下面两个函数均等价：

```
y = torch.max_pool2d(x, (2,2), (2,2), 0)          #省略了参数名
y = torch.max_pool2d(x, 2)                        #设置池化窗口大小为 2×2，使用了参数
的默认值
```

作为一个例子，下面给出一段代码，它用于随机产生输入特征图 x，然后对其进行最大池化，最后形成输出特征图 y：

```
x = torch.randint(0,9,[1,1,4,4])
print(x)
x = x.float()
y = torch.max_pool2d(x, 2)
print(y)
print('x 和 y 的形状分别为：',x.shape, y.shape)
```

运行代码，输出结果如下：

```
tensor([[[[0, 1, 8, 4],
          [8, 2, 6, 4],
          [5, 8, 3, 7],
          [8, 8, 4, 7]]]])
tensor([[[[8., 8.],
          [8., 7.]]]])
x 和 y 的形状分别为：torch.Size([1, 1, 4, 4]) torch.Size([1, 1, 2, 2])
```

平均池化可用 nn.AvgPool2d ()函数来实现，其参数含义类似于 torch.max_pool2d()函

数。例如,如果对上述的特征图 x 执行平均池化,则可用下列代码:

```
avgPool = nn.AvgPool2d(2)          #采用 2×2 的窗口,默认步长为 2 的平均池化
y = avgPool(x)
print(y)
```

执行该代码后,输出 y 的内容如下:

```
tensor([[[[2.7500, 5.5000],
          [7.2500, 5.2500]]]])
```

显然,这已经实现了对 x 的平均池化。

4.2.5 relu()激活函数及其应用

relu()函数的数学定义如下:

$$\text{relu}(x)=\begin{cases}x, & \text{当 } x\geqslant 0\\0, & \text{其他}\end{cases}$$

该函数的功能是将小于 0 的元素变换为 0,而大于或等于 0 的元素保持不变。在[0,+∞]上,其导数为 1。

在卷积神经网络中,一般选择 relu()函数作为激活函数,而不选择 sigmoid()或 tanh()函数。relu()函数作为激活函数的优点主要体现在以下几方面。

(1) 极大缓解梯度消失问题。sigmoid()和 tanh()函数的导数值一般小于 1,而 relu()函数的导数等于 1。这样,就不会因为小于 1 的梯度值连续相乘而导致梯度越来越小,以至于反向传播距离越远,梯度信息变得越小,使得低层网络层上的参数无法得到更新。相对而言,网络层数越大,relu()函数的这种优势就越明显。

(2) 计算效率高。relu()函数不需要做指数运算,实际上仅做一个判断,计算效率非常高。

(3) 稀疏激活性。卷积神经网络已经采用了共享的局部连接机制,但是有时候仍然存在过多使用神经元参与运算的问题。研究表明,人脑在工作时,只有少数的神经元被激活。采用 relu()函数相当于可以屏蔽那些输出小于 0 的神经元,只激活输出大于或等于 0 的神经元,因此可以得到更低的激活率。实际上,在后面我们可以看到,Dropout()方法也是采用低激活率的方法来解决过拟合问题,这两者有异曲同工之妙。

在 PyTorch 中,可以用 torch.relu()来实现 relu()函数的功能。例如,如果对输入张量 x 运用 relu()函数,则可以编写如下代码:

```
x = torch.randint(-9,9,[1,1,4,4])
y = torch.relu(x)          #运用 relu()函数作为激活函数
print(x)
print(y)
```

在笔者计算机上输出如下结果:

```
tensor([[[[-9, 1, 8, -5],
          [ 8, -7, 6, -5],
          [ 5, -1, -6, -2],
          [ 8, 8, 4, 7]]]])
```

```
tensor([[[[0, 1, 8, 0],
          [8, 0, 6, 0],
          [5, 0, 0, 0],
          [8, 8, 4, 7]]]])
```

可见，torch.relu()函数确实已经实现既定的功能。注意，torch.relu()函数不改变输入张量的形状。

relu()函数的功能也可以利用 nn 模块中的 ReLU()函数来实现。例如，下面语句也可以实现上述语句同样的功能：

```
from torch import nn as nn
y = nn.ReLU()(x)
```

在 nn.ReLU()函数中可以设置参数 inplace，其默认值为 False，表示在函数作用于 x 后，x 的值不变，产生的新结果赋给 y；当 inplace=True 时，表示将函数作用于 x 后产生的新结果覆盖 x，这时 y 和 x 是相同的张量，从而节省内存，但原来的 x 没有了。读者通过执行下列代码来理解两者的区别。

```
from torch import nn as nn
x = torch.randint(-9,9,[3,3])
y = nn.ReLU(inplace=False)(x)              #x 未被覆盖，其值保持不变
print(x)
print(y)
print(id(x),id(y))
print('--------------------')
y = nn.ReLU(inplace=True)(x)               #x 被覆盖了，节省内存
print(x)
print(y)
print(id(x),id(y))
```

执行后输出如下结果：

```
tensor([[-8,  7, -1],
        [-2, -1,  5],
        [-4, -2,  8]])
tensor([[0, 7, 0],
        [0, 0, 5],
        [0, 0, 8]])
2657695006656 2657695006512
--------------------
tensor([[0, 7, 0],
        [0, 0, 5],
        [0, 0, 8]])
tensor([[0, 7, 0],
        [0, 0, 5],
        [0, 0, 8]])
2657695006656 2657695006656
```

4.2.6 感受野

感受野(Receptive Field)的概念来源于生物神经学。在卷积神经网络中,感受野是针对神经元而言的,神经元实际上是若干个数值进行加权求和的一种逻辑计算单元,每个计算单元会产生输出特征图中的一个元素。加权求和中用到的权值则是卷积核中的参数,而卷积核是移动的,因而在卷积神经网络中神经元似乎是"漂浮不定"的。但由于每个神经元生成特征图中的一个元素,所以神经元与这种元素是一一对应的,因而不妨把输出特征图中的每个元素视为一个神经元。这样,"神经元的感受野"可理解为特征图中的"元素的感受野",于是感受野问题就变得比较具体。

在卷积神经网络中,每一层输出的特征图中的元素(或称像素)在原始输入图像上映射的区域大小称为该元素的感受野。

例如,在图4-10中,对于输出特征图 $\boldsymbol{Y}$ 上的元素-2,其感受野为输出特征图 $\boldsymbol{X}$ 上的虚线框区域。

又如,图4-17给出了一个有关感受野的例子。在图4-17中,元素 a_{22} 的感受野为由元素 x_{22}、x_{23}、x_{24}、x_{32}、x_{33}、x_{34}、x_{42}、x_{43}、x_{44} 在输入图像的构成的区域(卷积核尺寸为3×3)。也就是说,特征图1的每个元素只能感受到下面3×3=9个像素的信息。特征图2上的元素 c 虽然也只能感受到特征图1上的9个元素的信息,但它通过这9个元素可以感受到输入图像上5×5=25个像素的信息。这说明,c 的感受野被扩大了。

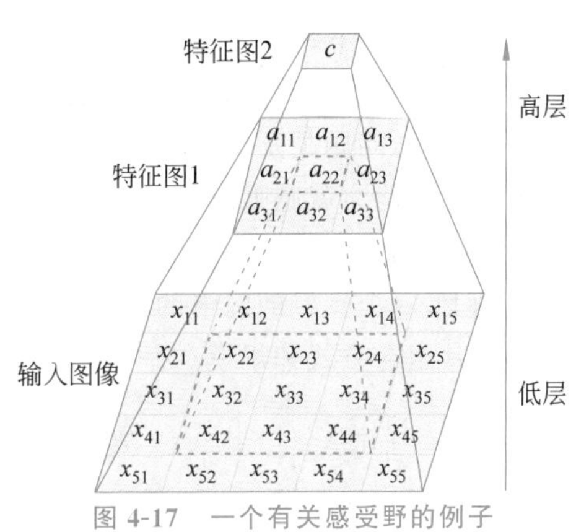

图4-17 一个有关感受野的例子

不难推知,低层特征图(靠近网络输入端)上元素的感受野比较小,相应卷积核主要用于提取局部细粒度特征,如纹理特征、边缘特征等;高层特征图(靠近网络输出端)上元素的感受野就比较大,相应卷积核则用于提取比较粗粒度的全局语义特征,如脸部轮廓特征、脚部的整体特征等。

可见,不同网络层上的卷积核,它们的功能是不一样的;低层卷积核通常用于提取局部的细节特征,而高层卷积核主要用于提取抽象的语义特征;只要网络足够深,那么不同网络层上的卷积核综合起来就可以提取非常复杂的特征,实现对抽象和复杂问题的表征。

4.3 卷积神经网络的设计方法

4.3.1 基本设计原则

严格来说,卷积神经网络主要是由卷积层和池化层组成,不包含全连接神经网络。为了描述准确,本节也采用这种表述,同时把"卷积神经网络+全连接神经网络"称为"深度神经网络"。

一般来说,一个深度神经网络通常采用下列组合方式:

$$输入层+[[卷积层]\times n+[池化层]]\times m+[全连接层]\times k$$

这个组合方式表示，首先是输入层，然后是 n 个卷积层的叠加，后面紧跟着一个可选的池化层，并重复这种“[卷积层]×n+[池化层]”结构 m 次，最后面连接 k 个全连接层。当然，这种组合方式只是一种参考，在实践中并非一定要按照这种组合方式来构建网络。

在例 4.1 中卷积神经网络采用了下列组合方式：

输入层+卷积层×1+池化层+卷积层×1+全连接层×2

大型网络的构建可从两个方面去拓展：一个是加宽每个网络层，即增加网络层中卷积核的数量；另一个是加深网络，即增加网络层的数量。但增加卷积核数量会极大增加计算开销，往往“得不偿失”，因而在实践中通常是通过增加网络层来构建大型网络，后面提到VGG19、ReNet 等网络都是通过这种方法来拓展的。

神经网络是不是越大越好呢？这主要是由问题的复杂度和可获得训练数据的量来决定。一般来说，问题越复杂，就需要表达能力越强的网络来解决；网络越大(参数越多)，其表达能力和泛化能力就越强，但同时就需要更多的带标注的训练数据，也需要更强算力支持。因此，小问题用小型网络来解决，大问题才考虑用大型网络来解决。

实际上，一个良好的网络的构建除了需要长期的实践经验以外，还需要反复调试，方能最终确定其组合方式和规模。

4.3.2 网络结构查看和参数量计算

直接将创建的网络类的实例打印出来，从中可领会到所创建的网络的拓扑结构。例如，欲查看例 4.1 中创建的网络的结构，可将相应的示例打印出来。

```
print(example4_1)
```

该语句输出结果如下：

```
Example4_1(
    (conv1): Conv2d(1, 10, kernel_size=(5, 5), stride=(1, 1))
    (conv2): Conv2d(10, 20, kernel_size=(3, 3), stride=(1, 1))
    (fc1): Linear(in_features=2000, out_features=500, bias=True)
    (fc2): Linear(in_features=500, out_features=10, bias=True)
)
```

从这个结果中大概可以看到，该网络包含了两个卷积层和两个全连接层以及相关参数设计，其中网络接收的输入的通道数为 1。当然，这些网络层是否真的用于构建网络，那还得看 forward()函数中编写的代码逻辑。也就是说，这种查看方式虽然简单，但不准确，也没有给出网络的参数量。

为查看更为准确的信息，可利用模块 summary 实现，它可以提供更为详细的信息。例如，为查看例 4.1 中的网络结构及参数量，可利用下列代码来实现：

```
from torchsummary import summary                          #导入模块 summary
print(summary(example4_1, input_size=(1, 28, 28)))        #输出 example4_1 的网络结构信息
```

其中，(1,28,28)为网络接收的输入张量的形状(但不带 batch_size)。

执行上述代码，输出结果如下：

```
----------------------------------------------------------------
        Layer (type)               Output Shape         Param #
================================================================
            Conv2d-1           [-1, 10, 24, 24]             260
            Conv2d-2           [-1, 20, 10, 10]           1,820
            Linear-3                  [-1, 500]       1,000,500
            Linear-4                   [-1, 10]           5,010
================================================================
Total params: 1,007,590
Trainable params: 1,007,590
Non-trainable params: 0
----------------------------------------------------------------
Input size (MB): 0.00
Forward/backward pass size (MB): 0.06
Params size (MB): 3.84
Estimated Total Size (MB): 3.91
```

从这个结果中，我们可以看到卷积神经网络的基本结构，以及各网络层的输出形状、参数量和整个网络的参数量。

另外，通过执行下列代码，我们也可以看到整个网络的参数量为1007590。

```
sum = 0
for param in example4_1.parameters():         #计算整个网络的参数量
    sum += torch.numel(param)
print('该网络参数总量: %d'%sum)
```

4.3.3　一个猫狗图像分类示例

利用前面介绍的相关知识，下面我们着手开发一个图像识别程序。

【例4.3】　构造一个用于实现猫和狗图像分类的深度神经网络。

本例中，猫和狗图像是来自Kaggle竞赛的一个赛题数据集Cat vs Dog。我们从该数据集中随机抽取10028张图片来构造训练集和测试集，相关信息见表4-1。

表4-1　所设置数据集的基本信息

	训练集	测试集	合计
猫	4000	1011	5011
狗	4005	1012	5017
合计	8005	2023	10028

该图像数据集位于本书资源目录下的data/catdog子目录中，其中training_set目录和test_set目录下的JPG文件分别是训练集图像文件和测试集图像文件。在这两个目录下，猫和狗的图像文件都混在一起，但它们的图像文件名分别包含cat和dog两个单词，因此可以据此辨别图像的类别。图4-18是部分猫和狗图像的样例。

本例通过以下几个步骤来开发基于深度网络的图像分类程序。

(1) 编写Dataset类的子类来加载数据，这也是常用的图像加载方法。Dataset类提供两种方法来实现数据加载：一种是__len__()方法，通过重写该方法，让其提供数据集的大小；另一种是__getitem__()方法，该方法支持从0到__len__(self)的索引，从而可以自动获取数据集中的每一条样本，以对其进行相应的“加工”，如数据预处理、张量化、添加标签等。这两个方法都是被隐式调用，它们与DataLoader类结合，可以通过多线程加速数据的加载速度。

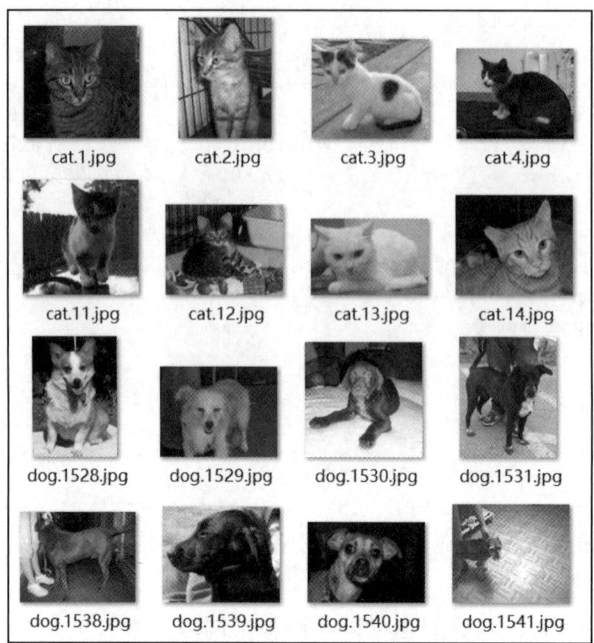

图 4-18　部分猫和狗的图像样例

总之，我们的目的是将数据集映射为 Dataset 类的子类的实例，然后将该实例放入 DataLoader 中打包。

(2) 构造一个深度神经网络，它包含 4 个卷积层和 3 个全连接层。这个结构并非一定是最佳的，读者可以进一步调整其宽度（每层卷积核的个数）和高度（网络层数）以及学习率等超参数，不断尝试各种组合，以寻求更好的分类结果。

(3) 编写训练和测试代码，包括在训练集上的测试和在测试集上的测试结果。

以下是该程序的所有代码。

```
from torchvision import datasets, transforms, models
import torch
import torch.nn as nn
from torch.utils.data import DataLoader, Dataset
from PIL import Image
import os
import time
device = torch.device("cuda" if torch.cuda.is_available() else "cpu")
#-----------------------------------------
transform = transforms.Compose([
    transforms.Resize((224,224)),          #调整图像大小为(224,224)
    transforms.ToTensor(),                 #转换为张量
])
class cat_dog_dataset(Dataset):
    def __init__(self, dir):
        self.dir = dir
        self.files = os.listdir(dir)
    def __len__(self):                     #需要重写该方法，返回数据集大小
        t = len(self.files)
```

```
        return t
    def __getitem__(self, idx):
        file = self.files[idx]
        fn = os.path.join(self.dir, file)
        img = Image.open(fn).convert('RGB')
        img = transform(img)              #调整图像形状为(3,224,224),并转换为张量
        img = img.reshape(-1,224,224)
        y = 0 if 'cat' in file else 1     #构造图像的类别
        return img,y
#=============================================
batch_size = 20
train_dir = './data/catdog/training_set'                     #训练集所在的目录
test_dir ='./data/catdog/test_set'                           #测试集所在的目录
train_dataset = cat_dog_dataset(train_dir)                   #创建数据集
train_loader = DataLoader(dataset=train_dataset,             #打包
                          batch_size=batch_size,
                          shuffle=True)
test_dataset = cat_dog_dataset(test_dir)
test_loader = DataLoader(dataset=test_dataset,
                          batch_size=batch_size,
                          shuffle=True)
print('训练集大小: ',len(train_loader.dataset))
print('测试集大小: ',len(test_loader.dataset))
#================================
#定义卷积神经网络
class Model_CatDog(nn.Module):
    def __init__(self):
        super().__init__()
        #以下定义4个卷积层:
        self.conv1 = nn.Conv2d(3, 64, kernel_size=5, padding=2)
                                                    #5×5卷积核,默认步长1,填充2
        self.conv2 = nn.Conv2d(64, 128, 5)          #默认步长1,填充0,下同
        self.conv3 = nn.Conv2d(128, 128, 3)
        self.conv4 = nn.Conv2d(128, 256, 3)
        #以下定义3个全连接层:
        self.fc1 = nn.Linear(256*12*12, 2048)
        self.fc2 = nn.Linear(2048, 512)
        self.fc3 = nn.Linear(512, 2)
    def forward(self,x):                  #此时,x的形状为(batch, 224, 224, 3)
        out = self.conv1(x)               #(batch, 3, 224, 224)--->(batch, 64, 224, 224)
        out = nn.ReLU(inplace=True)(out)           #形状不变(以下形状不变的地方,
                                                   #不再注释说明)
        out = nn.MaxPool2d(2, 2)(out)          #(batch, 64, 224, 224)--->(batch,
                                               #64, 112, 112)
        out = self.conv2(out)    #(batch, 64, 112, 112)--->(batch, 128, 108, 108)
        out = nn.ReLU(inplace=True)(out)
        out = nn.MaxPool2d(2, 2)(out)
                                 #(batch, 128, 108, 108)--->(batch, 128, 54, 54)
        out = self.conv3(out)    #(batch, 128, 54, 54)--->(batch, 128, 52, 52)
        out = nn.ReLU(inplace=True)(out)
```

```
        out = nn.MaxPool2d(2, 2)(out)
                                        #(batch, 128, 52, 52)--->(batch, 128, 26, 26)
        out = self.conv4(out)           #(batch, 128, 26, 26)--->(batch, 256, 24, 24)
        out = nn.ReLU(inplace=True)(out)
        out = nn.MaxPool2d(2, 2)(out)
                                        #(batch, 256, 24, 24)--->(batch, 256, 12, 12)
        out = out.reshape(x.size(0), -1) #(batch, 256, 12, 12)--->(batch, 36864)
        out = nn.Dropout(0.5)(out)
        out = self.fc1(out)             #(batch, 36864)--->(batch, 2048)
        out = nn.ReLU(inplace=True)(out)
        out = nn.Dropout(0.5)(out)
        out = self.fc2(out)             #(batch, 2048)--->(batch, 512)
        out = nn.ReLU(inplace=True)(out)
        out = self.fc3(out)             #(batch, 512)--->(batch, 2)
        return out                      #(batch, 2)
#--------------------------------------------------
model_CatDog = Model_CatDog().to(device)
optimizer = torch.optim.SGD(model_CatDog.parameters(), lr=0.01, momentum=0.9)
start=time.time()                       #开始计时
model_CatDog.train()
for epoch in range(30):                 #执行 30 代
    ep_loss=0
    for i,(x,y) in enumerate(train_loader):
        x, y = x.to(device),y.to(device)
        pre_y = model_CatDog(x)
        loss = nn.CrossEntropyLoss()(pre_y, y.long())  #使用交叉熵损失函数
        ep_loss += loss * x.size(0)     #loss 是损失函数的平均值,故要乘以样本数量
        optimizer.zero_grad()
        loss.backward()
        optimizer.step()
    print('第 %d 轮循环中,损失函数的平均值为: %.4f'\
          %(epoch+1,(ep_loss/len(train_loader.dataset))))
end = time.time()                                      #计时结束
print('训练时间为: %.1f 秒 '%(end-start))
#==================================================
torch.save(model_CatDog,'model_CatDog')                #保存模型
model_CatDog = torch.load('model_CatDog')              #从磁盘上加载模型
correct = 0
model_CatDog.eval()
with torch.no_grad():
    for i, (x, y) in enumerate(train_loader):          #计算在训练集上的准确率
        x, y = x.to(device), y.to(device)
        pre_y = model_CatDog(x)
        pre_y = torch.argmax(pre_y, dim=1)
        t = (pre_y == y).long().sum()
        correct += t
t = 1.* correct/len(train_loader.dataset)
print('1. 网络模型在训练集上的准确率: {:.2f}%' .format(100 * t.item()))

correct = 0
```

```
with torch.no_grad():
    for i, (x, y) in enumerate(test_loader):            #计算在测试集上的准确率
        x, y = x.to(device), y.to(device)
        pre_y = model_CatDog(x)
        pre_y = torch.argmax(pre_y, dim=1)
        t = (pre_y == y).long().sum()
        correct += t
t = 1.* correct/len(test_loader.dataset)
print('2. 网络模型在测试集上的准确率：{:.2f}%'.format(100 * t.item()))
```

执行上述代码，输出结果(部分)如下：

```
… …
第 29 轮循环中，损失函数的平均值为：0.0337
第 30 轮循环中，损失函数的平均值为：0.0396
训练时间为：1428.0 秒
1. 网络模型在训练集上的准确率：99.16%
2. 网络模型在测试集上的准确率：81.27%
```

这个准确率不算高，读者可以进一步调试一些超参数，尝试更好的结果。

从上述代码可以看出，forward()函数中的代码已经略显臃肿了。如果程序功能更复杂，那么 forward()函数将显得更臃肿。实际上，可以将调试好的有关代码包装为一个结构，在 forward()函数中调用这些结构就可以了。

这种包装可以用 nn.Sequential()容器来实现。nn.Sequential()是一个序列容器，用于搭建神经网络的模块。该容器将按照构造函数中传递的网络层(或模块)的顺序添加到模块中。也就是说，容器中的网络层或模块是有序的，而且各层之间的衔接必须是正确的。

例如，可以用 nn.Sequential()容器来改写上述代码中的类 Model_CatDog，结果如下：

```
class Model_CatDog(nn.Module):
    def __init__(self):
        super().__init__()
        self.features = nn.Sequential(                      #卷积神经网络
            nn.Conv2d(3, 64, kernel_size=5, padding=2), #第 1 个卷积层
            nn.ReLU(inplace=True),
            nn.MaxPool2d(2, 2),
            nn.Conv2d(64, 128, 5),                          #第 2 个卷积层
            nn.ReLU(inplace=True),
            nn.MaxPool2d(2, 2),
            nn.Conv2d(128, 128, 3),                         #第 3 个卷积层
            nn.ReLU(inplace=True),
            nn.MaxPool2d(2, 2),
            nn.Conv2d(128, 256, 3),                         #第 4 个卷积层
            nn.ReLU(inplace=True),
            nn.MaxPool2d(2, 2),
        )
        self.classifier = nn.Sequential(                    #全连接神经网络(分类网络)
            nn.Dropout(0.5),
            nn.Linear(256 * 12 * 12, 2048),                 #第 1 个全连接层
            nn.ReLU(inplace=True),
```

```
            nn.Dropout(0.5),
            nn.Linear(2048, 512),       #第 2 个全连接层
            nn.ReLU(inplace=True),
            nn.Linear(512, 2),          #第 3 个全连接层
        )
    def forward(self,x):
        out = self.features(x)      #(batch, 3, 224, 224)--->(batch, 256, 12, 12)
        out = out.reshape(x.size(0), -1) #(batch, 256, 12, 12)--->(batch, 36864)
        out = self.classifier(out) #(batch, 36864)--->(batch, 2)
        return out
```

可见，模块化以后，代码的逻辑性更强。这种模块化方法也是现今大多程序经常采用的代码组织方法。

4.4 过拟合及其解决方法

在训练神经网络时，有时可利用的样本比较少，而模型参数又很多。这样，经过多次循环训练后模型将“记住”数据分布的几乎所有细节，因而模型在训练集上可以表现出良好的性能，如非常高的准确和非常低的损失函数值等。但是，一旦用到测试集上，模型的性能往往非常差。这种过渡拟合了训练数据分布的现象称为过拟合。

那么，如何判断模型是否发生过拟合呢？如上所述，过拟合的表现之一是在训练集上性能比较好，而在测试集上性能比较差。因此，可以每间隔一定循环代数做一次在训练集和测试集上的性能测试。我们的目的是找到这样的迭代次数 N：从第 N 代以后，模型在训练集上的性能继续走高，而在测试集上的性能却开始走低，如图 4-19 所示。这样，我们让模型训练到第 N 代即可，或者选择第 N 代时的模型即可。

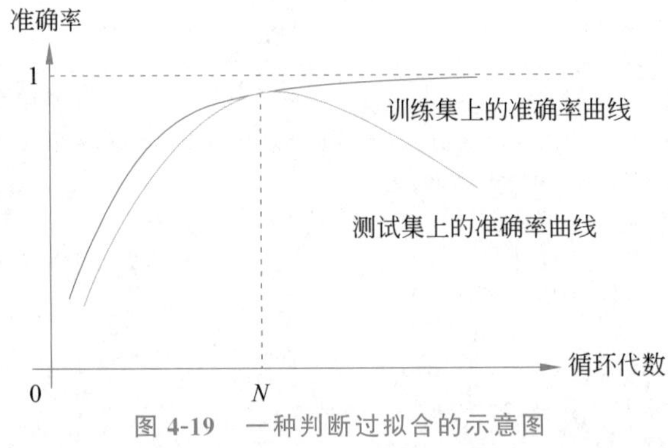

图 4-19 一种判断过拟合的示意图

此外，还有一种方法称为正则化项法的方法也经常用于缓解过拟合问题。正则化项法是在原有损失函数$\mathcal{L}$上增加一个正则化项$\|w\|_2^2$，得到：

$$\mathcal{L}+\|w\|_2^2=\mathcal{L}+(w_1^2+w_2^2+\cdots+w_n^2)$$

其中，$w_1,w_2,\cdots,w_n$ 为模型包含的权重。当模型的损失函数设计为上述形式时，损失函数在被极小化时，各个权重也在被极小化。这样，有的参数就变得很小，其效果相当于抑制了相应的神经元，从而保持了各个神经元的多元化，降低过拟合的可能性。

在 PyTorch 中，可通过权重衰减(weight decay)来实现 2-范数正则化方法。例如：

```
optim = torch.optim.SGD(model.parameters(), lr=0.001,\
                         momentum=0.9, weight_decay=1e-2)
```

另外，在神经网络学习还有一种称为丢弃法的过拟合缓解方法。丢弃法实际上就是 Dropout()方法，它的基本原理就是在训练时按既定的比例随机冻结部分神经元，以避免部分神经过于"强势"而导致其他神经元失去功能，从而保证神经元的多样化，减缓过拟合问题。Dropout()方法已出现多次，在此不再举例说明。

既然过拟合是样本过少造成的，因此也可以通过数据增强的方法来补充更多的样本数据，从而在源头上解决过拟合问题。显然，这也是人们经常使用的方法。但数据增强也不是无限的，它也需要成本，也存在缺点。

总之，针对过拟合问题，应具体问题具体分析，选择恰当的方法也是一个试错过程，需要积累经验。

4.5 本章小结

本章主要介绍了卷积神经网络涉及的主要操作以及卷积神经网络设计方法和工作机制，内容包括单通道卷积、多通道卷积、池化方法以及卷积神经网络的设计方法，其中重点介绍了卷积操作和池化操作的基本原理及其运用，最后通过示例介绍了搭建一个卷积深度神经网络的基本步骤以及过拟合问题的判断和解决方法等。

4.6 习题

1. 简述卷积操作和池化操作的作用。

2. 什么是卷积神经网络？它与全连接神经网络有何区别？

3. 在 PyTorch 中，卷积层的定义是哪个函数来实现的？对输入卷积层的特征图有何要求？

4. 什么是特征图？它与批量(batch)、张量有何区别与联系？

5. 对于下面定义的卷积层 conv 以及张量 x1～x6，请问哪些张量可以输入 conv，哪些不行？为什么？

```
conv = nn.Conv2d(4, 16, 3)
x1 = torch.randn(32,4,50,60)
x2 = torch.randn(32,4,60,60)
x3 = torch.randn(32,4,60,60)
x4 = torch.randn(1,32,4,60,60)
x4 = torch.randn(1,3,60,60)
x5 = torch.randn(4,60,60)
x6 = torch.randn(60,60)
```

6. 对于下面定义的张量 x 以及卷积层 conv1、conv2 和 conv3，在将 x 输入这 3 个卷积层后，分别得到张量 y1、y2 和 y3。请问 y1、y2 和 y3 的形状分别是什么？请给出计算过程。

```
conv1 = nn.Conv2d(4, 16, 3)
conv2 = nn.Conv2d(4, 16, (3,3))
conv3 = nn.Conv2d(4, 16, 5, 2)
x = torch.randn(128,4,224,224)
y1 = conv1(x)
y2 = conv2(x)
y3 = conv3(x)
```

7.对于下面定义的张量 x,在将之输入到如下 6 个池化层后分别得到特征图 y1～y6。请问 y1～y6 的形状是什么?请给出计算过程。

```
x = torch.randn(128,4,224,224)
y1 = torch.max_pool2d(input=x, kernel_size = (2,2), stride=(2,2), padding=0)
y2 = torch.max_pool2d(x, kernel_size = 4, stride=2)
y3 = torch.max_pool2d(x, kernel_size = 4, stride=2, padding=2)
y4 = torch.max_pool2d(x, 4, 2, 2)
y5 = torch.max_pool2d(x, 4, 2)
y6 = torch.max_pool2d(x,3)
```

8. 如何构建一个大型神经网络模型?从哪方面入手构建?训练大型网络模型需要什么条件?

9. 什么是过拟合问题?如何解决?

10. 下列代码定义了一个神经网络类,请问在该类实例化后得到的网络模型中包含多少个参数?请给出计算过程。

```
class Net(nn.Module):
    def __init__(self):
        super().__init__()
        self.conv1 = nn.Conv2d(3, 128, 3)
        self.conv2 = nn.Conv2d(128, 32, 7)
        self.conv3 = nn.Conv2d(32, 32, 3)
        self.fc1 = nn.Linear(294912, 128)
        self.fc2 = nn.Linear(128, 6)
    def forward(self, x):
        o = self.conv1(x)
        o = self.conv2(o)
        o = nn.MaxPool2d(2, 2)(o)
        o = o.reshape(x.size(0),-1)
        o = self.fc1(o)
        o = self.fc2(o)
        return o
```

11. 在随书资料./data/flower_photo 目录下有一个图像数据集 flower_photos(有关该数据集的说明见例 5.3),请编写一个卷积神经网络,用于实现对该数据集中的图像进行分类。

第 5 章 若干经典 CNN 预训练模型及其迁移方法

顾名思义，预训练模型(Pre-training Model)是在训练数据充足的数据集上训练出来的性能优越的大模型，可以为下游任务提供支持。大规模的 CNN 预训练模型具有强大的特征抽取能力和表达能力，对解决复杂问题具有明显的优势。但是，训练大的预训练模型需要具备一定的条件，比如，需要带标注的大数据和大算力的支撑。对大规模数据的标注，其本身就是一件耗时的工程，而且大规模数据的获取也是一件不容易的事情；大算力的构建往往只有那些大的专业公司才能完成。因此，为了解决一个小问题，而去训练一个大模型是不现实的。但是，我们可以利用那些已经训练好了的且已经公开发布的模型(预训练模型)来解决我们面临的问题，这就涉及预训练模型的迁移和微调方法。通过迁移和微调，我们可以"站在巨人的肩膀上"去解决问题，从而达到事半功倍的效果。

5.1 一个使用 VGG16 的图像识别程序

在例 4.3 中，我们从"零"开始编写了一个识别猫、狗图像的程序。在本节中，以 VGG16 为基础，编写一个待学习参数非常少的图像识别程序，而且用的训练数据也很少，主要目的是让读者对已有预训练模型的使用和微调方法有一个初步的了解。

5.1.1 程序代码

在下面例子中，通过对预训练模型 VGG16 进行微调，构建一个能够识别猫狗图像的深度神经网络。该网络需要学习的参数比较少，使用的训练数据也很少，但效果更佳。

【例 5.1】 以 VGG16 作为预训练模型，通过微调，创建一个能够识别猫狗图像的深度神经网络。

本例的任务与例 4.3 的任务一样，都是识别猫和狗的图像。不同的是，本例使用了预训练模型——VGG16，这样使用的训练数据就相对少得多。在本例中，训练图像位于./data/catdog/training_set2 目录下，猫和狗的图像各 1000 张，共有 2000 张图像作为训练数据，它们都是从./data/catdog/training_set 目录中随机抽取，但测试集不变(与例 4.3 一样，位于./data/catdog/test_set 目录下，一共有 2023 张)。

本程序首先导入 VGG16，然后冻结参数并修改模型的部分结构，以适合本例的任务，最后进行训练和测试。程序的全部代码如下：

```
from torchvision import datasets, transforms, models
import torch
import torch.nn as nn
```

```
from torch.utils.data import DataLoader,Dataset
from PIL import Image
import os
import time
device = torch.device("cuda" if torch.cuda.is_available() else "cpu")
#-----------------------------------------
transform = transforms.Compose([
    transforms.Resize((224,224)),          #调整图像大小为(224,224)
    transforms.ToTensor(),                 #转换为张量
])
class cat_dog_dataset(Dataset):
    def __init__(self, dir):
        self.dir = dir
        self.files = os.listdir(dir)
    def __len__(self):                     #需要重写该方法,返回数据集大小
        return len(self.files)
    def __getitem__(self, idx):
        file = self.files[idx]
        fn = os.path.join(self.dir, file)
        img = Image.open(fn).convert('RGB')
        img = transform(img)               #调整图像形状为(3,224,224),并转换为张量
        img = img.reshape(-1,224,224)
        y = 0 if 'cat' in file else 1      #构造图像的类别
        return img,y
#==================================================
batch_size = 20
train_dir = './data/catdog/training_set2'             #训练集所在的目录
test_dir = './data/catdog/test_set'                   #测试集所在的目录
train_dataset = cat_dog_dataset(train_dir)            #创建数据集
train_loader = DataLoader(dataset=train_dataset,      #打包
                          batch_size=batch_size,
                          shuffle=True)
test_dataset = cat_dog_dataset(test_dir)
test_loader = DataLoader(dataset=test_dataset,
                         batch_size=batch_size,
                         shuffle=True)
print('训练集大小: ',len(train_loader.dataset))
print('测试集大小: ',len(test_loader.dataset))
#================================
cat_dog_vgg16 = models.vgg16(pretrained=True).to(device)
for i,param in enumerate(cat_dog_vgg16.parameters()):
    param.requires_grad = False        #冻结 cat_dog_vgg16 中已有的所有参数
cat_dog_vgg16.classifier[3] = nn.Linear(4096,1024)    #其参数默认是可学习的
cat_dog_vgg16.classifier[6] = nn.Linear(1024,2)       #其参数默认是可学习的
cat_dog_vgg16.train()
cat_dog_vgg16 = cat_dog_vgg16.to(device)
optimizer = torch.optim.SGD(cat_dog_vgg16.parameters(), lr=0.01, momentum=0.9)
start=time.time()                                     #开始计时
cat_dog_vgg16.train()
for epoch in range(10):                               #执行 10 代
```

```
        ep_loss=0
        for i,(x,y) in enumerate(train_loader):
            x, y = x.to(device),y.to(device)
            pre_y = cat_dog_vgg16(x)
            loss = nn.CrossEntropyLoss()(pre_y, y.long())  #使用交叉熵损失函数
            ep_loss += loss * x.size(0)     #loss 是损失函数的平均值,故要乘以样本数量
            optimizer.zero_grad()
            loss.backward()
            optimizer.step()
        print('第 %d 轮循环中,损失函数的平均值为: %.4f'\
              %(epoch+1,(ep_loss/len(train_loader.dataset))))
    end = time.time()                                              #计时结束
    print('训练时间为:  %.1f 秒 '%(end-start))
    #==============================================================
    correct = 0
    cat_dog_vgg16.eval()
    with torch.no_grad():
        for i, (x, y) in enumerate(train_loader):                #计算在训练集上的准确率
            x, y = x.to(device), y.to(device)
            pre_y = cat_dog_vgg16(x)
            pre_y = torch.argmax(pre_y, dim=1)
            t = (pre_y == y).long().sum()
            correct += t
    t = 1.* correct/len(train_loader.dataset)
    print('1. 网络模型在训练集上的准确率: {:.2f}%'\
          .format(100 * t.item()))
    correct = 0
    with torch.no_grad():
        for i, (x, y) in enumerate(test_loader):                 #计算在测试集上的准确率
            x, y = x.to(device), y.to(device)
            pre_y = cat_dog_vgg16(x)
            pre_y = torch.argmax(pre_y, dim=1)
            t = (pre_y == y).long().sum()
            correct += t
    t = 1.* correct/len(test_loader.dataset)
    print('2. 网络模型在测试集上的准确率: {:.2f}%'\
          .format(100 * t.item()))
```

执行上述代码,输出结果(部分)如下:

```
… …
第 9 轮循环中,损失函数的平均值为: 0.0460
第 10 轮循环中,损失函数的平均值为: 0.0553
训练时间为:  86.4 秒
1. 网络模型在训练集上的准确率: 99.70%
2. 网络模型在测试集上的准确率: 96.69%
```

可见,与例 4.3 相比,该程序的训练数据少了,运行的代数也少了,但准确率却大幅上升了。显然,这得益于预训练模型 VGG16 的功劳,是站在 VGG16 这个"巨人肩膀"上的结果。

5.1.2 代码解释

本例主要是导入了一个预训练模型——VGG16，创建实例 cat_dog_vgg16，以代替在例 4.3 中创建的实例 model_CatDog，其他部分代码基本相同。相关代码说明如下：

(1) 通过下面语句从模型库 models 中导入已经训练好的模型 VGG16。

```
cat_dog_vgg16 = models.vgg16(pretrained=True)
```

其中，pretrained＝True 表示要下载已训练好的所有参数。如果 pretrained＝False，则表示不下载这些参数，而使用随机方法初始化所有参数。这相当于只使用模型 VGG16 的结构，而不要其训练过的参数。显然，一般情况下 pretrained＝True。

如果想导入 VGGNet 的另一个家族成员——VGG19，则用下列语句即可。

```
cat_dog_vgg19 = models.vgg19(pretrained=True)
```

注意，此处的 cat_dog_vgg16 就是相当于例 4.3 中的 model_CatDog，都是已经创建好的实例。因此，在本例中可以不再创建一个类。

(2) 使用下列语句冻结刚创建的模型 cat_dog_vgg16 的参数。

```
for i,param in enumerate(cat_dog_vgg16.parameters()):
    param.requires_grad = False        #冻结 cat_dog_vgg16 的所有参数
```

如果一个参数的 requires_grad 属性值设置为 False，则该参数在训练过程中是不能被更新的，因而称为“冻结”。由于 VGG16 中的参数都是训练过的，且已被实践证明是可行的，因而就不需要再训练了，而且 VGG16 中的参数量巨大，一般也没有条件来训练它们。

用下列代码，可以查看模型中各层参数张量是否可以被训练。

```
for layer in cat_dog_vgg16.named_modules():
    t = list(layer[1].parameters())
    if len(t) == 0:                     #如果当前层没有训练参数，则 len(t) = 0
        continue
    L = []
    for param in layer[1].parameters():
        L.append(param.requires_grad)
    print(layer[0], '------------> ',L)
                                        #True 表示相应参数张量可训练，False 表示不可以
```

(3) 对模型 cat_dog_vgg16 进行微调，改为适合本例识别任务的网络结构。先用下列语句打印出 cat_dog_vgg16 的层次结构：

```
print(cat_dog_vgg16)
```

结果如图 5-1 所示。从图 5-1 中可以看出，该网络有 1000 个输出，而本程序只需要两个输出，因而至少需要更改最后一层网络的输出结构。作为例子，本例修改最后面的两个全连接层，即修改下面这两层：

(3)：Linear(in_features＝4096，out_features＝4096，bias＝True)

(6)：Linear(in_features＝4096，out_features＝1000，bias＝True)

修改后的 VGG16 结构如下：

```
VGG(
(features): Sequential(
    (0): Conv2d(3, 64, kernel_size=(3, 3), stride=(1, 1), padding=(1, 1))
    (1): ReLU(inplace=True)
    (2): Conv2d(64, 64, kernel_size=(3, 3), stride=(1, 1), padding=(1, 1))
    (3): ReLU(inplace=True)
    (4): MaxPool2d(kernel_size=2, stride=2, padding=0, dilation=1, ceil_mode=False)
    (5): Conv2d(64, 128, kernel_size=(3, 3), stride=(1, 1), padding=(1, 1))
    (6): ReLU(inplace=True)
    (7): Conv2d(128, 128, kernel_size=(3, 3), stride=(1, 1), padding=(1, 1))
    (8): ReLU(inplace=True)
    (9): MaxPool2d(kernel_size=2, stride=2, padding=0, dilation=1, ceil_mode=False)
    (10): Conv2d(128, 256, kernel_size=(3, 3), stride=(1, 1), padding=(1, 1))
    (11): ReLU(inplace=True)
    (12): Conv2d(256, 256, kernel_size=(3, 3), stride=(1, 1), padding=(1, 1))
    (13): ReLU(inplace=True)
    (14): Conv2d(256, 256, kernel_size=(3, 3), stride=(1, 1), padding=(1, 1))
    (15): ReLU(inplace=True)
    (16): MaxPool2d(kernel_size=2, stride=2, padding=0, dilation=1, ceil_mode=False)
    (17): Conv2d(256, 512, kernel_size=(3, 3), stride=(1, 1), padding=(1, 1))
    (18): ReLU(inplace=True)
    (19): Conv2d(512, 512, kernel_size=(3, 3), stride=(1, 1), padding=(1, 1))
    (20): ReLU(inplace=True)
    (21): Conv2d(512, 512, kernel_size=(3, 3), stride=(1, 1), padding=(1, 1))
    (22): ReLU(inplace=True)
    (23): MaxPool2d(kernel_size=2, stride=2, padding=0, dilation=1, ceil_mode=False)
    (24): Conv2d(512, 512, kernel_size=(3, 3), stride=(1, 1), padding=(1, 1))
    (25): ReLU(inplace=True)
    (26): Conv2d(512, 512, kernel_size=(3, 3), stride=(1, 1), padding=(1, 1))
    (27): ReLU(inplace=True)
    (28): Conv2d(512, 512, kernel_size=(3, 3), stride=(1, 1), padding=(1, 1))
    (29): ReLU(inplace=True)
    (30): MaxPool2d(kernel_size=2, stride=2, padding=0, dilation=1, ceil_mode=False)
)
(avgpool): AdaptiveAvgPool2d(output_size=(7, 7))
(classifier): Sequential(
    (0): Linear(in_features=25088, out_features=4096, bias=True)
    (1): ReLU(inplace=True)
    (2): Dropout(p=0.5, inplace=False)
    (3): Linear(in_features=4096, out_features=4096, bias=True)
    (4): ReLU(inplace=True)
    (5): Dropout(p=0.5, inplace=False)
    (6): Linear(in_features=4096, out_features=1000, bias=True)
    )
)
```

图 5-1　VGG16 结构的层次图

使用的修改代码如下：

```
cat_dog_vgg16.classifier[3] = nn.Linear(4096,1024)      #其参数默认是可学习的
cat_dog_vgg16.classifier[6] = nn.Linear(1024,2)         #其参数默认是可学习的
```

注意，只有这两层发生改变，且其参数也是默认可学习的（即这两层参数的 requires_grad 属性值默认为 True），而其他网络层都保持不变，它们的参数已被冻结。

（4）在加载数据时，以./data/catdog/training_set2 目录下的图像文件作为训练数据，训练的代数改为 10 代。

除了上述改变外，数据加载方法、模型训练方法和测试方法等其他部分与例 4.3 的相同。

5.2 经典卷积神经网络的结构

上一节已经见证了预训练模型 VGG16 的魅力。本节将介绍包括 VGG16 在内的若干经典预训练模型的结构，一方面可以为今后模型结构设计提供参考，另一方面也可以为更好地通过微调方法利用这些模型作准备。

5.2.1 卷积神经网络的发展过程

神经网络的出现可以追溯到 1943 年。当年，心理学家 Warren McCulloch 和数理逻辑学家 Walter Pitts 首先提出了人工神经网络的概念，并给出了人工神经元的数学模型，从此开启了人工神经网络研究的时代。1957 年，美国神经学家 Frank Rosenblatt 成功地在 IBM 704 机上完成了感知器的仿真，并于 1960 年实现了手写英文字母的识别。1974 年，Paul Werbos 在其博士论文中首次提出后向传播（Back propagation，BP）思想来修正网络参数的方法，这是 BP 算法的雏形。但在当时由于人工智能正处于发展的低谷，这项工作并没有引起足够的重视。1986 年，在 Meclelland 和 Rumelhart 等的努力下，BP 算法被进一步发展，并逐步引起广泛关注，被大量应用于神经网络训练任务当中。BP 算法的主要贡献在于，提出一种基于梯度信息的参数修正算法，为神经网络的训练提供了一种非常成功的参数训练方法。目前，正在盛行的深度学习中各种网络模型也均采用 1986 年提出的 BP 算法。

最早的卷积神经网络是由 LannYeCun 等于 1998 年提出来的，这就是 LeNet。LeNet 主要用于识别手写数字图像，由两个卷积层和两个池化层组成，结构比较简单，但它是最早达到实用水平的神经网络。如今，真正掀起深度学习风暴的是 LeNet 的加宽版——AlexNet。AlexNet 是于 2012 年由 Hinton 的学生 Krizhevsky Alex 提出来的，并在当年的 ImageNet 视觉挑战赛（ImageNet Large Scale Visual Recognition Challenge，ILSVRC）上以巨大的优势获得冠军。相比于以往战绩，AlexNet 大幅降低了图像识别错误率，它的出现标志着深度学习时代的来临。

2014 年，GoogLeNet 和 VGG 同时诞生。GoogLeNet 是当年的 ILSVRC 冠军，通过设计和开发 Inception 模块，使得模型的参数大幅减少。VGG 则继续加深网络，通过扩展网络的深度来获取性能的提升。

2015 年，残差神经网络 ResNet 诞生，并在当年获得 ILSVRC 冠军。ResNet 旨在解决网络因深度增加而出现性能退化的问题，它提供了一种构造大深度卷积网络的技术和方法。

2019 年，谷歌公司开发了一种以效率著称的深度神经网络——EfficientNet。EfficientNet 仍然是至今为止最好的图像识别网络之一。

5.2.2　AlexNet 网络

在结构上，AlexNet 要比 LeNe 复杂得多，它由 5 个卷积层、3 个最大池化层、2 个归一化层和 3 个全连接层组成。

在第一层（卷积层 1）中，输入图像的尺寸为 227×227×3，采用 11×11 卷积核，设置的输出通道数为 96、步长为 4，因而在该层输出时，特征图的大小为(227－11)/4＋1＝55，输出特征图的形状为(55×55×96)。

在第二层（池化层 1）中，输入的特征图就是上一层的输出，其尺寸为 227×227×3，该层采用 3×3 池化核，步长为 2，因而输出特征图的尺寸为(55－3)/2＋1＝27，从而该层输出特征图的形状为 27×27×96（池化层不改变通道数）。

其他层输出的特征图的形状变化可以依此类推，具体操作和输出特征图的形状变化如表 5-1 所示。

表 5-1　AlexNet 网络的层次结构

网络层	输入形状	操作（等效操作）	输出形状	特征图大小计算	当前层中的参数量
卷积层 1	227×227×3	11×11 卷积核，输出通道数为 96，步长为 4	55×55×96	(227－11)/4＋1＝55	96×3×11×11＋96＝34944
池化层 1	55×55×96	3×3 池化核，步长为 2	27×27×96	(55－3)/2＋1＝27	0
归一化层					0
卷积层 2	27×27×96	5×5 卷积核，输出通道数为 256，步长为 1，填充为 2	27×27×256	(27－5＋2×2)/1＋1＝27	256×96×3×3＋256＝221440
池化层 2	27×27×256	3×3 池化核，步长为 2	13×13×256	(27－3)/2＋1＝27	0
归一化层					0
卷积层 3	13×13×256	3×3 卷积核，输出通道数为 384，步长为 1，填充为 1	13×13×384	(13－3＋2×1)/1＋1＝13	384×256×3×3＋384＝885120
卷积层 4	13×13×384	3×3 卷积核，输出通道数为 384，步长为 1，填充为 1	13×13×384	(13－3＋2×1)/1＋1＝13	384×384×3×3＋384＝1327488
卷积层 5	13×13×384	3×3 卷积核，输出通道数为 256，步长为 1，填充为 1	13×13×256	(13－3＋2×1)/1＋1＝13	256×384×3×3＋256＝884992
池化层 3	13×13×256	3×3 池化核，步长为 2	6×6×256	(13－3)/2＋1＝6	0

续表

网络层	输入形状	操作(等效操作)	输出形状	特征图大小计算	当前层中的参数量
扁平化	6×6×256	将特征图向量化	9216		0
全连接层 1	9216	全连接	4096		9216×4096+4096=37752832
全连接层 2	4096	全连接	4096		4096×4096+4096=16781312
全连接层 3	4096	全连接	1000		4096×1000+1000=4097000

按照第 2 章介绍的方法,我们可以计算 AlexNet 的参数总量为 61 975 936,即 AlexNet 有六千多万个参数需要优化。

5.2.3 VGGNet 网络

VGGNet 是牛津大学 Simonyan 等提出的一种深度神经网络结构,其中比较常用的结构是 VGG16,其次是 VGG19。作为一个例子,下面主要介绍 VGG16 网络的层次结构和特点。

VGG16 有 13 个卷积层和 3 个全连接层,这些都是带有待优化参数的网络层,共 16 个网络,因而称为 VGG16。VGG16 网络的层次结构如表 5-2 所示。

表 5-2 VGG16 网络的层次结构

网络层	输入形状	操作(等效操作)	输出形状	特征图大小计算	当前层中的参数量
卷积层 1	(3,224,224)	3×3 卷积核,输出通道数为 64	(64,224,224)	224−3+2×1+1=224	64×3×3×3+64=1792
卷积层 2	(64,224,224)	3×3 卷积核,输出通道数为 64	(64,224,224)	同上	64×64×3×3+64=36928
池化层 1	(64,224,224)	2×2 池化核,步长为 2	(64,112,112)	224/2=112	0
卷积层 3	(64,112,112)	3×3 卷积核,输出通道数为 128	(128,112,112)	112−3+2×1+1=112	128×64×3×3+128=73856
卷积层 4	(128,112,112)	3×3 卷积核,输出通道数为 128	(128,112,112)	同上	128×128×3×3+128=147584
池化层 2	(128,112,112)	2×2 池化核,步长为 2	(128,56,56)	112/2=56	0
卷积层 5	(128,56,56)	3×3 卷积核,输出通道数为 256	(256,56,56)	56−3+2×1+1=56	256×128×3×3+256=295168
卷积层 6	(256,56,56)	3×3 卷积核,输出通道数为 256	(256,56,56)	同上	256×256×3×3+256=590080
卷积层 7	(256,56,56)	3×3 卷积核,输出通道数为 256	(256,56,56)	同上	256×256×3×3+256=590080
池化层 3	(256,56,56)	2×2 池化核,步长为 2	(256,28,28)	56/2=28	0

续表

网络层	输入形状	操作(等效操作)	输出形状	特征图大小计算	当前层中的参数量
卷积层 8	(256,28,28)	3×3 卷积核,输出通道数为 512	(512,28,28)	28－3＋2×1＋1＝28	512×256×3×3＋512＝1180160
卷积层 9	(512,28,28)	3×3 卷积核,输出通道数为 512	(512,28,28)	同上	512×512×3×3＋512＝2359808
卷积层 10	(512,28,28)	3×3 卷积核,输出通道数为 512	(512,28,28)	同上	512×512×3×3＋512＝2359808
池化层 4	(512,28,28)	2×2 池化核,步长为 2	(512,14,14)	28/2＝14	0
卷积层 11	(512,14,14)	3×3 卷积核,输出通道数为 512	(512,14,14)	14－3＋2×1＋1＝14	512×512×3×3＋512＝2359808
卷积层 12	(512,14,14)	3×3 卷积核,输出通道数为 512	(512,14,14)	同上	512×512×3×3＋512＝2359808
卷积层 13	(512,14,14)	3×3 卷积核,输出通道数为 512	(512,14,14)	同上	512×512×3×3＋512＝2359808
池化层 5	(512,14,14)	2×2 池化核,步长为 2	(512,7,7)	14/2＝7	0
全连接层 1	7×7×512＝25088	全连接	4096		25088×4096＋4096＝102764544
全连接层 2	4096	全连接	4096		4096×4096＋4096＝16781312
全连接层 3	4096	全连接	1000		4096×1000＋1000＝4097000
Softmax 层	1000	计算概率分布	1000		0

从表 5-2 中可以看出,VGG16 全部采用 3×3 卷积核(步长均为 1) 和 2×2 池化核(步长均为 2),在卷积时均填充数为 1(即填充 1 个 0 圈)。AlexNet 采用大的卷积核,以扩大其感受野,因此层次不需要很高。与 AlexNet 相比,VGG16 采用小卷积核和小池化核,各层的参数不多,但堆叠了 13 层 3×3 卷积核。底层卷积核的感受野确实不大,但高层的感受野同样很大,而且层与层之间的非线性映射可以提高对底层特征学习的抽象能力。总体而言,AlexNet 显得“矮胖”,宽度大;VGG16 则比较“高瘦”,深度大,VGG16 参数总量为 138 357 544,是 AlexNet 两倍多,其性能当然也比 AlexNet 好得多。

注意,在图 5-1 所示的 VGG16 的结构中,第 37 行所示的网络层是第一个全连接层。该层要求输入张量的最后一维的大小必须为 25 088。然而,VGG16 可以接收不同尺寸图像的输入,从而卷积网络部分会产生不同尺寸的特征图(第 33 行所表示的网络层的输出)。那么,VGG16 是如何把不同尺寸的特征图都转换为最后一维的大小为 25 088 的张量呢？这主要依赖于第 33 行所示的自适应平均池化层。该层对应的代码如下：

```
nn.AdaptiveAvgPool2d(output_size=(7, 7))
```

其作用是,对输入该层的特征图,不管图像尺寸为多少,其输出特征图的尺寸永远为

7×7(批量大小和通道数不变,通道数为512)。这样,经过扁平化后得到输入全连接网络层的维度大小为7×7×512=25 088。也就是说,自适应平均池化层保证了VGG16可以接收不同尺寸图像的输入,而不需改变网络的结构。读者也可以在自己构建的模型中使用自适应平均池化层,以使得网络可以接收不同尺寸图像的输入。

5.2.4 GoogLeNet 网络与 1×1 卷积核

一般来说,如果一个网络越宽(卷积核数量增加)、越深(深度增加),那么它的参数就越多,就能解决越复杂的问题。但带来的问题也是明显的:一是在训练数据有限的情况下,容易造成过拟合,无法真正解决问题;二是极大地增加计算量,需要更强的算力支撑。自然地,在保持同样宽度和高度的情况下,如何尽可能地减少网络参数的个数呢?而这就是GoogLeNet要解决的主要问题。为此,GoogLeNet使用了许多关键技术,其中很重要的技术就是设计了1×1卷积核。下面先看看1×1卷积核的作用。

从nn.Conv2d()函数看,1×1卷积核对应的函数如下:

```
nn.Conv2d(in_channels, out_channels, (1, 1))
```

其中,默认步长为1,无填充。

假设输入特征图的高和宽分别为 H 和 W,则在此卷积核作用下输出特征图的高和宽分别为 $H-1+1=H$ 和 $W-1+1=W$。也就是说,在1×1卷积核作用下,卷积后特征图的高和宽均保持不变。但根据卷积的定义,特征图中各个元素是各通道上对应元素的加权和,因此输出特征图对输入特征图进行了一种线性变换。重要的是,虽然in_channels是由输入特征图确定的,但out_channels可以根据需要自由设置。如果设置结果是out_channels<in_channels,那么这种设置是对输入特征图的压缩,可以理解为降维;如果out_channels>in_channels,那么这种设置是对输入特征图的扩张,可以理解为升维。也就是说,1×1卷积可以起到升维和降维的作用,同时也对输入特征图进行了一种线性加权变换。简单地理解,1×1卷积是通过线性变换改变特征图的通道数,从而起到升维和降维的作用。

GoogLeNet这个名字可以理解为Google+LeNet,意指是谷歌公司在LeNet的基础上发展出来的。GoogLeNet有两个特点,一个是GoogLeNet由9个称为Inception的模块构成,另一个是有3个softmax输出层。下面先介绍第一个特点。

Inception模块经过了几个版本演进,分别是原始版本、v1、v2和v3。Inception原始版本和Inception v1的结构分别如图5-2(a)和图5-2(b)所示。原始版本是由并列的3个卷积层和1个池化层构成,分别是:1×1卷积层、3×3卷积层、5×5卷积层和3×3最大池化层。每个卷积层设置有多个卷积核,卷积核个数即为该卷积层的输出通道数,池化层的通道数保持不变。在Inception模块中,所有这些通道被叠加在一起作为该Inception模块的输出通道。之所以用不同大小的卷积核,是因为这些不同尺寸的卷积核可以提取不同粒度的特征,实现多尺度特征提取,目的是充分利用不同粒度的特征,这是GoogLeNet的创新之一。

我们注意到,GoogLeNet并没有使用原始版本的Inception模块,而是使用了如图5-2(b)所示的带降维的Inception v1。实际上,后者是前者的改进版本,改进的结果体现在减少了神经网络的参数量,从而提高运行效率。与原始版本相比,带降维的Inception v1主要导入

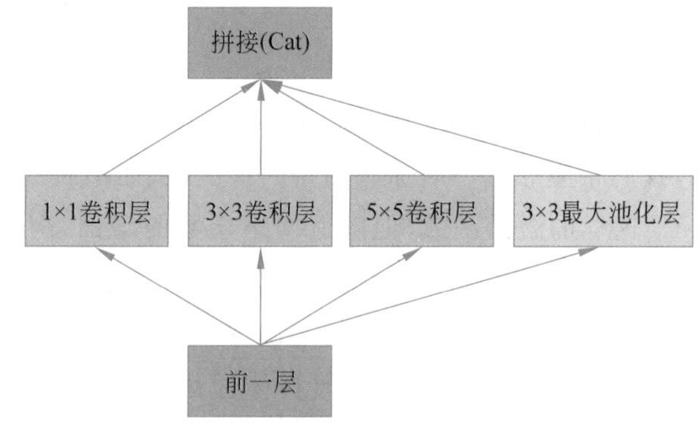

(a) Inception 的原始版本

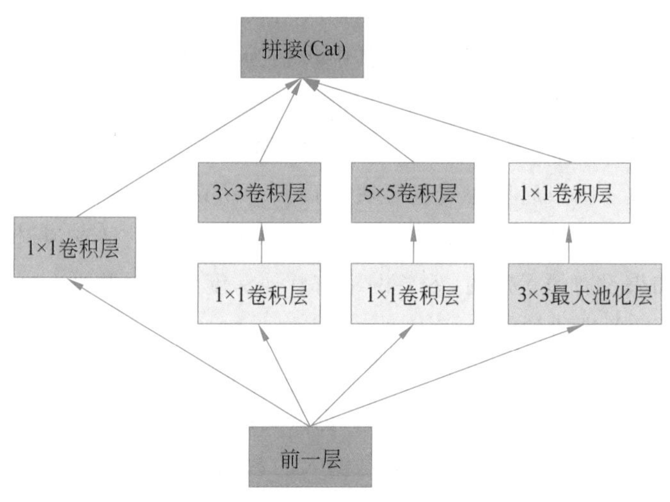

(b) Inception v1 (改进版本)

图 5-2　Inception 模块的结构

了 3 个 1×1 卷积层，其中两个分别放在 3×3 卷积层和 5×5 卷积层的前面，另一个放在最大池化层的后面。

前面已经指出，1×1 卷积核有两个作用：升维和降维，在这里主要用于降维，从而可以减少参数量，提高网络的计算效率。

上面介绍的是 GoogLeNet 的第一个特点。其第二个特点是有 3 个 softmax 输出层，这主要是用于解决梯度消失问题。即使采用了 relu()激活函数，但是随着网络层数的提升，在进行反向梯度计算时仍然在低层上出现梯度减弱的问题。为此，GoogLeNet 分别在不同的深度位置上设置了辅助分类网络，形成了 3 个输出。对这 3 个输出分别构造损失函数，然后加权组合后形成整个网络的损失函数。这样，通过极小化这个总的损失函数，可以分别从 3 个不同深度位置上对网络进行参数修正，使得低层上的参数也得到应有的梯度来修正(例如，低层参数离输出 softmax0 比较近，因而传来的梯度值还是比较强)，从而缓解梯度消失问题。

总之，在同样宽度和高度的情况下，GoogLeNet 可以保持较少的训练参数，这是它的优点。

5.2.5 ResNet网络

深度神经网络的成功要诀在于网络层次的“深”。因为“深”，所以网络能够表现出强大的表达能力。自然地，我们希望通过不断加深网络的层次，从而不断提高网络的性能。遗憾的是，即使运用了relu()这样的激活函数，但随着网络层数的增加，网络模型在训练集上的准确率不但不提升，反而有下降的可能。这就是所谓的网络性能退化现象。导致这种现象显然不是过拟合的原因(因为这是在训练集上的准确率)，而是因为在深度网络中传递信息时会出现偏差，且同时伴有梯度消失等问题，但具体原因目前尚未在理论上得到分析和解释。

那么，如何才能通过大幅增加层数来提升网络的性能呢？残差网络(ResNet)就是这种问题的解决方案之一。残差网络由多个残差模块组成，图5-3是一个残差模块的结构。

一个残差模块包含两个3×3卷积层，其中步长为1，填充为1，所以这两个卷积层都不会改变特征图的尺寸。输入$\boldsymbol{X}$在通过第一个卷积层后，经过一个relu()激活函数，再进入第二个同样的卷积层，形成输出$F(\boldsymbol{X})$，接着$F(\boldsymbol{X})$再与恒等映射过来的$\boldsymbol{X}$按位相加，最后再经过一个relu()激活函数后作为残差模块的输出。所谓恒等映射，实际上就是直接将输入X传递到第二个卷积层的输出端，与其输出$F(\boldsymbol{X})$按位相加。应该说，恒等映射是残差网络的灵魂所在。如果没有恒等映射，残差网络与其他深度网络也就没有区别了。

令$G(\boldsymbol{X})$表示残差模块的输出，则有：

$$G(\boldsymbol{X})=F(\boldsymbol{X})+\boldsymbol{X}$$

由上式也可以得到，$F(\boldsymbol{X})=G(\boldsymbol{X})-\boldsymbol{X}$。也就是说，可以把两个卷积层的输出$F(\boldsymbol{X})$看成是$G(\boldsymbol{X})$和$\boldsymbol{X}$之间的误差估计，其中$\boldsymbol{X}$是输入的数据张量，没有学习参数，$F(\boldsymbol{X})$看成是两个卷积层构成的子网，有学习参数。通过对$F(\boldsymbol{X})$中参数的学习，使得在使用误差$F(\boldsymbol{X})$修正$\boldsymbol{X}$后，修正的结果$F(\boldsymbol{X})+\boldsymbol{X}$更接近$G(\boldsymbol{X})$。

仅一个残差模块修正的结果可能还不够理想，但是通过一层层地增加残差模块，不断地修正，会逐步较少误差。而且，即使$F(\boldsymbol{X})$学习到的结果可能有偏差，但由恒等映射传递过来的$\boldsymbol{X}$自始至终是不变的(其中无参数需要学习)，因而无论网络层数有多大，$F(\boldsymbol{X})+\boldsymbol{X}$也不会偏离理想的$G(\boldsymbol{X})$太远。

由多个残差模块堆叠而形成的残差网络(ResNet)的架构可用图5-4表示。其中，一个方框表示一个网络层，一条弧线表示一个恒等映射，虚线画的弧线表示需要对特征图做一些变换，如调整特征图的尺寸和通道数等，以保证$F(\boldsymbol{X})$和$\boldsymbol{X}$能够按位相加；一条弧线及其跨越的两个表示卷积层的方框，共同构成了一个残差模块。

由于恒等映射的导入，使得深度神经网络的层数可以大大增加，极大地提高了网络的表达能力。2015年，参加ILSVRC而获得冠军的残差网络达到了152层。但网络层数也不是可以任意增加的。研究表明，当残差网络层数达到1000多层时，其性能也可能下降，出现性能退化现象，其原因尚不明确。

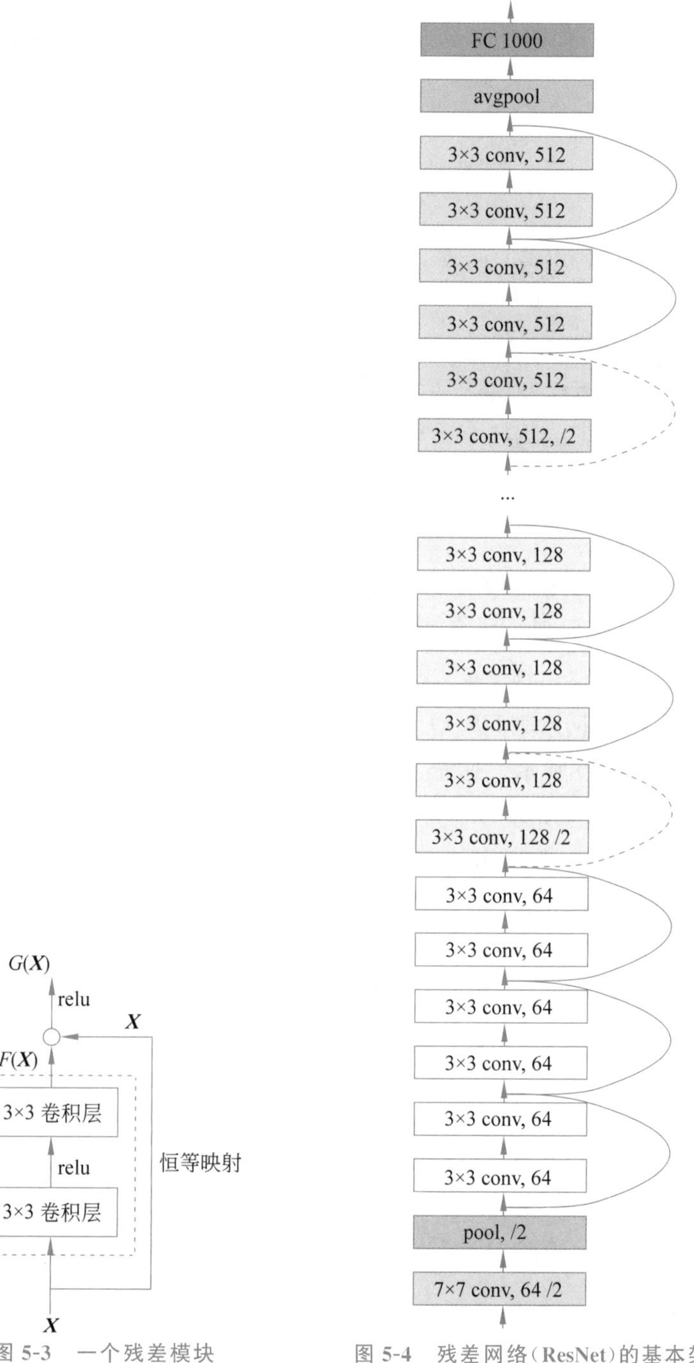

图 5-3　一个残差模块

图 5-4　残差网络(ResNet)的基本架构

5.2.6　EfficientNet 网络

为了提高神经网络对图像的处理能力，一般可以通过 3 种途径来实现。假设图 5-5(a)所示的是一个基准模型，则这 3 种提高网络性能的方法可以分别概括为：①增加网络的宽度，实际上就是增加每个网络层上卷积核的个数，以提取更多的特征，其原理如图 5-5(b)所示；②增加网络的深度，即增加网络的层数，提高卷积核的感受野及其提取抽象特征的能力，如 VGG、ResNet 等，如图 5-5(c)所示；③增加图像的分辨率，提高图像本身蕴含的信息量，如图 5-5(d)所示。

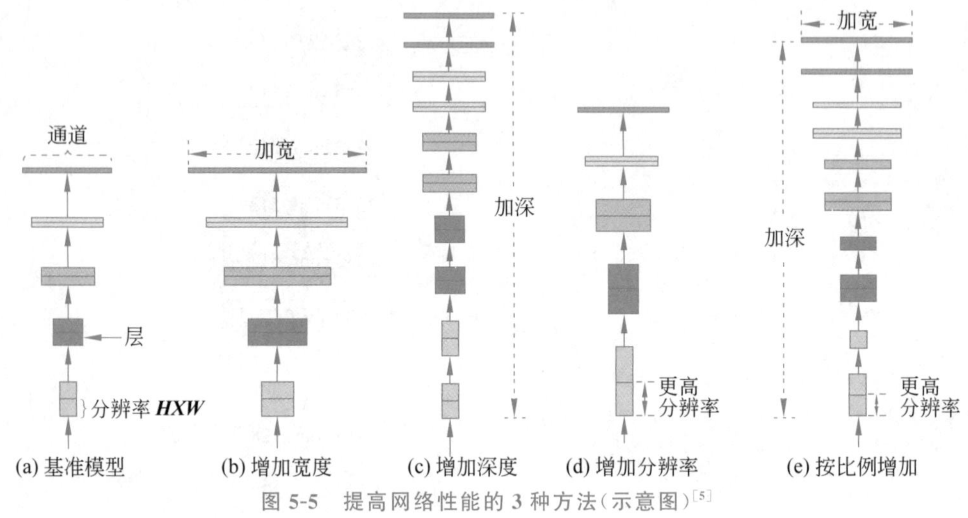

图 5-5　提高网络性能的 3 种方法(示意图)[5]

在 EfficientNet 网络出现之前，提高网络性能的方法基本上都是采用上述方法之一来实现。而 EfficientNet 网络则同时增加网络的宽度、深度以及输入图像的分辨率来提升网络的性能，如图 5-5(e)所示。这个工作是 Tan 等[5] 在论文 *EfficientNet：Rethinking Model Scaling for Convolutional Neural Networks* 中提出来的。其主要贡献是提出了一种新技术——NAS(Neural Architecture Search)技术，运用该技术来搜索输入图像分辨率、网络的深度和宽度，然后采取一种类似按比例增加这三种参数的合理化配置方法，可以获得一系列的 EfficientNets 模型，如 EfficientNet-B1、EfficientNet-B2、EfficientNet-B7 等。尤其是 EfficientNet-B7，它在 ImageNet 数据集上表现出了惊人的成绩，其大小缩小了 8.4 倍，但效率却提高了 6.1 倍。实践表明，通过迁移方法，EfficientNets 在多个知名的数据集上均获得非常好的成绩。

5.3　预训练模型的迁移方法

5.3.1　预训练网络迁移的基本原理

预训练学习模型的迁移涉及迁移学习的内容。迁移学习(Transfer learning)是一种涉及内容十分广泛的机器学习方法，系统介绍这种学习方法超出了本书的范围。在此，我们主要介绍卷积神经网络的迁移方法。

假设在一个样本足够多的数据集(源数据集)上训练(预训练)出一个好的模型(源模型，对下游任务而言称为预训练模型)，能够完美地解决给定的任务(源任务)。此后，将源模型中全部或部分网络层及其参数迁移过来，并在适当添加新网络层的基础上重新构造一个新模型(目标模型)，然后在一个数据量较少的数据集(目标数据集)上进行训练，以用于解决新的任务(目标任务)。在这个训练过程中,源模型中迁移过来的参数一般不参与训练(被冻结了),而只是训练因新增加网络层而产生的少量参数。这种迁移原理可用图5-6来表示。

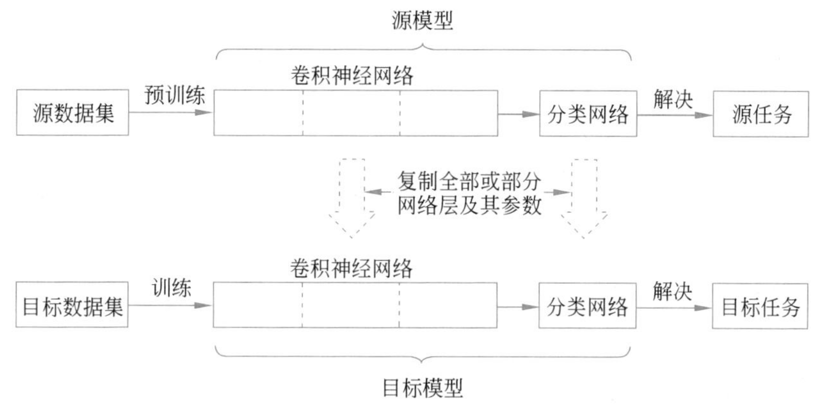

图5-6 卷积神经网络模型迁移的基本原理

在迁移方法当中,微调(fine tuning)是常采用的一种迁移方法。微调一般是指通过调整分类网络最后一个输出层的来构建新网络的方法(而其他网络层全部复制过来)。当然,由于这种调整而产生的新参数是需要重新训练的,而其他参数不需要重新训练。

例如,如果源模型的输出层有1000个输出,而目标模型仅需要2个输出,这时则需要将源模型的1000个输出节点改为2个输出节点,而其他网络层保持不变。显然,这相当于删除输出层,然后添加一个含有两个节点的输出层。这样,该输出层就带来了新的参数,在形成的模型中只需对这些参数进行重新训练,因而只需要少量的样本来训练即可。

在本章后面小节中,我们将通过案例来具体介绍包括微调方法在内的若干个经典的预训练卷积神经网络模型迁移的实现方法。

5.3.2 VGG16的迁移案例

例5.1对VGG16的最后两个全连接层进行了修改,然后训练,但其他网络层及其参数和整个网络的层数均保持不变。下面的示例从VGG16中抽取部分网络层,与新构建的网络在一起,形成一个新的网络。这个示例提供了如何从VGG16迁移出任意一部分来构造新网络的方法。

【例5.2】 从VGG16迁移出若干个网络层来构建新的网络。

假设需要对224×224的灰度图像进行二分类,要求使用VGG16中第3行、第5行和第31行(见图5-1)所示的卷积层。

根据图5-1,第3行、第5行和第31行对应的卷积层分别是features[0]、features[2]和features[28],其输入-输出通道分别为(3,64)、(64,64)和(512,512)。显然,features[2]和features[28]之间的通道接不上,为此至少需要加上一个卷积层,使它们“连通”起来。另外,224×224灰度图像的形状为(1,224,224),features[0]不能直接处理此类图像,至少再需要一个卷积层将1通道变为3通道。为此,我们设置了如下的5个卷积层,其中3个来自VGG16。

```
vgg16 = models.vgg16(pretrained=True).to(device)
conv1 = nn.Conv2d(1, 3, 3)              #(1, 3),新定义
conv2 = vgg16.features[0]               #(3, 64),来自 VGG16,参数需要冻结
conv3 = vgg16.features[2]               #(64, 64),来自 VGG16,参数需要冻结
conv4 = nn.Conv2d(64, 512, 3)           #(64, 512),新定义
conv5 = vgg16.features[28]              #(512, 512),来自 VGG16,参数需要冻结
```

然后冻结来自 VGG16 的网络层的参数。

```
L = [conv2,conv3,conv5]                 #对这些网络层上的参数进行冻结
for layer in L:
    for param in layer.parameters():
        param.requires_grad = False
```

接着定义全连接网络层,构造分类网络:

```
self.fc1 = nn.Linear(512 * 6 * 6, 2048)
self.fc2 = nn.Linear(2048, 1024)
self.fc3 = nn.Linear(1024, 2)
```

最后编写测试代码和参数统计代码,全部代码如下:

```
import torch
import torch.nn as nn
from torchvision import models
device = torch.device("cuda" if torch.cuda.is_available() else "cpu")
vgg16 = models.vgg16(pretrained=True).to(device)
conv1 = nn.Conv2d(1, 3, 3)              #(1, 3),新定义
conv2 = vgg16.features[0]               #(3, 64),来自 VGG16,参数需要冻结
conv3 = vgg16.features[2]               #(64, 64),来自 VGG16,参数需要冻结
conv4 = nn.Conv2d(64, 512, 3)           #(64, 512),新定义
conv5 = vgg16.features[28]              #(512, 512),来自 VGG16,参数需要冻结
L = [conv2,conv3,conv5]                 #对这些网络层上的参数进行冻结
for layer in L:
    for param in layer.parameters():
        param.requires_grad = False
class Net(nn.Module):
    def __init__(self):
        super().__init__()
        #卷积层
        self.conv1 = conv1
        self.conv2 = conv2
        self.conv3 = conv3
        self.conv4 = conv4
        self.conv5 = conv5
        #全连接层
        self.fc1 = nn.Linear(512 * 6 * 6, 2048)
        self.fc2 = nn.Linear(2048, 1024)
        self.fc3 = nn.Linear(1024, 2)
    def forward(self, x): #torch.Size([16, 1, 224, 224])
        o = x
        o = self.conv1(o) #torch.Size([16, 3, 222, 222])
```

```
        o = nn.ReLU(inplace=True)(o)
        o = nn.MaxPool2d(2, 2)(o) #torch.Size([16, 3, 111, 111])
        o = self.conv2(o)
        o = nn.ReLU(inplace=True)(o)
        o = nn.MaxPool2d(2, 2)(o)
    o = self.conv3(o)
        o = nn.ReLU(inplace=True)(o)
        o = nn.MaxPool2d(2, 2)(o)
        o = self.conv4(o)
        o = nn.ReLU(inplace=True)(o)
        o = nn.MaxPool2d(2, 2)(o)
        o = self.conv5(o)
        o = nn.ReLU(inplace=True)(o)
        o = nn.MaxPool2d(2, 2)(o)
        o = o.reshape(x.size(0),-1)
        o = self.fc1(o)                                    #全连接层
        o = nn.ReLU(inplace=True)(o)
        o = nn.Dropout(p=0.5, inplace=False)(o)
        o = self.fc2(o)                                    #全连接层
        o = nn.ReLU(inplace=True)(o)
        o = nn.Dropout(p=0.5, inplace=False)(o)
        o = self.fc3(o)                                    #全连接层
        return o
net = Net().to(device)
x = torch.randn(16, 1, 224, 224).to(device)              #随机产生测试数据
y = net(x)                                                 #调用网络模型
#以下是模型的参数统计代码:
param_sum = 0                                              #统计参数总数
trainable_param_sum = 0                                    #统计可训练的参数总数
for param in net.parameters():
    n = 1
    for j in range(len(param.shape)):                      #统计当前层的参数个数
        n = n * param.size(j)
    param_sum += n
    if param.requires_grad:
        trainable_param_sum += n
print('该模型的参数总数为:{:.0f},其中可训练的参数总数为:\
    {:.0f},占的百分比为:{:.2f}%'.\
    format(param_sum,trainable_param_sum,\
    100.*trainable_param_sum/param_sum))
print('输入和输出的形状分别为:', x.shape,y.shape)
```

执行上述代码,输出结果如下:

```
该模型的参数总数为:42544992,其中可训练的参数总数为:40146464,占的百分比为:
94.36%
输入和输出的形状分别为:torch.Size([16, 1, 224, 224]) torch.Size([16, 2])
```

从这个例子中,读者不难举一反三,总结从VGG16中迁移任意若干个网络层来构造新网络的方法。

5.3.3 GoogLeNet 的迁移案例

GoogLeNet 也是非常出色的预训练模型，在本例中将举例说明如何利用现有的 GoogLeNet 对给定的图像数据集进行分类。

【例 5.3】 GoogLeNet 的迁移案例。

图 5-7 数据集 flower_photos 的目录结构

该例使用已训练好的 GoogLeNet 模型来对数据集 flower_photos 进行分类。该数据集经常用于图像分类教学，下载地址为 http://download.tensorflow.org/example_images/flower_photos.tgz。下载并解压后，产生 5 个目录，保存在./data/flower_photos 目录下，如图 5-7 所示。这 5 个目录名分别表示雏菊花、蒲公英、玫瑰花、葵花和郁金香 5 种花。这些花的图像文件分别保存在相应的目录下，文件数量分别为 633、898、641、699 和 799，总数为 3670。

该程序的代码编写步骤如下。

(1) 编写加载数据及打包数据的代码。基本思路是，先定义函数 getFileLabel(tmp_path)，其作用是：读取每个文件的相对路径(含文件名)及其类别(分别用 0、1、2、3、4 对类别编号)，形成以二元组(路径，类别编号)为元素的列表。然后，划分训练集和测试集，并通过定义数据集类 FlowerDataSet(Dataset)，以训练集和测试集作为输入，将它们分别映射为该类的实例 train_dataset 和 test_dataset。最后，用 DataLoader()类对 train_dataset 和 test_dataset 进行打包，形成两个实例 train_loader 和 test_loader。具体代码见随后列出的程序代码。

(2) 用下列语句下载已训练好的 GoogLeNet 模型：

```
googlenet_base = models.googlenet(num_classes=5, init_weights=True)
```

其中，num_classes=5 表示模型的类别个数为 5。显然，num_classes=1000 表示下载模型的类别为 1000。init_weights=True 表示同时下载参数，否则模型将随机初始化参数。该模型比较大，建议先利用 torch.save()函数将模型保存到磁盘，以后调试时利用 torch.load()函数从磁盘中加载模型，否则每次调试都花费时间等待。

(3) 更新模型 googlenet_base 的参数。先下载模型的参数文件，下载地址为 https://download.pytorch.org/models/googlenet-1378be20.pth。该参数文件保存了至目前为止最好的参数(比初始参数要好得多)，因此最好用该文件中的参数更新上面下载的模型的参数。但该文件默认适用于类别为 1000 的模型，而上面下载的模型的类别为 5。我们先用 print(googlenet_base)语句查看该模型的层次结构，结果如图 5-8 所示。

从图 5-8 中可以看出，下画线的三行代码都是表示输出类别为 5 的全连接输出层，它们的结构与参数文件 googlenet-1378be20.pth 的结构不匹配，因此该参数文件不能更新这 3 个全连接层。所以，我们用该参数文件更新这 3 个全连接层以外的其他网络层的参数，代码如下：

```
  (aux1): InceptionAux(
    (conv): BasicConv2d(
      (conv): Conv2d(512, 128, kernel_size=(1, 1), stride=(1, 1), bias=False)
      (bn): BatchNorm2d(128, eps=0.001, momentum=0.1, affine=True, track_running_stats=True)
    )
    (fc1): Linear(in_features=2048, out_features=1024, bias=True)
    (fc2): Linear(in_features=1024, out_features=5, bias=True)
  )
  (aux2): InceptionAux(
    (conv): BasicConv2d(
      (conv): Conv2d(528, 128, kernel_size=(1, 1), stride=(1, 1), bias=False)
      (bn): BatchNorm2d(128, eps=0.001, momentum=0.1, affine=True, track_running_stats=True)
    )
    (fc1): Linear(in_features=2048, out_features=1024, bias=True)
    (fc2): Linear(in_features=1024, out_features=5, bias=True)
  )
  (avgpool): AdaptiveAvgPool2d(output_size=(1, 1))
  (dropout): Dropout(p=0.2, inplace=False)
  (fc): Linear(in_features=1024, out_features=5, bias=True)
)
```

图 5-8　模型 googlenet_base 的层次结构(部分)

```
model_dict = googlenet_base.state_dict()
#从磁盘加载最新的参数文件
pretrain_model = torch.load(f"./pre_models/googlenet-1378be20.pth")
#googlenet-1378be20.pth 类别数量为 1000,此处为 5,故不能更新这几个网络层的参数
del_list = ["aux1.fc2.weight", "aux1.fc2.bias",
            "aux2.fc2.weight", "aux2.fc2.bias",
            "fc.weight", "fc.bias"]              #不能被更新的参数
pretrain_dict = {k: v for k, v in pretrain_model.items() if k not in del_list}
#用 googlenet-1378be20.pth 中的参数值更新模型参数
googlenet_base model_dict.update(pretrain_dict)
```

(4) 冻结部分网络层的参数。首先冻结所有的参数:

```
for param in googlenet_base.parameters():        #先冻结所有的参数
    param.requires_grad = False
```

然后解冻 5 个全连接层的参数,表示这些参数是待学习参数:

```
layers = [ googlenet_base.aux1.fc1, googlenet_base.aux1.fc2,
googlenet_base.aux2.fc1, googlenet_base.aux2.fc2,
googlenet_base.fc]
for layer in layers:
    for param in layer.parameters():
        param.requires_grad = True
```

接下来是编写模型训练和测试的代码,这与其他程序雷同。但要注意的是,在训练模式下,调用模型后返回值的类型是 torchvision.models.googlenet.GoogLeNetOutputs,不是张量,因此需要用 logits 属性获得返回值的张量,相应代码如下:

```
pre_y = googlenet_model(x)
pre_y = pre_y.logits
```

而在测试模式下(googlenet_model.eval()),googlenet_model(x)返回的是张量,就不能

用第二条语句了。

该程序的所有代码如下：

```
import torch
import torch.nn as nn
from torchvision import models
import torch.optim as optim
from torch.utils.data import DataLoader,Dataset
import os
from PIL import Image
from torchvision import datasets, transforms, models
import time
import random
device = torch.device("cuda" if torch.cuda.is_available() else "cpu")
#============= 以下开始读数据并打包 =====================
path = r'./data/flower_photos'
#以下函数获取指定目录所有文件名(含路径)及其所属类的编号(每个目录一个类)
def getFileLabel(tmp_path):
    dirs = list(os.walk(tmp_path))[0][1]
    L = []
    for label, dir in enumerate(dirs):
        path2 = os.path.join(tmp_path,dir)
        files = list(os.walk(path2))
        for file in files[0][2]: #files[0][2]为 path2 目录下的所有文件
            fn = os.path.join(path2,file)
            if os.path.exists(fn):
                t = (fn,label)
                L.append(t)
    return L
file_labels = getFileLabel(path) #获取(文件名,类别编号)格式组成的 list,总数为 3670
random.shuffle(file_labels)      #打乱顺序
random.shuffle(file_labels)
#按 7:3 划分训练集和测试集
rate = 0.7
train_length = int(rate * len(file_labels))
train_file_labels = file_labels[:train_length]
test_file_labels = file_labels[train_length:]
transform = transforms.Compose([
    transforms.Resize((224,224)),       #调整图像大小为(224,224)
    transforms.ToTensor(),              #转换为张量
])
class FlowerDataSet(Dataset):           #定义数据集类
    def __init__(self, data_file_label):
        self.data_file_label = data_file_label
    def __len__(self):                  #需要重写该方法,返回数据集大小
        t = len(self.data_file_label)
        return t
    def __getitem__(self, idx):
        fn, label = self.data_file_label[idx][0], self.data_file_label[idx][1]
        img = Image.open(fn).convert('RGB')
```

```
        img = transform(img)
        return img, label
batch_size = 128
train_dataset = FlowerDataSet(train_file_labels)
train_loader = DataLoader(dataset=train_dataset,  #打包
                          batch_size=batch_size,
                          shuffle=True)
test_dataset = FlowerDataSet(test_file_labels)
test_loader = DataLoader(dataset=test_dataset,  #打包
                          batch_size=batch_size,
                          shuffle=True)
#============= 以下构建模型 ==============================
'''
#下载模型需要时间,笔者已经将模型下载并放在指定的目录(./pre_models)中
googlenet_base = models.googlenet(num_classes=5,init_weights=True)
torch.save(googlenet_base,'./pre_models/googlenet_base5')
'''
#加载已下载的模型,类别个数为 5
googlenet_base = torch.load('./pre_models/googlenet_base5')
model_dict = googlenet_base.state_dict()
#加载最新的模型参数
pretrain_model = torch.load(f"./pre_models/googlenet-1378be20.pth")
#googlenet-1378be20.pth 对应类别数量为 1000,此处为 5,
#故不能更新这几个网络层的参数
del_list = ["aux1.fc2.weight", "aux1.fc2.bias",
            "aux2.fc2.weight", "aux2.fc2.bias",
            "fc.weight", "fc.bias"]
pretrain_dict = {k: v for k, v in pretrain_model.items() if k not in del_list}
#用 googlenet-1378be20 中的参数值更新模型 googlenet_base
model_dict.update(pretrain_dict)
googlenet_base.load_state_dict(model_dict)
#----------------
#先冻结所有的参数
for param in googlenet_base.parameters():
    param.requires_grad = False
#再解冻 5 个全连接层的参数
layers = [googlenet_base.aux1.fc1, googlenet_base.aux1.fc2,
googlenet_base.aux2.fc1, googlenet_base.aux2.fc2,
googlenet_base.fc]
for layer in layers:
    for param in layer.parameters():
        param.requires_grad = True
googlenet_model = googlenet_base.to(device)
optimizer = optim.Adam(googlenet_model.parameters())
#============= 以下开始训练和测试 ================
#给定数据集,测试在其上的准确率
def getAccOnadataset(data_loader):
    googlenet_model.eval()
    correct = 0
    with torch.no_grad():
```

```
        for i, (x, y) in enumerate(data_loader):
            x, y = x.to(device), y.to(device)
            pre_y = googlenet_model(x)    #在训练模式下,pre_y 的类型为 torch.Tensor
            #pre_y = pre_y.logits         #在训练模式下,不需要此语句
            pre_y = torch.argmax(pre_y, dim=1)
            t = (pre_y == y).long().sum()
            correct += t
        correct = 1. * correct / len(data_loader.dataset)
    googlenet_model.train()
    return correct.item()
start=time.time()                         #开始计时
googlenet_model.train()
for epoch in range(10):                   #执行 10 代
    ep_loss=0
    for i, (x, y) in enumerate(train_loader):
        x, y = x.to(device), y.to(device)
        pre_y = googlenet_model(x)
        pre_y = pre_y.logits              #对 GoogLeNet 网络模型需要此语句
        loss = nn.CrossEntropyLoss()(pre_y, y)
        print(epoch,loss.item())
        optimizer.zero_grad()
        loss.backward()
        optimizer.step()
#训练结束
end=time.time()                           #计时结束
print('运行时间:',(end-start)/60.,'分钟')
torch.save(googlenet_model,'googlenet_model')

acc_test = getAccOnadataset(test_loader)
print('在测试集上的准确率:',acc_test)
```

执行上述代码,输出结果(部分)如下:

```
……
9 0.4279835522174835
9 0.22218433022499084
运行时间: 1.9098375598589579 分钟
在测试集上的准确率: 0.8746594190597534
```

该结果表明,只执行 10 代,即可达到 0.87 的准确率,上述迁移方法对此类数据集是相对有效的。

5.3.4 ResNet 的迁移案例

ResNet 模型也有着极其辉煌的历史,是名副其实的深度神经网络。下面是 ResNet 模型迁移的一个案例。

【例 5.4】 ResNet 的迁移案例。

该例子使用的是预训练模型 ResNet,识别的任务与例 5.3 一样,也是对数据集 flower_photos 进行分类。因此,其加载和打包数据的代码与例 5.3 完全一样,故在此不做介绍。

加载预训练模型ResNet50的代码如下：

```
resnet50 = models.resnet50(pretrained=True)
```

但我们目前不知道该模型长成什么样子，不知从何入手对其结构进行更改。为此，一般的做法是打印该模型的层次结构(print(resnet50))，结果如图5-9所示。

```
    (2): Bottleneck(
      (conv1): Conv2d(2048, 512, kernel_size=(1, 1), stride=(1, 1), bias=False)
      (bn1): BatchNorm2d(512, eps=1e-05, momentum=0.1, affine=True, track_running_stats=True)
      (conv2): Conv2d(512, 512, kernel_size=(3, 3), stride=(1, 1), padding=(1, 1), bias=False)
      (bn2): BatchNorm2d(512, eps=1e-05, momentum=0.1, affine=True, track_running_stats=True)
      (conv3): Conv2d(512, 2048, kernel_size=(1, 1), stride=(1, 1), bias=False)
      (bn3): BatchNorm2d(2048, eps=1e-05, momentum=0.1, affine=True, track_running_stats=True)
      (relu): ReLU(inplace=True)
    )
  )
  (avgpool): AdaptiveAvgPool2d(output_size=(1, 1))
  (fc): Linear(in_features=2048, out_features=5, bias=True)
)
```

图5-9　模型ResNet50的层次结构(部分)

从图5-9中可以看出，最后一层是全连接层，我们可以对该层进行微调(当然，也可以对其他有关的网络层进行修改，但一般不建议这么做)，并冻结该层以外的其他层参数，代码如下：

```
resnet50.fc = nn.Linear(2048, 5)              #改为最后一层有5个输出节点,因为是5分类
for param in resnet50.parameters():           #先冻结全部参数
    param.requires_grad = False
for param in resnet50.fc.parameters():        #再解冻最后一层的参数
    param.requires_grad = True
```

至此，模型创建和调整已经完成。此后，训练和测试的代码与例5.3相似。程序核心代码如下：

```
#============= 以下开始读数据并打包 ====================
..........................#注: 数据加载和打包的代码与例5.3完全一样,在此省略
#============= 以下构建模型 ==============================
resnet50 = models.resnet50(pretrained=True)
resnet50.fc = nn.Linear(2048, 5)
for param in resnet50.parameters():
    param.requires_grad = False
for param in resnet50.fc.parameters():
    param.requires_grad = True
resnet50 = resnet50.to(device)
optimizer = optim.Adam(resnet50.parameters())
#============= 以下开始训练和测试 ================
#给定数据集,测试在其上的准确率
def getAccOnadataset(data_loader):
    resnet50.eval()
    correct = 0
    with torch.no_grad():
        for i, (x, y) in enumerate(data_loader):
            x, y = x.to(device), y.to(device)
```

```
            pre_y = resnet50(x)
            pre_y = torch.argmax(pre_y, dim=1)
            t = (pre_y == y).long().sum()
            correct += t
        correct = 1. * correct / len(data_loader.dataset)
        resnet50.train()
    return correct.item()
start=time.time()          #开始计时
resnet50.train()
for epoch in range(10):    #执行 10 代
    ep_loss=0
    for i, (x, y) in enumerate(train_loader):
        x, y = x.to(device), y.to(device)
        pre_y = resnet50(x)
        loss = nn.CrossEntropyLoss()(pre_y, y)
        print(epoch,loss.item())
        optimizer.zero_grad()
        loss.backward()
        optimizer.step()
#训练结束
end=time.time()            #计时结束
print('运行时间: ',(end-start)/60.,'分钟')
torch.save(resnet50,'resnet50')
acc_test = getAccOnadataset(test_loader)
print('在测试集上的准确率: ',acc_test)
```

运行该程序，输出结果如下：

```
… …
9 0.26216524839401245
9 0.05788884684443474
运行时间: 2.4728100061416627 分钟
在测试集上的准确率: 0.893733024597168
```

由结果可见，该程序获得了 0.89 的准确率，相对比较高，说明该迁移方法对此类数据集是比较有效的。

5.3.5 EfficientNet 的迁移案例

EfficientNet 网络被认为是目前性能最好的图像识别网络之一，下面通过一个案例来说明如何使用 EfficientNet 网络来解决面临的图像识别问题。

【例 5.5】 EfficientNet 的迁移案例。

该例子使用 EfficientNet 作为预训练模型，解决的问题也与例 5.3 一样，都是对数据集 flower_photos 进行分类。类似地，其加载和打包数据的代码也与例 5.3 完全一样，故在此不做介绍。

导入 EfficientNet-B7，这是一个非常优秀的 EfficientNet 网络模型。

```
from efficientnet_pytorch import EfficientNet
effi_model = EfficientNet.from_pretrained('efficientnet-b7').to(device)
```

注意,系统提示可以导入 EfficientNet 网络模型包括 efficientnet-b0、efficientnet-b1、efficientnet-b2、efficientnet-b3、efficientnet-b4、efficientnet-b5、efficientnet-b6、efficientnet-b7、efficientnet-b8、efficientnet-l2,但笔者只成功导入 efficientnet-b7。

为了解模型的结构,用 print(model)打印出它的层次结构,然后查看哪些网络层可以利用和修改。比如,上述导入的模型的层次结构如图 5-10 所示。

```
  (_conv_head): Conv2dStaticSamePadding(
    640, 2560, kernel_size=(1, 1), stride=(1, 1), bias=False
    (static_padding): Identity()
  )
  (_bn1): BatchNorm2d(2560, eps=0.001, momentum=0.010000000000000009,
  (_avg_pooling): AdaptiveAvgPool2d(output_size=1)
  (_dropout): Dropout(p=0.5, inplace=False)
  (_fc): Linear(in_features=2560, out_features=1000, bias=True)
  (_swish): MemoryEfficientSwish()
)
```

图 5-10 EfficientNet 的层次结构(部分)

从图 5-10 中可以看出,最后一个全连接层名为"_fc",其输入节点数为 2560,输出节点数为 1000。因此,我们可以修改这个网络层,以适合本例的 5 分类任务。同时,我们在修改该层网络之后,再增加两个全连接层。程序所有代码如下:

```
#============= 以下开始读数据并打包 =====================
......................... #注:数据加载和打包的代码与例 5.3 完全一样,在此省略
#============= 以下构建模型 ==============================
model = EfficientNet.from_pretrained('efficientnet-b7').to(device)
for param in model.parameters():
    param.requires_grad = False
feature = model._fc.in_features
model._fc = nn.Linear(in_features=feature,out_features=4096,bias=True)
#改变输出层
fc1 = nn.Linear(4096, 2048)
fc2 = nn.Linear(2048, 5)
class EfficientNet(nn.Module):
    def __init__(self, model_name='tf_efficientnet_b3_ns', pretrained=True):
        super().__init__()
        self.model = model                        #利用预训练模型
        self.fc1 = fc1                            #增加两个全连接层
        self.fc2 = fc2
    def forward(self, x):
        o = x
        o = self.model(o)
        o = nn.ReLU(inplace=True)(o)
        o = nn.Dropout(p=0.5, inplace=False)(o)
        o = self.fc1(o)
        o = nn.ReLU(inplace=True)(o)
        o = nn.Dropout(p=0.5, inplace=False)(o)
```

```
        o = self.fc2(o)
        return o
efficient_model = EfficientNet().to(device)
optimizer = optim.Adam(efficient_model.parameters())
#============= 以下开始训练和测试 ================
#给定数据集,测试在其上的准确率
def getAccOnadataset(data_loader):
    efficient_model.eval()
    correct = 0
    with torch.no_grad():
        for i, (x, y) in enumerate(data_loader):
            x, y = x.to(device), y.to(device)
            pre_y = efficient_model(x)
            pre_y = torch.argmax(pre_y, dim=1)
            t = (pre_y == y).long().sum()
            correct += t
        correct = 1. * correct / len(data_loader.dataset)
    efficient_model.train()
    return correct.item()
start=time.time()              #开始计时
efficient_model.train()
for epoch in range(20):        #执行 20 代
    ep_loss=0
    for i, (x, y) in enumerate(train_loader):
        x, y = x.to(device), y.to(device)
        pre_y = efficient_model(x)
        loss = nn.CrossEntropyLoss()(pre_y, y)
        print(epoch, loss.item())
        optimizer.zero_grad()
        loss.backward()
        optimizer.step()
#训练结束
end=time.time()
print('运行时间: ',(end-start)/60.,'分钟')
torch.save(efficient_model,'efficient_model')
acc_test = getAccOnadataset(test_loader)
print('在测试集上的准确率: ',acc_test)
```

该程序执行了 20 代,输出结果如下：

```
… …
19 0.15419840812683105
19 0.8684183955192566
运行时间: 11.100697712103527 分钟
在测试集上的准确率: 0.856494128704071
```

该程序在测试集上获得的准确率为 0.85,略低于前面两个程序。这也说明,好的深度模型未必在所有的数据集上都能获得绝对的好结果,这还需要丰富的调参经验为指导。读者不妨试着修改上面的模型,看看怎么改进才能获得更好的结果。

5.4 本章小结

本章主要介绍了几种经典的卷积神经网络预训练模型,分析了它们的特点和结构,最后着重介绍了它们的迁移方法。这些卷积神经网络预训练模型主要包括VGG16、GoogLeNet、ResNet、EfficientNet等,它们都是在ImageNet数据集上预训练出来的。

一般来说,为迁移一个已训练好了的卷积神经网络模型,应先查阅其官方网站或相关资料说明,明确其导入方法。在导入模型以后,可以打印出其层次结构,看看哪些网络层可以利用和修改,然后根据需要修改部分网络层,或提取部分网络,以构造新的符合问题解决需要的深度网络。

一般情况下,卷积神经网络用于提取图像的特征,其后面的全连接网络则利用提取的特征对图像进行分类。因此,多数情况下可以不修改卷积网络,而只修改后面的全连接层;也可以根据需要删除后面的全连接层,添加新的全连接层,以适应解决具体问题的需要。

5.5 习题

1. 什么是预训练模型?它有何作用?
2. 常见的CNN预训练模型有哪些?请举例说明。
3. 请简述卷积神经网络的发展过程。
4. 请简述VGG16、GoogLeNet、ResNet、EfficientNet的主要特点和作用。
5. 请简要说明卷积神经网络模型迁移的基本原理。
6. 请简述模型迁移和微调的区别与联系。
7. 请分别通过迁移VGG16、GoogLeNet、ResNet、EfficientNet来解决猫狗图像的识别问题(相关数据集见例4.3的说明,数据集位于随书资料./data/catdog目录下)。

第6章 深度卷积神经网络的应用案例

人工智能研究热潮的再度兴起，得益于深度卷积神经网络在图像处理、语音识别等领域的成功应用。本章结合具体的应用背景，介绍如何使用卷积神经网络（包括预训练模型）来解决实际工程问题，涉及内容包括图像分类、目标图像检测与定位、图像分割、目标识别、图像生成、图像增强等。

6.1 人脸识别

可以说，目前人脸识别技术无处不在。学校门禁系统、火车站身份识别系统、刷脸支付等都涉及人脸识别技术。人脸识别（Face Recognition）任务可以描述为：在构造一个人脸图像数据库之后，当输入一张新的人脸照片时，系统能够自动识别出该照片与数据库中哪一张照片都是表示同一个人（从而给出相应的人名，识别成功），或者与数据库中的人脸照片都不一样（数据库中不存在此人脸照片，识别失败）。

6.1.1 人脸识别的设计思路

乍一看，人脸识别问题似乎是图像分类问题。假设数据库中存放了 n 个人的照片（照片数量一般比 n 大很多，因为每个人可能有很多张照片），再考虑到输入的照片可能不属于该数据库，于是可以将此问题建模为 $n+1$ 分类问题。但是，如果这样做，会带来两个问题：(1) 每当新增加一个人时，分类模型就需要重新训练一次，而在实际应用中这是不允许的；(2) 深度网络模型需要大量的训练数据，因此每个人都需要提供很多张照片，而这也不现实。显然，这种分类模型并不适合解决人脸识别任务。那么，在实际应用中如何实现人脸识别任务呢？

人脸识别的关键是对比两张照片的相似度：如果一张照片与数据库中的某一张照片"很相似"，那么就可以断定它们为同一个人的照片；如果与所有照片"都不相似"，则该照片"不属于"数据库中的照片。因此，我们可以训练出一个"相似度计算器"，使之可以判别给定的两张照片是否是同一个人的照片：如果相似度很高（如大于给定的阈值），则表示是同一个人的照片，否则不是。关键是，被判别的两张照片可以属于训练样本，也可以不属于训练样本。这意味着，训练出来的"相似度计算器"可以识别任意两张新的照片是否属于同一个人，而并不要求这两张照片都必须属于训练集，这样就解决了上述问题(1)。还需要注意的是，上面提及的数据库和训练数据不一定是同一个数据集。而对于问题(2)，可以通过数据增强的方法来解决。这里，我们主要聚焦问题(1)的解决。

"相似度计算器"的构造一般使用孪生网络（Siamese Network）来实现。孪生网络是一种"连体"的神经网络，这种"连体"实际上就是共享权值。也就是说，在逻辑上看起来似乎是两个不同的网络(有两个"出口")，而实际上它们的权值是共享的，这两个网络就是所谓的孪生网络，可用图 6-1 来表示孪生网络的基本原理。其中，图像 $\boldsymbol{x}_1$ 和 $\boldsymbol{x}_2$ 似乎分别输入两个不同的网络 f_1 和 f_2 中，结果分别得到不同的输出 $\boldsymbol{y}_1$ 和 $\boldsymbol{y}_2$(即 $\boldsymbol{y}_1=f_1(\boldsymbol{x}_1)$，$\boldsymbol{y}_2=f_2(\boldsymbol{x}_2)$)，而实际上这两个网络是共享了一个网络——连体网络。

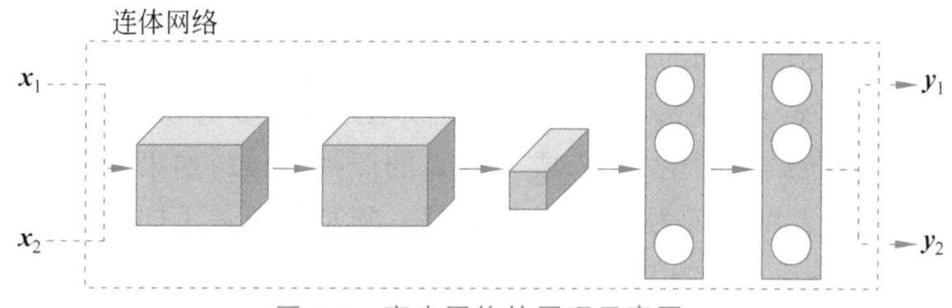

图 6-1 孪生网络的原理示意图

实际上，在图 6-1 所示的深度分类网络模型中，去掉最后的 softmax 层，然后通过共享剩下所有网络层的方法来构造两个深度网络。对于输入待识别是否属于同一个人的两张照片(指脸部照片，下同)，分别将它们输入这两个网络，然后通过参数训练，使得同属一个人的两张照片的相似度很高，否则相似度很低。一般情况下，用下列三元组表示一个样本：

$$(\boldsymbol{x}_1,\boldsymbol{x}_2,\text{label})$$

其中，$\boldsymbol{x}_1$ 和 $\boldsymbol{x}_2$ 分别表示输入的两张照片，label 为类别标识：如果 label=0，则表示 $\boldsymbol{x}_1$ 和 $\boldsymbol{x}_2$ 为同一个人的人脸照片；如果 label=1，则表示不是同一个人的。

两张照片 $\boldsymbol{x}_1$ 和 $\boldsymbol{x}_2$ 的相似度可用欧氏距离来度量，记为 $d(\boldsymbol{x}_1,\boldsymbol{x}_2)=\|\boldsymbol{y}_1-\boldsymbol{y}_2\|$，即 $d(\boldsymbol{x}_1,\boldsymbol{x}_2)$ 表示两者之间的欧氏距离。欧氏距离与相似度成反比，即欧氏距离 $d(\boldsymbol{x}_1,\boldsymbol{x}_2)$ 越小，则 $\boldsymbol{x}_1$ 和 $\boldsymbol{x}_2$ 之间的相似度越高，否则越低。

显然，对于样本 $(\boldsymbol{x}_1,\boldsymbol{x}_2,0)$，希望通过训练网络 f_1 和 f_2 的参数，使得 $d(\boldsymbol{x}_1,\boldsymbol{x}_2)$ 越小越好；而对于样本 $(\boldsymbol{x}_1,\boldsymbol{x}_2,1)$，则 $d(\boldsymbol{x}_1,\boldsymbol{x}_2)$ 越大越好。为实现这一点，对每个输入样本 $(\boldsymbol{x}_1,\boldsymbol{x}_2,\text{label})$，可以通过构造并极小化下列损失函数来完成：

$$\mathcal{L}=(1-\text{label})\|y_1-y_2\|^2+\text{label}[\max(C-\|\boldsymbol{y}_1-\boldsymbol{y}_2\|,0)]^2$$

上式中，C 为某一常数。当 label=0 时，$\mathcal{L}=\|\boldsymbol{y}_1-\boldsymbol{y}_2\|^2$，因而对 $\mathcal{L}$ 极小化实际上就是修正网络参数，使得 $\boldsymbol{x}_1$ 和 $\boldsymbol{x}_2$ 的欧氏距离 $\|\boldsymbol{y}_1-\boldsymbol{y}_2\|^2$ 不断缩小；当 label=1 时，$\mathcal{L}=[\max(C-\|y_1-y_2\|,0)]^2$，极小化 $\mathcal{L}$ 实际上意味着在 $[0,C^2]$ 的范围内增大 $\boldsymbol{x}_1$ 和 $\boldsymbol{x}_2$ 的欧氏距离 $\|\boldsymbol{y}_1-\boldsymbol{y}_2\|^2$。也就是说，如果 $\boldsymbol{x}_1$ 和 $\boldsymbol{x}_2$ 是同一个人的照片，则训练好后的网络能够增大两者之间的相似度，反之会减少两者的相似度。显然，这样的网络实际上就是上述的"相似度计算器"。

6.1.2 人脸识别程序

按照上面的思路，下面设计一个简单的人脸识别程序。

【例 6.1】 利用给定的数据集，设计并训练一个人脸识别网络，使之能够计算任意给定两张人脸照片的相似度，并测试网络模型的准确率。

本例使用的是 ORL 人脸数据集，保存在./data/faces/目录下。该数据集是由英国剑桥大学 AT&T 实验室创建，一共包含 40 个不同人的 400 张人脸图片，每个人的人脸照片保存在一个目录下，每个目录均包含 10 张 PGM 格式的图片，这些照片均为 92×112 的灰度图像,对于同一个人的照片,它们是在不同的时间、光照条件和面部表情下拍照完成的,有的做了一定的旋转。

ORL 人脸数据集分为训练集和测试集,分别位于./data/training 和./data/testing 目录下。training 目录包含 37 个子目录(37 人的照片),一共 370 张照片;testing 目录包含 3 个子目录(3 人的照片),一共 30 张照片。

该程序的设计步骤如下。

(1) 采用三元组结构来表示一个样本。在程序代码中通常表示为(img1,img2,label),它对应上述提及的($\boldsymbol{x}_1$,$\boldsymbol{x}_2$,label)。构造样本集的方法是,对给定 img1,从 img1 的下一张图片开始,循环搜索与 img1 表示同一个人或不同人的照片 img2;如果为同一个人的照片,则相应的 label 设置为 0,否则设置为 1;至于选择同一个人的还是不同一个人的照片,则由随机函数决定,但要保持各自占大约 50%,即 0 类样本和 1 类样本各自占大约 50%。当让 img1 逐一遍历所有的图像,便可得到 370 条形状为(img1,img2,label)的三元组构成的训练集。

(2) 使用 VGG19 来提取图像的特征,再加上 3 个全连接层,构成连体网络。然后定义 forward_one()函数来调用连体网络,并在 forward()函数中编写代码来实现孪生网络功能。

(3) 按照上面介绍的损失函数$\mathcal{L}$的公式来设计本例的损失函数。

整个程序的主要代码如下:

```
device = torch.device("cuda" if torch.cuda.is_available() else "cpu")
def getImg(fn):                                  #读取图像,并转换为张量
    img = Image.open(fn)
    img = np.array(img)
    img = torch.Tensor(img)
    img = transform(img)
    return img
#获取 tpath 目录下所有的文件名(含路径)和类别目录索引
#然后返回以二元组(文件名,类别目录索引)为元素的 list
def get_file_labels(tpath):
    dirs = os.listdir(tpath)                     #获得所有类别目录名
    file_labels = []                             #用于保存(文件名,类别目录索引)的 list
    for i, dir in enumerate(dirs):
        label = i                                #对类别索引
        path2 = os.path.join(tpath, dir)
        files = os.listdir(path2)                #获取当前类别目录下的所有文件名
        for file in files:
            fn = os.path.join(path2, file)       #具体的文件名(含路径)
            t = (fn, label)
            file_labels.append(t)
    random.shuffle(file_labels)
    return file_labels
transform = transforms.Compose([transforms.ToPILImage(),
                                transforms.Resize((100, 100)),
                                transforms.RandomHorizontalFlip(p=0.5),
                                transforms.ToTensor(),
                                transforms.Normalize((0.5,), (0.5,))])
#定义人脸数据集类
class FaceDataset(Dataset):
```

```
    def __init__(self, file_labels):
        self.file_labels = file_labels
    def __getitem__(self, idx):
        img1, label1 = self.file_labels[idx]
        fg = random.randint(0, 1)                       #随机生成 0 或 1
        if fg == 1:                                     #生成同一个人照片的三元组
            k = idx + 1                                 #从下一条开始
            while True:
                k = 0 if k >= len(self.file_labels) else k
                img2, label2 = self.file_labels[k]
                k += 1
                if int(label1) == int(label2):
                    break
        else:                                           #生成不同一个人照片的三元组
            k = idx + 1                                 #从下一条开始
            while True:
                k = 0 if k >= len(self.file_labels) else k
                img2, label2 = self.file_labels[k]
                k += 1
                if int(label1) != int(label2):
                    break

        img1 = getImg(img1)
        img2 = getImg(img2)

         label = torch. Tensor (np. array ([int (label1 != label2)], dtype = np.
float32))
        return img1, img2, label                        #三元组
    def __len__(self):
        return len(self.file_labels)
#-------------------------------------------------
training_dir = './data/faces/training'
file_labels = get_file_labels(training_dir)
faceDataset = FaceDataset(file_labels)
train_loader = DataLoader(faceDataset, batch_size=8, shuffle=True)
del file_labels
#=================================================================
vgg19 = models.vgg19(pretrained=True)               #导入 VGG19
vgg19_cnn = vgg19.features                          #只是利用 VGG19 的卷积网络部分
for param in vgg19_cnn.parameters():
    param.requires_grad = False                     #冻结参数
#定义孪生网络
class SiameseNet(nn.Module):
    def __init__(self):
        super(SiameseNet, self).__init__()
        self.cnn = nn.Sequential(
        #对输入图像以最外围像素为对称轴,在图像四周做轴对称镜像填充
            nn.ReflectionPad2d(1),
            #将通道数从 1 变为 3,其中填充 1,以保持卷积后特征的大小不变
            nn.Conv2d(1, 3, 3, padding=1),
```

```
            vgg19_cnn,                  #用于特征提取
            nn.ReLU(inplace=True),
            nn.BatchNorm2d(512)
        )
        self.fc1 = nn.Sequential(       #分类网络
            nn.Linear(512 * 3 * 3, 1024),
            nn.ReLU(inplace=True),
            nn.Linear(1024, 1024),
            nn.ReLU(inplace=True),
            nn.Linear(1024, 512))       #最终将一张照片表示为一个长度为 512 的向量
    def forward_one(self, x):           #调用连体网络
        o = x
        o = self.cnn(o)
        o = o.reshape(x.size(0), -1)
        o = self.fc1(o)
        return o
    def forward(self, img1, img2):      #接收两张图像输入,经过连体网络后,形成两个输出
        o1 = self.forward_one(img1)
        o2 = self.forward_one(img2)
        return o1, o2                   #返回两个输出
#定义损失函数类
class LossFun(torch.nn.Module):
    def __init__(self, margin=2.0):
        super(LossFun, self).__init__()
    def forward(self, o1, o2, y):
        #欧氏距离
        dist = torch.pairwise_distance(o1, o2, keepdim=True) #形状必须是两个维度以上
        loss = torch.mean((1 - y) * torch.pow(dist, 2) + \
y * torch.pow(torch.clamp(2.0 - dist, min=0.0), 2))
        return loss
#-----------------------------------
siameseNet = SiameseNet().to(device)
optimizer = optim.Adam(siameseNet.parameters(), lr=0.001)
lossFun = LossFun()                     #创建损失函数实例
start=time.time()                       #开始计时
for ep in range(100):                   #训练 100 代
    for i,(imgs1,imgs2, labels) in enumerate(train_loader):
        imgs1, imgs2, labels = imgs1.to(device), imgs2.to(device),\
                        labels.to(device)
        pre_o1, pre_o2 = siameseNet(imgs1, imgs2)
        loss = lossFun(pre_o1, pre_o2, labels)
        if i%50==0:
            print(ep,loss.item())
        optimizer.zero_grad()
        loss.backward()
        optimizer.step()
#训练结束
end=time.time()                         #计时结束
print('训练耗时: ',round((end-start)/60.0,1),'分钟')
```

```
torch.save(siameseNet,'siameseNet')      #保存模型
siameseNet = torch.load('siameseNet')    #加载训练过的模型
#============= 以下开始测试 ============================
def getImg_show(fn):                     #读取图像,用于显示
    img = Image.open(fn)
    img = img.convert('RGB')             #用于显示
    img = np.array(img)
    return img
#显示两张照片,以观察是否为同一个人
def showTwoImages(imgs, stitle='', rows=1, cols=2):
    figure, ax = plt.subplots(nrows=rows, ncols=cols)
    for idx, title in enumerate(imgs):
        ax.ravel()[idx].imshow(imgs[title])
        ax.ravel()[idx].set_title(title)
        ax.ravel()[idx].set_axis_off()
    plt.tight_layout()
    plt.suptitle(stitle, fontsize=18, color='red')
    plt.show()
#--------------------------------
testing_dir = './data/faces/testing'
file_labels = get_file_labels(testing_dir)
correct = 0
for fn, label in file_labels:            #检测训练集中的每一张图片
    img = getImg(fn).unsqueeze(0).to(device)
    img_min, dist_min, label_min, fn_min = -1, 1000, -1, -1
    for fn2, label2 in file_labels:      #计算 img 与测试集中所有其他照片的欧氏距离
        if fn == fn2:                    #不与本身对比
            continue
        img2 = getImg(fn2).unsqueeze(0).to(device)
        pre_o1, pre_o2 = siameseNet(img, img2)
        dist = torch.pairwise_distance(pre_o1, pre_o2, keepdim=True)
        if dist_min > dist.item():       #找出最小的欧氏距离
            dist_min = dist.item()
            img_min = img2
            label_min = label2
            fn_min = fn2
    correct += int(label == label_min)
    img_show1 = getImg_show(fn)
    img_show2 = getImg_show(fn_min)
    imgs = dict()
    imgs[fn] = img_show1
    imgs[fn_min] = img_show2
    stitle = '相似度: %.2f' %(dist_min)
    #showTwoImages(imgs, stitle, 1, 2)  #该语句用于显示对比的两张人脸照片
print('一共测试了{:.0f}张图片,准确率为{:.1f}%'\
    .format(len(file_labels), 100. * correct / len(file_labels)))
```

执行上述代码,输出结果如下:

```
… …
97 0.021036222577095032
98 0.020819857716560364
99 0.010070913471281528
训练耗时：4.5 分钟
一共测试了 40 张图片，准确率为 100.0%
```

如果想观察对比的两张照片，只需加上语句 showTwoImages(imgs，stitle，1，2)即可。图 6-2 是调用该语句后显示的两张对比照片。

相似度：0.14

图 6-2 被程序认为是同一个人的两张人脸照片

6.2 语义分割

图像语义分割是将图像划分为不同的语义区域的过程，其中每个语义区域表示同一个语义对象，不同的语义区域会加上不同的语义标签(颜色)。例如，对于一张人骑自行车的图像，在语义分割后，人所在的区域和车所在的区域分别形成两个不同的语义区域，用不同的颜色标注，如图 6-3 所示。

(a) 人骑自行车的图像　　(b) 分割后形成的标注图像(mask)

图 6-3 图像语义分割的例子

显然，语义分割实际上需要对图像中的每一个像素进行分类，目前广泛应用于医学图像分析、测绘、无人驾驶等领域。

语义分割有很多方法，下面先介绍如何从零开始构建一个语义分割网络，以阐释此类网络的基本设计方法，然后介绍基于迁移学习技术的语义分割方法。

6.2.1 从零开始构建语义分割网络

图像语义分割有多种方法，其中 UNet 网络可以说是当前最为流行的语义分割网络模型之一。该网络模型于 2015 年在论文 *U-Net：Convolutional Networks for Biomedical*

Image Segmentation[10]中被提出，其初衷是解决医学图像的分割问题。此后，凭借其轻量化、效率高等优点，被广泛应用于卫星遥感图像分割、工业瑕疵检测等应用领域。

由于该网络在逻辑结构上长得像字母“U”，因此称为“UNet”。该网络是一个 Encoder-Decoder 结构网络，其基本操作是卷积、最大池化、拼接和反卷积。“U”的左边是 Encoder 部分，主要操作是卷积和最大池化；其右边是 Decoder 部分，主要操作是反卷积、拼接和卷积。下面结合一个例子来说明如何从零开始构建一个 U 型语义分割网络。

【例 6.2】 从零开始，构建一个 U 型语义分割网络。

本例使用的数据集是一个关于汽车图片的数据集，来自 Kaggle Carvana Image Masking Challenge（https://www.kaggle.com/competitions/carvana-image-masking-challenge/data）。该数据集包含 5088 张汽车图像以及与其一一对应的掩码图像，选择 4044 张图像及其掩码图像为训练集，剩下的 1044 张作为测试集。

在本例中，训练集的汽车图像及其掩码图像分别保存在./data/semantic-seg/train_imgs 和./data/semantic-seg/train_masks 目录下；测试集的汽车图像及其掩码图像则分别保存在./data/semantic-seg/val_imgs 和./data/semantic-seg/val_masks 目录下。

图 6-4 所示是 4 张汽车图像及其语义掩码图像，其对应关系是通过文件名来关联。例如，从图 6-4 中可以看出，在去掉汽车图像文件名的扩展名.jpg 后，再后缀_mask.gif 即得到相应的掩码图像文件名。汽车图像是 3×160×240 的图像，即其形状为(3,160,240)，也就是说，图像有 3 条通道，高和宽分别为 160 像素和 240 像素；语义掩码图是 1×160×240 的灰度图像。

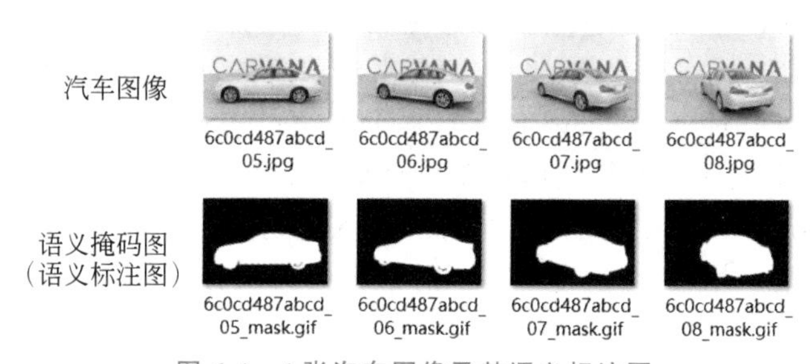

图 6-4 4 张汽车图像及其语义标注图

我们从代码实现的角度出发，以基本操作模块为单位，绘制了实现该 UNet 网络的逻辑结构图，如图 6-5 所示。

图 6-5 中，conv、pooling、convT、cat 分别表示卷积模块、最大池化操作、反卷积操作和拼接操作，其中，

- 卷积模块 conv：该模块可由两个卷积操作及相关的其他辅助操作组成，卷积操作一般采用 3×3 卷积核，填充数为 1，默认步长为 1，这种卷积模块只会改变特征图的通道数，而不会改变其宽和高。
- 最大池化操作 pooling：一般采用 2×2 的池化核、默认步长为 2，因而经过此操作后特征图的尺寸减半，但通道数保持不变。
- 反卷积操作 convT：一种特殊的卷积操作，通过补 0 的方式扩大特征图的尺寸，主要用于实现向上采样的功能；另外，一般采用 2×2 的卷积核，步长为 2，故经过反卷积操作后，特征图的宽和高会加倍，通道数则由设定的参数决定。

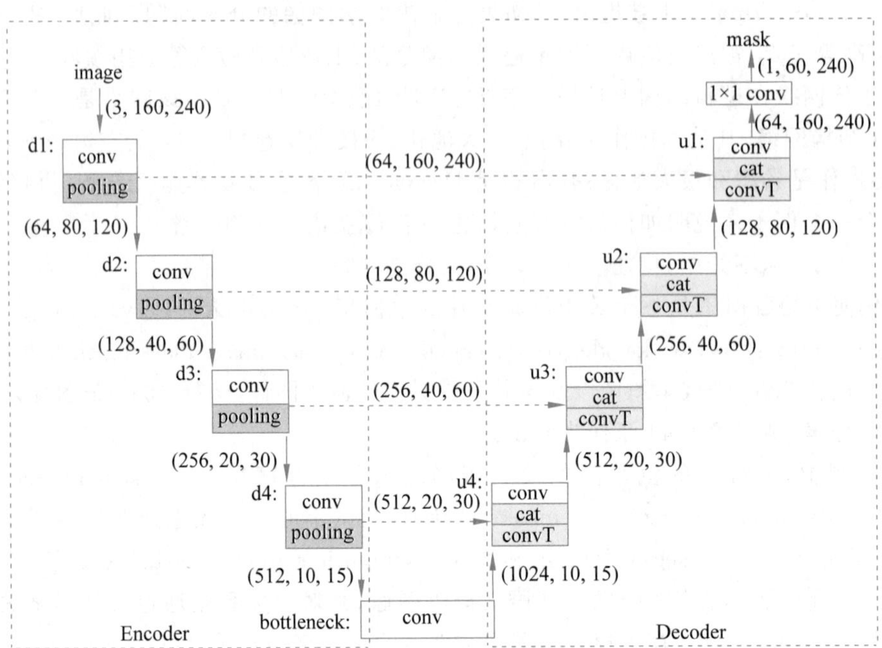

图 6-5 UNet 网络的逻辑结构

- 拼接操作 cat：这种操作是对通道进行拼接，因此除了通道所在的维以外，参与拼接的两个特征图的其他维的大小要一样，拼接后只有通道数增加。

从图 6-5 中可以看出，左边有 4 个方框（对应 Encoder 部分），每个方框表示一个基本的单元模块，分别命名为 d1、d2、d3 和 d4，它们都由卷积模块 conv 和最大池化操作 pooling 组成；右边也有 4 个方框（对应 Decoder 部分），每个方框也表示一个基本的单元模块，分别命名为 u1、u2、u3 和 u4，每个单元模块由反卷积操作 convT、拼接操作 cat 和卷积模块 conv 组成。与一般的 Encoder-Decoder 结构不同的是，UNet 网络采用跳层连接，通过拼接将低层信息与深层的语义信息相融合，这是 UNet 的重要创新所在。图 6-5 中用横向虚线箭头来表示这种跳层连接。

图 6-5 是以形状为(3,160,240)的图像输入为例，展示了图像在经过各个模块之后形状的变化情况，最后输出形状为(1,160,240)的图像，其中箭头方向就是数据流动的方向。可以看到，输出的是单通道的灰度图像，它实际上就是原来图像的语义标注图，也称为掩码图(mask)。

根据图 6-5 所示的逻辑结构，可采用下列步骤构建相应的 U 型语义分割网络。

(1) 为卷积模块 conv 定义一个类——OneModule，代码如下：

```
class OneModule(nn.Module):                #卷积模块类
    def __init__(self, n1, n2):
        super(OneModule, self).__init__()
        self.cnn = nn.Sequential(          #定义主要操作
            nn.Conv2d(n1, n2, 3, padding=1, bias=False),
            nn.BatchNorm2d(n2),
            nn.ReLU(inplace=True),
            nn.Conv2d(n2, n2, 3, padding=1, bias=False),
```

```
            nn.BatchNorm2d(n2),
            nn.ReLU(inplace=True)
        )
    def forward(self, x):
        o = self.cnn(x)
        return o
```

类 OneModule 设置了两个参数：n1 和 n2，它们分别为输入和输出特征图的通道数。该类包含了两个卷积层及相关的其他操作（如批量归一化等）。在实例化时，通道数将被固定下来，相应的实例将成为图 6-5 中具体的卷积模块。

（2）定义 U 型网络类——UNet 类，代码如下：

```
class UNet(nn.Module):
    def __init__(self, n1, n2):
        super(UNet, self).__init__()
        self.cnn1 = OneModule(n1, 64)
        self.cnn2 = OneModule(64, 128)
        self.cnn3 = OneModule(128, 256)
        self.cnn4 = OneModule(256, 512)
        self.bottleneck = OneModule(512, 1024)
        self.pool = nn.MaxPool2d(kernel_size=2, stride=2)
        self.ucnn4 = OneModule(1024, 512)
        self.ucnn3 = OneModule(512, 256)
        self.ucnn2 = OneModule(256, 128)
        self.ucnn1 = OneModule(128, 64)
        self.contr4 = nn.ConvTranspose2d(1024, 512, kernel_size=2, stride=2)
        self.contr3 = nn.ConvTranspose2d(512, 256, 2, 2)
        self.contr2 = nn.ConvTranspose2d(256, 128, 2, 2)
        self.contr1 = nn.ConvTranspose2d(128, 64, 2, 2)
        self.conv1_1 = nn.Conv2d(64, 1, kernel_size=1)   #1×1 卷积,用于降维
    def forward(self, x):          #x 的形状: torch.Size([16, 3, 160, 240])
        skip_cons = []
        d1 = x
        d1 = self.cnn1(d1)      #(3, 160, 240)-->(64, 160, 240),通道数改变,尺寸不变
        skip_cons.append(d1) #保存本次卷积结果,位于 skip_cons[0]
        d1 = self.pool(d1)      #(64, 160, 240)-->(64, 80, 120),通道数不变,尺寸减半
        d2 = d1
        d2 = self.cnn2(d2)      #(64, 80, 120) -->(128, 80, 120)
        skip_cons.append(d2) #位于 skip_cons[1]
        d2 = self.pool(d2)      #(128, 80, 120) -->(128, 40, 60)
        d3 = d2
        d3 = self.cnn3(d3)      #(128, 40, 60) -->(256, 40, 60)
        skip_cons.append(d3) #位于 skip_cons[2]
        d3 = self.pool(d3)      #(256, 40, 60) -->(256, 20, 30)
        d4 = d3
        d4 = self.cnn4(d4)         #(256, 20, 30) -->(512, 20, 30)
        skip_cons.append(d4)       #位于 skip_cons[3]
        d4 = self.pool(d4)         #(512, 20, 30) -->(512, 10, 15)
```

```
        #========================
        bo = d4
        bo = self.bottleneck(bo)  #(512, 10, 15)-->(1024, 10, 15)
        #========================
        u4 = bo
        u4 = self.contr4(u4)  #(1024, 10, 15)-->(512, 20, 30)
        #拼接: (512, 20, 30)+(512, 20, 30)-->(1024, 20, 30)
        u4 = torch.cat((skip_cons[3], u4), dim=1)
        u4 = self.ucnn4(u4)  #(1024, 20, 30)-->(512, 20, 30)
        u3 = u4
        u3 = self.contr3(u3)  #(512, 20, 30)-->(256, 40, 60)(省略参数名,下同)
        #拼接: (256, 40, 60)+(256, 40, 60)-->(512, 40, 60)
        u3 = torch.cat((skip_cons[2], u3), dim=1)
        u3 = self.ucnn3(u3)  #(512, 40, 60)-->(256, 40, 60)
        u2 = u3
        u2 = self.contr2(u2)  #(256, 40, 60)-->(128, 80, 120)(省略参数名,下同)
        #拼接: (128, 80, 120)+(128, 80, 120)-->(256, 80, 120)
        u2 = torch.cat((skip_cons[1], u2), dim=1)
        u2 = self.ucnn2(u2)  #(256, 80, 120)-->(128, 80, 120)
        u1 = u2
        u1 = self.contr1(u1)  #(128, 80, 120)-->(64, 160, 240)
        #拼接: (64, 160, 240)+(64, 160, 240))-->(128, 160, 240)
        u1 = torch.cat((skip_cons[0], u1), dim=1)
        u1 = self.ucnn1(u1)  #(128, 160, 240)-->(64, 160, 240)
        o = self.conv1_1(u1)  #(64, 160, 240)-->(1, 160, 240)
        return o
```

该类的实例即可实现图 6-5 所示的逻辑功能。例如，基本模块 d1 的功能主要是由下面两段代码实现：

```
self.cnn1 = OneModule(n1, 64)
self.pool = nn.MaxPool2d(kernel_size=2, stride=2)
```

以及

```
d1 = self.cnn1(d1)          #d1 = x, 形状为(3, 160, 240)
skip_cons.append(d1)
d1 = self.pool(d1)
```

上面第一段代码是定义相应的网络层。第二段代码中第一条语句是对输入的 x 执行一次卷积模块 conv 的操作，结果特征图的形状由(3,160,240)变为(64,160,240)，其中通道数改变了，但尺寸不变；第二条语句则是将形状为(64,160,240)的特征图保存在列表 skip_cons 中，以备后面直接将其融合到深层的语义信息中；第三条语句则是执行一次 2×2 的最大池化操作，结果特征图的形状变为(64,80,120)，其中只有特征图的尺寸减半。

在图 6-5 中，与基本模块 d1 对应的模块是模块 u1。该模块的功能主要由下面两段代码来实现：

```
self.contr1 = nn.ConvTranspose2d(128, 64, 2, 2)
self.ucnn1 = OneModule(128, 64)
```

以及

```
u1 = self.contr1(u1)  #输入的 u1 的形状为(128, 80, 120)
u1 = torch.cat((skip_cons[0], u1), dim=1)
u1 = self.ucnn1(u1)
```

类似地,上面第一段代码用于定义相应的网络层。第二段代码中,第一条语句是对 u1 执行一次反卷积操作 convT,特征图的形状由(128,80,120)变为(64,160,240);然后,将此特征图和列表 skip_cons 中形状同样为(64,160,240)的特征图进行通道拼接,得到形状为(128,160,240)的特征图;最后执行卷积模块 conv 的操作,形状变为(64,160,240)。

显然,对于其他模块,我们用类似思路也可以推算特征图的形状变换情况。由于语义掩码图是灰度图像,其通道数为 1,所以需要将基本模块 u1 的输出的通道数由 64 改为 1。为此,运用 1×1 卷积核来完成这个变换。

(3) 选择损失函数。这里事先标记的语义掩码图实际上是二值图像,而语义分割问题实则是像素的二分类问题,因此可以用 nn.BCEWithLogitsLoss()作为损失函数。由于该函数相当于先做一次 sigmoid,然后再做 nn.BCELoss(),故在测试时应先做一次 sigmoid,再做其他的测试计算。

(4) 选择评价指标:Dice score。令 Y 表示事先标注的语义掩码图像,$\hat{Y}$表示模型预测时输出的语义掩码图像,两者都是二值图像,其像素值为 0 或 1,则指标 Dice score 的计算公式可表达如下:

$$\frac{2\,|\,\hat{Y} \cap Y\,|}{|\hat{Y}|+|\,Y\,|}$$

显然,如果 Y 和$\hat{Y}$完全一样,则 Dice score 的值为 1;如果两者没有交叉,则 Dice score 的值为 0。也就是说,Dice score 取值为[0,1],其值越大越好。这个分割也是评价语义分割效果常用的指标。

(5) 编写其余代码,包括读取数据和打包数据、训练模型、测试模型的代码等。相关代码如下:

```
import torch
import torch.nn as nn
import torch.optim as optim
import torchvision.transforms as transforms
from PIL import Image
from torch.utils.data import Dataset
import numpy as np
import random
import matplotlib.pyplot as plt
import os
from torch.utils.data import DataLoader
device = torch.device("cuda" if torch.cuda.is_available() else "cpu")
#-----------------------------------------------------------------
#……此处应添加上述代码,即类 OneModule 和类 UNet 的定义代码(前面已有)
class GetDataset(Dataset):                    #定义数据集类
    def __init__(self, img_dir, mask_dir, flag):
        self.img_dir = img_dir
        self.mask_dir = mask_dir
```

```
        self.imgs = os.listdir(img_dir)
        self.flag = flag
    def __len__(self):
        return len(self.imgs)
    def __getitem__(self, index):
        img_path = os.path.join(self.img_dir, self.imgs[index])
        mask_path = os.path.join(self.mask_dir,
        self.imgs[index].replace(".jpg", "_mask.gif"))
        img = Image.open(img_path).convert("RGB")
        mask = Image.open(mask_path).convert("L")
        img = np.array(img)
        mask = np.array(mask)
        if self.flag == 'train':
            img = train_transform(img)
        elif self.flag == 'test':
            img = test_transform(img)
        else:
            print('Error! ')
            exit(0)
        mask = test_transform(mask)
        mask[mask >= 0.5] = 1.0
        mask[mask < 0.5] = 0.0
        return img, mask
#==============================================================
train_transform = transforms.Compose(
    [transforms.ToPILImage(),
     transforms.Resize((160, 240)),
     transforms.RandomHorizontalFlip(p=0.5),
     transforms.ToTensor(),
     transforms.Normalize((0.5,), (0.5,))])
test_transform = transforms.Compose(
    [transforms.ToPILImage(),
     transforms.Resize((160, 240)),
     transforms.ToTensor()]
)
#------------------------------------------------------------
unet_model = UNet(n1=3, n2=1).to(device)
optimizer = optim.Adam(unet_model.parameters(), lr=1e-4)
train_dataset = GetDataset(img_dir='./data/semantic-seg/train_imgs/',
                           mask_dir='./data/semantic-seg/train_masks/', flag='train')
train_loader = DataLoader(train_dataset,batch_size=16,num_workers=0,
pin_memory=True,shuffle=True)          #数据打包
for ep in range(10):                   #训练模型
    for batch_idx, (x, y) in enumerate(train_loader):
        x = x.to(device)
        y = y.float().to(device)
        pre_y = unet_model(x)
        loss = nn.BCEWithLogitsLoss()(pre_y, y)
        if batch_idx%10 == 0:
            print(ep, loss.item())
```

```
            optimizer.zero_grad()
            loss.backward()
            optimizer.step()
#-----------------------------------------------------------
def showTwoimgs(imgs, stitle='', rows=1, cols=2):  #用于显示两张图片
    figure, ax = plt.subplots(nrows=rows, ncols=cols)
    for idx, title in enumerate(imgs):
        ax.ravel()[idx].imshow(imgs[title])
        ax.ravel()[idx].set_title(title)
        ax.ravel()[idx].set_axis_off()
    plt.tight_layout()
    plt.suptitle(stitle, fontsize=18, color='red')
    plt.show()
#-----------------------------------------------------------
unet_model.eval()
val_dataset = GetDataset(img_dir='./data/semantic-seg/val_imgs/',
                    mask_dir='./data/semantic-seg/val_masks/', flag='test')
val_loader = DataLoader(val_dataset,batch_size=16,
num_workers=0,pin_memory=True,shuffle=True)
num_correct, num_pixels, dice_score = 0, 0, 0
with torch.no_grad():
    for i,(x, y) in enumerate(val_loader):
        x, y = x.to(device), y.to(device)
        pre_y = unet_model(x)
        pre_y = torch.sigmoid(pre_y)                #映射到(0, 1)
        #计算指标 Dice score
        mask = y
        del y
        pre_mask = (pre_y >= 0.1).float()            #对预测输出的掩码图像进行二值化
        num_correct += (pre_mask == mask).sum()
        num_pixels += torch.numel(pre_mask)
        #计算批内的 Dice score 平均值
        tmp = (2 * (pre_mask * mask).sum()) / ((pre_mask + mask).sum() + 1e-8)
        dice_score += tmp
        #print(i, tmp.item())
        pre_mask = pre_mask[0, 0].cpu()              #选择一幅掩码图来对比
        mask = mask[0, 0].cpu()
        imgs = dict()
        imgs['Original mask'] = np.array(mask)       #事先标注的语义掩码图像
        imgs['Predictive mask'] = np.array(pre_mask)    #模型预测时输出的语义掩码图像
        #showTwoimgs(imgs, '', 1, 2)
print(f"准确率为: {1.*num_correct}/{num_pixels} = \
{1.*num_correct / num_pixels * 100:.2f}%")
print(f"指标 Dice score 的值为: {1.*dice_score / len(val_loader):.2f}")
```

上述代码用到的库和相关模块由如下代码导入：

```
import torch
import torch.nn as nn
import torch.optim as optim
```

```
import torchvision.transforms as transforms
from PIL import Image
from torch.utils.data import Dataset
import numpy as np
import random
import matplotlib.pyplot as plt
import os
from torch.utils.data import DataLoader
```

执行由上述代码构成的 Python 文件，输出结果如下：

```
准确率为: 37534540.0/40089600 = 93.63%
指标 Dice score 的值为: 0.83
```

如果加上语句 showTwoimgs(imgs,'',1,2)，则可以看到事先标记的语义掩码图和预测的语义掩码图。例如，图 6-6 展示了两对这样的语义掩码图。

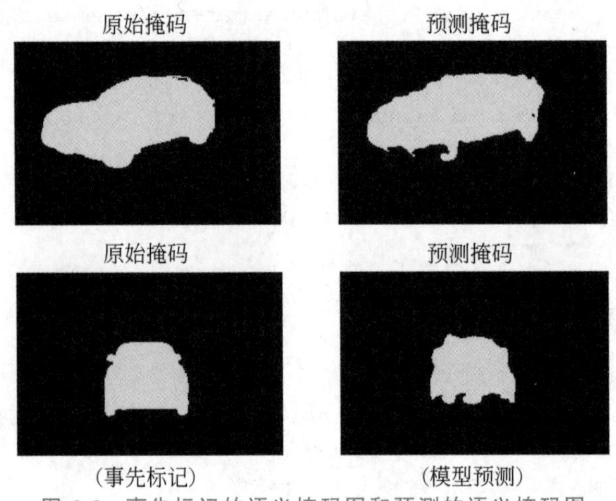

图 6-6 事先标记的语义掩码图和预测的语义掩码图

从图 6-6 所示的对比情况可以看出，训练的模型——unet_model 基本能够勾画出车的体形，但是边界还不够理想，模型尚需进一步优化，需要更多的数据对其进行进一步训练。

6.2.2 使用预训练模型构建语义分割网络

一般来说，我们很少从"零"开始去构造一个深度分割网络，而是利用已有的预训练模型来构造。常用于语义分割的预训练模型主要有 fcn_resnet50、fcn_resnet101、deeplabv3_resnet50、deeplabv3_resnet101、deeplabv3_mobilenet_v3_large 等，下面以 deeplabv3_resnet101 为例，说明如何使用这些预训练模型。

【例 6.3】 使用预训练模型构建一个语义分割网络。

本例使用的预训练模型是 deeplabv3_resnet101，该模型是在 COCO train2017 的一个子集上进行预训练[9]，其骨干网是 resnet101。该模型返回两个张量，包含在一个字典中。两个张量对应的字典关键字分别为"out"和"aux"，它们的尺寸与输入张量相同，但通道数均为 21。也就是说，该模型的输出一共有 21 个类，具体如下。

- 背景：背景。

- 人：人。
- 动物：鸟、猫、牛、狗、马、羊(6类)。
- 车辆：飞机、自行车、船、巴士、汽车、摩托车、火车(7类)。
- 室内：瓶、椅子、餐桌、盆栽植物、沙发、电视/监视器(6类)。

为导出该模型，使用如下API调用：

```
model = models.segmentation.deeplabv3_resnet101(pretrained=True, progress=True)
```

本例使用的训练集和测试集与例6.2一样。由于只有一个分割对象——汽车，因此需要将类别数量改为1。为此，修改模型的classifier部分(可以用语句print(model)查看模型的结构)并作适当的参数冻结。

```
model.classifier = DeepLabHead(2048, 1)
model = model.to(device)
for param in model.parameters():
    param.requires_grad = False        #先冻结所有参数
for param in model.classifier.parameters():
    param.requires_grad = True         #放开分类器的参数,使之可训练
```

之后，将例6.2中表示模型的标识符unet_model改为model，并在调用模型时改为下列形式：

```
pre_y = model(x)['out']
```

同时在文件开头处导入下列模块：

```
from torchvision import models
from torchvision.models.segmentation.deeplabv3 import DeepLabHead
```

至此，完成了本例的代码编写任务。本例程序的输出结果如下：

```
准确率为: 39080688.0/40089600 = 97.48%
指标 Dice score 的值为: 0.94
```

与例6.2的结果相比可以看出，使用同样的训练集和测试集，但本例使用了预训练模型，结果比例6.2要好得多，这就是预训练模型的威力。

6.3 目标检测

目标检测是计算机视觉的核心任务之一，其目的就是找出图像中所有感兴趣的目标，并给出它们的类别和位置。通俗地讲，就是给出目标的类别信息并“框住”目标所在的区域。确定目标的类别属于分类问题，而确定目标的位置需要至少4个参数：目标所在矩形框的左上角的坐标和右下角的坐标，这属于回归问题。因此，目标检测是分类和回归的综合应用。

6.3.1 从零开始构建目标检测网络

下面先观察一个简单的目标检测程序。

【例6.4】 构建一个用于实现目标检测的深度神经网络，使之可以识别四类路标。

本例使用的数据集是路标检测(Road Sign Detection)数据集，其官方网站是https://www.kaggle.com/datasets/andrewmvd/road-sign-detection。该数据集一共有877张图片，

各图片尺寸大小不一；每张图片均有与之对应的 XML 文件，该文件描述了对应图像的尺寸以及标注目标位置的 box 框的坐标。

在本例中，为了简化程序，突出重点，我们事先将这 877 张图片均调整为 3×300×447 的图片，同时按比例缩放 box 的坐标参数，新形成的 877 张图片保存在./data/object_detection/road_signs/images_resized 目录下，相关的类别信息、box 坐标信息则保存在./data/object_detection 目录下的 dataset.csv 文件中。文件 dataset.csv 的格式如图 6-7 所示，其中第二列表示类别索引（0、1、2、3 分别表示类 speedlimit、stop、crosswalk 和类 trafficlight），第三列是图像的文件名（含路径），第四列表示 box 的坐标参数（以空格隔开）。

index	class	new_path	new_bb
0	3	.\data\object_detection\road_signs\images_resized\road0.png	46 164 174 348
1	3	.\data\object_detection\road_signs\images_resized\road1.png	66 172 297 288
2	3	.\data\object_detection\road_signs\images_resized\road10.png	3 118 295 272
3	0	.\data\object_detection\road_signs\images_resized\road100.png	3 39 254 405
4	0	.\data\object_detection\road_signs\images_resized\road101.png	10 217 291 438
5	0	.\data\object_detection\road_signs\images_resized\road102.png	42 41 275 271
6	0	.\data\object_detection\road_signs\images_resized\road103.png	24 99 271 331
7	0	.\data\object_detection\road_signs\images_resized\road104.png	11 53 284 384
8	0	.\data\object_detection\road_signs\images_resized\road105.png	109 40 282 418
9	0	.\data\object_detection\road_signs\images_resized\road106.png	112 169 169 272
10	0	.\data\object_detection\road_signs\images_resized\road107.png	27 125 174 325
11	0	.\data\object_detection\road_signs\images_resized\road108.png	156 194 169 207

图 6-7 文件 dataset.csv 的格式

基于文件 dataset.csv 的格式以及图片的位置，我们定义如下的数据集类：

```
#定义数据集类
class RoadDataset(Dataset):
    def __init__(self, paths, bb, y):
        self.paths = paths.values          #图像的路径
        self.bb = bb.values                #各图像标注框 box 的坐标，与图像一一对应
        self.y = y.values                  #图像的类别索引
    def __len__(self):
        return len(self.paths)
    def __getitem__(self, idx):
        path = self.paths[idx]
        y_class = self.y[idx]
        img = cv2.imread(str(path)).astype(np.float32)      #读取指定的图像
        img = cv2.cvtColor(img, cv2.COLOR_BGR2RGB) / 255    #归一化
        y_bb = self.bb[idx]        #读取 box 的坐标，包含四个数字，前面两个为 box 的
                                   #左上角坐标，后面两个为 box 的右下角坐标
        tmplist=y_bb.split(' ')
        y_bb = [int(e) for e in tmplist]
        y_bb = torch.tensor(y_bb)
        img = torch.Tensor(img).permute([2,0,1])
        return img, y_class, y_bb
```

该类的作用是，读取由路径参数 paths 指定的图像并转换为张量，同时获得该图像的类别信息和标注框的 4 个坐标值，然后将这些数据作为一条记录返回。

接着，读取数据并划分为训练集和测试集，然后打包数据。

```
df_train=pd.read_csv('./data/object_detection/dataset.csv')
X = df_train[['new_path', 'new_bb']]  #包含图片的路径以及 box 的坐标
Y = df_train['class']                 #类别标签
X_train, X_test, y_train, y_test = train_test_split(X, Y, test_size=0.2, \
random_state=42, shuffle=False)       #划分为训练集和测试集,大小分别为 701 和 176
train_ds = RoadDataset(X_train['new_path'], X_train['new_bb'], y_train)
test_ds = RoadDataset(X_test['new_path'], X_test['new_bb'], y_test)
train_loader = DataLoader(train_ds, batch_size=16, shuffle=True)
test_loader = DataLoader(test_ds, batch_size=16)
```

如前所述,目标检测可以简单地理解分类和回归的组合,即判别目标的类别属于分类问题,而预测 box 框的 4 个坐标参数则属于回归问题。于是,我们定义如下的目标检测网络:

```
#定义目标检测网络
class Detect_model(nn.Module):
    def __init__(self):
        super(Detect_model, self).__init__()
        resnet = models.resnet34(pretrained=True)   #导入 resnet34
        layers = list(resnet.children())[:8]        #取 resnet 的前八层
        self.features = nn.Sequential(*layers)      #用于图像的特征提取
                                                    #图像分类网络,有 4 个类别
        self.classifier = nn.Sequential(nn.BatchNorm1d(512), nn.Linear(512, 4))
        #box 坐标的预测网络,有 4 个参数需要预测
        self.bb = nn.Sequential(nn.BatchNorm1d(512), nn.Linear(512, 4))
    def forward(self, x):
        o = x
        o = self.features(o)
        o = torch.relu(o)
        o = nn.AdaptiveAvgPool2d((1,1))(o)
        o = o.reshape(x.shape[0], -1)
        return self.classifier(o), self.bb(o)
```

最后编写训练代码和测试代码,如下所示:

```
detect_model = Detect_model().to(device)
parameters = filter(lambda p: p.requires_grad, detect_model.parameters())
optimizer = torch.optim.Adam(parameters, lr=0.001)
#-------------- 以下开始训练 ----------------
detect_model.train()
for ep in range(200):
    for k,(x, y_class, y_bb) in enumerate(train_loader):
        x, y_class, y_bb = x.to(device), y_class.to(device).long(),\
                    y_bb.to(device).float()
        pre_y, pre_bb = detect_model(x)
        loss_class = F.cross_entropy(pre_y, y_class, reduction="sum")
        loss_bb = F.l1_loss(pre_bb, y_bb, reduction="none").sum(1)
        loss_bb = loss_bb.sum()
        #经观察,loss_bb 是 loss_class 的 1000 倍左右,为了平衡,故乘以 0.001
        loss = loss_class + 0.001*loss_bb
        optimizer.zero_grad()
        loss.backward()
```

```
        optimizer.step()
torch.save(detect_model, 'detect_model')        #保存模型
#-------------- 以下开始测试 ----------------
class_names = {0:'speedlimit', 1:'stop', 2: 'crosswalk', 3: 'trafficlight'}
                                                #4 个类别
detect_model = torch.load('detect_model')
detect_model.eval()
correct = 0
for k, (x, y_class, y_bb) in enumerate(test_loader):
    x, y_class, y_bb = x.to(device), y_class.to(device).long(), \
                    y_bb.to(device).float()
    pre_y, pre_bb = detect_model(x)     #torch.Size([16, 4]) torch.Size([16, 4])
    _, pre_index = torch.max(pre_y, 1)
    t = (pre_index == y_class).int().sum()      #计算准确率
    correct += t
    '''
    #以下显示目标检测效果及分类效果
    img = x[0].permute([1,2,0]).cpu()
    img = np.array(img)
    img = img.copy()                            #原因不明
    img = cv2.cvtColor(img, cv2.COLOR_BGR2RGB)
    name_index = pre_index[0].item()            #获取类名的索引
    label = pre_bb[0].long()
    cv2.rectangle(img, (label[1], label[0]), (label[3], label[2]),\
              color=(255, 0, 0), thickness=2)
    cv2.putText(img, text=str(class_names[name_index]), org=(label[1], \
             label[0] - 5), fontFace=cv2.FONT_HERSHEY_SIMPLEX, fontScale=0.5, \
             thickness=1, lineType=cv2.LINE_AA, color=(0, 0, 255))
    cv2.imshow('11', img)
    cv2.waitKey(0)
    '''
correct = 1.* correct/len(test_loader.dataset)
print('在测试集上的分类准确率为: {:.2f}%'.format(100 * correct.item()))
```

在文件开头导入下面的模块：

```
import random
import pandas as pd
import numpy as np
import cv2
from sklearn.model_selection import train_test_split
import torch
from torch.utils.data import Dataset, DataLoader
import torch.nn as nn
import torch.nn.functional as F
from torchvision import models
device = torch.device("cuda" if torch.cuda.is_available() else "cpu")
```

执行由上述代码构成的 Python 程序，输出结果如下：

```
在测试集上的分类准确率为: 93.18%
```

用 cv2 可显示目标检测效果。例如,图 6-8 展示了网络模型的两个检测结果,其中两个目标都被框住了。

图 6-8 目标检测的效果

6.3.2 使用 Faster-rcnn 构建目标检测网络

在实际应用中,往往需要在一张图片中同时检测多个目标,而上述程序只能检测图中的一个目标,因而不再适用于这种情况。而且,上述程序的准确率仍然有待提高。实际上,从零开始构建并训练一个新的深度网络是一件困难的事情。我们可以利用迁移的方法,可以轻而易举地完成更高难度的目标检测任务。

Faster-rcnn 就是这样的一个"巨人",我们可以利用它来实现多目标检测和识别任务。

【例 6.5】 使用 Faster-rcnn 检测一张图片中的多个目标。

torchvision.models 包含了 Faster-rcnn 模型,该模型是在 COCO 数据集上训练得到的,它可以识别 80 个类(背景算为一个类)。但类别的索引不是连续的,最大为 90。类别索引和名称的对应关系用字典的键-值对表示,内容如下:

```
names = {'0': 'background', '1': 'person', '2': 'bicycle', '3': 'car', '4':
        'motorcycle', '5': 'airplane', '6': 'bus', '7': 'train', '8': 'truck', '9':
        'boat', '10': 'traffic light', '11': 'fire hydrant', '13': 'stop sign',
        '14': 'parking meter', '15': 'bench', '16': 'bird', '17': 'cat', '18':
        'dog', '19': 'horse', '20': 'sheep', '21': 'cow', '22': 'elephant', '23':
        'bear', '24': 'zebra', '25': 'giraffe', '27': 'backpack', '28': 'umbrella',
        '31': 'handbag', '32': 'tie', '33': 'suitcase', '34': 'frisbee', '35': 'skis',
        '36': 'snowboard', '37': 'sports ball', '38': 'kite', '39': 'baseball bat',
        '40': 'baseball glove', '41': 'skateboard', '42': 'surfboard', '43':
        'tennis racket', '44': 'bottle', '46': 'wine glass', '47': 'cup', '48':
        'fork', '49': 'knife', '50': 'spoon', '51': 'bowl', '52': 'banana', '53':
        'apple', '54': 'sandwich', '55': 'orange', '56': 'broccoli', '57':
        'carrot', '58': 'hot dog', '59': 'pizza', '60': 'donut', '61': 'cake', '62':
        'chair', '63': 'couch', '64': 'potted plant', '65': 'bed', '67': 'dining
        table', '70': 'toilet', '72': 'tv', '73': 'laptop', '74': 'mouse', '75':
        'remote', '76': 'keyboard', '77': 'cell phone', '78': 'microwave', '79':
        'oven', '80': 'toaster', '81': 'sink', '82': 'refrigerator', '84': 'book',
        '85': 'clock', '86': 'vase', '87': 'scissors', '88': 'teddybear', '89':
        'hair drier', '90': 'toothbrush'}
```

也就是说,Faster-rcnn 可以检测这 80 个目标。为利用 Faster-rcnn 检测一张图片中的多个目标,先导入该模型:

```
mobj_model = torchvision.models.detection.fasterrcnn_resnet50_fpn\
             (pretrained=True)
mobj_model = mobj_model.to(device)
mobj_model.eval()
```

然后加载图像,转换为 RGB 图像,同时归一化,加入列表 imgs 中。

```
fn = r'data\object_detection\eating.jpg'          #图像的路径
img = cv2.imread(fn)                              #加载图像
img2 = cv2.cvtColor(img, cv2.COLOR_BGR2RGB)
img2 = torch.Tensor(img2 / 255.).permute(2, 0, 1).to(device)      #归一化
imgs = [img2]       #放到列表 imgs 中(列表中只有一个对象)
```

调用模型 mobj_model 对 imgs 中的图像进行目标检测:

```
outs = mobj_model(imgs)
```

返回的 outs 是一个列表,该列表中的对象与列表 imgs 中的对象一一对应,即 imgs 中有多少张图片,outs 中就有多少个对象。outs 中每个对象都是一个字典(dict),每个字典都包含 3 个键-值对,其中键分别为'boxes'、'labels'和'scores',它们的值分别是检测到所有目标的坐标参数(4 个参数)、类别索引和检测的置信度。因此,下列代码可以获得图片 img 包含所有目标的坐标信息、类别索引和置信度值。

```
out = outs[0]       #由于中只有一张图片,因此 outs 中只有一个字典,即 outs[1]是无效的
boxes = out['boxes'].data.cpu()       #坐标信息
labels = out['labels'].data.cpu()     #类别索引
scores = out['scores'].data.cpu()     #置信度值
```

上面 3 个量 boxes、labels 和 scores 的长度 len(boxes)、len(labels)和 len(scores)均相等,都等于所检测到的目标的数量。另外,boxes 有 4 个维度,其他张量只有一个维度。置信度值 scores 取值为[0,1],该值越大,表示检测的可信度越高。下面代码的作用是在图片上用方框将置信度值大于或等于 0.8 的目标框住。

```
for i in range(len(boxes)):
    score = scores[i].item()
    if score < 0.8:
      continue
    class_index = str(labels[i].item())         #获得下标(索引)
    class_name = names[class_index]             #获得类别名称
    box = np.array(boxes[i])
    #框住目标("框"的坐标参数在 box 中)
    cv2.rectangle(img, (box[0], box[1]), (box[2], box[3]), \
                  color=getcolor(), thickness=2)
    cv2.putText(img, text=class_name, org=(int(box[0]), \  #在框上方添加类别名称
  int(box[1]) - 5), fontFace=cv2.FONT_HERSHEY_SIMPLEX, fontScale=0.5, \
        thickness=1,  lineType=cv2.LINE_AA, color=(0, 0, 255))
img = np.array(img)
cv2.imshow('11',img)                            #显示效果
cv2.waitKey(0)
```

最后,再添加相应的模块导入语句及一个随机产生颜色值的函数即可。

```
import torch
import torchvision
import numpy as np
import cv2
import random
device = torch.device("cuda" if torch.cuda.is_available() else "cpu")
def getcolor():             #随机产生颜色
    b = random.randint(0, 255)
    g = random.randint(0, 255)
    r = random.randint(0, 255)
    return (b, g, r)
```

执行上述代码构成的 Python 文件后,可输出如图 6-9 所示的图片。

图 6-9　模型 mobj_model 的多目标分割效果

显然,在一般情况下我们需要检测的不是 Faster-rcnn 定义的属于这 80 个类的目标,而是根据实际应用需要来检测特定的目标,有的目标甚至不在这 80 个类别当中,比如人脸。下面以人脸检测为例,说明如何运用预训练模型 Faster-rcnn 检测特定的目标。

【例 6.6】　通过迁移方法,使用预训练模型 Faster-rcnn 构建并训练一个新的深度网络,使之可以检测给定图片中的所有人脸。

为了训练一个新的人脸识别网络,必须有一定数量的人脸数据集。本例使用的人脸数据集来自 WIDER FACE 数据集(http://shuoyang1213.me/WIDERFACE/)。WIDER FACE 数据集包含 32 203 张图像以及 393 703 张标注人脸,这些人脸图像在尺度、姿态、光照、表情、遮挡等方面有较大的差异。我们随机选择了 9146 张图像及相应的标注文件(XML 文件)作为训练集,3226 张图像及相应的标注文件作为测试集。训练集和测试集分别位于./data/face_detection/train 目录和./data/face_detection/valid 目录下。

下面介绍如何读取数据以及构建、训练、测试一个基于预训练模型 Faster-rcnn 的人脸识别网络。

(1) 定义数据集类 GetDataset,代码如下:

```
class GetDataset(Dataset):
    def __init__(self, dir_path):
        #获取所有文件的路径和文件名
        self.all_images = [os.path.join(dir_path,file) \
            for file in os.listdir(dir_path) if '.jpg' in file]
    def __getitem__(self, idx):
        img_name = self.all_images[idx]
        img = cv2.imread(img_name)                          #读取图像
        img = cv2.cvtColor(img, cv2.COLOR_BGR2RGB).astype(np.float32)
        img_resized = cv2.resize(img, (600, 600))           #调整尺寸
        img_resized /= 255.0                                #归一化
        annot_fn = img_name[:-4] + '.xml'                   #获得标注文件名(XML 文件)
```

```
        boxes,labels = [],[]
        img_width = img.shape[1]
        img_height = img.shape[0]
        tree = et.parse(annot_fn)
        root = tree.getroot()
        #一个框(box)由其左上角坐标和右下角坐标确定(一个框确定一个人脸)
        #一个坐标有 2 个参数,因此一个 box 有 4 个参数
        for member in root.findall('object'):          #寻找所有的 box(人脸)
            label = 1 if member.find('name').text == 'face' else 0
                                                        #1 表示人脸,0 表示不是
            labels.append(label)
            x1 = int(member.find('bndbox').find('xmin').text)        #左上 x 坐标
            y1 = int(member.find('bndbox').find('ymin').text)        #左上 y 坐标
            x2 = int(member.find('bndbox').find('xmax').text)        #右下 x 坐标
            y2 = int(member.find('bndbox').find('ymax').text)        #右下 y 坐标
            #根据所需的 width,height,按比例缩放框的大小
            xx1 = int((x1 / img_width) * 600)
            yy1 = int((y1 / img_height) * 600)
            xx2 = int((x2 / img_width) * 600)
            yy2 = int((y2 / img_height) * 600)
            boxes.append([xx1, yy1, xx2, yy2])
        boxes = torch.LongTensor(boxes)                                #张量化
        labels = torch.LongTensor(labels)
        target = {}                                 #长度为 2
        target["boxes"] = boxes                     #有多少个对象,就有多少个 box
        target["labels"] = labels                   #每一个 box(人脸)有一个类别索引
        T = transforms.Compose([transforms.ToTensor()])
        img_resized = T(img_resized)
        return img_resized, target
    def __len__(self):
        return len(self.all_images)
```

对于该类的实例,由参数 dir_path 将数据集的路径传递进去,然后读取指定的图像文件和 XML 文件。XML 文件采用树形结构来存放数据,其中每个 box 用一个标签对 <object>-</object>来刻画。例如,下面文本是 XML 文件的一部分:

```
<object>
    <name>face</name>
    <pose>Unspecified</pose>
    <truncated>0</truncated>
    <difficult>0</difficult>
    <bndbox>
        <xmin>495</xmin>
        <ymin>177</ymin>
        <xmax>532</xmax>
        <ymax>228</ymax>
    </bndbox>
</object>
```

该 xml 标签刻画一个 box(人脸)：box 的左上 x 坐标和 y 坐标分别为 495 和 177，右下 x 坐标和 y 坐标分别为 532 和 228。通过搜索所有的<object>标签即可获得所有 box 的坐标。

(2) 重写函数 collate_fn。当定义数据集类(继承 Dataset 类)时，__getitem__方法一般返回类似于(x,y)的一个样本，其中 x 表示图像或文本等，y 表示相应的类别标记；在创建 DataLoader 类的实例时，该实例默认会按照批量的大小 batch_size，将 batch_size 个 x 和 batch_size 个 y 分别组装成为长度为 batch_size 的两个张量。"默认"则意味着不需要定义函数 collate_fn。但在这种默认情况下，要求 x 的尺寸要彼此相同，y 的尺寸也要相同。

然而，在本例中，由于各张图片中人脸的数量是不一样的，因而 target 中 box 个数是不一样的，而且 target 是字典，不是张量，因此不能使用默认的函数 collate_fn。也就是说，需要重新定义函数 collate_fn，使得 DataLoader 类的实例按照我们指定的方法组装数据。

函数 collate_fn 的定义代码如下：

```
def collate_fn(batch):
    return tuple(zip( * batch))        #按列组装 batch 中的元素，这样列就变成行
```

该函数的作用是，使用 zip(* batch)操作，按列组装 batch 中的数据。例如，如果 batch=[('a',1),('b',2),('c',4)]，则 zip(* batch)可视为[('a','b','c'),(1,2,4)]。因此，利用上述函数，可以将__getitem__方法返回的 batch_size 个 img_resized 组装为长度为 batch_size 的元组，其中的元素为图像张量；__getitem__方法返回的 batch_size 个 target 也被组装成为长度为 batch_size 的元组，但其中的元素为字典。该字典包含"boxes"和"labels"两个键，这两个键的值都是张量，它们的形状分别为(n,4)和(n)，其中 n 表示图像中人脸的个数。

(3) 加载数据，其中使用了上面重写过的函数 collate_fn，代码如下：

```
train_dataset = GetDataset('./data/face_detection/train')
test_dataset = GetDataset('./data/face_detection/valid')
train_loader = DataLoader(train_dataset, batch_size=16,
    shuffle=True,num_workers=0, collate_fn=collate_fn)
test_loader = DataLoader(test_dataset, batch_size=16, shuffle=True,
    num_workers=0, collate_fn=collate_fn)
```

(4) 构建新的网络模型。

```
face_model = torchvision.models.detection.fasterrcnn_resnet50_fpn(pretrained=True,\
            face_model.roi_heads.box_predictor = FastRCNNPredictor(1024, \
            num_classes=2)       #修改最后一个输出层，把类别个数改为 2
            face_model = face_model.to(device)
params = [p for p in face_model.parameters() if p.requires_grad]
optimizer = torch.optim.SGD(params, lr=0.001, momentum=0.9, \
         weight_decay=0.0005)
```

对于最先导入的模型 face_model，可以用 print(face_model)语句查看其结构，然后修改最后一个输出层，把类别个数改为 2(因为我们只需判断是否是人脸)。在上述代码中，我们用对象 FastRCNNPredictor 来修改输出层。

（5）编写训练代码和测试代码。

```
#--- 以下开始训练模型 -----
face_model.train()             #设置为训练模式
for epoch in range(5):
    for i, (imgs, targets) in enumerate(train_loader):
        try:
            imgs = list(img.to(device) for img in imgs)  #图像向量需要添加到列表中
                                 #每张图像有一个字典,以保存其标注信息
            targets = [{k: v.to(device) for k, v in t.items()} for t in targets]
            pre_dict = face_model(imgs, targets)
            losses = sum(loss for loss in pre_dict.values())     #设计损失函数
            print(epoch,losses.item())
            optimizer.zero_grad()
            losses.backward()
            optimizer.step()
        except:          #数据集中有部分标注有问题,会产生异常,用 try 结构忽略掉
            print('标注可能有问题.........')
torch.save(face_model,'face_model')
#--- 以下开始测试模型 -----
face_model = torch.load('face_model')
face_model.eval()      #设置为测试模式
with torch.no_grad():
    for i, (imgs, targets) in enumerate(test_loader):
        imgs = list(img.to(device) for img in imgs)   #img: torch.Size([3, 600, 600])
        targets = [{k: v.to(device) for k, v in t.items()} for t in targets]
        pre_dict = face_model(imgs)     #注:在测试模式下不需要用 targets,也不能用
        index = 0        #仅选择其中的一张图像来展示人脸检测的效果
        adict = pre_dict[index]     #字典的长度为 3,关键字为 boxes, labels, scores
        img = imgs[index].permute([1, 2, 0]).data.cpu()
        img = np.array(img)
        for k, box in enumerate(adict['boxes']):
            score = adict['scores'][k]
            if score<0.6:      #忽略置信度过小的 box
                continue
            cv2.rectangle(img, (box[0], box[1]), (box[2], box[3]),\
                          color=(0, 0, 255), thickness=2)
                         #此处还可以统计 box 的重叠区域来计算准确率等,但在此略过
        cv2.imshow('Face detection', img)
        cv2.waitKey(0)
```

（6）添加相关模块导入语句。

```
import torch
import torchvision
import torchvision.transforms as transforms
from torchvision.models.detection.faster_rcnn import FastRCNNPredictor
import cv2
import numpy as np
import os
from xml.etree import ElementTree as et
from torch.utils.data import Dataset, DataLoader
```

```
import random
device = torch.device('cuda') if torch.cuda.is_available() else torch.device('cpu')
```

执行由上述代码组成的 Python 文件，可看到部分图像中人脸的检测效果。例如，图 6-10 是对一张图像中的人脸的检测效果。

如果要查看指定照片中的人脸检测效果，可适当修改程序代码。

```
#-------- 检测单张照片中的人脸 ------------------
img = cv2.imread('./data/object_detection/eating.jpg')   #读取图像
#img = cv2.imread(r'data\face_detection\test\21_Festival_Festival_21_106.jpg')
img = cv2.resize(img, (600, 600))                         #调整尺寸
img2 = img
img = cv2.cvtColor(img, cv2.COLOR_BGR2RGB).astype(np.float32)
img /= 255.0                                              #归一化
T = transforms.Compose([transforms.ToTensor()])
img = T(img).to(device)
imgs = [img]
pre_dict = face_model(imgs)
adict = pre_dict[0]
for k, box in enumerate(adict['boxes']):
    score = adict['scores'][k]
    if score < 0.6:
        continue
    cv2.rectangle(img2, (box[0], box[1]), (box[2], box[3]),\
                  color=(0, 0, 255), thickness=2)
cv2.imshow('Face detection', img2)
cv2.waitKey(0)
```

该代码用于检测./data/object_detection/目录下图片 eating.jpg 中的人脸，结果如图 6-11 所示。与图 6-9 所示的效果相比，模型 face_model 只检测人脸，而不再检测其他对象了。

利用例 6.6 训练产生的模型 face_model，也可实现对视频中的人脸进行检测。实现的原理是，由于视频是由一系列的帧（一幅图像）构成的，因此我们取出其中的每一帧，调用模型 face_model 对其进行人脸检测，然后放到一个播放器中去播放即可（每秒播放 24 帧左右）。例如，下面代码可以打开计算机上的摄像头，然后进行人脸检测。

图 6-10 对一张图像中的人脸的检测效果

图 6-11 检测指定照片中的人脸

```
import torch
import torchvision.transforms as transforms
import cv2
import numpy as np
device = torch.device('cuda') if torch.cuda.is_available() else torch.device('cpu')
face_model = torch.load('face_model').to(device)            #加载训练好的模型
face_model.eval()
def detect_face(img_t):  #定义函数,其作用是对输入的图像进行人脸检测
    #img_t = cv2.imread(fn)                                 #读取图像
    img_t = cv2.resize(img_t, (600, 600))                   #调整尺寸
    img_t2 = img_t
    img_t = cv2.cvtColor(img_t, cv2.COLOR_BGR2RGB).astype(np.float32)
    img_t /= 255.0                                          #归一化
    T = transforms.Compose([transforms.ToTensor()])
    img_t = T(img_t).to(device)
    img_ts = [img_t]
    pre_dict = face_model(img_ts)        #调用训练好的模型
    adict = pre_dict[0]
    for k, box in enumerate(adict['boxes']):
        score = adict['scores'][k]
        if score < 0.6:
            continue
        cv2.rectangle(img_t2, (box[0], box[1]), (box[2], box[3]),\
                      color=(0, 0, 255), thickness=2)
    return img_t2                        #返回已标记的图像
cap = cv2.VideoCapture(0)
while True:
    ret, image_np = cap.read()           #打开摄像头
    img = cv2.resize(image_np, (600, 600))
    img = detect_face(img)               #调用函数
    cv2.imshow('Face detection', img)
    if cv2.waitKey(42) == 27:  #按 Esc 键退出,或者强行终止程序运行也可以退出
        break
```

6.4 生成对抗网络

前面介绍的神经网络都需要带标记的样本来训练,属于有监督学习方法。在有的情况下,我们无法获得样本的标记,或者获得样本标记的代价很高,那我们如何利用这些无标记的样本来训练模型呢?生成对抗网络(Generative Adversarial Network,GAN)为我们提供了一种基于无标记样本进行网络训练的方法[12],训练后可以产生无限量的同类图像。例如,如果用人脸图片来训练一个 GAN,那么训练后该 GAN 可以产生无限张人脸图片。一方面,如果用同类图像(如人脸照片)来训练一个 GAN,那么它产生的图像的类别是已知的,从而可以将它们作为已知标记的数据样本(相当于数据增强),用于有监督学习,训练别的神经网络;另一方面,也可以将产生的图片用于实际应用,如广告、影视制作等。

生成对抗网络一般由一个生成器和一个辨识器组成,它们都是深度神经网络,但在结构

上差别很大。生成器(Generator)用于学习输入数据的分布,以生成类似的图像(但与训练用的图像不完全相同,更不是复制);辨识器(Discriminator)则对图像的真实性进行"打分"。如果认为图像的真实性越高,则分值越接近于1;反之,如果认为图像的真实性越低,则分值越接近于0,即分值为(0,1)。

生成对抗网络训练的基本思想是:生成器通过参数学习,不断生成更逼真的图像,一般称为假图像(Fake Image);辨识器则通过参数学习,不断提高其判别真图像和假图像的能力。其结果是,辨识器的判别能力越来越高,同时生成器生成逼真图像的能力也越来越强,以至于最后生成器生成的图像可以达到以假乱真的程度。

需要注意的是,在训练过程中辨识器和生成器的损失函数值都不能太低,一般两者应维持在大抵相同的一个数量级上(保持一种对抗状态),如两者都维持在0.5左右等。如果辨识器的损失函数值过低,如0.00001,而生成器的损失函数值为15.00,则生成器无法产生逼真的图像,反之也一样。如果辨识器的损失函数值很低而生成器的损失函数值较大,则应适当降低辨识器网络的复杂度(减少网络层数和参数数量),或者适当提高生成器网络的复杂度(增加网络层数和参数数量)。对于辨识器损失函数值过低而生成器损失函数值过大的情况,也做类似处理。

6.4.1 生成手写数字图片

下面先看一个简单的例子。

【例6.7】 构建一个GAN,用于生成手写数字图片。

本例中,我们将构建一个GAN,运用手写数字图片数据集MNIST作为训练数据(但没有使用图片的标记信息),使该GAN可以随机生成手写数字图片。

首先设计生成器网络,代码如下:

```
class Generator(nn.Module):
    def __init__(self,noise_len, h,w):          #h、w分别为图像的高和宽,单通道图像
        super().__init__()
        self.h = h
        self.w = w
        self.fc = nn.Sequential(
            nn.Linear(noise_len, 2048),
            nn.ReLU(True),
            nn.Linear(2048, 1024),
            nn.ReLU(True),
            nn.Linear(1024, self.h * self.w),
            nn.Tanh(),
            )
    def forward(self, x):
        o = x
        o = self.fc(o)
        o = o.reshape(x.shape[0],1,self.h,self.w)
        return o
```

该生成器网络由3个全连接层组成,网络结构比较简单,主要是因为手写数字图片的结构比较简单。该网络用于生成手写数字图片,其输出的形状为(1,h,w)。

然后，设计辨识器网络，代码如下：

```
class Discriminator(nn.Module):
    def __init__(self,h,w):             #h、w分别为图像的高和宽，单通道图像
        super().__init__()
        self.fc = nn.Sequential(
            nn.Linear(h * w, 512),
            nn.ReLU(0.2),
            nn.Linear(512, 256),
            nn.ReLU(0.2),
            nn.Linear(256, 1),
        )
    def forward(self, x):
        o = x
        o = o.reshape(x.shape[0],-1)
        o = self.fc(o)
        return o
```

该网络也是由三层全连接网络组成，结构也比较简单。由于是用于对图像的真实性进行打分，因此其输出为一个实数。在计算损失函数值时，再对该实数运用函数 sigmoid()，使其归一化到(0,1)。

接着，创建网络实例，代码如下：

```
noise_len = 96              #噪声的维度
discriminator = Discriminator(28,28).to(device)
generator = Generator(noise_len,28,28).to(device)
d_optimizer = torch.optim.Adam(discriminator.parameters(), lr=5e-4, \
            betas=(0.5, 0.999))
g_optimizer = torch.optim.Adam(generator.parameters(), lr=5e-4, \
            betas=(0.5, 0.999))
```

对生成器网络和辨识器网络进行训练，代码如下：

```
for ep in range(100):
    for k, (img, _) in enumerate(train_data): #只利用样本的图像数据，不利用其标签信息
        real_img = img.to(device)
        size = real_img.shape[0]
        one_labels = torch.ones(size, 1).float().to(device)
        zero_labels = torch.zeros(size, 1).float().to(device)
        #训练辨识网络
        score_real = discriminator(real_img)         #给真实图像打分
        noise_data = torch.rand(size, noise_len).to(device)      #生成噪声数据
        noise_data = (noise_data-0.5)/0.5
        fake_img = generator(noise_data)             #利用噪声数据生成假的图像
        score_fake = discriminator(fake_img)         #给假图像打分
        #希望识别器能够识别真图和假图
        d_loss = nn.BCEWithLogitsLoss()(score_real, one_labels) \
                + nn.BCEWithLogitsLoss()(score_fake, zero_labels)
        d_optimizer.zero_grad()
        d_loss.backward()
        d_optimizer.step()                           #更新识别器网络的参数
```

```
        #----------------------------------------
        #训练生成器网络
        noise_data = torch.rand(size, noise_len).to(device)      #生成噪声数据
        noise_data = (noise_data - 0.5) / 0.5
        fake_img = generator(noise_data)                  #利用噪声数据生成假的图像
        score_fake = discriminator(fake_img)              #给假图像打分
        #希望生成的假图像尽可能逼真
        g_loss = nn.BCEWithLogitsLoss()(score_fake,one_labels)
        g_optimizer.zero_grad()
        g_loss.backward()
        g_optimizer.step()                                #更新生成器网络的参数
        if k %20 == 0:
            print(ep, d_loss.item(), g_loss.item())
#-----训练结束-----
torch.save(generator,'generator')
```

最后，添加必要的模块导入语句、数据读入语句和测试语句等，代码如下：

```
import torch
from torch import nn
from torchvision import datasets, transforms
import torchvision.transforms as tfs
from torch.utils.data import DataLoader
from torchvision.datasets import MNIST
import numpy as np
import matplotlib.pyplot as plt
import os #cuda
device = torch.device("cuda" if torch.cuda.is_available() else "cpu")
#----------------------------------------------
batch_size = 512

def tfm(x):
    x = tfs.ToTensor()(x)
    return  (x - 0.5) / 0.5
train_set = MNIST(root='./data/mnist2',train=True,download=True,transform=tfm)
train_data = DataLoader(train_set, batch_size=batch_size, shuffle=True)
size = 16
generator = torch.load('generator').to(device)
noise_data = torch.rand(size, noise_len).to(device)    #生成噪声数据
noise_data = (noise_data-0.5)/0.5
fake_img = generator(noise_data)
imgs = np.array(fake_img.data.cpu())
_, axu = plt.subplots(4, 4, figsize=(4, 4))
row_img_n = 4                                          #一行显示的图像数
for i in range(row_img_n * row_img_n):
    axu[i // row_img_n][i %row_img_n].imshow(np.reshape(imgs[i],\
            (28, 28)), cmap='gray')
    axu[i // row_img_n][i %row_img_n].set_xticks(())
    axu[i // row_img_n][i %row_img_n].set_yticks(())
plt.suptitle('The 16 handwritten digits')
plt.show()
```

执行由上述代码构成的 Python 文件，结果随机生成 16 张手写数字图片，如图 6-12 所示。

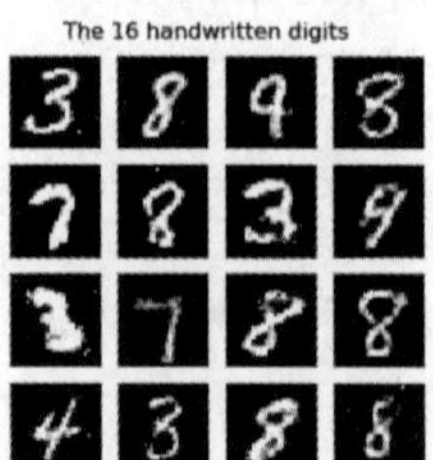

图 6-12　随机生成的 16 张手写数字图片

从图 6-12 中可以看出，这些图片已经相当逼真了。

6.4.2　生成花卉图片

手写数字图片的结构比较简单，因而生成器和辨识器的结构也比较简单。如果生成图像的结构比较复杂，那么生成器和辨识器也要随之变得复杂，以增加网络的表达能力。这意味着网络的参数量要增加，训练的时间也要增加。

【例 6.8】 构建一个 GAN，使之能够生成花卉图片。

本例用的花卉图片数据集下载自 https://www.robots.ox.ac.uk/～vgg/data/flowers/17/，保存在./data/flower_dataset 目录下，一共有 1360 张图片。

花卉图片的纹理特征和颜色特征都比较复杂，为了能够生成结构复杂的花卉图片，定义如下的生成器类和辨识器类。

```
#定义生成器类
class Generator(nn.Module):
    def __init__(self):
        super(Generator, self).__init__()
        self.cnn = nn.Sequential(          #利用反卷积来生成图像
            nn.ConvTranspose2d(100, 512, kernel_size=(4, 4)),
            nn.BatchNorm2d(512),
            nn.ReLU(),
            nn.ConvTranspose2d(512, 1024, kernel_size=(4, 4), stride=(2, 2),\
                                padding=(1, 1)),
            #上面语句等价于: nn.ConvTranspose2d(512, 1024, 4, 2, 1)
            nn.BatchNorm2d(1024),
            nn.ReLU(),
            nn.ConvTranspose2d(1024, 512, 4, 2, 1),
            nn.BatchNorm2d(512),
            nn.ReLU(),
            nn.ConvTranspose2d(512, 64, 4, 2, 1),
            nn.BatchNorm2d(64),
            nn.ReLU(),
            nn.ConvTranspose2d(64, 3, 4, 2, 1),
            nn.Tanh(),
        )
```

```
    def forward(self, x):
        o = self.cnn(x)
        return o
#定义辨识器类
class Discriminator(nn.Module):
    def __init__(self):
        super(Discriminator, self).__init__()
        self.cnn = nn.Sequential(
                    nn.Conv2d(3, 64, 4, 2, 1),
                    nn.LeakyReLU(0.2),
                    nn. Conv2d(64, 128, 4, 2, 1),
                    nn.BatchNorm2d(128),
                    nn.LeakyReLU(0.2),
                    nn.Conv2d(128, 256, 4, 2, 1),
                    nn.BatchNorm2d(256),
                    nn.LeakyReLU(0.2),
                    nn.Conv2d(256, 128, 4, 2, 1),
                    nn.BatchNorm2d(128),
                    nn. LeakyReLU(negative_slope=0.2),
                    nn.Conv2d(128, 1, kernel_size=(4, 4)),
                    nn.Sigmoid(),
                    )
    def forward(self, x):
        o = self.cnn(x)
        o = o.squeeze()
        return o
```

生成器网络以噪声数据作为输入，利用反卷积操作（nn.ConvTranspose2d）来生成花卉图片，一共有5个反卷积层。辨识器网络有5个卷积层，用于对花卉图片的真实性打分，分值为(0,1)。显然，这个结构比例6.7中的网络结构要复杂许多。

然后，编写其他代码，如读入数据、训练数据、测试输出等，这些代码如下：

```
import numpy as np
import os
import torchvision.transforms as transforms
from torchvision.utils import save_image
from torchvision import datasets
import torch.nn as nn
import torch
from torch.utils.data import DataLoader
device = torch.device("cuda" if torch.cuda.is_available() else "cpu")
#加载数据集
dataset = datasets.ImageFolder(
    root="./data/flower_dataset",
    transform=transforms.Compose([
        transforms.Resize((64, 64)),
        transforms.ToTensor(),
        transforms.Normalize((0.5, 0.5, 0.5), (0.5, 0.5, 0.5)),
    ]),
)
```

```
data_loader = DataLoader(dataset=dataset, batch_size=128, shuffle=True)
......#生成器类和辨识器类代码所在的大致位置
generator = Generator().to(device)
discriminator = Discriminator().to(device)
g_optimizer = torch.optim.Adam(generator.parameters(),\
                                  lr=0.0002, betas=(0.5, 0.999))
d_optimizer = torch.optim.Adam(discriminator.parameters(),\
                                  lr=0.0002, betas=(0.5, 0.999))
EPOCH = 500
for epoch in range(EPOCH):
    for i, (imgs, _) in enumerate(data_loader):
        imgs = imgs.to(device)
        one_labels = torch.ones(imgs.size(0)).to(device)
        zero_labels = torch.zeros(imgs.size(0)).to(device)
        #训练生成器
        g_optimizer.zero_grad()
        z = torch.randn(imgs.size()[0], 100, 1, 1).to(device)   #生成噪声
        fake_imgs = generator(z)                                 #生成假图
        fake_scores = discriminator(fake_imgs)
        #计算生成器的损失函数值
        g_loss = torch.nn.BCELoss()(fake_scores, one_labels)
        g_loss.backward()
        g_optimizer.step()                      #更新生成器的参数
        #训练辨识器
        d_optimizer.zero_grad()
        real_imgs = imgs
        real_scores = discriminator(real_imgs)
        #使得辨识器能够分辨真图
        real_loss = torch.nn.BCELoss()(real_scores, one_labels)
        fake_scores = discriminator(fake_imgs.detach())
        #使得辨识器能够分辨假图
        fake_loss = torch.nn.BCELoss()(fake_scores, zero_labels)
        d_loss = real_loss + fake_loss          #使得辨识器能够同时分辨真图和假图
        d_loss.backward()
        d_optimizer.step()                      #更新辨识器的参数
        print(
            "[Epoch %d/%d][Batch %d/%d][D loss: %f][G loss: %f]"
            %(epoch, EPOCH, i, len(data_loader), d_loss.item(), g_loss.item())
        )
torch.save(generator, 'generator')
generator = torch.load('generator').to(device)
generator.eval()
z = torch.randn(128, 100, 1, 1).to(device)
gen_imgs = generator(z)
save_image(gen_imgs.data[:16], "sample.png", nrow=4, normalize=True)
```

上述代码中,倒数第二个语句则利用噪声数据来生成 16 张花卉图片,结果保存在图像文件 sample.png 中,图像效果如图 6-13 所示。

图 6-13　生成的 16 张花卉图片

当然，如果愿意的话，可以生成不限数量的此类图片，并以此作为训练样本，用于训练其他神经网络模型，也可以用于实际应用，如广告、影视等场景。

6.4.3　条件性生成对抗网络

上面介绍的生成对抗网络都是以噪声数据作为输入，随机生成相应的图片。但有时我们希望以一定的输入作为导向，引导生成对抗网络生成我们想要的图像，这就是条件性生成对抗网络(Conditional GAN)。

【例 6.9】　构建一个条件性生成对抗网络，使之能够生成指定的手写数字图片。

其基本思路是，通过向量嵌入方法，为每个图像类别索引构建一个嵌入向量。这需要在生成器和辨识器网络中都要进行向量嵌入，关键代码如下：

```
self.label_embedding = nn.Embedding(10, 32)
```

说明，一个类别用一个长度为 32 的向量来表示，一共有 10 个类。接着将该类别向量与噪声向量拼接，例如：

```
gen_input = torch.cat((label_emb, noise), -1)
img_label = torch.cat((img, label_emb), -1)
```

然后送入相应的网络中进行计算。此外，在训练时要用到图像的类别信息，这与无条件性生成对抗网络是不同的。

以下是该程序的代码：

```
import os
import numpy as np
import torchvision.transforms as transforms
from torchvision.utils import save_image
from torch.utils.data import DataLoader
from torchvision import datasets
import torch.nn as nn
import torch
device = torch.device("cuda" if torch.cuda.is_available() else "cpu")
z_dim = 100                                         #噪声向量的长度
class Generator(nn.Module):
    def __init__(self):
        super(Generator, self).__init__()
        self.label_emb = nn.Embedding(10, 32)        #嵌入向量
        self.fc = nn.Sequential(
            nn.Linear(132, 256),
```

```
            nn.BatchNorm1d(256),
            nn.LeakyReLU(0.2, True),
            nn.Linear(256, 512),
            nn.BatchNorm1d(512),
            nn.LeakyReLU(0.2, True),
            nn.Linear(512, 784),
            nn.BatchNorm1d(784),
            nn.LeakyReLU(0.2, True),
            nn.Linear(784, 784),
            nn.Tanh(),
        )
    def forward(self, noise, labels):
        label_emb = self.label_emb(labels)
        gen_input = torch.cat((label_emb, noise), -1)
        img = self.fc(gen_input)
        img = img.reshape(img.size(0),-1,28,28)
        return img
class Discriminator(nn.Module):
    def __init__(self):
        super(Discriminator, self).__init__()
        self.label_embedding = nn.Embedding(10, 32)      #嵌入向量
        self.model= nn.Sequential(
    nn.Linear(816, 512),
    nn.LeakyReLU(0.2, True),
    nn.Linear(512, 512),
    nn.Dropout(0.4, False),
    nn.LeakyReLU(0.2, True),
    nn.Linear(512, 512),
    nn.Dropout(0.4, False),
    nn.LeakyReLU(0.2, True),
    nn. Linear(512, 1),
  )
    def forward(self, img, labels):
        img = img.reshape(img.size(0), -1)
        label_emb = self.label_embedding(labels)
        img_label = torch.cat((img, label_emb), -1) #将噪声或图像向量与嵌入向量拼接
        out = self.model(img_label)
        return out
generator = Generator().to(device)
discriminator = Discriminator().to(device)
#-------------------------------------------------
dataloader = torch.utils.data.DataLoader(
    datasets.MNIST("./data/mnist",train=True,download=True, \
        transform=transforms.Compose(
            [transforms.Resize(28), transforms.ToTensor(), \
             transforms.Normalize([0.5], [0.5])]),
    ), \
    batch_size=128, \
    shuffle=True, \
)
```

```
g_optimizer = torch.optim.Adam(generator.parameters(), lr=0.0002, \
              betas=(0.5, 0.999))
d_optimizer = torch.optim.Adam(discriminator.parameters(), lr=0.0002, \
              betas=(0.5, 0.999))
EPOCH = 500
for epoch in range(EPOCH):
    for i, (imgs, labels) in enumerate(dataloader):
        one_labels = torch.ones(imgs.size(0)).to(device)
        zero_labels = torch.zeros(imgs.size(0)).to(device)
        real_imgs = torch.FloatTensor(imgs).to(device)
        labels = torch.LongTensor(labels).to(device)
        #训练生成器
        g_optimizer.zero_grad()
        z = torch.randn(imgs.size(0), z_dim).to(device)      #生成噪声
        #随机生成类别索引,一共有 10 个类
        gen_labels = torch.randint(0, 10, [imgs.size(0)]).to(device)
        gen_imgs = generator(z, gen_labels)  #利用噪声和类别索引生成假图
        gen_scores = discriminator(gen_imgs, gen_labels).squeeze()
        #希望生成器生成尽可能逼真的图(假图)
        g_loss = nn.MSELoss()(gen_scores, one_labels)
        g_loss.backward()
        g_optimizer.step()  #更新生成器参数
        #训练辨识器
        d_optimizer.zero_grad()
        real_scores = discriminator(real_imgs, labels).squeeze() #对真实图像打分
        #希望辨识器对真实图的打分是正确的
        d_real_loss = nn.MSELoss()(real_scores, one_labels)
        #对假图打分
        fake_scores = discriminator(gen_imgs.detach(), gen_labels).squeeze()
        #希望辨识器对假图的打分是正确的
        d_fake_loss = nn.MSELoss()(fake_scores, zero_labels)
        #希望辨识器对真图和假图的判断尽可能正确
        d_loss = (d_real_loss + d_fake_loss) / 2
        d_loss.backward()
        d_optimizer.step()
        if i%100 == 0:
            print(
                "[Epoch %d/%d] [Batch %d/%d] [D loss: %f] [G loss: %f]"
                %(epoch, EPOCH, i, len(dataloader), d_loss.item(), g_loss.item())
            )
torch.save(generator,'cond_generator')
generator = torch.load('cond_generator').to(device)
generator.eval()
digit = 5                                              #要生成的数字图片
z = torch.randn(16, z_dim).to(device)                  #生成噪声
gen_labels = torch.LongTensor(np.array([digit for _ in range(16)])).to(device)
#gen_labels = torch.randint(0,10,[16]).to(device)      #随机生成 16 个数字图片
gen_imgs = generator(z, gen_labels)
save_image(gen_imgs.data, "sample.png", nrow=4, normalize=True)
```

通过修改变量 digit 的值，并执行上述代码，可以产生相应的手写数字图片。例如，图 6-14(a)和图 6-14(b)分别是在 digit=5 和 digit=8 时产生的手写数字图片。

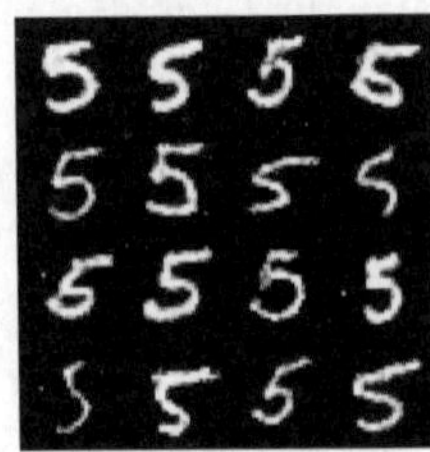
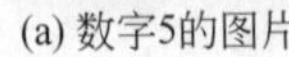
(a) 数字5的图片

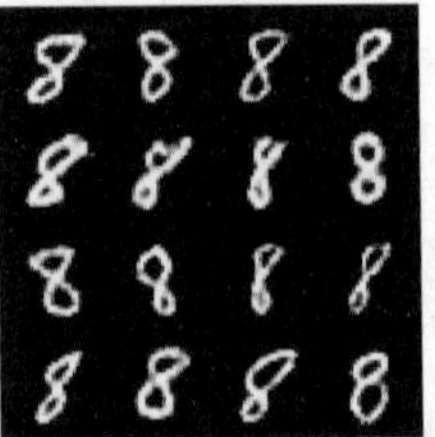
(b) 数字8的图片

图 6-14 指定生成的数字图片

如果需要，可以模仿这个例子，生成某个人或某个物体的照片，或者生成某个特定产品的广告照片等。

6.5 本章小结

本章主要介绍了卷积神经网络(包括预训练模型)在工程实践中的设计和开发方法，具体结合了人脸识别、语义分割、目标检测、图像生成、数据增强等案例进行介绍。在对案例进行介绍时，先介绍解决的基本思路，然后从“零”开始搭建一个卷积神经网络，实现对问题的解决；最后介绍如何利用相应的预训练模型来解决问题。

通过本章的学习，读者可以深入掌握卷积神经网络的设计和开发方法，并能通过比较分析，掌握使用 CNN 预训练模型来解决问题的方法。

6.6 习题

1. 请简述人脸识别的基本思路。
2. 何为语义分割？请简述它的实现原理。
3. 什么是目标检测？如何实现目标检测？
4. 除了 Faster-rcnn，你还了解哪些用于目标检测的预训练模型？请举例说明。
5. 生成对抗网络的基本原理是什么？其难点是什么？
6. 什么是孪生网络？它有什么作用？
7. 请开发一个深度网络程序，使之可以用于“人证”(即实时抓拍的人脸图片和事先给定的证件照片)对比。
8. 请开发一个监控视频目标检测程序，使之可以检测猪场中的猪，并能统计猪的数量。
9. 请开发一个生成对抗网络程序，使之可以生成特定产品的广告。

第7章 循环神经网络

当卷积神经网络处理图像时，一般只单独考虑当前在处理的图像，而不会利用到其他图像。然而，在部分场景下，除了需要考虑当前图像以外，可能还要利用此前或此后处理其他图像时所产生的信息。例如，在处理当前视频帧时，可能还要利用到前面的帧或者后面的帧。又如，我们在理解一句话时，并不是独立地去分析句子中的每一个词，而是把这些词"串联"起来，作整体分析。显然，不管是视频数据还是文本数据，它们都是由一系列元素构成的序列，元素之间是有先后顺序的，而这一类数据就是所谓的序列数据。卷积神经网络对处理此类数据就"无能为力"了，而循环神经网络就派上用场了。

循环神经网络(Recurrent Neural Network，RNN)是一种专门用于处理序列数据的神经网络。文本数据就是一种典型的序列数据，因此循环神经网络与文本数据密切相关，甚至可以说是"为处理文本数据而生"的。

7.1 一个简单的循环神经网络——航空旅客出行人数预测

本节先创建一个简单而完整的循环神经网络，用于预测某一国际航空公司每月旅客出行人数，让读者对循环神经网络有一个基本的认识。

7.1.1 程序代码

本章也从一个简单而完整的例子入手，先了解循环神经网络的基本使用方法。

【例7.1】 创建一个简单的循环神经网络，用于预测某一国际航空公司每月旅客出行人数。

有一国际航空公司记录了1949年到1960年间每月搭乘本公司航班出行的旅客人数，一共有12条/年×12年=144条数据。人数信息保存在一个CSV文件中，文件名为international-airline-passengers.csv(位于./data目录下)。该文件的内容结构如图7-1所示。

显然，这144条数据有明显的时间先后关系，而且数据分布很有规律，是一种序列结构的数据。我们先观察实际数据的变化趋势，如图7-2所示。

就该序列数据而言，我们可以从不同粒度层对其进行建模。最细的粒度层以单个数据为单位来研究这类数据变化趋势的预测。中等粒度层以季度为单位，即一共有48个季度，每个季度由3个数字构成的向量来表示。最粗的粒度层以年为单位，即一共有12年，每年由12个数字构成的向量来表示，如图7-3所示。

本例正是以年为单位来研究数据变化的规律。在此意义下，我们得到长度为12的数据序列，如图7-4所示。

	A	B	C
1	time	passengers	
2	Jan-1949	112	
3	Feb-1949	118	
4	Mar-1949	132	
5	Apr-1949	129	
6	May-1949	121	
7	Jun-1949	135	
8	Jul-1949	148	
9	Aug-1949	148	
10	Sep-1949	136	
11	Oct-1949	119	
12	Nov-1949	104	
13	Dec-1949	118	
14	Jan-1950	115	
15	Feb-1950	126	
16	Mar-1950	141	

图 7-1　文件 international-airline-passengers.csv 的内容结构

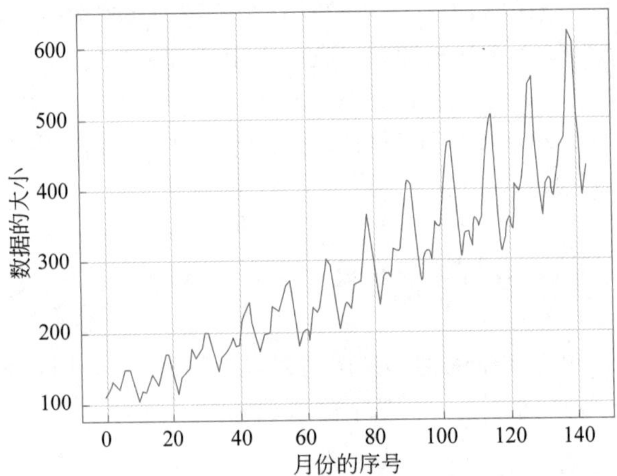

图 7-2　旅客每月出行人数的变化趋势

1949年	1950年	1951年	1952年	1953年	1954年	1955年	1956年	1957年	1958年	1959年	1960年
112	115	145	171	196	204	242	284	315	340	360	417
118	126	150	180	196	188	233	277	301	318	342	391
132	141	178	193	236	235	267	317	356	362	406	419
129	135	163	181	235	227	269	313	348	348	396	461
121	125	172	183	229	234	270	318	355	363	420	472
135	149	178	218	243	264	315	374	422	435	472	535
148	170	199	230	264	302	364	413	465	491	548	622
148	170	199	242	272	293	347	405	467	505	559	606
136	158	184	209	237	259	312	355	404	404	463	508
119	133	162	191	211	229	274	306	347	359	407	461
104	114	146	172	180	203	237	271	305	310	362	390
118	140	166	194	201	229	278	306	336	337	405	432

图 7-3　以年为单位来研究数据的变化

1949年 → 1950年 → 1951年 → 1952年 → 1953年 → 1954年 → 1955年 → 1956年 → 1957年 → 1958年 → 1959年 → 1960年

图 7-4　长度为 12 的序列

循环神经网络正是处理序列数据的“利器”，它可以利用前面若干个数据来预测当前的数据。也就是说，循环神经网络在处理数据对象时，它不是单独考虑当前的对象，而是利用其前面的若干个对象来“综合”考虑，然后做出当前的决策。注意，“若干个”意味着处理的序列的长度是有限的。本例中，这个“若干个”被设置为 4 个，即用前面连续 4 个年份来预测当前的年份。为此，我们利用如图 7-5 所示的思路来构造网络的训练数据集。

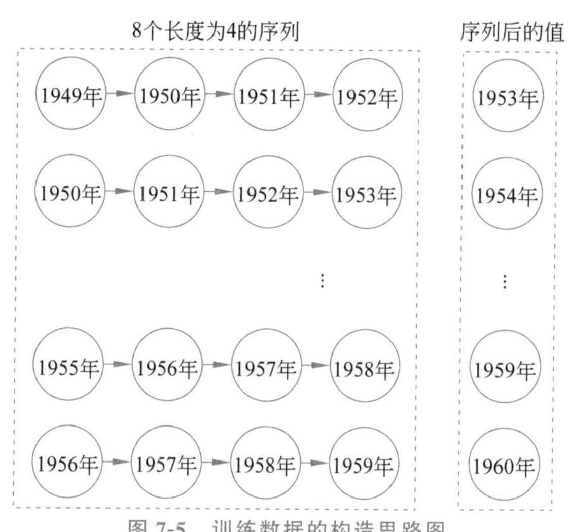

图 7-5 训练数据的构造思路图

根据图 7-5 所示的思路，利用原来长度为 12 的总序列，我们可以构造出 8 个长度为 4 的子序列及子序列后的值，以此来构造训练集。注意，序列中每个元素(年份)是用长度为 12 的向量来表示，见图 7-3。

在本例中，我们用 LSTM(一种循环神经网络)来处理序列。在训练 LSTM 以后，将模型的输出和原始数据绘制在一个坐标系上，以观察预测的效果。该程序的全部代码如下：

```
import numpy as np
import matplotlib.pyplot as plt
import torch
import torch.nn as nn
from sklearn.preprocessing import MinMaxScaler
from pandas import read_csv
seq_len = 4                                    #序列长度
vec_dim = 12                                   #定义表示序列中每个元素的向量的长度
data = read_csv(r'./data/international-airline-passengers.csv', usecols=[1], \
    engine='python', skipfooter=0)
data = np.array(data)                          #(144, 1)
sc = MinMaxScaler()
data = sc.fit_transform(data)                  #归一化
data = data.reshape(-1, vec_dim)               #torch.Size([12, 12])
train_x,train_y = [],[]
for i in range(data.shape[0] - seq_len):       #构造 8 个长度为 4 的子序列及其后的值
    tmp_x = data[i:i + seq_len, :]             #子序列
    tmp_y = data[i + seq_len, :]               #子序列后面的值
```

```
        train_x.append(tmp_x)
        train_y.append(tmp_y)
    train_x = torch.FloatTensor(train_x)        #张量化
    train_y = torch.FloatTensor(train_y)
    #定义处理序列的类
    class Air_Model(nn.Module):
        def __init__(self):
            super(Air_Model, self).__init__()
            #构建 LSTM 网络
            self.lstm = nn.LSTM(input_size=vec_dim, hidden_size=10, num_layers=1, \
                batch_first=True, bidirectional=False, bias=True)
            self.linear = nn.Linear(10, vec_dim)
        def forward(self, x): #torch.Size([1, 4, 12])
            _, (h_out, _) = self.lstm(x)
            h_out = h_out.view(x.shape[0],-1)
            o = self.linear(h_out)
            return o
    #-------------------------------------------
    air_Model = Air_Model()
    optimizer = torch.optim.Adam(air_Model.parameters(), lr=0.01)
    #开始训练:
    for ep in range(400):
        for i, (x,y) in enumerate(zip(train_x,train_y)):
            x = x.unsqueeze(0)     #改变形状为 torch.Size([1, 4, 12]),1 为批量中的样本数
            pre_y = air_Model(x)                      #torch.Size([1, 12])
            pre_y = torch.squeeze(pre_y)              #torch.Size([12])
            loss = torch.nn.MSELoss()(pre_y, y)       #计算损失函数值
            optimizer.zero_grad()
            loss.backward()
            optimizer.step()                          #更新梯度
            if ep %50 == 0:
                print('epoch:{:3d}, loss:{:6.4f}'.format(ep, loss.item()))
    #训练完毕
    torch.save(air_Model,'air_Model')
    air_Model = torch.load('air_Model')
    air_Model.eval()
    pre_data = []                                     #保存预测数据
    for i, (x,y) in enumerate(zip(train_x,train_y)):  #产生预测数据
        x = x.unsqueeze(0)
        pre_y = air_Model(x)
        pre_data.append(pre_y.data.numpy())
    #------------------------
    #以下绘制曲线图,将模型的输出和原始数据绘制在一个坐标系上
    plt.figure()
    pre_data = np.array(pre_data)
    pre_data = pre_data.reshape(-1, 1).squeeze()
    x_tick = np.arange(len(pre_data)) + (seq_len * vec_dim)   #从 seq_len * vec_dim 开始
    plt.plot(list(x_tick), pre_data, linewidth=2.5, label='预测数据')
    ori_data = data.reshape(-1, 1).squeeze()     #(144,)
    plt.plot(range(len(ori_data)), ori_data, linewidth=2.5,label='原始数据')
```

```
    plt.legend(fontsize=14)
    plt.tick_params(labelsize=14)
    plt.ylabel("数据的大小(已归一化)",fontsize=14)      #Y轴标签
    plt.xlabel("月份的序号",fontsize=14)               #Y轴标签
    plt.rcParams['font.sans-serif'] = ['SimHei']       #用来正常显示中文标签 SimHei
    plt.grid()
    plt.show()
```

运行上述代码,产生如图7-6所示的结果。在图7-6中,将原始数据用一条曲线表示(红色),预测的数据也用一条曲线来表示(蓝色)。从图中可以看到,这两条曲线几乎重合在一起,这说明所建模型对这类序列数据的预测能力是比较强的。

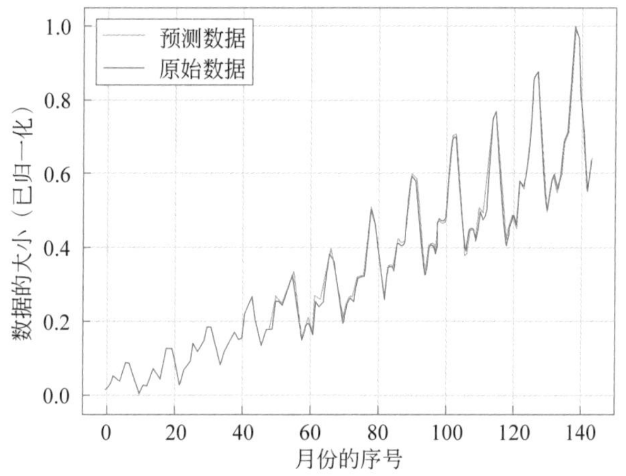

图7-6 航空公司每月旅客出行人数预测效果图

7.1.2 代码解释

程序从文件international-airline-passengers.csv中读取数据以后,以年为单位构建长度为12的序列,序列中的元素(年)则由以12个月数据构成的向量来表示,即序列中的元素表示为长度为12的向量。然后,取序列中第1～4个元素构成一个子序列,取第5个元素为该子序列后面的元素;再取第2～5个元素构成另一个子序列,取第6个元素为其后续的元素……一共有8个这样的子序列和它们的后续元素。相应代码如下:

```
train_x,train_y = [],[]
#构造8个长度为4的子序列及其后续的值(seq_len=4)
for i in range(data.shape[0] - seq_len):
    tmp_x = data[i:i + seq_len, :]          #子序列
    tmp_y = data[i + seq_len, :]            #子序列后面的值
    train_x.append(tmp_x)
    train_y.append(tmp_y)
train_x = torch.FloatTensor(train_x)        #张量化
train_y = torch.FloatTensor(train_y)
```

结果,张量train_x和train_y的形状分别为(8,4,12)和(8,12),这就是后面所建立模型的训练数据集。

接着,在程序中创建名为Air_Model的类,该类主要调用LSTM来构建一个循环神经

网络，代码如下：

```
self.lstm = nn.LSTM(input_size=vec_dim, hidden_size=10, num_layers=1, \
                    batch_first=True, bidirectional=False, bias=True)
```

其中，参数 input_size＝vec_dim 表示序列中每个元素被表示为长度为 vec_dim 的向量(此处 vec_dim＝12)，hidden_size＝10 表示网络隐含层的神经元个数为 10，num_layers＝1 表示只有一个隐含层。LSTM 要求输入的张量必须为三维张量。batch_first＝True 表示输入张量的第 1 维用于表示批量的大小，第 2 维用于表示序列的长度。

LSTM 是一种循环神经网络，它可以对给定的若干个对象(本例为 4 个)进行“综合考虑”，提取它们的整体特征，然后将这些特征送入其他网络作进一步处理。在本例中，我们将这些特征输入到一个全连接网络层。相关代码如下：

```
_, (h_out, _) = self.lstm(x)           #x 的形状为 torch.Size([1, 4, 12]),h_out 的
                                       #torch.Size([1, 1, 10])
h_out = h_out.view(x.shape[0],-1)
o = self.linear(h_out)                 #o 的形状为 torch.Size([1, 12])
```

其中，h_out 返回的是输入子序列中最后一个对象(元素)输入时形成的特征，这个特征实际上就是对前四个对象综合的结果——用于作为这 4 个元素的整体特征。然后，该特征被扁平化，送入一个全连接网络层 self.linear，该网络层输出的 o 就是长度为 12 的向量。

本例训练的目的就是让该输出向量尽可能接近输入序列后面紧跟的元素的向量，所以使用均方差损失函数 torch.nn.MSELoss()。

训练完后，利用形成的模型 air_Model 对刚才用于训练的数据进行预测，并将预测值和实际值绘制在一个坐标系上，得到如图 7-6 所示的效果。由于输入序列的长度为 4，所以只能从第 5 个对象(年份)开始预测。这意味着，前面有 4×12＝48 个数值是没有预测值的，我们从图 7-6 中也可以看到这一点。

本例的特点是使用 LSTM 这种循环神经网络来处理序列结构的数据。下面先介绍循环神经网络的基本原理，然后介绍 LSTM 的原理和使用方法。

7.2 循环神经网络应用

在应用卷积神经网络时，处理的是当前输入的图像，一般不考虑在此之前或在此之后的图像。但在实际应用中，对当前对象的处理结果，不仅取决于当前对象的特征，还可能依赖该对象之前或(和)之后其他对象的特征，也就是说，需要把这些对象作为一个序列来考虑。对序列数据的分析，由另一种类型的神经网络来实现，这种网络就是循环神经网络(Recurrent Neural Network，RNN)。

7.2.1 循环神经网络的基本结构

提到循环神经网络，就离不开序列数据。最典型的序列数据就是自然语言文本。例如，有下面一句未说完的话：

> 他超额完成了任务，经理表扬了____。

我们很容易知道，空格上应该填“他”。这是因为我们把上面这些文本当作一个词的序

列来分析，当遇到空格时我们自然而然地综合了前面的词，从而得出应该填“他”的决策。如果只是独立地去读每一个词，人类也很难准确填写空格上的词。

显然，对序列数据的处理，要求我们在处理当前对象时要同时考虑处理前面对象时所产生的结果。但在本章之前介绍的神经网络都没有提供这种处理机制，因此我们需要构造一种能够综合前面结果的神经网络——循环神经网络。

一个含有一层隐含层的全连接网络可以用图 7-7(a)表示，其中 $\boldsymbol{U}$ 和 $\boldsymbol{V}$ 分别表示输入层到隐含层之间和隐含层到输出层之间的参数构成的二维矩阵。图 7-7(b)为其压缩式表示。

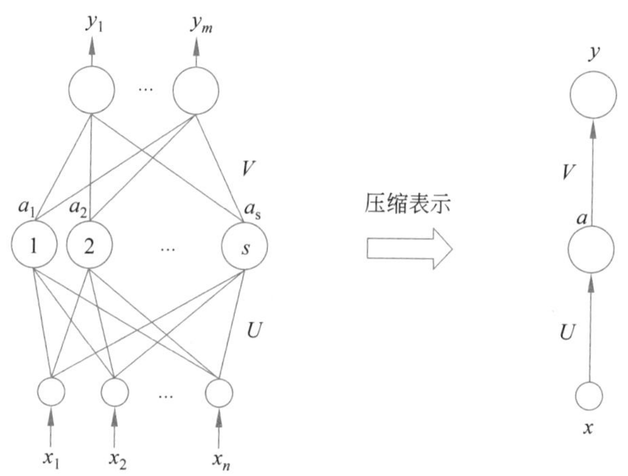

图 7-7　含一隐含层的全连接网络的基本结构及其压缩表示

令 $\boldsymbol{x}=\{x_1,x_2,\cdots,x_n\}$，$y=\{y_1,y_2,\cdots,y_m\}$ 以及 $\boldsymbol{a}=\{a_1,a_2,\cdots,a_s\}$，并用 σ 和 g 分别表示隐含层和输出层的激活函数，则该网络的前向计算过程可以表示为：

$$\boldsymbol{a}=\sigma(\boldsymbol{Ux}+\boldsymbol{b}_h)$$

$$\boldsymbol{y}=g(\boldsymbol{Va}+\boldsymbol{b}_o)$$

其中，$\boldsymbol{b}_h$ 和 $\boldsymbol{b}_o$ 分别表示隐含层和输出层的偏置项向量。

在处理序列数据时，为了使神经网络能够接受上一对象处理时形成的结果，以便用于综合处理当前的输入对象，需要给图 7-7(b)所示的隐含层节点加上一个从其输出到其输入的一个“闭环”——带参数矩阵的“延迟器”，如图 7-8(a)所示。它实际上就是一个全连接网络层，其作用是将上一次处理时形成的输出乘以参数矩阵 $\boldsymbol{W}$ 后加到当前的输入上，而矩阵 $\boldsymbol{W}$ 中的参数也是需要学习的参数。

假设当前时间步为 t，则上一个时间步和下一个时间步分别为 $t-1$ 和 $t+1$。一般用时间步符号作为下标来表示不同时间步时的量。例如，x_t、y_t 和 a_t 表示在时间步 t 时的输入、输出和隐含层激活输出等。这样，我们可以将图 7-8(a)所示的网络按照时间步展开，结果得到如图 7-8(b)所示的示意图。

假设构建的循环神经网络用于处理长度为 T 的序列，则在计算时间步 t 的激活输出 $\boldsymbol{a}_t$ 时，需要前面的 $T-1$ 个隐含层的输出。$\boldsymbol{a}_t$ 的计算过程如下：

$$\begin{aligned}\boldsymbol{a}_t &=\sigma(\boldsymbol{Ux}_t+\boldsymbol{b}_h+\boldsymbol{Wa}_{t-1}+\boldsymbol{b}_w)\\ &=\sigma(\boldsymbol{Ux}_t+\boldsymbol{b}_h+\boldsymbol{W}(\sigma(\boldsymbol{Ux}_{t-1}+\boldsymbol{b}_h+\boldsymbol{Wa}_{t-2}+\boldsymbol{b}_w))+\boldsymbol{b}_w)\\ &=\sigma(\boldsymbol{Ux}_t+\boldsymbol{b}_h+\boldsymbol{W}(\sigma(\boldsymbol{Ux}_{t-1}+\boldsymbol{b}_h+\boldsymbol{W}(\boldsymbol{Ux}_{t-2}+\boldsymbol{b}_h+\boldsymbol{Wa}_{t-3}+\boldsymbol{b}_w)+\boldsymbol{b}_w))+\boldsymbol{b}_w)\\ &=\cdots\end{aligned}$$

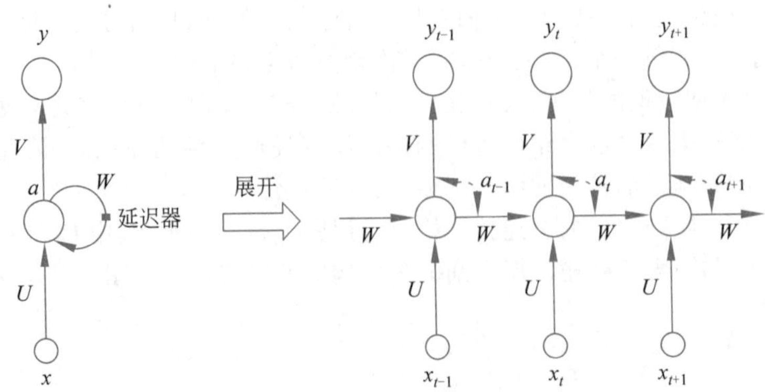

(a) 循环神经网络的基本结构　　(b) 按时间步展开的循环神经网络的逻辑结构

图 7-8　循环神经网络的逻辑结构

其中，$\boldsymbol{b}_h$ 和 $\boldsymbol{b}_w$ 分别为隐含层和“延迟器”层的偏置项向量，它们也是待学习的参数。

可以推知，在往回计算到第 T 个隐含层时（从 t 开始数），其输入为 $\boldsymbol{x}_{t-T+1}$，激活输出为 $\boldsymbol{a}_{tT+1}$，同时需要前一个隐含层的输出 $\boldsymbol{a}_{t-T}$（最初的 $\boldsymbol{a}_0$ 通过随机初始化产生）。

从上述展开式中可以看到，理论上任何一个前面的 $\boldsymbol{a}_j$ 都会对其后面的 $\boldsymbol{a}_k$ 产生影响（$j<k$），因而当前的 $\boldsymbol{a}_t$ 都利用了序列中前面每一个对象的输入：$\boldsymbol{x}_{t-T+1},\boldsymbol{x}_{t-T+2},\cdots,\boldsymbol{x}_t$。在得到 $\boldsymbol{a}_t$ 后，再利用 $\boldsymbol{y}_t=g(\boldsymbol{V}\boldsymbol{a}_t+\boldsymbol{b}_o)$ 即可得到当前时间步 t 时的网络输出，即 $\boldsymbol{y}_t$ 可视为这个长度为 T 的序列的特征输出。例如，对上面的例子，在依序综合考虑了“他”“超额”“完成”“了”“任务”“经理”“表扬”和“了”这 8 个词汇以后，可能就会知道在最后一个“了”后面应该填上“他”。

但我们也看到，越靠前的 $\boldsymbol{a}_{t-i}$（$i\in\{0,1,\cdots,T-1\}$），其对当前 $\boldsymbol{a}_t$ 的影响就越小。如果 T 太大，那么这种影响几乎可以忽略不计。因此，这种循环神经网络对待处理的序列的长度是有限制的，即不能处理长度太长的序列，或者说不能处理长距离的依赖。

7.2.2 从“零”开始构建一个循环神经网络

图 7-8(a)给出了循环神经网络的基本结构。本小节给出一个从“零”开始构建一个循环神经网络的例子。

【例 7.2】 从“零”开始构建一个循环神经网络，用于实现例 7.1 的功能，即预测某一国际航空公司每月旅客出行人数。

对比图 7-8(a)和图 7-7(b)可以看出，循环神经网络在结构上还是比较简单的，它只是比全连接网络多出一个“延迟器”——一个全连接网络层（单层）。为此，我们先模仿图 7-8(a)构建一个全连接网络，其中输入层、隐含层和输出层中的节点数分别为 n、s 和 m，代码如下：

```
self.U = nn.Linear(n, s)          #输入层到隐含层
self.V = nn.Linear(s, m)          #隐含层到输出层
```

并构造隐含层到隐含层的“延迟器”：

```
self.W = nn.Linear(s, s)         #隐含层到隐含层
```

我们规定输入张量的形状为(batch_size，seq_len，vec_dim)，其中 batch_size 表示数据批量的大小，seq_len 表示输入序列的长度，vec_dim 为序列中表示每个元素的向量的长度。

假设用 x 表示输入的张量，则 batch_size、seq_len、vec_dim 分别等于 x.size(0)、x.size(1)、x.size(2)。在本例中，batch_size＝1，seq_len＝4，n＝m＝x.size(2)＝vec_dim＝12，s 可以自由设置。

根据上述考虑及图 7-8(b)所示的循环神经网络的逻辑结构，我们编写如下代码来实现网络的功能(同时说明了相关代码的作用)：

```
a_t_1 = torch.rand(x.size(0), self.s) #相当于随机初始化 a0, 形状为(batch_size, s)
                                       #x 为输入张量,其形状为(batch_size, seq_len, n)
lp = x.size(1)                         #获取输入序列的长度 seq_len
for k in range(lp):                    #循环处理序列中的每个元素
    input1 = x[:,k,:]              #获取序列中第 k 个元素的表示,形状为(batch_size, n)
    input1 = self.U(input1)        #input1"经过"网络层 U 后得到的结果,形状为(batch_size, s)
    input2 = self.W(a_t_1)         #上一个激活输出 a_t_1 "经过"网络层 W 后得到的结果,
                                   #形状为(batch_size, s)
    input = input1+input2          #两个结果相加,形状为(batch_size, s)
    a_t = torch.relu(input)        #对 input 运用激活输出
    a_t_1 = a_t                    #保存当前的激活输出,以备下一次用
y_t = self.V(a_t)                  #将序列中最后一个元素的激活输出 a_t 送入网络层 V 后
                                   #得到的结果,其形状为(batch_size, m)
```

综上分析，我们即可得到能够实现类 Air_Model(见例 7.1) 相似功能的类 My_RNN，其完整代码如下：

```
class My_RNN(nn.Module):
    def __init__(self,n=vec_dim,s=128,m=vec_dim):
        super(My_RNN, self).__init__()
        self.s = s
        self.U = nn.Linear(n, s)        #输入层到隐含层
        self.V = nn.Linear(s, m)        #隐含层到输出层
        self.W = nn.Linear(s, s)        #隐含层到隐含层
    def forward(self, x):
        a_t_1 = torch.rand(x.size(0), self.s)
        lp = x.size(1)
        for k in range(lp):
            input1 = x[:, k, :]
            input1 = self.U(input1)
            input2 = self.W(a_t_1)
            input = input1 + input2
            a_t = torch.relu(input)
            a_t_1 = a_t
        y_t = self.V(a_t)
        return y_t
```

将例 7.1 中的类 Air_Model 替换为上述的类 My_RNN，然后将如下代码：

```
air_Model = Air_Model()
```

改为如下代码(其他所有代码不变)：

```
air_Model = My_RNN()
```

最后，运行修改后的代码，产生与例 7.1 相似的结果，如图 7-9 所示。

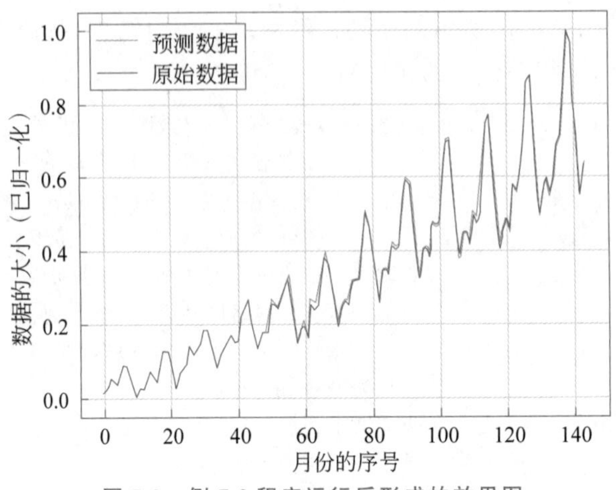

图 7-9　例 7.2 程序运行后形成的效果图

这样，我们就从"零"开始构建了一个循环神经网络，实现了对某国际航空公司每月旅客出行人数的预测。重要的是，通过本例子，读者可以对循环神经网络的原理有一个清晰的认识。

但是，这种循环神经网络难以处理长距离的依赖问题，因而在实际应用中多使用一种改进后的循环神经网络——长短时记忆网络(Long Short Term Memory Network，LSTM)。在下一节中我们将介绍这种网络的基本结构及其使用方法。

7.3　长短时记忆网络(LSTM)

在本节中，先介绍 LSTM 的结构和特点，然后再结合案例介绍它的使用方法。

7.3.1　LSTM 的结构和特点

LSTM 是由德国科学家 Schmidhuber 于 1997 年提出来的一种循环神经网络。LSTM 的优点在于，它在一定程度上解决了原始循环神经网络遇到的长距离依赖问题。也就是说，它可以处理更大长度的输入序列，这已经在自然语言处理、图片描述、语音识别等领域中获得成功应用。

长距离依赖问题的本质是梯度消失或梯度爆炸，这导致了原始循环神经网络不能处理较长的序列。为了解决这个缺陷，LSTM 增加了一个长期状态(也称细胞状态，下同)$\boldsymbol{c}$。这样，连同原来的短时状态(也称即时状态或隐藏状态)$\boldsymbol{h}$，一共就两个状态 $\boldsymbol{c}$ 和 $\boldsymbol{h}$。$\boldsymbol{c}$ 用于保存长期信息，$\boldsymbol{h}$ 用于保存短期信息。LSTM 的基本结构如图 7-10 所示。

LSTM 的主要功能是维持对 $\boldsymbol{c}$ 和 $\boldsymbol{h}$ 的有效控制，使得 $\boldsymbol{c}$ 能够保存长期信息，$\boldsymbol{h}$ 能够保持短期信息。LSTM 对 $\boldsymbol{c}$ 和 $\boldsymbol{h}$ 的控制主要是通过 3 个门来实现，分别是遗忘门 $\boldsymbol{f}_t$、输入门 $\boldsymbol{i}_t$ 和输出门 $\boldsymbol{o}_t$。它们的作用说明如下。

- 遗忘门 $\boldsymbol{f}_t$：负责控制上一时间步的长期状态 $\boldsymbol{c}_{t-1}$ 有多少信息应该被遗忘，还有多少

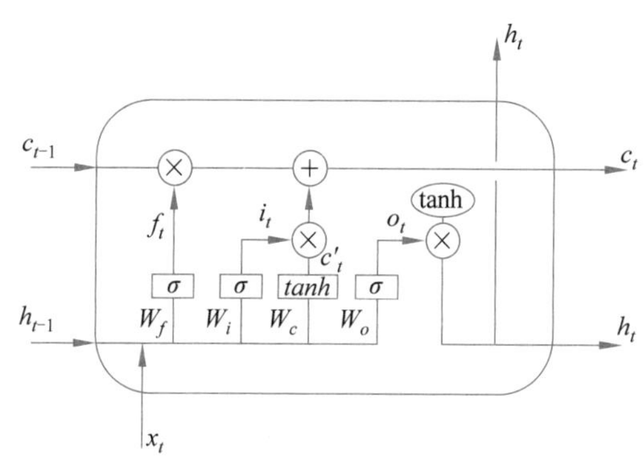

图 7-10　LSTM 的基本结构

信息应该继续保存到当前长期状态 $\boldsymbol{c}_t$ 中；

- 输入门 i_t：负责控制把当前输入信息 $\boldsymbol{x}_t$ 和上一时间步的短时状态 $\boldsymbol{h}_{t-1}$ 有多少可以保存到当前长期状态 $\boldsymbol{c}_t$ 中；
- 输出门 o_t：负责控制把当前长期状态 $\boldsymbol{c}_t$ 中的多少信息转化为当前的短时状态 $\boldsymbol{h}_t$ 并输出。

所谓的门(gate)，实际上就是一个全连接网络层。因此，每个门都有一个参数矩阵和一个偏置项。遗忘门 $\boldsymbol{f}_t$、输入门 $\boldsymbol{i}_t$ 和输出门 $\boldsymbol{o}_t$ 的参数矩阵分别记为 $\boldsymbol{W}_f$、$\boldsymbol{W}_i$ 和 $\boldsymbol{W}_o$，其偏置项分别记为 $\boldsymbol{b}_f$、$\boldsymbol{b}_i$ 和 $\boldsymbol{b}_o$。每个门的输入是一个向量，输出是一个 0 到 1 之间的实数向量。显然，任何一个数 x 乘以 0 到 1 之间的实数，将得到 0 到 x 之间的实数（即最小为 0，最大为 x），从而实现对 x 通过量的控制（可以让 x 全部通过，也可以让 x 部分通过，甚至全部阻拦——为 0）。这就是门控的基本原理。通过这 3 个门的控制，使得 $\boldsymbol{c}_t$ 可以保持到当前时刻为止的历史信息，因而它是一种长期状态。

另外，从图 7-10 中可以看出，输入门 $\boldsymbol{i}_t$ 是用于控制候选状态 $\boldsymbol{c}'_t$ 输入到 $\boldsymbol{c}_t$ 中的信息量，而 $\boldsymbol{c}'_t$ 是上一时间步的短时状态 $\boldsymbol{h}_{t-1}$ 和前输入信息 $\boldsymbol{x}_t$ 的综合，这种综合也是通过一个全连接网络层来实现的。该网络层的参数矩阵和一个偏置项分别记为 $\boldsymbol{W}_c$ 和 $\boldsymbol{b}_c$。

当前计算单元会同时接收到上一计算单元的输出 $\boldsymbol{h}_{t-1}$ 和当前计算单元的输入 $\boldsymbol{x}_t$。对两者的处理有不同的方式：一种是拼接处理，另一种是分割处理。

1. 拼接处理方式

拼接处理方式是指对 $\boldsymbol{h}_{t-1}$ 和 $\boldsymbol{x}_t$ 按照最后一个维度进行拼接。例如，假设 $\boldsymbol{h}_{t-1}$ 和 $\boldsymbol{x}_t$ 的形状分别为(128,10)和(128,20)，则按最后一维进行拼接后得到形状为(128,30)的张量。我们用$[\boldsymbol{h}_{t-1},\boldsymbol{x}_t]$表示对 $\boldsymbol{h}_{t-1}$ 和 $\boldsymbol{x}_t$ 拼接后得到的结果。于是，结合图 7-10，我们可以将上述的门和全连接网络层表示为如下的数学公式：

$$\boldsymbol{f}_t=\sigma(\boldsymbol{W}_f\cdot[\boldsymbol{h}_{t-1},\boldsymbol{x}_t]+\boldsymbol{b}_f)$$
$$\boldsymbol{i}_t=\sigma(\boldsymbol{W}_i\cdot[\boldsymbol{h}_{t-1},\boldsymbol{x}_t]+\boldsymbol{b}_i)$$
$$c'_t=\tanh(\boldsymbol{W}_c\cdot[\boldsymbol{h}_{t-1},\boldsymbol{x}_t]+\boldsymbol{b}_c)$$
$$\boldsymbol{o}_t=\sigma(\boldsymbol{W}_o\cdot[\boldsymbol{h}_{t-1},\boldsymbol{x}_t]+\boldsymbol{b}_o)$$
$$\boldsymbol{c}_t=\boldsymbol{f}_t\otimes\boldsymbol{c}_{t-1}+\boldsymbol{i}_t\otimes\boldsymbol{c}'_t$$
$$\boldsymbol{h}_t=\boldsymbol{o}_t\otimes\tanh(\boldsymbol{c}_t)$$

其中，σ 表示某一种激活函数，"·"表示矩阵相乘，"$\otimes$"表示向量元素乘积(即按位对向量进行相乘)。

从这些公式可以看出，待学习参数保存在 4 个参数矩阵($\boldsymbol{W}_f$、$\boldsymbol{W}_i$、$\boldsymbol{W}_c$、$\boldsymbol{W}_o$)和 4 个偏置项($\boldsymbol{b}_f$、$\boldsymbol{b}_i$、$\boldsymbol{b}_c$、$\boldsymbol{b}_o$)中。假设长期状态 $\boldsymbol{c}_t$ 的维数为 n_c(不考虑批量的大小在内，下同)，短期状态 $\boldsymbol{h}_t$ 的维数为 n_h，输入 $\boldsymbol{x}_t$ 的维数为 n_x，则$[\boldsymbol{h}_{t-1}, \boldsymbol{x}_t]$的维数为 n_h+n_x，于是我们推知 $\boldsymbol{W}_f$、$\boldsymbol{W}_i$、$\boldsymbol{W}_c$ 和 $\boldsymbol{W}_o$ 都是$(n_h+n_x)\times n_c$ 矩阵(因为它们都是连接$[\boldsymbol{h}_{t-1}, \boldsymbol{x}_t]$到 $\boldsymbol{c}_t$ 的网络层的参数矩阵)，即每个矩阵有$(n_h+n_x)\times n_c$ 个参数，一共有 $4(n_h+n_x)\times n_c$ 个参数。偏置项 $\boldsymbol{b}_f$、$\boldsymbol{b}_i$、$\boldsymbol{b}_c$、$\boldsymbol{b}_o$ 都是向量，它们的维数与 $\boldsymbol{c}_t$ 的维数一样，都等于 n_c，因此这些偏置项包含的待学习参数的总数为 $4n_c$。这样，LSTM 网络的参数总量为 $4(n_h+n_x)\times n_c+4n_c=4(n_h\times n_c)+4(n_x\times n_c)+4n_c$。

也可以这样理解，LSTM 一共包含 4 个全连接网络层，每个网络层的参数数量均为$(n_h+n_x)\times n_c+n_c$，因而 LSTM 网络的参数总量为 $4[(n_h+n_x)\times n_c+n_c]=4(n_h\times n_c)+4(n_x\times n_c)+4n_c$。

2. 分割处理方式

在有的 LSTM 变体(如 PyTorch 版的 nn.LSTM)中，$\boldsymbol{h}_{t-1}$ 和 $\boldsymbol{x}_t$ 并没有被拼接起来，而是分别单独送入相应的全连接网络，我们把这种处理方式称为分割方式。在分割处理方式中，上面的计算公式应改写为下列形式：

$$\boldsymbol{f}_t=\sigma(\boldsymbol{W}_f\cdot\boldsymbol{h}_{t-1}+\boldsymbol{b}_{f1}+\boldsymbol{W}_f\cdot\boldsymbol{x}_t+\boldsymbol{b}_{f2})$$

$$\boldsymbol{i}_t=\sigma(\boldsymbol{W}_i\cdot\boldsymbol{h}_{t-1}+\boldsymbol{b}_{i1}+\boldsymbol{W}_i\cdot\boldsymbol{x}_t+\boldsymbol{b}_{i2})$$

$$\boldsymbol{c}'_t=\tanh(\boldsymbol{W}_c\cdot\boldsymbol{h}_{t-1}+\boldsymbol{b}_{c1}+\boldsymbol{W}_c\cdot\boldsymbol{x}_t+\boldsymbol{b}_{c2})$$

$$\boldsymbol{o}_t=\sigma(\boldsymbol{W}_o\cdot\boldsymbol{h}_{t-1}+\boldsymbol{b}_{o1}+\boldsymbol{W}_o\cdot\boldsymbol{x}_t+\boldsymbol{b}_{o2})$$

$$\boldsymbol{c}_t=\boldsymbol{f}_t\otimes\boldsymbol{c}_{t-1}+\boldsymbol{i}_t\otimes\boldsymbol{c}'_t$$

$$\boldsymbol{h}_t=\boldsymbol{o}_t\otimes\tanh(\boldsymbol{c}_t)$$

由于 $\boldsymbol{h}_{t-1}$ 和 $\boldsymbol{x}_t$ 被独立送入不同的全连接网络中，因此就多出一个偏置项出来，从而导致偏置项包含的参数翻倍，因而整个 LSTM 的参数数量也有所不同。

先考察上述第一个公式。"$\boldsymbol{W}_f\cdot\boldsymbol{h}_{t-1}+\boldsymbol{b}_{f1}$"是 $\boldsymbol{h}_{t-1}$ 到 $\boldsymbol{c}_t$ 的网络层，其参数数量为 $n_h\times n_c+n_c$；类似地，"$\boldsymbol{W}_f\cdot\boldsymbol{x}_t+\boldsymbol{b}_{f2}$"表示相应的网络参数数量为 $n_x\times n_c+n_c$。这样，第一个公式对应的网络的参数数量为$(n_h\times n_c+n_c)+(n_x\times n_c+n_c)$。而第 2～4 个公式所对应的网络的参数数量同样都是$(n_h\times n_c+n_c)+(n_x\times n_c+n_c)$。因此，nn.LSTM 的参数数量为 $4(n_h\times n_c+n_c)+4(n_x\times n_c+n_c)=4(n_h\times n_c)+4(n_x\times n_c)+8n_c$。可见，这比拼接方式多出 $4n_c$ 个参数。

当然，我们也可以从 4 个网络层的构成来理解参数的数量，这样更直观一些。在每一个网络层中，由于 $\boldsymbol{h}_{t-1}$ 和 $\boldsymbol{x}_t$ 被独立地送入网络中，因而该网络层似乎被分为更小的两个子网络层：对 $\boldsymbol{h}_{t-1}$ 而言，输入节点数为 n_h，输出节点数为 n_c，因而该子网络层的参数数量为 $n_h\times n_c+n_c$；对 $\boldsymbol{x}_t$ 而言，输入节点数和输出节点分别为 n_x 和 n_c，故该子网络层的参数数量为 $n_x\times n_c+n_c$。因此，该网络层的参数数量为$(n_h\times n_c+n_c)+(n_x\times n_c+n_c)$。类似可计算，其他 3 个网络层的参数数量同样等于$(n_h\times n_c+n_c)+(n_x\times n_c+n_c)$，因而在分割处理方式下整个 LSTM 的参数数量为 $4[(n_h\times n_c+n_c)+(n_x\times n_c+n_c)]=4(n_h\times n_c)+4(n_x\times n_c)+8n_c$。

这与上面计算的结果是一致的。

拼接处理方式和分割处理方式的区别，可用图 7-11 来表示。

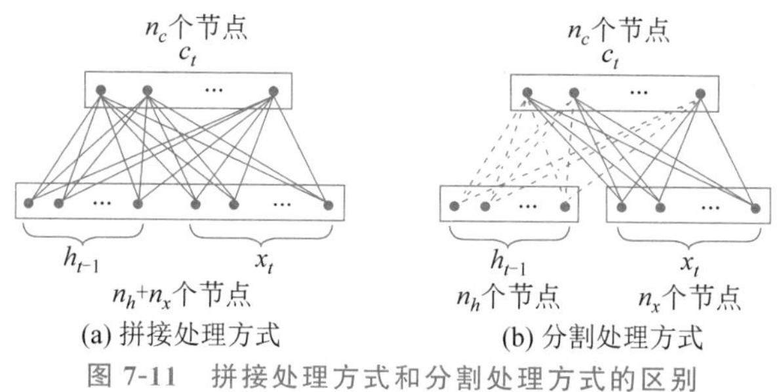

图 7-11 拼接处理方式和分割处理方式的区别

从图 7-11 中也可以看到，在拼接处理方式中，$\boldsymbol{h}_{t-1}$ 和 $\boldsymbol{x}_t$ 被拼接为一个向量，因而该向量和长期状态节点构成一个全连接网络层(见图 7-11(a))，单个网络层的参数数量为$(n_h+n_x)\times n_c+n_c$ 个，4 个这样的网络层的参数总量则为 $4[(n_h+n_x)\times n_c+n_c]$；在分割处理方式中，$\boldsymbol{h}_{t-1}$ 和 $\boldsymbol{x}_t$ 并没有被拼接为一个向量，而是各自单独与长期状态节点构成自己的子网络层，实际上就有两个子网络层(见图 7-11(b))，这两个子网络层的参数数量分别为 $n_h\times n_c+n_c$ 和 $n_x\times n_c+n_c$，于是整个 LSTM 网络的参数数量为 $4(n_h\times n_c+n_c)+4(n_x\times n_c+n_c)$。这与上面的分析都是一致的。

另外，在 LSTM 中 n_h 和 n_c 一般是相等的，即 $n_h=n_c$。

例如，考虑例 7.1 实例化 LSTM 所用的代码：

```
self.lstm = nn.LSTM(input_size=12, hidden_size=10, \
                    num_layers=1, batch_first=True, bidirectional=False, bias=True)
```

该代码表明，$n_h=n_c=$hidden_size$=10$，$n_x=$input_size$=12$，且由于 nn.LSTM 采用分割处理方式，所以 self.lstm 的参数总量为 $4(n_h\times n_c+n_c)+4(n_x\times n_c+n_c)=4(10\times10+10)+4(12\times10+10)=960$。我们也可以用如下代码计算 self.lstm 的参数总量：

```
num = 0
for param in air_Model.lstm.parameters():
    num += torch.numel(param)
print('self.lstm 的参数总量为: ', num)
```

执行后输出结果如下：

```
self.lstm 的参数总量为: 960
```

这与我们上面的分析结果是一致的。当然，nn.LSTM 也做了其他连接方面的改进，在这里我们不展开讨论了。

如果采用拼接处理方式，那么参数的总量应该为 $4[(10+12)\times10+10]=920$。

7.3.2 LSTM 的使用方法

LSTM 的结构比较复杂，一般不需要从零开始去构造这样的网络，而是调用已经模块化的函数来实现。torch.nn 提供了 LSTM 的实现模块，它的调用格式如下：

```
lstm = nn.LSTM(input_size, hidden_size, num_layers, bias, batch_first, dropout, \
               bidirectional)
```

其参数说明如下。

- **input_size**：对于输入序列，序列中的每个元素都需要表示成有统一规格的数值向量，而向量的长度则需要赋给参数 input_size，以便 LSTM 能够处理这些序列。例如，例 7.1 中序列是由 4 个年份构成，每个年份（元素）则表示成长度为 12 的数值向量，而长度 12 则应该赋给该参数 input_size，即 input_size＝12；又如，在自然语言处理中，序列通常是由若干个词构成，每个词（元素）必须表示成有相同长度的数值向量，而这个长度则必须赋给参数 input_size。
- **hidden_size**：用于设置 LSTM 中隐藏层神经元的个数，实际上就是设置长期状态 $\boldsymbol{c}$ 的维数 n_c 和短期状态 $\boldsymbol{h}$ 的维数 n_h。注意，在 nn.LSTM 中，n_c 和 n_h 一般是相等的。也就是说，如果 hidden_size＝512，则 $n_c=n_h=512$。
- **num_layers**：用于设置 LSTM 的层数。例如，如果 num_layers＝2，则表示该 LSTM 有两层。num_layers 的默认值为 1。
- **bias**：用于设置每个隐藏层神经元是否有偏置。如果 bias＝True（默认值），则表示每个神经元都有偏置项；如果 bias＝False，则没有。
- **batch_first**：该参数决定 LSTM 接收输入张量的格式，LSTM 只能接受三维张量的输入：

  （1）当 batch_first＝True 时，表示"批量在前，序列在后"，即输入张量的第 1 维用于表示批量的大小，第 2 维用于表示序列的长度，即输入张量的形状为：

  （batch_size，seq_len，vec_dim）

  其中，batch_size 表示批量中序列的数量（样本数量），seq_length 表示每个序列中元素的数量，input_dim 则为表示每个元素的向量的长度，该参数和参数 input_size 一般相等。

  （2）当 batch_first＝False（默认值）时，表示"序列在前，批量在后"，即张量的第 1 维用于表示序列的长度，而第 2 维才用于表示批量的大小，即输入张量的形状为：

  （seq_len，batch_size，vec_dim）

  不管 batch_first 的值设置为什么，第 3 维总表示向量的长度，该向量用于表示序列中的元素。
- **dropout**：LSTM 模块内神经元随机丢失的比例，仅在多层 LSTM 的传递中使用。
- **bidirectional**：当该参数为 True 时，表示 LSTM 采用双向网络；当为 False 时（默认值），表示 LSTM 采用单向网络。

可以看到，LSTM 的参数众多，而且参数取值的不同搭配组合会产生不同的返回结果，加上 LSTM 的工作过程比较抽象，使得学习 LSTM 的使用变得比较困难。下面从时间步上分析它的工作机制，让读者能够清晰地理解 LSTM 的工作原理和使用方法。

假设用上面的 LSTM 调用格式创建了 LSTM 对象 lstm，则调用对象 lstm 的格式如下：

```
out, (hn, cn) = lstm(x)
```

其中，$\boldsymbol{x}$ 为输入的张量，对象 lstm 返回 3 个结果，分别放在张量 out、hn 和 cn 中。

假设在张量 $\boldsymbol{x}$ 中序列的长度为 seq_length，则 LSTM 在处理过程中会产生 seq_length 个时间步，在每个时间步上会形成一个逻辑计算单元，即一共有 seq_length 个计算单元，如图 7-12 所示。在图 7-12 中，为了表示上的简洁，用 n 表示 seq_length，即 n=seq_length。

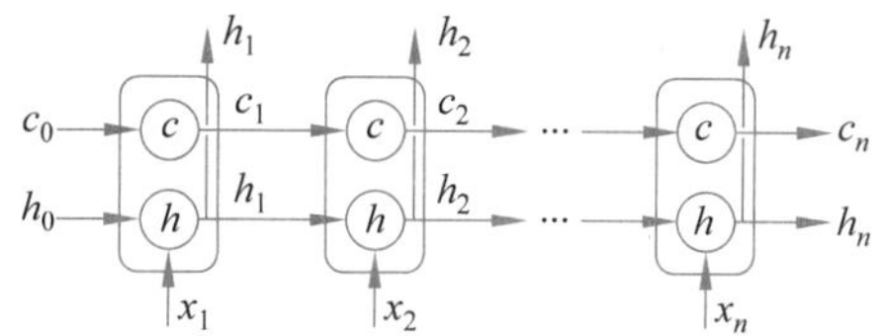

图 7-12 LSTM 在时间步上展开后形成的逻辑计算单元(n=seq_length)

(1) 当 batch_first=False(默认值)，则输入张量 $\boldsymbol{x}$ 的形状为(seq_length，batch_size，input_dim)。例如，如果张量 $\boldsymbol{x}$ 的形状为(30，128，200)，则表示 $\boldsymbol{x}$ 包含 128 个序列，每个序列都包含 30 个元素，每个元素用长度为 200 的数值向量来表示。

在运行时，序列中的第 1 个元素 $\boldsymbol{x}_1$ 先被输入到 LSTM 中，第 1 个单元利用 $\boldsymbol{c}_0$ 和 $\boldsymbol{h}_0$(被随机初始化，或按某种分布对其初始化)一起计算后输出 $\boldsymbol{c}_1$ 和 $\boldsymbol{h}_1$，这时 $\boldsymbol{h}_1$ 的一个副本会被输出到当前单元的外部(图 7-12 中用向上箭头表示，下同)，同时 $\boldsymbol{c}_1$ 和 $\boldsymbol{h}_1$ 会一起被送入到第 2 个单元；然后，序列中的第 2 个元素 $\boldsymbol{x}_2$ 被输入到第 2 个单元，该单元利用上一单元的输出 $\boldsymbol{c}_1$ 和 $\boldsymbol{h}_1$，计算后产生 $\boldsymbol{c}_2$ 和 $\boldsymbol{h}_2$ 并将之输出到下一个单元，同时 $\boldsymbol{h}_2$ 的一个副本也会被输出到当前单元的外部；…，直到第 n 个单元，它利用输入 $\boldsymbol{x}_n$ 和上一单元的输出 $\boldsymbol{c}_{n-1}$ 和 $\boldsymbol{h}_{n-1}$，计算后输出 $\boldsymbol{c}_n$ 和 $\boldsymbol{h}_n$。

在 nn.LSTM 中，$\boldsymbol{c}_1,\boldsymbol{c}_2,\cdots,\boldsymbol{c}_n$ 以及 $\boldsymbol{h}_1,\boldsymbol{h}_2,\cdots,\boldsymbol{h}_n$ 的形状都是相同的，均为(num_layers×bidirections，batch_size，hidden_size)，其中如果 bidirectional=True，则 bidirections=2，否则 bidirections=1(默认值)。

调用格式中，张量 hn 和 cn 实际上分别保存第 n 个计算单元的两个输出：$\boldsymbol{c}_n$ 和 $\boldsymbol{h}_n$。显然，张量 hn 和 cn 的形状也都是(num_layers×bidirections，batch_size，hidden_size)。

注意到，每个计算单元都有一个输出 $\boldsymbol{h}_i(i=1,2,\cdots,n)$，其形状也为(num_layers×bidirections，batch_size，hidden_size)。那么，它们保存在哪儿呢？也许读者可以猜到了，保存在张量 out 中。因此，张量 out 的形状为(seq_length，batch_size，hidden_size×bidirections)。

先考虑最简单和最常用的情况。假设 num_layers=1，bidirectional=False，即假设 LSTM 是单层、单向的(这也是默认和最简单的结构)，则 $\boldsymbol{c}_1,\boldsymbol{c}_2,\cdots,\boldsymbol{c}_n$、$\boldsymbol{h}_1,\boldsymbol{h}_2,\cdots,\boldsymbol{h}_n$ 以及张量 hn 和 cn 的形状均为(1，batch_size，hidden_size)，张量 out 的形状为(seq_length，batch_size，hidden_size)。对比这两种形状可以推知，每个计算单元的输出 $\boldsymbol{h}_i(i=1,2,\cdots,n)$"堆叠"在一起就得到张量 out，这种关系可从图 7-13 体会到。

下面代码按第一维获取张量 out 中的最后一个元素(张量)，然后和张量 hn 相对比：

```
lstm = torch.nn.LSTM(input_size=200, hidden_size=120, num_layers=1, \
     batch_first=False, bidirectional=False, bias=True)
x = torch.randn(30,128,200)          #随机生成输入张量 x
out, (hn, cn) = lstm(x)              #调用 LSTM 对象 lstm
print(x.shape)                       #输出各张量的形状
```

```
print(out.shape, hn.shape,cn.shape)
t = out[29,:,:].unsqueeze(0)   #(按第一维)获取张量 out 中的最后一个元素(即 hn)
print('判断两个张量是否相等?', '相等' if t.equal(hn) else '不相等')
```

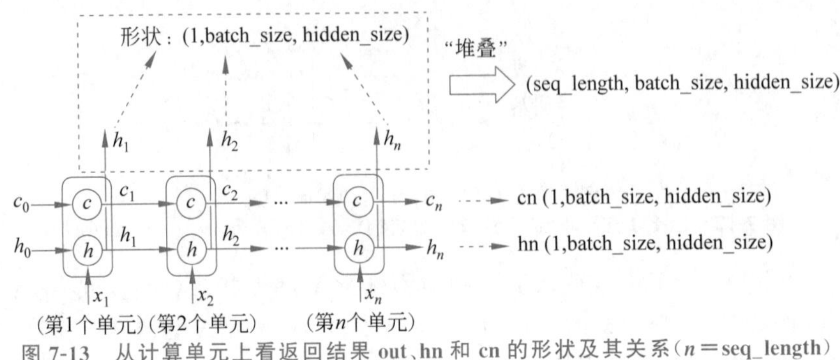

图 7-13　从计算单元上看返回结果 out、hn 和 cn 的形状及其关系(n=seq_length)

执行上述代码,输出结果如下:

```
torch.Size([30, 128, 200])
torch.Size([30, 128, 120]) torch.Size([1, 128, 120]) torch.Size([1, 128, 120])
判断两个张量是否相等? 相等
```

这表明,按第一维获取张量 out 中的最后一个元素(也是一个张量),它与最后一个单元输出的 $\boldsymbol{h}_n$ 是相等的,因而我们的猜想是对的。

对于更复杂的情况,LSTM 主要是对各自的 $\boldsymbol{h}_i$ 进行相应的处理后再"堆叠"到 out 中。限于篇幅,这里就不展开介绍。

由张量 $\boldsymbol{x}$ 表示的序列 $\boldsymbol{x}_1,\boldsymbol{x}_2,\cdots,\boldsymbol{x}_n$,在经过上述 n 个单元的计算后,产生的 out(各个单元输出的"堆叠")一般被视为这个序列 $\boldsymbol{x}_1,\boldsymbol{x}_2,\cdots,\boldsymbol{x}_n$ 的特征,进而为下游应用服务(如分类等)。但在进一步使用之前,通常会按第一维对张量中的元素进行相加,如:

```
out = torch.sum(out, dim=0)
```

这时 out 的形状会从(30,128,120)变为(128,120)。

注意,如果 batch_first=True,则第二维表示序列长度,这时应该按第二维对张量中的元素进行相加。

这种加法操作实际上是将序列中各个元素的特征加在一起,将得到的结果作为整个序列的特征。这里采用了一种假设:序列中各个元素是同等重要的。然而,在许多应用中序列的不同元素发挥的作用是不一样的,因而应采用加权求和,而不是简单地相加。也就是说,为每个元素找到一个权值,一共 30 个权值:$\alpha_0,\alpha_1,\cdots,\alpha_{29}$,然后执行下列相加操作:

$$\text{out}=\alpha_0\cdot\text{out}[0]+\alpha_1\cdot\text{out}[1]+\cdots+\alpha_{29}\cdot\text{out}[29]$$

那么,如何找到这 30 个权值呢?这通常设置另一个网络来找(该网络有 30 输出节点,输出 30 个权值),这种网络一般是注意力机制网络,这将在第 8 章介绍。

此外,有时候 $\boldsymbol{h}_n$(即 hn)也可能用作这个序列 $\boldsymbol{x}_1,\boldsymbol{x}_2,\cdots,\boldsymbol{x}_n$ 的特征。例如,在例 7.1 中设置了下面一条语句:

```
_, (h_out, _) = self.lstm(x)
```

其作用就是使用 $\boldsymbol{h}_n$ 作为序列的特征。但是,一般不使用 $\boldsymbol{c}_n$(即 cn)作为序列的特征。

(2) 当 batch_first= True,输入张量 $\boldsymbol{x}$ 的形状应该设置为(batch_size,seq_length,input_dim)。这时,除了张量 out 的形状改变为(batch_size,seq_length,hidden_size × bidirections)以外,hn 和 cn 的形状没有发生改变,仍然为(num_layers× bidirections,batch_size,hidden_size),同时 LSTM 的工作机理也一样。

7.3.3 深度循环神经网络

前面介绍循环神经网络都只有一个隐藏层,因此它们不是真正意义上的深度神经网络。我们可以堆叠两个或两个以上的隐藏层,从而构造真正的深度神经网络。

在 PyTorch 中,利用 nn.LSTM 来构造深度神经网络就比较简单,只要把参数 num_layers 设置为 2 及大于 2 的整数即可(该参数的默认值为 1)。例如,下列代码定义了由 3 个隐藏层构成的深度 LSTM 模型:

```
lstm = nn.LSTM(input_size=12, hidden_size=10, num_layers=3, \
               batch_first=True, bidirectional=False, bias=True)
```

但注意,LSTM 模型输出的形状有改变(与 num_layers=1 的情况相比)。例如,执行下列代码:

```
x = torch.randn(1, 4, 12)
out, (h_out, c_out) = lstm(x)
print(out.shape, h_out. shape, c_out.shape)
```

结果,h_out 和 c_out 的形状均为 torch.Size([3,1,10]),此外 out 的形状为 torch.Size([1,4,10])。为此,需要对"3"进行相应的处理,例如:

```
h_out = torch.mean(h_out, dim=0, keepdim=True)        #求平均值
```

结果,h_out 的形状变为 torch.Size([1,1,10])。

请读者按照这种思路修改例 7.1 中的代码,构造一个深度循环神经网络,以实现对航空公司每月旅客出行人数的预测。

当然,由于采用这种方法增加的隐藏层都是全连接层,这种网络层不宜设置太多,一般不超过 3-4 层,否则容易出现梯度消失等问题。

7.3.4 双向循环神经网络

循环神经网络的优点在于:它可以"回头看",因而可以利用上文的信息来辅助当前的决策。但是,在有的情况下,不但需要"回头看",而且还需要"向后看",即还需要利用下文信息才能做出正确的决策。

例如,观察下面一句话:

> 我想出国,我准备去________雅思考试。

如果只看前面部分,那么横线上似乎可以填"签证""美国"等词,这带有很大的不确定性;但如果还看到后面的"雅思考试",那么横线上填"参加"的概率就非常高了。这说明,有时候需要获得上下文的信息才能做出当前的决策。为此,人们提出了双向循环神经网络。

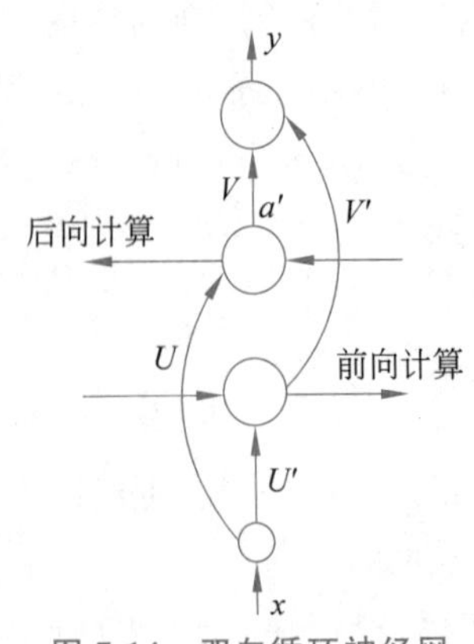

图 7-14 双向循环神经网络的逻辑结构

双向循环神经网络(Bidirectional recurrent neural network,BRNN)可以理解为：在单向神经网络的基础上再增加一个隐藏层,这两个隐藏层连着相同的输入层和输出层,于是得到两个循环神经网络(RNN);但它们处理序列的顺序不一样,其中一个执行前向计算(由左到右),另一个执行后向计算(由右到左),它们共同给输出层提供序列中每一个元素(词)的过去和未来的上下文信息。但当采用双向循环神经网络时,输出层和隐藏层中的神经元数量都将翻倍。双向循环神经网络的这种逻辑结构可用图 7-14 表示。

在 PyTorch 中,利用 nn.LSTM 来构造双向循环神经网络也非常容易,只需把参数 bidirectional 的值设置为 True 即可(其默认值为 False,表示默认为单向循环神经网络)。例如,下列代码定义了一个双向循环神经网络模型：

```
lstm = nn.LSTM(input_size=12, hidden_size=10, num_layers=1, \
               batch_first=True, bidirectional=True, bias=True)
```

对于双向循环神经网络模型,除了参数个数翻倍以外,其输出的形状也产生变化。例如,执行下列代码：

```
x = torch.randn(32, 4, 12)
out, (h_out, _) = lstm(x)
print(out.shape, h_out.shape)
```

结果发现,out 和 h_out 的形状分别为(32,4,20)和(2,32,10);如果将 bidirectional=True 改为 bidirectional=False,则 out 和 h_out 的形状分别为(32,4,10)和(1,32,10)。在编写代码时,需要根据这种形状的改变来调整后续代码。

7.3.5 LSTM 的变体——GRU

自从 LSTM 被提出以来,学者们对其进行了大量的改进,产生了多种 LSTM 变体版本。其中,比较有名和成功的变体版本是 GRU。GRU(Gated Recurrent Unit)对 LSTM 进行许多简化,其参数量明显比 LSTM 的少,但却保持了与 LSTM 几乎相同的效果,所以近年来 GRU 变得越来越受欢迎。

在 PyTorch 中,可以利用 nn.GRU 来构造这种简化版的循环神经网络,其参数设置与 nn.LSTM 的参数设置是一样的。但由于在 GRU 中长期状态单元和短时状态单元被合并为一个状态单元,因而其输出的张量有很大的变化。

例如,下面代码定义了一个 GRU 模型：

```
gru = nn.GRU(input_size=12, hidden_size=10, num_layers=1, \
             batch_first=True, bidirectional=False, bias=True)
```

其中,定义该 GRU 模型所使用的参数设置与上面定义 LSTM 模型的参数设置完全一样,然而该 GRU 模型只有 720 个参数,而前面的 LSTM 模型有 960 个参数。

此外,从执行下列代码输出的结果中可以看出两者返回结果的差异：

```
x = torch.randn(32, 4, 12)
out, h_out = gru(x)
print(out.shape, h_out.shape)
```

输出结果如下：

```
torch.Size([32, 4, 10]) torch.Size([1, 32, 10])
```

GRU 模型返回的结果只有两个张量，而 LSTM 模型有 3 个张量。实际上，LSTM 模型返回的第三个张量一般很少使用，这也说明 GRU 显得更为精简。

GRU 模型的具体应用案例可参见例 8.1，此不赘言。

7.4　文本的表示

可以说，循环神经网络是为文本处理而诞生的，其一开始就与文本处理"纠缠"在一起了。所以，本节先介绍文本的表示问题，然后再结合文本处理介绍 LSTM 的应用案例。

本质上，神经网络只能处理数值型数据，不能处理符号型数据。所以，在运用循环神经网络之前，待处理的文本必须先转化为数值向量或张量。具体讲，在运用包括 LSTM 在内的循环神经网络时，至少要先做两个预处理：①将被处理的数据转化为一系列等长的序列；②将序列中每个元素表示成等长的数值向量（词向量化）。下面将讨论这两个问题，其中重点介绍常用的词向量化方法。

7.4.1　词的独热表示

早期，词向量化方法主要是独热（one-hot）编码。该方法的基本过程是，首先创建一个包含所有词的词表（这种词表实际上就是 Python 语言中的字典，所以有时候也称为字典），并在词表中为每个词分配一个唯一的索引；假设词表大小为 N（即词的个数），对给定索引为 i 的词 w，建立一个长度为 N 的向量 $\mathbf{V}$，然后将向量 $\mathbf{V}$ 中下标为 i 的分量设置为 1，其他分量设置为 0。这样得到的 $\mathbf{V}$ 便是词 w 的独热表示，也称为独热向量或 **one-hot** 向量。

例如，对于句子"明天去看展览"，对它分词后可以得到"明天""去""看""展览"等 4 个词。首先建立词表：

{"明天"：0，"去"：1，"看"：2，"展览"：3}

在词表中，每个词都有一个唯一的索引。根据该词表，可以得到各词的 one-hot 向量，如表 7-1 所示。

表 7-1　各词的 one-hot 向量

词	one-hot 向量	词	one-hot 向量
明天	(1,0,0,0)	看	(0,0,1,0)
去	(0,1,0,0)	展览	(0,0,0,1)

显然，这些向量都是数值向量，如(0,1,0,0)等，它们都可以输入到神经网络进行处理的。

独热编码的优点是直观、编码方便、易理解。但其缺点也是明显的：①稀疏性和高维性。在自然语言数据集中,可能有成千上万个不同的词,因而 one-hot 向量的维数普遍比较高(甚至达到几十万维),而且在高维的向量中只有一个分量为 1,其他分量均为 0。这样,1 的分布十分稀疏,严重影响表达的效率。②one-hot 向量不能表示上下文信息,无法体现词与词之间的关系。例如,任何两个不同词的 one-hot 向量的欧氏距离均为 0,利用欧氏距离无法计算词之间的语义相近程度等。因而,人们进一步提出了其他更出色的词表示方法。

7.4.2 Word2Vec 词向量

Word2Vec 意为"Word to vector",它是谷歌公司于 2013 年提出的词向量化的一种方法[11]。Word2Vec 实际上是 NLP(自然语言处理)的一个工具,是一个预训练模型。其特点是,利用给定的数据集训练一个模型,该模型可以对输入的词给出相应低维、稠密的向量表示。这种向量较好地考虑了上下文关系,不仅融合了历史信息,也融合了"未来"的上下文信息。相对于 one-hot 向量,Word2Vec 向量的维数要低得多,向量中的每个分量都是不同的实数,且利用这些向量可以度量词与词之间的语义关系等。

例如,下列代码说明了如何利用已有的语料训练一个 Word2Vec,以及如何输出各个词的词向量等:

```
from gensim.models import Word2Vec
sentence = [['明天', '去', '看', '展览'], ['明天', '有', '图书', '展览']]   #模拟预料
model = Word2Vec(sentences = sentence, \
                 vector_size=5, \        #设置词向量的长度(在以前版本中 size=5),
                                         #默认值是 100
                                         #长度越长保留的信息越多,当 vector_size 足够
                                         #大时,甚至可以解决一词多义的问题
                 min_count=1, \          #去除词频小于 1 的词汇
                 window=5)               #词向量上下文最大距离,该值越大,则上下文
                                         #范围越广,默认值为 5
word_vector = model.wv['明天']           #获取'明天'的词向量
print(word_vector)
print(model.wv.key_to_index)             #输出由所有词汇构成的词表(键-值对形式)
print((model.wv.index_to_key))           #输出由所有词汇构成的列表(list)
```

执行上述代码,输出结果如下:

```
[-0.14233617  0.12917742  0.17945977  -0.10030856  -0.07526746]
{'展览': 0, '明天': 1, '图书': 2, '有': 3, '看': 4, '去': 5}
['展览', '明天', '图书', '有', '看', '去']
```

这个例子告诉我们如何训练一个 Word2Vec 以及如何获得词的词向量等。

从这个例子大概也可以看出,Word2Vec 模型是要利用已有的语料来预先训练,得到一个模型,然后提供给下游任务去使用。相对下游任务而言,这种词向量表示是静态的,无法保持与下游任务"与时俱进"。直觉告诉我们,这种与任务无关的词向量化方法在部分场景中可能大打折扣。当然,通过知识迁移方法,Word2Vec 生成的向量也可以为其他表示学习提供初始化数据,从而可能加快相关任务的训练过程。

7.4.3 词嵌入表示

如今,比较盛行且被证明为有效的词向量化方法是与任务相关的词嵌入表示(Word

embedding)。在词嵌入表示方法中,要事先为每个词分配一个固定长度的向量,向量中的初始数值一般是通过随机初始化产生。这种向量也是低维、稠密的一种分布式表示。相对于由 one-hot 向量构成的稀疏的高维向量空间,由这种词向量构成的向量空间好像是嵌入到前者之中的一种稠密的低维的子空间,因而也称为词嵌入空间。

实际上,Word2Vec 词向量构成的空间也是低维、稠密的词嵌入空间。但这种空间在任务执行之前就已经确定了的,是静态的词向量空间。

我们这里要介绍的是动态的词嵌入表示方法,这主要体现在:这种词嵌入向量(简称词向量)与网络中的权值参数一样,在训练过程中它们也是被更新、被优化的;在训练收敛以后,所得到的向量才是相应词的向量表示。也就是说,在这种方法中,词向量化过程和模型训练过程是同步进行的,模型收敛之时也是词向量化完成之时;且词向量化的结果与具体的任务是相关,或者说这种方法是由任务同步驱动的词向量化方法。

下面结合具体的例子,介绍如何构建词嵌入表示。

假设给定如下 4 个句子以及它们的类别信息:

```
sentences = ['明天去看展览', '今天加班,天气不好', '明天有图书展览', '明天去']
labels = [1, 0, 1, 1]        #0 表示一个类别,1 表示另一个类别,每个句子对应一个类别
```

构建分类模型及完成词嵌入式表示的主要步骤如下。

(1) 分词并建立词表,代码如下:

```
#分词后,每个句子分解成若干个词汇,这些词汇便构成一个 list
#所有这样的 list 便放在 sent_words 中
sent_words = []
vocab_dict = dict()                       #在 Python 语言中用字典实现词表的功能
max_len = 0                               #保存最长句子的长度(词汇个数)
for sentence in sentences:                #取出每一个句子
    words = list(jieba.cut(sentence))     #分词(用 jieba 分词)
    if max_len<len(words):                #保存最长句子的长度
        max_len = len(words)
    sent_words.append(words)
    for word in words:                    #统计词频
        vocab_dict[word] = vocab_dict.get(word, 0) + 1
#按频率降序排列词汇
sorted_vocab_dict = sorted(vocab_dict.items(), key=lambda kv: (kv[1], \
                kv[0]), reverse=True)
#去掉最后的两个词汇(也可以去掉更多的低频词)
sorted_vocab_dict = sorted_vocab_dict[:-2]
#<unk>、<pad>分别表示未知单词和填充用的单词
vocab_word2index =  {'<unk>':0, '<pad>':1}
for word,_ in sorted_vocab_dict:
    if not word in vocab_word2index:
        vocab_word2index[word] = len(vocab_word2index)     #构建单词的唯一编码
```

至此,产生 3 个中间结果:sent_words[]、vocab_word2index 和 max_len,其中 sent_words 存放的是各序列构成的列表(sent_words 本身也是列表),各序列长度不一;vocab_word2index 是由各个词汇构成的词表,用于完成词的索引编码;max_len 用于保存最长句子的长度。它们的内容如下:

```
vocab_word2index = {'<unk>': 0, '<pad>': 1, '明天': 2, '展览': 3, '去': 4, ',':
5, '看': 6, '有': 7,'天气': 8, '图书': 9, '加班': 10}
ent_words= [['明天', '去', '看', '展览'],
            ['今天', '加班', ',', '天气', '不好'],
            ['明天', '有', '图书', '展览'],
            ['明天', '去']]
max_len = 5
```

（2）完成序列的索引编码。所谓索引编码，就是用词表中的索引来表示序列中各个元素（词）的过程。由于每个索引都是整数，因而索引编码也称为整数编码。在编码过程中，可能还需要考虑等长化等问题。索引编码是词嵌入表示的一个前期步骤，在后面的学习过程中会逐步体会到。

下面先确定序列的长度，然后再利用词表对各个序列中的元素进行索引编码，接着用1填补长度不足max_len的序列，最后将各等长序列向量化。注意，只有进行了索引编码后才能进行张量化，所以索引编码就显得很重要，否则下面的步骤是无法进行的。

相关代码如下：

```
#设置序列的长度(可以设为最长句子的长度,也可以取平均值等)
max_len = int(max_len * 0.9)
en_sentences = []
for words in sent_words:
    words = words[:max_len]                          #截取超过 max_len 个元素的部分
    #对序列中的元素进行索引编码,0 表示未知词汇<unk>的编码
    en_words = [vocab_word2index.get(word, 0) for word in words]
    #对长度不足 max_len 的序列,用 1 填补,1 为填充词<pad>的索引
    en_words = en_words + [1] * (max_len - len(en_words))
    en_sentences.append(en_words)
#至此,形成每个序列等长的索引向量,保存在 en_sentences[]中
sentences_tensor = torch.LongTensor(en_sentences) #转化为张量
labels_tensor = torch.LongTensor(labels)
```

上面代码得到两个张量：sentences_tensor 和 labels_tensor，它们的形状分别为(4,4)和(4)。“(4,4)”表示有4个序列，每个序列中元素个数为4，“(4)”表示有4个类标记，分别表示各个序列的类属。sentences_tensor 和 labels_tensor 的内容分别如下：

```
tensor([[ 2,  4,   6,  3],
        [ 0,  10,  5,  8],
        [ 2,  7,   9,  3],
        [ 2,  4,   1,  1]])
tensor([1, 0, 1, 1])
```

（3）数据打包。对数据进行打包，每个包包含3个序列。代码如下：

```
dataset = TensorDataset(sentences_tensor, labels_tensor)
dataloader = DataLoader(dataset=dataset, batch_size=3, shuffle=True)
```

由于总共只有4个序列（句子），因此有一个包有3个序列，另一个包只有1个序列。

（4）定义词嵌入向量空间。为词表中每一个索引（整数）定义一个长度固定为20（也可

以设置为 40 等，看问题的复杂性而定）的向量，所有这些向量便构成了词嵌入向量空间。这需要定义嵌入层来实现，关键代码如下：

```
self.embedding = nn.Embedding(len(vocab_word2index), 20)  #也可以设置宽度为 40 等
```

其中，nn.Embedding 是 nn 模块提供的 API。它实际上是创建了高度为 len(vocab_word2index)、宽度为 20 的二维实数矩阵。矩阵中的初始数据是随机初始化而形成的。当然，我们也可以利用 Word2Vec 等工具来初始化该矩阵，这实际上相当于应用知识迁移的方法。

例如，假设已有训练好的初始数据保存在同尺寸的张量 pretrained_weight 中，则可以用下列语句将这些数据复制到该矩阵中（作为初始化数据）：

```
#pretrained_weight = torch.randn(len(vocab_word2index), 20)    #模拟训练好的数据
self.embedding.weight.data.copy_(pretrained_weight)
```

张量 sentences_tensor 中的索引（正整数）正是该矩阵的行下标值，或者说，正是通过该下标值将各个词和矩阵中的行向量关联起来。需要注意的是，该矩阵中的参数与网络权值参数一样，在训练过程中不断得到更新和优化，直到训练过程结束（收敛）后，这种更新才中止。此时，每一个行向量就成为相应词的向量表示。

嵌入向量空间需要和 LSTM 一起训练，因此它们一般放在一个类当中。这里类的定义如下：

```
class Model(nn.Module):
    def __init__(self):
        super(Model, self).__init__()
        self.embedding = nn.Embedding(len(vocab_word2index), 20) #嵌入层
        self.lstm = nn.LSTM(input_size=20, hidden_size=28, num_layers = 1,\
                batch_first = False, bidirectional = False, bias = True)
        self.fc = nn.Linear(28, 2)
    def forward(self, x):              #torch.Size([3, 4])
        o = self.embedding(x)          #torch.Size([3, 4])变为 torch.Size([3, 4, 20])
        o, (_, _) = self.lstm(o)
        o = torch.sum(o, dim=1)        #将各单元的输出简单相加，形成当前序列 x 的特征
        o = self.fc(o)
        return o
```

在上述代码中，理解“o=self.embedding(x)”是关键。首先，这里的 x 是对句子进行索引编码后形成的索引张量（张量中的元素为索引，即正整数）。如果输入 x 的形状为(3,4)，则输出 o 的形状为(3,4,20)。可以这样理解这个变换过程：输入 x 包含 3 个序列，每个序列由 4 索引（正整数）组成；在经过嵌入层 self.embedding 以后，序列的总量 3 保持不变，但序列中每个索引被替换成了长度为 20 的数值向量。替换的方法是，以索引为行下标，在上述二维实数矩阵中找到对应的行向量，然后以此向量来替换 x 中的索引即可；执行所有这样的替换后，输出 o 的形状就变成了(3,4,20)。

输入 x 在经过嵌入层 self.embedding 以后，才真正完成词从符号到向量的转变（期间经过了索引编码的过程）。此后，虽然向量中的数值还在不断被更新，但是在编程思维上我们可以用向量来代替相应的词了。

(5) 训练模型,形成最终的词嵌入向量空间。训练代码如下:

```
lstm_model = Model()                    #创建实例
optimizer = torch.optim.Adam(lstm_model.parameters(), lr=0.01)
for ep in range(100):                   #训练 100 轮
    for i, (batch_texts,batch_labels) in enumerate(dataloader):
        output = lstm_model(batch_texts)
        #本例是个分类任务,用交叉信息计算损失的函数值
        loss = CrossEntropyLoss()(output, batch_labels)
        print(round(loss.item(),4))
        optimizer.zero_grad()           #更新参数,包括嵌入向量中的参数
        loss.backward()
        optimizer.step()
```

词嵌入向量空间中的数据一般是随机初始化得到的,或者是从别的地方迁移过来的,需要通过训练并待模型收敛后,形成的最终向量才是正确的词向量。

经过训练并待模型收敛后,可仿造下列代码输出任何一个词的词向量:

```
embedding = lstm_model.embedding.weight.clone()     #将词嵌入向量空间转化为张量
index = vocab_word2index['明天']                     #查看'明天'的词向量
print(np.array(embedding[index].data))
```

上述代码用于输出'明天'的词向量,结果得到如下的向量:

```
(0.886, -1.8081, 0.5094, -0.3197, 0.2217, -0.6586, 0.6308, -0.379, -0.2269,
0.267, -1.2014, 1.5571, -1.4393, -0.3958, 0.3539, 0.4668, -1.4754, -0.3781,
0.7225, 0.1311)
```

如前面所述,这些向量中的参数是与网络的权值参数一起学习和优化的。当这些参数确定了(模型收敛了),任务也完成了。显然,词向量学习和任务完成是“共生关系”,没有词向量学习,任务也是完成不了。此外,如果需要,也可以将这些学习到的向量参数迁移到其他任务中,以提高相关任务的完成效率。

7.5 基于 LSTM 的文本分类

本节具体介绍如何使用词嵌入表示和 LSTM 实现一个英文文本分类的任务。

【例 7.3】 对给定的英文文本及其分类标记,构建一个基于 LSTM 的文本分类模型。

本例使用的数据集是一个英文文本数据集,保存在./data/corpus 目录下。数据集中每一条英文文本都放在标记对<text></text>之间,相应的分类标记则放在标记对<Polarity></Polarity>之间,该标记对位于标记对<text></text>的前面。相应结构如图 7-15 所示。

编写程序的步骤如下。

1. 构建序列数据集和单词词表

定义函数 get_dataset_vocab(),其功能是按空格对英文句子进行拆分,每一个英文句子形成一个列表,该函数返回由所有这样的列表组成的列表。此外,还返回由各个单词构成的词表,以用于单词的索引编码。该函数代码如下:

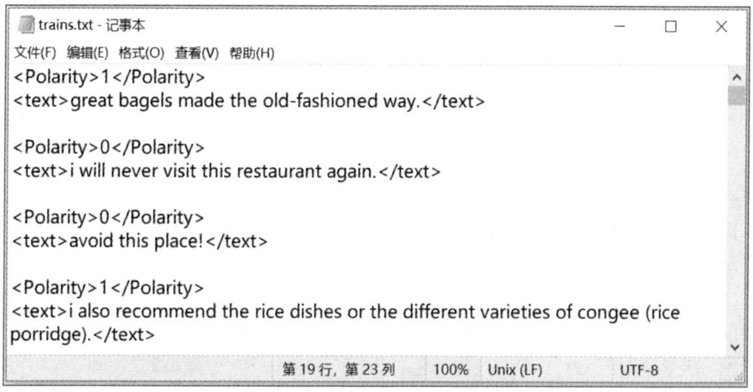

trains.txt - 记事本
文件(F) 编辑(E) 格式(O) 查看(V) 帮助(H)
<Polarity>1</Polarity>
<text>great bagels made the old-fashioned way.</text>

<Polarity>0</Polarity>
<text>i will never visit this restaurant again.</text>

<Polarity>0</Polarity>
<text>avoid this place!</text>

<Polarity>1</Polarity>
<text>i also recommend the rice dishes or the different varieties of congee (rice porridge).</text>

第 19 行，第 23 列　100%　Unix (LF)　UTF-8

图 7-15　数据文件的结构

```
def get_dataset_vocab(fn):     #获取文本数据集和单词词表
    tmp_lines = []
    with open(fn) as f:
        lines = list(f)
        for line in lines:
            line = line.strip()
            if line == '':
                continue
            tmp_lines.append(line)
    f.close()
    vocab_dict = dict()
    examples = []                 #其中的元素格式为(['we','are','student'],1)
    for i in range(0,len(tmp_lines),2):
        label = tmp_lines[i]
        text = tmp_lines[i+1]
        s_pos, e_pos = label.find('<Polarity>'), label.find('</Polarity>')
        label = label[s_pos + 10:e_pos]
        s_pos, e_pos = text.find('<text>'), text.find('</text>')
        text = text[s_pos + 6:e_pos].lower()
        text = text.replace(',', '')  #去掉逗号
        text = text.replace('.', '')  #去掉点号
        text = text.replace('!', '')  #去掉!
        text = text.replace('(', ' ') #去掉(
        text = text.replace(')', ' ') #去掉)
        text = text.split()           #按照空格切分单词,text 为 list 类型,长度不一
        t = (text,int(label))
        examples.append(t)
        for word in text:
            vocab_dict[word] = vocab_dict.get(word,0)+1     #统计词频
    sorted_vocab_dict = sorted(vocab_dict.items(), key=lambda kv: (kv[1], kv[0]), \
                        reverse=True)
    #如果需要,可以在此处去掉部分低频词
    #'<unk>'、'<pad>'分别表示未知单词和填充的单词
    vocab_word2index =  {'<unk>':0, '<pad>':1}
    for word,_ in sorted_vocab_dict:  #构建单词的整数索引,从 0,1 开始
        if not word in vocab_word2index:
            vocab_word2index[word] = len(vocab_word2index)  #构建单词的编码
    return examples, vocab_word2index
```

2. 对英文文本进行索引编码

对英文文本进行索引编码，并进行数据打包，允许不同的数据批量采用不同的序列长度。

定义函数 text_loader()，其作用是利用函数 get_dataset_vocab()形成的数据集和单词词表，对英文文本进行索引编码。此外，对数据进行“组装”，形成数据包(批量)；同一个数据包中，以最长句子的长度作为当前数据包中每个向量的长度，不够的就填补 1。

函数 text_loader()的代码如下：

```
def text_loader(examples,vocab_word2index, batch_size): #batch_size 表示批量的大小
    batchs, labels = [], []
    for i in range(0,len(examples),batch_size):   #打包,batch_size 为每包的大小
        max_len = 0
        for k in range(i, i + batch_size):
            if k==len(examples):
                break
            text, _ = examples[k]
            #获取当前包中最长句子的长度
            max_len = len(text) if max_len < len(text) else max_len
        cur_batchs, cur_labels = [], []
        for k in range(i,i+batch_size):
            if k==len(examples):
                break
            text,label = examples[k]
            en_text = [vocab_word2index.get(word,0) for word in text]
            #填补 1,使得当前包中各个向量的长度均为 max_len
            en_text = en_text + [1] * (max_len-len(en_text))
            cur_batchs.append(en_text)
            cur_labels.append(label)
        cur_batchs = torch.LongTensor(cur_batchs)
        cur_labels = torch.LongTensor(cur_labels)
        batchs.append(cur_batchs)
        labels.append(cur_labels)
    return batchs,labels
```

3. 定义实现分类任务的类——类 Lstm_model

利用 nn.Embedding()构建词向量空间，利用 nn.LSTM()来搭建循环神经网络，这些都封装在类 Lstm_model 中。该类的定义代码如下：

```
class Lstm_model(nn.Module):
    def __init__(self,vocab_size,embedding_dim,hidden_dim):
        super(Lstm_model, self).__init__()
        self.embedding = nn.Embedding(vocab_size, embedding_dim)    #定义嵌入层
        self.lstm = nn.LSTM(input_size=embedding_dim, hidden_size=hidden_dim, \
                num_layers=1, batch_first=True, bidirectional=False, bias=True)
        self.fc = nn.Linear(hidden_dim,1)
    def forward(self, x):
        o = x
        o = self.embedding(o)
```

```
        o, _ = self.lstm(o)
        o = o.sum(1)
        o = self.fc(o)
        return o
```

在上述代码中，创建了尺寸为 vocab_size×embedding_dim 的词向量空间，即一共有 vocab_size 个不同的单词，每个单词用长度为 embedding_dim 的向量来表示。LSTM 的定义代码表明，在输入张量 x 中，张量的第一维必须是批量大小的信息，第二维是序列长度信息，词向量的长度为 embedding_dim。

4. 加载数据，并进行训练

调用函数 get_dataset_vocab()和函数 text_loader()加载数据并进行打包，然后实例化类 Lstm_model，执行训练。代码如下：

```
path = r'./data/corpus'
name = r'trains.txt'
fn = path+'//'+name
train_examples,train_vocab_word2index = get_dataset_vocab(fn)
train_batchs, train_labels = text_loader(train_examples, \
                        train_vocab_word2index,128)          #打包
name = r'tests.txt'
fn = path+'//'+name
test_examples,_ = get_dataset_vocab(fn)
#一般用训练集的单词词表对测试集进行编码
test_batchs, test_labels = text_loader(test_examples, \
                      train_vocab_word2index,128)
vocab_size = len(train_vocab_word2index)
embedding_dim = 100              #设置词向量的长度
hidden_dim = 128                 #设置隐含层神经元的个数
lstm_model = Lstm_model(vocab_size, embedding_dim, hidden_dim).to(device)
optimizer = optim.Adam(lstm_model.parameters(), lr=1e-3)
#以下开始训练
for ep in range(100):
    for text_batch, label_batch in zip(train_batchs, train_labels):
        text_batch, label_batch = text_batch.to(device), label_batch.to(device)
        pre_y = lstm_model(text_batch)
        #二分类问题，本例采用逻辑回归方法来解决
        loss = nn.BCEWithLogitsLoss()(pre_y.squeeze(), label_batch.float())
        optimizer.zero_grad()
        loss.backward()
        optimizer.step()
        print(ep, round(loss.item(),4))
```

本例是一个二分类问题，我们采用逻辑回归方法来解决。

5. 模型测试

利用测试数据，对模型的分类准确率进行测试。代码如下：

```
lstm_model.eval()
acc = 0
```

```
    for text_batch, label_batch in zip(test_batchs, test_labels):
        text_batch, label_batch = text_batch.to(device), label_batch.to(device)
        pre_y = lstm_model(text_batch)
        pre_y = torch.sigmoid(pre_y)
        pre_y = torch.round(pre_y)          #四舍五入,变成了 0 或 1
        pre_y = pre_y.squeeze().long()
        correct = torch.eq(pre_y, label_batch).long()
        acc += correct.sum()
    print('在测试集上的准确率: {:.1f}%'.format(100. * acc/len(test_examples)))
```

运行上述代码，结果输出如下的测试结果：

```
在测试集上的准确率: 80.0%
```

结果表明，训练好的模型在测试集上获得 80.0% 的准确率。读者可以继续修改网络的参数，继续调试，希望能进一步提高模型的准确率。

7.6 基于 LSTM 的文本生成

文本生成(Text Generation)是指用机器学习方法自动生成具有一定含义的文本句子的过程。文本生成与语言模型有密切关联。本节先介绍语言模型，并同时介绍文本生成的基本思路，然后再介绍文本生成的具体例子。

7.6.1 语言模型与文本生成

简而言之，语言模型就是这样的一种模型：对任何给定一个句子前面连续的若干个词(或单词)，该模型可以预测紧跟这些词后面最可能出现的词。

比如，观察前面提及的例子：

他超额完成了任务，经理表扬了________。

那么在下画线上填什么词呢？这就是语言模型要解决的问题。

假设这句话所在的上下文包含的全部词汇为：'他'、'超额'、'完成'、'了'、'任务'、'，'、'经理'、'表扬'(一共 8 个词汇)，那么语言模型只能从这 8 个词汇中选择一个放在下画线上，实际上是预测这些词出现在下画线上的概率，其本质属于分类问题。因而可以换一种思路：把每个词汇看成是一个类别，这个选词填空的问题便是一个 8 分类问题。例如，如果上面这句文本属于'他'这个类，那么下画线上应该放上'他'；如果属于'超额'，则应该放上'超额'，等等。

由此可见，这种语言模型可以转化为多分类问题。但这里还遇到两个问题：

(1) 如何构造训练数据；

(2) 有的词汇出现频率很高，从而导致类不平衡问题。

对于问题(1)，我们可以利用已有的每个句子来构造训练数据。例如，假设已有一个句子："张三超额完成了任务"，并假设序列的长度设置为 4，则先在该句子分词后形成的列表的头部和尾部分别添加特殊标识符'<s>'和'<e>'(它们分别表示句子的开始和结束)，得到这样的分词列表：['<e>'、'张三'、'超额'、'完成'、'了'、'任务'、'<e>']，然后据此进一步构造如

表 7-2 所示的训练样本集。

表 7-2 句子"张三超额完成了任务"形成的训练样本集

序号	等长序列				类标记
1	'<s>'	'<pad>'	'<pad>'	<pad>'	'张三'
2	'<s>'	'张三'	'<pad>'	<pad>'	'超额'
3	'<s>'	'张三'	'超额'	'<pad>'	'完成'
4	'<s>'	'张三'	'超额'	'完成'	'了'
5	'张三'	'超额'	'完成'	'了'	'任务'
6	'超额'	'完成'	'了'	'任务'	'<e>'

这样构造训练数据的目的是希望模型能够正确预测任意序列后面的词。例如，当输入为'<s>张三'时，希望模型能够输出'超额'；当输入为'张三超额完成了'时，希望模型能够输出'任务'；当输入为'超额完成了任务'时，希望模型能够输出'<e>'(表示文本生成过程结束)，等等。

可以看到，如果一个句子包含 n 个词，则可以生成 n+1 条训练样本。这样，利用所有的句子便可以生成大量带标记的训练样本，而不需人工对样本进行标注。

7.6.2 类不平衡问题

由于词表中每个词都是一个类，所以类别就很多，这需要大量的训练样本。而且，各词出现的频率差别很大(如有的出现几百次，而有的只出现一次)，因此会出现类不平衡问题。如何解决类不平衡问题，这正是问题(2)要考虑的事情。

在样本已经客观存在类不平衡的情况下，可以考虑用 WeightedRandomSampler 类来缓解。WeightedRandomSampler 类用于有回放的加权随机采样，产生样本的索引，然后再结合 DataLoader 类完成采样功能。WeightedRandomSampler 类的调用格式如下：

```
sampler = WeightedRandomSampler(weights, replacement, num_samples)
```

其中，weights 为权值向量，其分量要与数据集中的样本一一对应，表示相应样本的权重；replacement 应设置为 True，表示有放回的抽样；num_samples 用于设置要抽样的样本数量。一个样本被抽中的次数在概率上正比于在向量 weights 中设置的对应权重。WeightedRandomSampler 返回的是样本的索引，取值范围为{0,1,…,len(weight)−1}。

例如，下列代码先设置了有 3 个分量的权重向量，然后调用 WeightedRandomSampler 来生成 10 个样本的索引：

```
weights = [2,5,3]
sampler = WeightedRandomSampler(weights=weights, replacement=True, \
        num_samples=10)
print(list(sampler))
```

执行上述代码，输出结果如下：

```
[1, 1, 2, 1, 2, 0, 2, 0, 1, 1]
```

由于 weights 中只有 3 个分量，因此生成索引的范围为{0,1,2}。从结果中大致可以看出，索引 0、1 和 2 出现的概率分别为 0.2、0.5 和 0.3，分别等于 2/10、5/10 和 3/10。这也证实"一个样本被抽中的次数在概率上正比于在向量 weights 中设置的对应权重"。

对于类不平衡问题，我们希望抽取更多小类的样本，以期在数量上保持与大类样本大抵平衡。为此，我们可以先统计各类样本的数量，然后将类样本数的倒数设置为相应样本的权值，从而形成权重向量 weights。

例如，下面代码先统计各个类别所包含的样本数量，然后将这个数量的倒数作为对应样本的权重，形成权重向量 weights，进而结合 WeightedRandomSampler 和 DataLoader，在数据集中有放回地抽取 10000 条样本，并保持各个类别的样本在数量上相对平衡：

```
#假设 labels 是样本的类别标记列表，其中的类别标记与样本集中的样本一一对应
class_dict = dict()
for label in labels:                               #统计各类别词汇出现的频次
    lb = label.item()
    class_dict[lb] = class_dict.get(lb, 0) + 1
weights = []
for label in labels:
    lb = label.item()
    weights.append(class_dict[lb])                 #保存样本所在类别的样本数
weights = 1./torch.FloatTensor(weights)    #以类别的样本数的倒数作为相应样本的权重
sampler = WeightedRandomSampler(weights=weights, \
                                replacement=True, num_samples=10000)
dataloader = DataLoader(dataset=dataset, batch_size=128, sampler=sampler, \
             shuffle=False)
```

7.6.3 文本生成案例

下面给出一个文本生成的具体例子。

【例 7.4】 开发一个能自动写小说的程序。

显然，写小说属于文本生成的范畴。在本例中，我们设置序列的长度为 10。设计步骤如下：

(1) 从网上下载金庸小说的部分文本，并保存在./data 目录下的文件"金庸小说节选.txt"中，按照前面介绍的方法构建训练集和打包，并解决类不平衡问题，相关函数代码及其说明如下：

```
#下列函数形成由分词后的词汇构成的新数据集，并获得词表(用于词的索引编码)
def get_texts_vocab(fn):
    max_len = 0
    sentence_words = []
    vocab_dict = dict()
    with open(fn, encoding='UTF-8') as f:
        lines = list(f)
        for line in lines:
            line = line.strip()
            if line == '' or '---' in line:
                continue
            words = list(jieba.cut(line))
```

```
            words = ['<s>'] + words + ['<e>']
            if max_len < len(words):
                max_len = len(words)
            sentence_words.append(words)
            for word in words:
                vocab_dict[word] = vocab_dict.get(word, 0) + 1  #统计词频
    f.close()
    sorted_vocab_dict = sorted(vocab_dict.items(), key=lambda kv: (kv[1], kv[0]), \
                         reverse=True)                          #按词频降序排列
    sorted_vocab_dict = sorted_vocab_dict[:-10]                 #减掉10个低频词
    vocab_word2index = {'<unk>': 0, '<pad>': 1, '<s>':2, '<e>':3}
    for word, _ in sorted_vocab_dict:           #构建词汇的整数索引,从0,1,…开始
        if not word in vocab_word2index:
            vocab_word2index[word] = len(vocab_word2index)
    return sentence_words, vocab_word2index

#下面函数的作用是:对给定一个由索引构成的序列,构建若干个长度为10的序列
#及其标记(即后面应输出的词的索引),即形成等长的输入-输出对。如果给定
#序列的长度为n,则形成的输入-输出对的数量为n+1
def enOneTxt(en_ws):
    ln = len(en_ws)
    texts, labels = [],[]
    for pre_k in range(1, ln):                  #输入句子的长度为10
        ps = pre_k - 10
        ps = 0 if ps<0 else ps
        pe = pre_k-1
        txt = en_ws[ps:pe+1]
        txt = txt + [1] * (10-len(txt))
        label = en_ws[pre_k]
        texts.append(txt)
        labels.append(label)
    return texts, labels

#下面函数的作用是:all_sen_words存放所有的文本行,对其中的每一行
#进行整数编码(利用词表vocab_word2index),然后基于每一个文本行
#(编码后)生成一系列的输入-输出对,其中输入是长度为10时的整数
#序列以所有这样的输入-输出对构成训练数据
def enAllTxts(all_sen_words, vocab_w2i):
    texts, labels = [], []
    for i, words in enumerate(all_sen_words):
        en_words = [vocab_w2i.get(word, 0) for word in words]
        txts, lbs = enOneTxt(en_words)
        texts = texts + txts
        labels = labels + lbs
    texts, labels = torch.LongTensor(texts), torch.LongTensor(labels)
    return texts, labels

#下列代码调用上述函数,完成训练集的构建和解决类不平衡问题
path = r'./data'
name = r'金庸小说节选.txt'
```

```
fn = path+'//'+name
sentence_words, vocab_word2index = get_texts_vocab(fn)      #构建数据集和编码词表
texts, labels = enAllTxts(sentence_words, vocab_word2index)     #生成训练数据
vocab_index2word = { index:word for word,index in vocab_word2index.items()}
#用于解码
dataset = TensorDataset(texts, labels)
#下面代码主要解决类不平衡问题:
class_dict = dict()
for label in labels:
    lb = label.item()
    class_dict[lb] = class_dict.get(lb, 0) + 1     #统计各类别词汇出现的频次
weights = []          #与 dataloader.dataset 中的数据行要一一对应
for label in labels:
    lb = label.item()
    weights.append(class_dict[lb])
weights = 1./torch.FloatTensor(weights)
sampler = WeightedRandomSampler(weights=weights, \
        replacement=True,num_samples=len(labels) * 1000)      #解决类不平衡问题
dataloader = DataLoader(dataset=dataset, batch_size=128, sampler=sampler, \
            shuffle=False)
```

（2）定义自动生成文本类——Novel_mode 类。

```
#定义自动生成文本的类
class Novel_model(nn.Module):
    def __init__(self,vocab_size):
        super(Novel_model, self).__init__()
        self.embedding = nn.Embedding(vocab_size, 256)
        self.lstm = nn.LSTM(input_size=256, hidden_size=256,\
                    batch_first=True, num_layers=1, bidirectional = False)
        self.fc1 = nn.Linear(256, 512)
        self.fc2 = nn.Linear(512, vocab_size)      #多分类问题,一共有 1524 个类别
    def forward(self, x):
        o = x
        o = self.embedding(o)
        o, _ = self.lstm(o)
        o = torch.sum(o, dim=1)
        o = self.fc1(o)
        o = torch.relu(o)
        o = self.fc2(o)
        return o
```

（3）训练文本自动生成模型,代码如下:

```
novel_model = Novel_model(vocab_size=len(vocab_word2index)).to(device)
optimizer = torch.optim.Adam(novel_model.parameters(), lr=0.01)
for ep in range(5):                    #迭代 5 轮
    for i, (batch_texts,batch_labels) in enumerate(dataloader):
        batch_texts, batch_labels = batch_texts.to(device),batch_labels.to(device)
        #torch.Size([128, 10]) ---> torch.Size([128, 1524])
        batch_out = novel_model(batch_texts)
```

```
        #多分类,用交叉熵损失函数
        loss = nn.CrossEntropyLoss()(batch_out, batch_labels)
        optimizer.zero_grad()
        loss.backward()
        optimizer.step()
        if i%500==0:
            print(ep, round(loss.item(),8))
torch.save(novel_model,'novel_model')
torch.save(vocab_word2index,'vocab_word2index')   #保存词表,编码用
torch.save(vocab_index2word,'vocab_index2word')   #保存词表,解码用
```

(4) 加上下面的模块导入代码：

```
import numpy as np
import torch
from torch import nn, optim
from torch.utils.data import TensorDataset, DataLoader, WeightedRandomSampler
import jieba
jieba.setLogLevel(jieba.logging.INFO)        #屏蔽 jieba 分词时出现的提示信息
device = torch.device("cuda" if torch.cuda.is_available() else "cpu")
```

(5) 执行由上述代码构成的 Python 文件，会生成模型 novel_model 以及词表 vocab_word2index 和 vocab_index2word，它们都保存在磁盘上。

对给定由不超过 10 个词构成的序列(开始标识符为'<s>')，模型 novel_model 可以生成这个序列的下一个词。这样，我们可以按照下面步骤来生成小说文本：

① 在最开始时我们可以给模型输入由一两个词构成的序列，假设为序列 seq；

② 待模型输出下一个词 w 后，如果 w='<e>'，则退出，表示文本生成过程结束，否则把该词加到原序列后面得到新的序列，即 seq←seq+w；

③ 截取新序列后的 10 个词构成的序列，即 seq←seq[-10:]，然后将 seq 输入到该模型中并转②。

基于模型 novel_model，生成小说文本的实现代码如下：

```
novel_model = torch.load('novel_model')          #先从磁盘读取模型等
vocab_word2index = torch.load('vocab_word2index')
vocab_index2word = torch.load('vocab_index2word')
novel_model.eval()
def getNextWord(s):          #调用模型,给定一个词序列,生成它的下一个词
    words = list(jieba.cut(s))
    words = ['<s>'] + words
    en_words = [vocab_word2index.get(word,0) for word in words]
    en_words = en_words[len(en_words)-10:len(en_words)]
    en_words = en_words + [1] * (10-len(en_words))
    batch_texts = torch.LongTensor(en_words).unsqueeze(0).to(device)
    batch_out = novel_model(batch_texts)
    batch_out = torch.softmax(batch_out, dim=1)
    pre_index = torch.argmax(batch_out, dim=1)
    word = vocab_index2word[pre_index.item()]
    return word
```

```
seq = '黄蓉'
while True:  #生成小说文本
    w = getNextWord(seq)
    if w=='<e>':
        break
    seq = seq+w
print('生成的小说文本: ', seq)
```

执行上述代码，在笔者计算机上输出结果如下：

```
黄蓉在睡梦之中见到他,只见后一个人。
```

可以看到，本例程序“写”的小说文本似乎还像样，至少不是胡乱生成文本。但生成的句子还不太畅通，远达不到人类的水平。

当然，本例子只是想阐明文本生成的基本原理。通过本例子，读者可以掌握文本生成的基本方法。但要开发一个实用的文本生成程序，还需做更多的努力和尝试，包括加长序列的长度、下载更多的训练数据、提供强大的算力支撑、做大量的调参工作等。

7.7 本章小结

本章以一个简单的循环神经网络程序入手，逐步由浅入深，详细而系统地介绍了循环神经网络的基本原理，重点介绍了 LSTM 的结构及相关理论基础，同时还介绍了深度循环神经网络、双向循环神经网络以及 LSTM 的一种成功的变体——GRU 等。接着，介绍了文本的几种表示方法，重点介绍了基于 LSTM 的文本分类方法以及文本生成的原理和方法等。

7.8 习题

1. 什么是循环神经网络？它适用于哪些领域？
2. 什么是双向循环神经网络？它与一般的循环神经网络有何区别与联系？
3. 请画出 LSTM 的基本结构图，并说明如何计算一个 LSTM 模型的参数量。
4. 文本的表示方法有哪些？请举例说明。
5. 请介绍词嵌入的基本实现原理。
6. 对输入 LSTM 模型的张量有何要求？请简要说明。
7. LSTM 模型和 GRU 模型的返回结果有何区别与联系？
8. 请改写例 7.4 的代码，用 GRU 来实现文本分类。
9. 请用双向循环神经网络来实现例 7.1 的功能。
10. 请用 LSTM 或 GRU 开发一个诗歌生成程序。
11. 请改写 7.4 中的代码，用深度循环神经网络实现该例子的功能。

第 8 章 基于预训练模型的自然语言处理

自然语言处理(Natural Language Processing,NLP)是人工智能领域的一个重要分支,它主要研究用机器实现自然语言理解和自然语言生成的有关理论和方法。也就是说,自然语言理解和自然语言生成是自然语言处理的两大任务。实际上,在第 7 章中已经介绍了基于循环神经网络的自然语言理解和自然语言生成的有关理论和方法。近年来,面向自然语言处理的预训练模型已有突飞猛进的发展,如何利用这些强大的模型去完成面临的 NLP 任务也是 IT 从业者需要掌握的方法和技术。为此,本章主要介绍一些主流框架和预训练模型在自然语言处理中的使用和设计方法以及相关的理论基础,为读者高效、正确使用这些功能强大的 NLP 预训练模型提供支持。

8.1 Seq2Seq 结构与注意力机制

不管是在传统神经网络模型中,还是在最近出现的大型预训练模型(如 Bert)中,经常可以看到称为 Seq2Seq 结构(或编码-解码结构)的网络组织模式,它可以极大地拓展网络的应用范围。同时,再配以注意力机制,使得网络模型出现了结构性的根本改变,产生了不包含任何 CNN 和 RNN 的网络框架——Transformer 框架以及没有任何 CNN 和 RNN 的预训练模型 Bert 和 GPT 等。本节先介绍 Seq2Seq 结构和注意力机制的概念和基本原理。

8.1.1 Seq2Seq 结构

在自然语言处理领域中,有一个著名的神经网络结构就是 Sequence to Sequence (Seq2Seq),一般翻译为“序列到序列结构”。一个 Seq2Seq 结构通常由 Encoder(编码器)和 Decoder(解码器)构成。其中,Encoder 用于接收由若干个元素(如词等)构成的序列作为输入,并对输入序列进行编码和特征提取,形成特征向量;Decoder 则对形成的特征向量进行解码,形成由若干个元素构成的输出序列,如图 8-1 所示。

图 8-1 Seq2Seq 结构示意图

图 8-1 中,输入序列和输出序列分别为$<sos>x_1x_2...x_n<eos>$和$<sos>y_1y_2...y_m<eos>$,其中$<sos>$和$<eos>$分别表示序列的起始符号和终止符号,一般 n 和 m 不相等,输入序列 $x_1x_2...x_n$ 和输出序列 $y_1y_2...y_m$ 中的元素更不会一一对应。

编码器 Encoder 接收一个长度为 n 的输入序列后，产生特征向量 $\boldsymbol{C}$。$\boldsymbol{C}$ 是一个低维稠密的数值向量，被认为是输入序列 $x_1x_2\ldots x_n$ 的高层语义表示。利用向量 $\boldsymbol{C}$，解码器 Decoder 就可以产生另一个序列 $y_1y_2\ldots y_m$，即输出序列。举一个例子：假设输入序列为由英文表达的句子“I am hungry”，在经过编码器处理后得到一个数值向量 $\boldsymbol{C}$。这个 $\boldsymbol{C}$ 则被认为是“I am hungry”的高层语义表征，表示了该序列的高级语义信息，即“肚子空了，有进食欲望”。不管是说英语的人，还是说汉语的人，对“I am hungry”的感受都是一样的，$\boldsymbol{C}$ 都表达了这种“肚子空了，有进食欲望”的感受，与具体说什么语言无关。

由于 $\boldsymbol{C}$ 表达的语义信息都一样，所以在理论上解码器 Decoder 可以将 $\boldsymbol{C}$ 转化为任何具体语言的句子——输出序列。因此，特征向量 $\boldsymbol{C}$ 通常称为语义向量，由这类语义向量构成的空间通常称为语义(向量)空间。

简而言之，在 Seq2Seq 结构中，编码器 Encoder 负责提取输入序列 $x_1x_2\ldots x_n$ 的语义特征，产生语义向量 $\boldsymbol{C}$，解码器 Decoder 则负责将 $\boldsymbol{C}$ 转化为另一种序列 $y_1y_2\ldots y_m$——输出序列。这种结构的应用领域非常广泛，如文本翻译(英文翻译为中文或中文翻译为英文等)、图像描述(图像翻译为文本)、文章摘要(长文本翻译为短文本)、语音翻译(语音到文本)等。

下面是基于 Seq2Seq 结构的一个例子。

【例 8.1】 创建一个基于 Seq2Seq 结构的网络模型，用于实现英文到中文的翻译。

本例使用的训练语料来自 WMT18 网站(https://www.statmt.org/wmt18/translation-task.html)。我们从中下载了英文中文语料集，经过预处理后保存在./data/translate 目录下的 en_zh_data.txt 文件中，一共有 10 万条英文-中文句子对，英文和中文句子以“--->”隔开。

本例采用 Seq2Seq 结构来构建网络，其中编码器 Encoder 的定义代码如下：

```
class Encoder(nn.Module):
    #en_vocab_num 表示英文单词数,hidden_size 表示词向量长度
    def __init__(self, en_vocab_num, hidden_size):
        super(Encoder, self).__init__()
        self.hidden_size = hidden_size
        self.embedding = nn.Embedding(en_vocab_num, hidden_size)  #定义嵌入层
        #使用 GRU 作为循环神经网络,它是 LSTM 的变体
        self.gru = nn.GRU(hidden_size, hidden_size)
    def forward(self, x, h):
        x = self.embedding(x)
        x = x.reshape(1, 1, -1)  #改变形状,以符合 GRU 的输入格式
        o, h = self.gru(x, h)
        return o, h              #返回新的输出和隐层向量
```

上述代码中，使用了 GRU 作为循环神经网络来对输入序列进行处理。GRU(Gated Recurrent Unit)是 LSTM 的改进版，具有结构简单、效率高等优点，受到越来越多人的青睐。

GRU 对 LSTM 的改进体现在两个地方：一是将输入门、遗忘门、输出门变为更新门和重置门，简化了结构；二是将长期状态 $\boldsymbol{c}$ 和短时状态 $\boldsymbol{h}$ 合并为一个状态 $\boldsymbol{h}$。这样，GRU 只有两个返回结果，而 LSTM 有 3 个返回结果。以下分别是 GRU 和 LSTM 返回格式的区别：

```
o, h = self.gru(x, h)
o, (h, c) = self.lstm(x, h)
```

也就是说，GRU 没有返回长期状态向量 c，相当于只有返回 ***o*** 和 ***h***，它们相当于 LSTM 的第一和第二个输出，即 ***o*** 表示各个计算单元的输出的堆叠结果，***h*** 表示最后一个计算单元的输出。***h*** 就是图 8-1 中的语义向量 ***C***；当然也可以根据需要，利用各个计算单元的输出的平均值作为语义向量 ***C***，即以 torch.mean(o,dim=0)作为语义向量 ***C***。

但 GRU 和 LSTM 的参数调用设置相似。例如，下面两个语句是等同的：

```
self.gru = nn.GRU(hidden_size, hidden_size)
self.gru = nn.GRU(input_size = hidden_size, hidden_size = hidden_size,\
                 num_layers=1, bidirectional=False, batch_first=False)
```

GRU 接收两个输入，一个是待处理的、已经做词嵌入表示的张量 ***x***，另一个是用于初始化内部状态的张量 ***h***；

注意，本例中 batch_first＝False，因此 GRU 的输入张量 ***x*** 的形状应为(seq_length，batch_size，input_dim)。

以下是解码器 Decoder 的定义代码，它也是利用 GRU 作为循环神经网络：

```
class Decoder(nn.Module):
    #hidden_size 表示词向量的长度,en_vocab_num 表示中文词的数量
    def __init__(self, hidden_size, zh_vocab_num):
        super(Decoder, self).__init__()
        self.hidden_size = hidden_size
        self.embedding = nn.Embedding(zh_vocab_num, hidden_size)   #定义嵌入层
        #使用 GRU 作为循环神经网络,它是 LSTM 的变体
        self.gru = nn.GRU(hidden_size, hidden_size)
        #全连接网络,用于预测输出为各个词的概率
        self.fc = nn.Linear(hidden_size, zh_vocab_num)
    def forward(self, x, h):
        x = self.embedding(x)
        x = F.relu(x)
        x = x.reshape(1, 1, -1)
        o, h = self.gru(x, h)
        o = o.squeeze(0)
        o = self.fc(o)
        return o, h
```

在解码器定义代码中，接收传入解码器的张量是 ***x*** 和 ***h***，其中 ***x*** 表示当前输入解码器的词的编码，***h*** 则表示编码器产生的语义向量，是对应英文句子的特征向量。解码器的任务就是产生紧跟输入 ***x*** 后面的词，然后不断循环这个过程，直到遇到结束符为止，这样就可以产生中文句子。

程序先读取文件 en_zh_data.txt 中的数据，将其中的每条英文-中文对转化为两个张量，其中前者为英文编码后的张量，后者为中文编码后的张量。这些张量对则“保存”在数据集对象 mydataset 中。然后利用 mydataset，运用下列代码对编码器 Encoder 和解码器 Decoder 进行训练：

```
for ep in range(150): #每次处理一对句子
    total_loss = 0
    #en_input 和 label 分别表示输入的英文张量和应输出的中文张量(标记)
```

```
    for iter, (en_input, label) in enumerate(mydataset):
        en_hidden = init_hidden()  #生成初始化张量
        en_optimizer.zero_grad()
        de_optimizer.zero_grad()
        en_input_len = en_input.size(0)  #英文句子的长度
        label_len = label.size(0)        #中文句子的长度
        en_outputs = torch.zeros(en_input_len, encoder.hidden_size).to(device)
        for ei in range(en_input_len): #逐个处理当前英文句子中的每个单词
            #处理当前英文句子中第 ei 个单词
            en_output, en_hidden = encoder(en_input[ei], en_hidden)
            en_outputs[ei] = en_output[0, 0]  #保存第 ei 个单词的嵌入向量
            #用各计算单元输出的平均值作为语义向量
            de_hidden = torch.mean(en_outputs, dim=0).reshape(1, 1, -1)
            de_input = torch.tensor(SOS_token).to(device)  #初始化解码器输出张量
        loss = 0
        for di in range(label_len):  #逐个处理当前中文句子中的每个词
            de_output, de_hidden = decoder(de_input, de_hidden)
            _, max_i = de_output.topk(1) #取最高概率的词的词表索引张量
            de_input = label[di].squeeze().detach()       #作为下一个中文词的输入
            loss += nn.CrossEntropyLoss()(de_output, label[di])       #多分类问题
            if de_input.item() == EOS_token:
                break
        loss.backward()
        en_optimizer.step()  #更新编码器参数
        de_optimizer.step()  #更新解码器参数
        loss = loss / label_len
        total_loss += loss
    t = total_loss / len(mydataset)
    print('Epoch:', '%d' %(ep + 1), 'loss =', '{:.6f}'.format(t))
```

为了说明 Seq2Seq 结构的基本工作原理，上述代码逐句逐词地对编码器和解码器进行训练。在训练编码器时，每处理一个英文单词时都会得到一个向量 en_output[0,0]，这些向量都被保存张量 en_outputs 中。当处理完一个英文句子中的所有单词后，计算这些向量的平均向量，然后以此作为语义向量输入到解码器中。当然，也可以采用最后一个计算单元的输出向量作为语义向量，这时只需在 for ei in range(en_input_len)循环语句后面加上下面代码即可：

```
de_hidden = en_hidden
```

在训练解码器时，需要提供当前输入词的编码和编码器产生的语义向量。在训练过程中，只能逐词地生成目标句子，即只能采用串行方式逐词地生成中文句子。

在补充完其他代码（如读数据、预处理、测试代码等）后，训练编码器 Encoder 和解码器 Decoder，然后就可以用它们来翻译给定的一个英文句子。例如，笔者给出如下的英文句子：

```
But before this new order appears, the world may be faced with spreading disorder
if not outright chaos.
```

在笔者计算机上，利用训练好的编码器 Encoder 和解码器 Decoder，得到如下的中文句子：

但是 在 这 一新 秩序 的 出现 之前 世界 可能 会 面临 更 广泛 的 混沌 如果 不 是 彻底 的 混乱 的话

可以看到，产生的中文句子似乎还过得去，基本上能够表达原句子的含义，但在逻辑上不完全正确。注意，我们这里只利用了10万条英文-中文句子对中的50条，所以效果肯定不太理想。如果能够慢慢训练所有10万条(甚至更多)句子，那么效果肯定会更好。当然，这里主要介绍Seq2Seq结构的基本原理以及Seq2Seq模型的训练方法，而且我们构造的Seq2Seq模型在训练过程中，损失函数值也呈现了逐步降低的趋势。这说明我们的构造方法是正确的，达到了应有的教学目的。

8.1.2 注意力机制

人类在观察世界时，并不是同时关注视野中的所有东西，而是只关注其中的部分事物。这是人类注意力机制发挥作用的结果，使得人类可以注意应该注意的对象。例如，我们在旅游观景时，可能“只看到”河流中的一条船，而忽略了周围其他的景物；又如，散会后在嘈杂的会场中，我们可以进行两个人的谈话，而“听不到”周围其他人的声音。可见，人类具有从视觉、听觉、触觉等感觉信息中筛选出一小部分有价值的信息进行重点处理而忽视其他信息的能力，这种能力就是所谓的注意力。人类依托注意力机制，在纷繁的世界中游刃有余地处理各类任务。如今，这种机制已被成功地导入到深度学习当中，并在诸多领域中得到成功应用。

深度学习中的注意力机制可以归结为两点：一是一组权值参数的学习，二是基于权值参数的加权求和。具体讲，假设要研究n个元素($x_1,x_2,\cdots,x_n$)的“合成”问题。在一般情况下，并不是每个元素对合成结果都有同等程度的影响，而是少数元素(甚至只有一个元素)对合成结果起到关键作用，因此只需关注这些少数元素即可。那么，如何找到这些少数元素呢？在深度学习中，可以为每个元素x_j分别设置一个权重参数α_j，这些参数便构成了相应的向量($\alpha_1,\alpha_2,\cdots,\alpha_n$)(称为权重向量)，这些权重参数是可学习的。通过训练，使得关键元素的权重参数比较大，而非关键元素的权重参数比较小(甚至为0)。这样，通过加权求和：$\alpha_1x_1+\alpha_2x_2+\cdots+\alpha_nx_n$，便得到它们有效的合成结果$y$。该机制如图8-2所示。

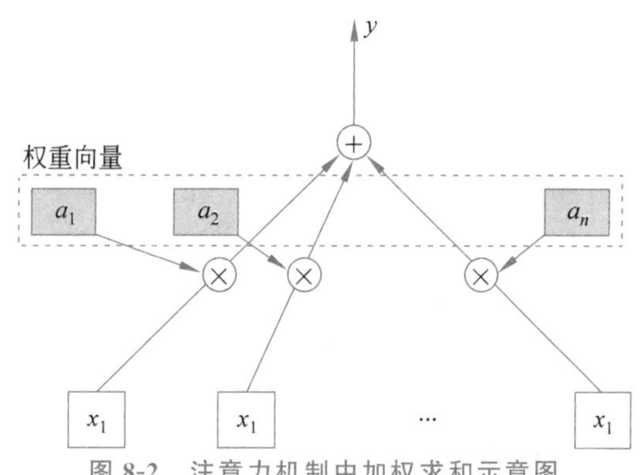

图8-2 注意力机制中加权求和示意图

显然，对权重向量($\alpha_1,\alpha_2,\cdots,\alpha_n$)的学习是实现注意力机制的关键，通常是利用神经网络来实现的，或者说，把这些权重参数设置为网络的输出。

在深度学习中，为计算 α_j，输入序列中的每个元素 x_j 通常被视为（或被分解为）由键（Key）和值（Value）两部分组成，分别表示为 $\boldsymbol{K}_j$ 和 $\mathbf{V}_j$。其中，键 $\boldsymbol{K}_j$ 可以定义为 x_j 的特征向量，如词嵌入向量等；值 $\mathbf{V}_j$ 可定义为 x_j 在进入计算单元处理后产生的输出等。在训练过程中，对于目标序列中的元素 y_t 一般视为查询（Query），用 Q_t 表示。首先计算 Q_t 与各 $\boldsymbol{K}_j$ 的相似度，记作 $s(Q_t,\boldsymbol{K}_j)$，其中 $j=1,2,\cdots,n$。相似度 $s(Q_t,\boldsymbol{K}_j)$ 的计算方法有多种，以下是常用的 4 种计算方法：

$$s(Q_t,\boldsymbol{K}_j)=\begin{cases}\mathbf{V}\cdot\tanh(\boldsymbol{W}\cdot[Q_t;\boldsymbol{K}_j]) & \text{多层感知器}\\ Q_t^{\mathrm{T}}\cdot\boldsymbol{W}\cdot\boldsymbol{K}_j & \text{双线性}\\ Q_t^{\mathrm{T}}\cdot\boldsymbol{K}_j & \text{点积}\\ \dfrac{Q_t^{\mathrm{T}}\cdot\boldsymbol{K}_j}{\sqrt{d}} & \text{缩放点积}\end{cases}$$

其中，Q_t 表示在时间步 t 向解码器输入的查询（元素），“[]”表示张量拼接，T 表示矩阵转置，d 为向量的长度；“·”在第一个和第二个公式中表示矩阵相乘，在第三个和第四个公式中表示向量之间的点积，第四条公式中除以 $\sqrt{d}$ 的目的是避免因为向量长度过大而导致点积结果过大。注意，公式中 $\mathbf{V}$ 和 $\boldsymbol{W}$ 均为待学习的权重参数矩阵，它们实际上就是相应的全连接网络层参数。缩放点积就是著名的 Transformer 框架的注意力计算机制。

在计算 $s(Q_t,\boldsymbol{K}_j)$ 之后，再对其进行 softmax 归一化（即概率归一化），得到权重向量。该计算过程简要表示如下：

$$\alpha_{tj}=\frac{\exp(s(Q_t,\boldsymbol{K}_j))}{\sum_{k=1}^{n}\exp(s(Q_t,\boldsymbol{K}_k))},\quad t=0,1,\cdots,m-1,j=1,2,\cdots,n$$

其中，m 为输出序列的长度，n 为输入序列的长度。计算结果 α_{tj} 是一实数值，$(\alpha_{t1},\alpha_{t2},\cdots,\alpha_{tn})$ 为一个权重向量。

接着，利用 softmax 归一化的权重向量 $(\alpha_{t1},\alpha_{t2},\cdots,\alpha_{tn})$ 来计算查询 Q_t 关于输入序列 S 的注意力向量，表示如下：

$$\boldsymbol{Att}(Q_t,S)=\alpha_{t1}\cdot\mathbf{V}_1+\alpha_{t2}\cdot\mathbf{V}_2+\cdots+\alpha_{tn}\cdot\mathbf{V}_n$$

其中，S 为输入序列 $x_1,x_2,\cdots,x_n$。

注意力向量的计算过程可用图 8-3 大致表示。

图 8-3 中，每个 x_i 可以视为一个由序键值对 $\langle\boldsymbol{K}_i,\mathbf{V}_i\rangle$ 构成，其中 $\boldsymbol{K}_i$ 可以表示输入 x_i 的特征向量，$\mathbf{V}_i$ 表示在处理 x_i 后产生的输出，这主要是在编码过程中完成。实际上，在很多情况下，$\boldsymbol{K}_i$ 和 $\mathbf{V}_i$ 两者是相等的。在解码过程中，在时间步 t 的输入 y_t 相当于一个查询 Q_t。

利用注意力向量 $\boldsymbol{Att}(Q_t,S)$，可进一步构造循环神经网络的隐层输入，例如与时间步 t 输入的查询编码进行拼接，然后再做线性变换等，表示如下：

$$\boldsymbol{h}_{t+1}=f(\boldsymbol{h}_t,\boldsymbol{Att}(Q_t,S))$$

最后，送入循环神经网络，产生下一个元素的概率分布：

$$p(Q_t\mid Q_1,Q_2,\cdots,Q_{t-1},S)=\boldsymbol{rnn}(Q_{t-1},h_{t-1})$$

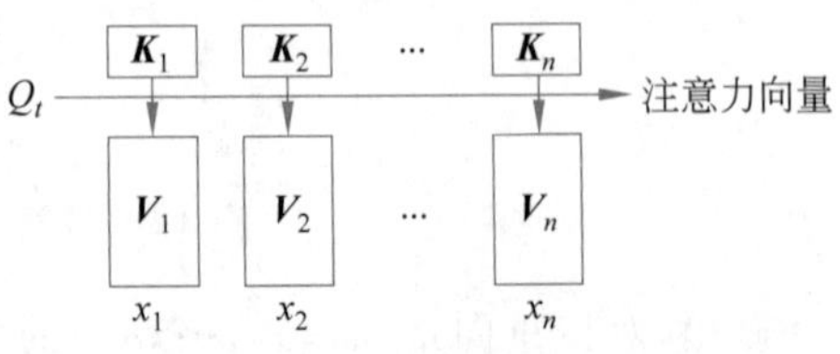

图 8-3 注意力向量的计算过程示意图

进一步，利用 $p(Q_t|Q_1,Q_2,\cdots,Q_{t-1},S)$ 计算损失函数值，不断优化网络参数。

在测试阶段，将 Q_i 替换为 y_i，得到下列表达式：

$$p(y_t \mid y_1,y_2,\cdots,y_{t-1},S)=\boldsymbol{rnn}(y_{t-1},\boldsymbol{h}_{t-1})$$

其中，$y_1,y_2,\cdots,y_{t-1}$ 表示已经生成的由 $t-1$ 个元素构成的序列，$\boldsymbol{rnn}(y_{t-1},\boldsymbol{h}_{t-1})$ 表示利用 y_{t-1} 和 $\boldsymbol{h}_{t-1}$ 来生成第 t 个元素的概率分布 $p(y_t|y_1,y_2,\cdots,y_{t-1},S)$，以此确定第 t 个元素。

当然，对 f 和 $\boldsymbol{rnn}$ 的设计需要经验积累，需要不断调参。

那么，对于基于 Seq2Seq 结构的网络模型，注意力机制能够发挥什么作用呢？下面举一个英文到中文翻译的例子。

按照一般 Seq2Seq 结构，对给定的一个原始句子，网络模型先对原始句子进行编码，形成语义向量，然后再对该语义向量进行解码，形成目标句子。假设给定的英文原始句子是"I went to the game yesterday"，并假设该句子被编码器编码为一个有固定长度的语义向量 $\boldsymbol{C}$，即 $\boldsymbol{C}$ 被假定包含了这个句子的全部语义信息。然后，利用 $\boldsymbol{C}$ 来生成中文目标句子"我昨天去参加比赛"中的每一个词，即每一个词的生成都利用同一个 $\boldsymbol{C}$。这个翻译过程是没有运用注意力机制的，可表示如图 8-4 所示。

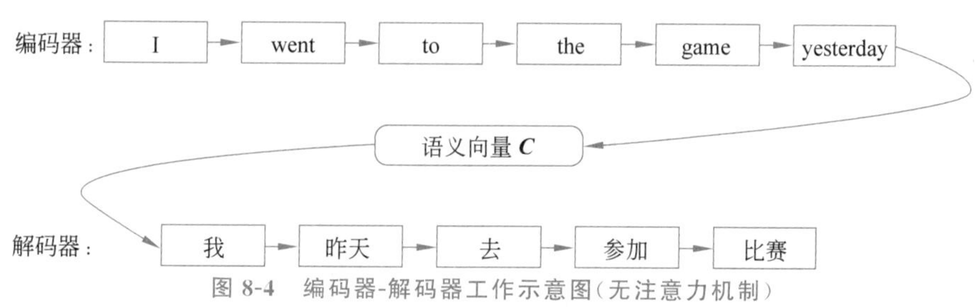

图 8-4 编码器-解码器工作示意图（无注意力机制）

这个翻译过程有如下 3 个问题。

(1) 根据神经网络的特点，原始句子中越在前面的单词，对形成 $\boldsymbol{C}$ 的影响就越小；如果原始句子过长，那么原始句子前面的单词的语义信息几乎就没有被编码到 $\boldsymbol{C}$ 当中，因而后面解码器就很难翻译出前面的单词的语义。

(2) 当解码器生成中文目标句子中的每一个词时，都利用同一个 $\boldsymbol{C}$；这意味着，不管生成哪个词，都按照同一信息量使用原始句子中的每个单词，这显然不合理。例如，在生成"去"时，显然"went"和"to"的作用是最大的，但这种模型未能考虑到这个情况。

(3) 不管多长的句子，都将其包含的信息压缩到 $\boldsymbol{C}$ 当中，这使得这个 $\boldsymbol{C}$ 可能难以装载过多的信息，从而解码器难以翻译原始句子的含义。这属于信息过载问题。

在注意力机制作用下，不同词的生成有不同的注意力向量，可以有针对性地利用原始句子中密切相关的少数单词来生成，因而不同词的生成有不同的 $\boldsymbol{C}$。这样，原始句子长短几乎不影响目标词的生成，也不会导致信息过载，因此注意力机制可以较好地解决上面的三个问题。

例如，图 8-5 展示了在时间步 $t=3$ 时生成"去"的情况。其中，假设学习到的参数向量为[0.0,0.7,0.3,0.0,0.0,0.0]，由此生成语义向量 $\boldsymbol{C}_3$，进而生成"去"。这意味着在生成"去"时，主要使用了单词"went"，其次是"to"，而其他单词几乎可以忽略；生成不同的词，所使用的语义向量是不一样的，因而涉及的单词也不同，而且也只有少数的几个单词。这样，不管源句有多长，对生成结果的影响都不大。从这些分析可以看出，注意力机制可以较好地解决上述面临的 3 个问题。

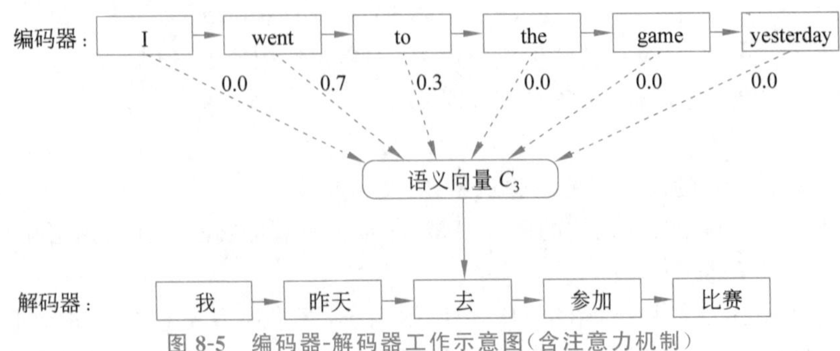

图 8-5 编码器-解码器工作示意图（含注意力机制）

下面是一个基于 Seq2Seq 结构的从英文到中文翻译的例子，其中使用了注意力机制。

【例 8.2】 改写例 8.1 中的 Seq2Seq 结构模型，将注意力机制运用于该翻译任务。

为了运用注意力机制，需要在程序中添加注意力模块。实际上，主要是部分改写解码器代码即可。以下是改写后解码器的代码及相关说明：

```
class AttnDecoderRNN(nn.Module):
    def __init__(self, hidden_size, output_size):
        super(AttnDecoderRNN, self).__init__()
        self.embedding = nn.Embedding(output_size, hidden_size)#定义嵌入层
        #第 1 次拼接用到的全连接层
        self.attention = nn.Linear(hidden_size * 2, MAX_LENGTH)
        #第 2 次拼接用到的全连接层
        self.attention_com = nn.Linear(hidden_size * 2, hidden_size)
        self.dropout = nn.Dropout(0.1)
        self.gru = nn.GRU(hidden_size, hidden_size)   #运用 GRU 作为循环神经网络
        #再做线性变换,以调整输出尺寸与目标词汇数一样
        self.out = nn.Linear(hidden_size, output_size)
    def forward(self, de_input, de_hidden, en_outputs):
        #这三个参数分别是目标词输入(张量)、上一计算单元的隐层输出张量和
        #解码器的输出张量
        embedded = self.embedding(de_input).view(1, 1, -1)       #词嵌入向量
        embedded = self.dropout(embedded)
        #相当于将 Q 和 K 拼接(第一次)
        cat_Q_K = torch.cat((embedded[0], de_hidden[0]), 1)
        score_Q_K = self.attention(cat_Q_K)       #做一次线性变换
        #softmax 归一化(概率归一化),形成权重向量
        attention_weights = F.softmax(score_Q_K, dim=1)
        #将注意力向量与 V 做矩阵乘法计算,得到注意力向量
        attention_QKV = torch.bmm(attention_weights.unsqueeze(0), \
                        en_outputs.unsqueeze(0))
        #词嵌入向量和注意力向量再次拼接(第二次)
        gru_input = torch.cat((embedded[0], attention_QKV[0]), 1)
        #再做线性变换
```

```
        gru_input = self.attention_com(gru_input).unsqueeze(0)
        gru_input = F.relu(gru_input)
        #将激活后的结果和上一计算单元的隐层输出张量一起输入 GRU 进行处理
        output, de_hidden = self.gru(gru_input, de_hidden)
        #再做线性变换,以调整输出尺寸与目标词汇数一样
        output = F.log_softmax(self.out(output[0]), dim=1)  #概率归一化
        return output, de_hidden
```

然后再修改实例 Decoder 的创建代码以及在训练过程和测试过程调用该实例的代码，即如下 3 处代码需要修改：

```
#Decoder 的创建代码:
decoder = AttnDecoderRNN(hidden_size, zh_lang.word_num).to(device)
#在训练过程调用 Decoder 的代码:
de_output, de_hidden = decoder(de_input, de_hidden, en_outputs)  #添加 en_outputs
#在测试过程调用 Decoder 的代码:
de_output, de_hidden = decoder(de_x, de_hidden, en_outputs)      #添加 en_outputs
```

之后，运行修改后的程序，从结果可以看出：在同等条件下注意力机制损失函数值降低得更快。另外，也可以将保存于张量 attention_weights 中的权重向量输出，进而利用 plt.matshow()函数来绘制注意力机制作用的效果图，以此查看注意力机制作用的效果。

从例 8.1 和例 8.2 可以看出，传统的基于 Seq2Seq 结构的网络模型虽然可以处理自然语言，但效率比较低。其主要原因在于，这些网络模型在处理序列数据时，大多只能以串行方式进行，这对大规模海量数据而言是致命的。于是，人们经过多年的研究，提出了一种崭新的序列数据处理框架——Transformer，以及基于 Transformer 的 Bert 和 GPT 等大规模预训练模型。后面将逐步予以介绍。

8.2 Transformer 及其在 NLP 中的应用

Transformer 是谷歌公司于 2017 年提出来的一种只依靠注意力机制来处理序列数据的框架[2]。也有人将 Transformer 翻译为变压器、变换器、变形器等，但似乎都不能全面概括它因注意力机制“堆叠”而实现的变换特性，所以通常还是直接使用原来的英文名称——Transformer。

与以往的深度网络不同，Transformer 框架不包含任何 CNN 和 RNN 网络。在自然语言处理任务中，这种框架可以用更少的计算资源获得比其他模型更好的结果。Transformer 的出现颠覆了人们对以往神经网络的理念，开创了神经网络的另一个时代——NLP 预训练模型的时代。此后，Bert、GPT 等自然语言处理领域中许多大型、成功的预训练模型都是基于 Transformer 框架来设计和构建的。

8.2.1 Transformer 中的注意力机制

Transformer 是完全依赖于注意力机制的一种序列数据处理框架，它没有包含任何 CNN 和 RNN 的成分。其核心是使用了自注意力机制和多头注意力机制。自注意力(Self-attention)是把同一个输入 $\boldsymbol{x}$ 通过线性变换分别映射为 3 个向量：

$$Q = W_q \cdot x$$
$$K = W_k \cdot x$$
$$V = W_v \cdot x$$

然后再按照一般的注意力机制来计算 Q、K 和 V 的注意力向量：

$$Att(Q, K, V) = \text{Softmax}\left(\frac{Q \cdot K^T}{\sqrt{d_k}}\right) \cdot V$$

自注意力可以自主学习同一个序列内部的关系，因而可以获得更多深层次的信息。

如果将上述映射得到的向量 Q、K 和 V 都分别进一步均等分割为 h 个部分：Q_i、K_i 和 V_i，$i=1,2,\cdots,h$，然后对每一组 Q_i、K_i 和 V_i 运用上述相同的方法计算注意力向量 $Att(Q_i, K_i, V_i)$——这就形成了 h 头注意力（多头注意力），最后将结果拼接起来。已有研究表明，多头注意力机制不只可以自主学习内部关系，而且可以捕获更多维度的信息，效果优于单头注意力机制。图 8-6 是多头注意力机制示意图。

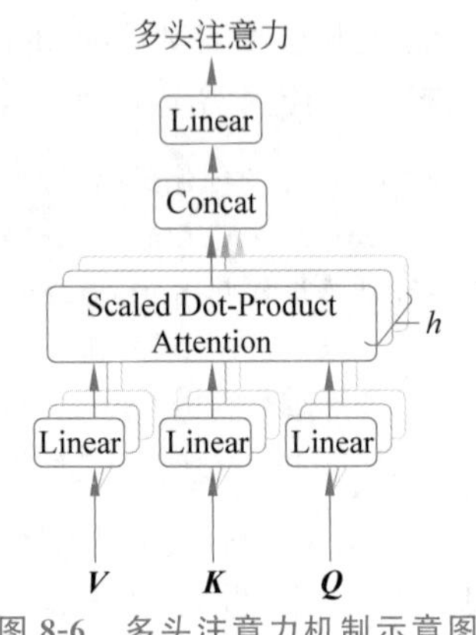

图 8-6 多头注意力机制示意图

8.2.2 Transformer 的结构

Transformer 也是基于 Seq2Seq 结构，因而也由编码器和解码器两部分组成。Transformer 编码器和解码器的结构图如图 8-7 所示（该图来自论文 *Attention is all you need*[2]）。

在图 8-7 中，左边和右边的大方框分别是编码器和解码器的基本单元。编码器单元包括多头注意力模块、前馈网络模块和两个归一化模块；解码器单元主要比编码器单元多了一个多头注意力模块，其他部分基本相同。整个编码器和解码器则分别由 N 个结构相同的编码器单元和解码器单元组成（默认 $N=6$），它们之间的关系可用图 8-8 来表示。

在图 8-8 中，编码器输入 en_inputs 在依次经过 6 个编码器处理单元后，将结果发给 6 个解码器单元；类似地，解码器输入 de_inputs 在依次经过 6 个解码器单元处理后，形成解码器输出 de_outputs。

8.2.3 Transformer 的位置编码与嵌入

除了多头注意力机制，位置编码（Positional Encoding）的导入是 Transformer 的另一大创新。基于 RNN 网络的 Seq2Seq 模型对序列中元素的处理一般要串行进行，而不能并行处理，这是此类模型效率低的主要原因。与基于 RNN 网络的 Seq2Seq 模型不同，Transformer 可以并行处理序列中的元素，因而其效率比较高，这得益于位置编码的导入。

序列的串行处理方式实际上蕴含了各个元素的相对位置。当采用并行处理方式时，这种相对位置的自然蕴含就消失了，无法捕捉到序列顺序信息。但 Transformer 引入的位置编码方法可为该问题提供完美的解决方案。

这里所提的位置是指一个元素在序列中的位置，一般用该元素的索引（下标值）来表示。例如，假设有一个由列表表示的序列：[2,6,10,12]，则其中的元素 2、6、10、12 的索引分别

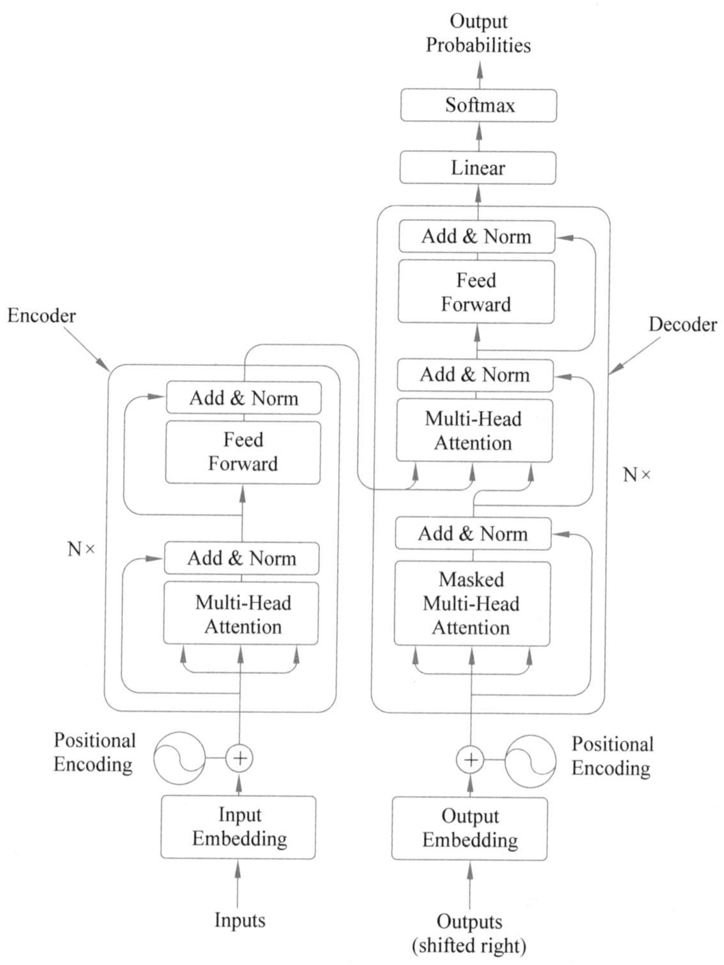

图 8-7　Transformer 编码器和解码器的结构图

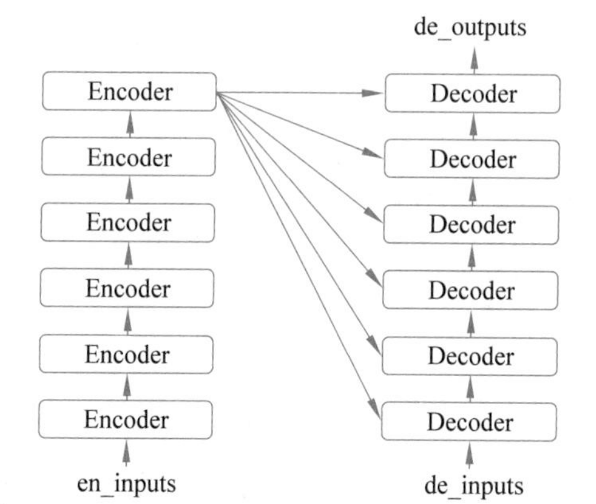

图 8-8　Transformer 中的编码器和解码器及其关系

为 0、1、2、3，因此它们的位置分别为 0、1、2、3。可见，元素的位置与元素的内容没有关系，只由元素的顺序确定。

位置编码是使用一个函数将给定的位置(整数)映射为一个 d 维向量。这里用 PE 表示该函数，则 PE 的解析式如下：

$$PE(p,i)=\begin{cases}\sin\left(\dfrac{p}{10000^{\frac{i}{d}}}\right), & \text{如果 } i \text{ 为偶数}\\ \cos\left(\dfrac{p}{10000^{\frac{i-1}{d}}}\right), & \text{如果 } i \text{ 为奇数}\end{cases}$$

其中，$0\leqslant p<P$ 表示序列中元素的位置索引，P 表示序列的长度，即位置的总数（一般为句子的最大长度），$0\leqslant i<d$ 表示编码向量中分量的位置索引，d 为设置的位置向量的长度，一般与词向量的长度相等。

假定有一个序列（如一个句子）的长度 $P=30$，设置的位置向量的长度 $d=100$，则根据函数 $PE(p,i)$，经过编码后得到 30 个长度为 100 的位置向量。注意，这些位置向量只与序列中元素的位置有关，与元素内容无关，因此如果还有另外一个序列（如另一个句子），其长度也为 30，设置的向量长度也为 100，那么编码得到的位置向量是分别相等的。也就是说，对于任意两个长度相同的序列，在相同编码方式下，它们的位置向量是对应相同的。

在文本处理中，一般所有句子被预处理为等长的序列，因此在编码过程中只需对一个序列进行位置编码，其他序列复制这个位置编码即可。

通常，有两种方式为输入序列提供编码：一种是直接编码方式，另一种是嵌入方式。

1. 直接编码方式

这种方式的基本思路是，对于给定的输入 $\boldsymbol{x}$（由词的索引构成的张量），利用其形状（句子的长度和句子的数量）和编码函数 $PE(p,i)$，即时生成 $\boldsymbol{x}$ 的编码（若干位置向量构成的张量）并返回。为实现这一思路，我们定义一个类及其实例来实现，相应代码如下：

```
class PosEncoding(nn.Module):
    def __init__(self, d_model, max_len):
        super(PosEncoding, self).__init__()
        self.max_len = max_len
        self.d_model = d_model           #d_model 须为偶数
    def forward(self, x):                #x 为由词的索引表示的张量
        p = torch.arange(0, self.max_len).float().unsqueeze(1) #产生所有的索引(位置)
        #以下根据函数 PE(p, i),构建长度为 max_len 的序列的编码,
        #即形成 max_len 个位置向量,向量的长度为 d_model
        p_2i = torch.arange(0, self.d_model, 2)
        p_2i = 1./np.power(10000.0, (p_2i.float() / self.d_model))
        pos_code = torch.zeros(self.max_len, self.d_model)
        pos_code[:, 0::2] = torch.sin(p * p_2i)
        pos_code[:, 1::2] = torch.cos(p * p_2i)
        pos_code = pos_code.to(device)
        #pos_code 保存一个序列编码其形状为 (max_le, d_model)
        #即每个位置有一个位置向量
        o = pos_code[:x.size(1)]         #根据序列的长度获取相应的位置向量
        o = o.unsqueeze(0)               #增加第一个维度,大小为 1,表示有一个序列
        o = o.repeat(x.size(0), 1, 1)  #复制第一个序列,构造 x.size(0)个序列的编码
        o = o.permute([1, 0, 2])   #修改形状,改为(seq_len, batch_size, d_model)
        return o
```

此后，可通过类似如下的代码来完成给定输入的编码：

```
self.pos_encoding = PosEncoding(d_model, max_len=MAX_LENGTH)
src_pos_code = self.pos_encoding(en_input)
tgt_pos_code = self.pos_encoding(de_input)
```

2. 嵌入方式

这种方式的基本思路如下。

(1) 先利用函数 $PE(p,i)$生成所有位置的编码(位置向量),然后定义一个嵌入层并以此编码作为初始数据,同时冻结该层参数(位置参数不应该被更新),相应代码如下:

```
#预先生成所有的位置向量,用于初始化嵌入层
def PosEncoding_for_Embedding(d_model, max_len):
    p = torch.arange(0, max_len).float().unsqueeze(1)
    p_2i = torch.arange(0, d_model, 2)
    p_2i = 1./np.power(10000.0, (p_2i.float() / d_model))
    pos_code = torch.zeros(max_len, d_model)
    pos_code[:, 0::2] = torch.sin(p * p_2i)
    pos_code[:, 1::2] = torch.cos(p * p_2i)
    pos_code = pos_code.to(device)    #pos_code 的形状为(max_len, d_model)
    return pos_code
#定义嵌入层,用上述函数生成初始数据并冻结参数
self.pos_embedding = nn.Embedding.from_pretrained(\
            PosEncoding_for_Embedding(d_model, MAX_LENGTH), freeze=True)
```

(2) 为利用嵌入层中的位置向量,对于由词索引构成的输入 $\boldsymbol{x}$,需要改变其内容,将位置索引"改写"到 $\boldsymbol{x}$ 中,并返回改写结果,这样才能通过嵌入层获得相应的位置向量。实现该功能的函数代码如下:

```
def pos_code(x):
    one_sen_poses = [pos for pos in range(x.size(1))]
    all_sen_poses = torch.LongTensor(one_sen_poses).unsqueeze(0).to(device)
    all_sen_poses = all_sen_poses.repeat(x.size(0),1)
return all_sen_poses
```

此后,可通过类似如下的代码来实现给定输入的编码:

```
src_pos_emb = self.pos_embedding(pos_code(en_input)).permute([1, 0, 2])
```

不管是用直接编码方式还是用嵌入方式,对给定的输入 $\boldsymbol{x}$,都会得到相应的位置向量。把该位置向量和词嵌入层输出的向量相加,所得结果即可以作为 $\boldsymbol{x}$ 的嵌入向量表示,进而可以送入编码器或解码器作进一步处理。

由于每个 $\boldsymbol{x}$ 的词嵌入向量都加上了相应的位置向量,因此即便词嵌入向量相同,但它们所处的位置不同,因而位置向量不同,从而最终的向量表示也不会相同。这样就解决了自注意力机制无法对序列进行建模的问题,也使得并行处理同一个序列中的元素成为可能。

8.2.4　Transformer 的使用方法

Transformer 是一种处理序列数据的框架,我们可以按照这个框架去构建 Transformer 程序。但 Transformer 框架比较复杂,从零开始构建是非常烦琐的。我们可以利用 torch.nn 模型库中封装好的 nn.Transformer 类来开发 Transformer 程序,这样会事半功倍。

nn.Transformer 主要实现了 Transformer 框架的编码和解码功能。它有两个输入和一个输出，分别是编码器的输入、解码器的输入和解码器的输出，如图 8-9 所示。

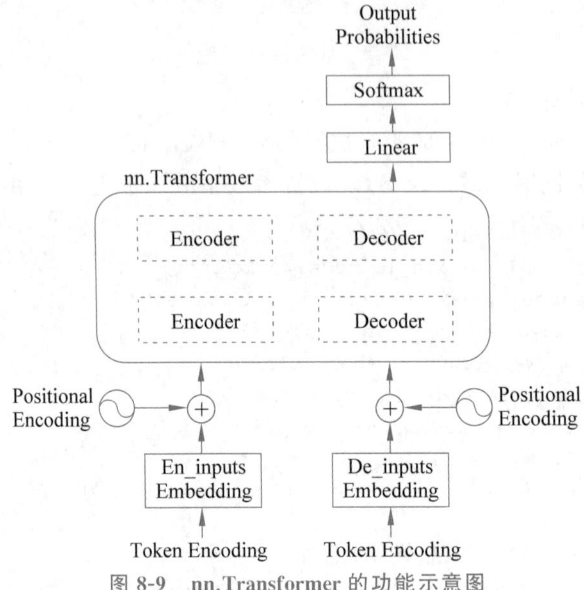

图 8-9 **nn.Transformer** 的功能示意图

也就是说，nn.Transformer 不能实现端到端的数据处理功能，在解决具体 NLP 任务时需要在其前面和后面加上相应的处理模块。

为了运用 nn.Transformer，对于给定的文本序列，先进行 token 化（如分词等），转化为一系列的元素，然后构建元素的词表，对各元素进行索引编码（一种整数编码），再对索引编码进行位置编码和词嵌入表示，形成各元素的数值向量表示，最后由这些向量组装成张量，送入编码器和解码器做进一步处理。也就是说，在送入 nn.Transformer 之前，需要先对输入数据进行位置编码和词嵌入表示，并两者加起来，形成输入张量。

实例化 nn.Transformer 类时，使用的构造参数比较多，我们重点介绍以下几个参数。

- **d_model**：编码器和解码器接收的特征向量的长度，即词向量的长度，默认值为 512。
- **nhead**：设置多头注意力机制中的“头数”，但该值并不影响网络的参数量，默认值为 8。
- **num_encoder_layers**：设置编码器的数量。该值越大，编码器网络越深，参数也越多，默认值为 6。
- **num_decoder_layers**：设置解码器的数量。与 num_encoder_layers 类似，该值越大，解码器网络越深，参数也越多，默认值为 6。
- **dim_feedforward**：设置 Feed Forward 层的神经元的数量。显然，该值越大，网络 Feed Forward 的参数越多，计算量也越大，默认值为 2048。

例如，下面代码是用 nn.Transformer 创建一个 Transformer 实例的例子：

```
model = nn.Transformer(d_model=256, nhead=4, num_encoder_layers=2, \
                        num_decoder_layers=2, dim_feedforward=512)
```

该实例表示的 Transformer 模型有 2 个编码器和 2 个解码器，有 4 个头注意力机制，接收的词向量的长度为256，Feed Forward网络层的神经元个数为512个。

nn.Transformer类的forward()方法的参数有多个，其中有两个参数是必须的：

- src：接收编码器的输入。这个输入必须是在位置编码和词嵌入表示之后形成的张量，其形状为：

  (seq_length，batch_size，d_model)

  这3个参数分别表示序列(句子)的长度、批量的大小和词向量的长度。
- tgt：接收解码器的输入。与src类似，该输入必须是位置编码和词嵌入的结果，是一种数值张量，其形状也为(seq_length，batch_size，d_model)。其序列长度seq_length与src的序列长度seq_length可能不一样，但两者的批量大小batch_size和词向量长度d_model必须一样。

forward()方法还常常涉及下面3个重要参数。

- tgt_mask：自注意力机制可以让每个词的表示包含上下文信息，这样就可以解决一词多义等问题。但对目标句子而言，一个词只能包含上文信息，而无法获得下文信息，因为目标句子中的词是一个一个输出的。这样，就需要一个三角掩码矩阵来辅助词的表达。nn.Transformer类提供的generate_square_subsequent_mask()函数可以用于产生这样的矩阵。

  例如，执行下列代码：

```
tgt_mask = model.generate_square_subsequent_mask(4)
```

  产生如下的矩阵：

```
tensor([[0.,     -inf,     -inf,     -inf],
        [0.,     0.,        -inf,     -inf],
        [0.,     0.,        0.,       -inf],
        [0.,     0.,        0.,       0.]])
```

  可以看到，该矩阵的上三角元素均为-inf(无穷小，在进行softmax归一化后会变成0)，表示相应元素不重要，相当于实现遮掩功能；主对角线和下三角元素均为0，表示不需要遮掩。
- src_key_padding_mask和tgt_key_padding_mask：为实现句子等长化，在预处理时需要对句子进行填充，以使句子达到固定长度。但是，填充符号是没有任何意义的，所以在计算注意力机制时，这些符号不应该参与计算。因此，对源输入src和目标输入tgt而言，需要分别产生同等尺寸的布尔掩码矩阵(分别为src_key_padding_mask和tgt_key_padding_mask)，并输入到forward()方法中，以说明哪些元素是填充符号。其中，布尔掩码矩阵src_key_padding_mask中值为True的元素表示源输入src中相应位置的元素为填充符号，不需要参与计算；对于tgt_key_padding_mask和tgt，也是相同的含义。

构造掩码矩阵的方法很容易，只需利用张量本身提供的方法即可。例如，下面两条语句分别为源输入和目标输入构造布尔掩码矩阵：

```
src_key_padding_mask = en_input.data.eq(0)
tgt_key_padding_mask = de_input.data.eq(0)
```

其中,"0"表示填充符号的索引(如果在词表中用其他整数表示填充符号的索引,则此处的"0"应改为相应的整数)。src_key_padding_mask 和 en_input.data 的尺寸完全一样,src_key_padding_mask 中值为 True 的元素表示 en_input.data 中相应位置的元素为填充符号,否则不是。对 tgt_key_padding_mask 和 de_input.data 而言,情况也是如此。

Transformer 模型中可能有多个解码器,最后一个解码器的返回值(forward()的返回值)即为整个 Transformer 模型的返回值,其形状与解码器的输入 tgt 的形状是一样的。

例如,下面语句调用了上面代码创建的实例 model,实际上调用了 nn.Transformer 类的 forward()方法:

```
y = model(en_input, de_input)
```

其中,en_input 和 de_input 都是位置向量和词向量相加而得到的输入张量,它们的序列长度 seq_length 可能不一样,但它们的批量大小 batch_size 和词向量长度 d_model 分别相等。另外,y 的形状与 de_input 的形状完全相同。

还有一个问题:en_input 和 de_input 分别代表什么呢?在输入格式上有何不同呢?

假设有一个从英文到中文翻译的例子,并假设原始句子为"I went to the game yesterday",目标句子为"我昨天去参加比赛"。简单而言,en_input 就是原始句子经过编码后产生的输入到编码器的张量,de_input 则是目标句子经过编码后产生的输入到解码器的张量。

对于编码器的输入 en_input,对原始句子分词后,用'<PAD>'进行填充,以达到固定长度,然后进行位置编码和嵌入表示,最后将位置向量和词向量相加起来作为编码器的输入 en_input(张量)。

对于编码器输入 de_input,将目标句子切分为单词后,用'<SOS>'作为起始符号(这一点与 en_input 的构造不同),其后与随切分出来的单词,再在后面用'<PAD>'填充到固定长度,然后进行位置编码和嵌入表示,将位置向量和词向量相加起来作为解码器的输入 de_input(张量)。解码器期望输出 de_output 的构造与解码器输入 de_input 的构造相似,不同的是:前面的起始符号'<SOS>'被去掉,同时在单词序列后面加上结束符号'<EOS>'。期望输出 de_output 不输入 Transformer,而且只与 Transformer 的输出做比较,用于计算损失函数值,以优化 Transformer 中的参数。

Transformer 的输出和输出示意图如图 8-10 所示,从图中可以看出如何设计编码器和解码器的输入,并了解 Transformer 参数优化的基本方法。

注意,Transformer 是一种计算框架,而不是已经训练好了的模型,即不是预训练模型,因此需要训练数据对 Transformer 实例所表示的网络进行训练,这与后面介绍的预训练模型 BERT 和 GPT 是不同的。

8.2.5 Transformer 应用案例

Transformer 框架可以用于解决许多 NLP 任务,下面给出一个用 Transformer 实现英中文翻译的例子。

【例 8.3】 构建一个基于 Transformer 框架的神经网络模型,用于实现例 8.2 的功能,即完成从英文到中文的翻译。

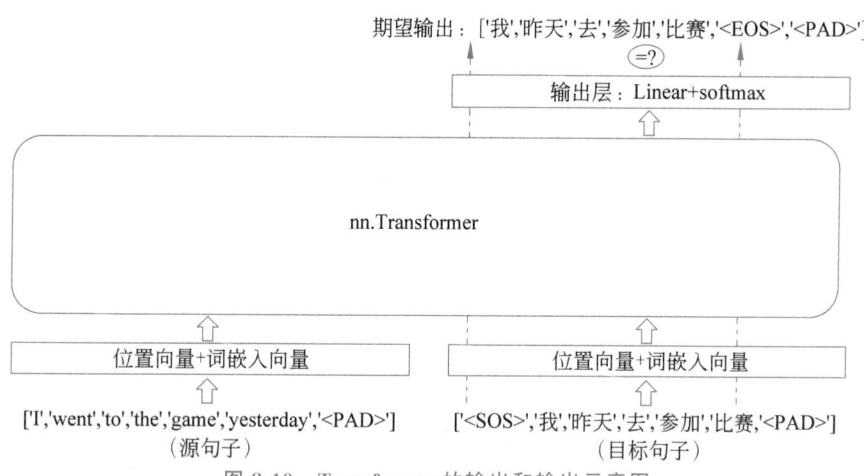

图 8-10 Transformer 的输出和输出示意图

本例主要使用 torch.nn 模型库中封装好的 nn.Transformer 类来开发 Transformer 程序，主要步骤及相关说明如下。

（1）加载数据。首先从文件 en_zh_data.txt 中读取数据，以英文-中文句子对的形式保存到列表 pairs 当中：

```
MAX_LENGTH = 30                             #句子的最大长度
path = r'.\data\translate'
fg = open(path + '\\' + "en_zh_data.txt", encoding='utf-8')
lines = list(fg)
fg.close()
pairs = []
for line in lines:
    line = line.replace('\n', '')
    pair = line.split('--->')           #中英文句子以字符串'--->'隔开
    if len(pair) != 2:
        continue
    en_sen = pair[0]                        #英文句子
    zh_sen = pair[1]                        #中文句子
    pairs.append([en_sen, zh_sen])
pairs = pairs[:50]                          #为了节省调试时间,只用 50 对英中文句子来训练
```

（2）定义字典类，即定义词表类，以用于索引编码。相关代码如下：

```
class Word_Dict:
    def __init__(self, name):
        self.name = name
        self.word2index = {"<PAD>": 0, "<UNK>": 1, "<SOS>": 2, "<EOS>": 3}
        self.index2word = {0: "<PAD>", 1: "<UNK>", 2: "<SOS>", 3: "<EOS>"}
    def addOneSentence(self, sentence):
        if self.name == 'eng':
            for word in sentence.split(' '):  #英文用 split(' ')分词
                self.addOneWord(word)
        elif self.name == 'chi':                #中文用 jieba 分词
            split_chi = [char for char in jieba.cut(sentence) if char != ' ']
```

```
            for word in split_chi:
                self.addOneWord(word)
    def addOneWord(self, word):  #将词加入到词表中
        if word not in self.word2index:
            index = len(self.index2word)
            self.word2index[word] = index
            self.index2word[index] = word
```

(3) 构建英文和中文词汇的词表实例,即分别形成英文词表和中文词表,为每个词汇确定一个唯一的索引。相关函数代码如下:

```
def getData(pairs):
    temp = []
    for pair in pairs:
        split_eng = pair[0].split(' ')       #切分英文单词
        split_chi = [word for word in jieba.cut(pair[1]) if word != ' ']  #中文分词
        if len(split_eng) < MAX_LENGTH and len(split_chi) < MAX_LENGTH:
            temp.append(pair)                #保留长度小于 MAX_LENGTH 的句子对
    pairs = temp
    eng_lang = Word_Dict('eng')              #初始化英文词表
    chi_lang = Word_Dict('chi')              #初始化中文词表
    for pair in pairs:                                 #对每个句子对构造词表
        eng_lang.addOneSentence(pair[0])               #建立英文单词索引词表
        chi_lang.addOneSentence(pair[1])               #建立中文词索引词表
    return eng_lang, chi_lang, pairs     #返回构造好的英文词表和中文词表以及句子对
```

(4) 利用英文词表和中文词表,对各个句子进行索引编码,并对结果等长化和张量化。相关函数代码如下:

```
def sentence2tensor(lang, sentence,flag):
    indexes = []
    if flag=='encoder_in':                   #编码器的输入(英文句子)
        words = [word for word in sentence.split(' ') if word.strip() != ''] #分词
        words = words[0:MAX_LENGTH]
        words = words + ['<PAD>'] * (MAX_LENGTH-len(words))       #等长化
        indexes = [lang.word2index.get(word, 1) for word in words]
        #1为'<UNK>'的索引号
    elif flag == 'decoder_in':               #解码器的输入(中文句子)
        words = [word for word in jieba.cut(sentence) if word.strip() != '']#分词
        words = ['<SOS>'] + words
        words = words[0:MAX_LENGTH]
        words = words + ['<PAD>'] * (MAX_LENGTH - len(words))   #等长化
        indexes = [lang.word2index.get(word, 1) for word in words]
    elif flag == 'decoder_out':              #解码器的期望输出(中文句子)
        words = [word for word in jieba.cut(sentence) if word.strip() != '']#分词
        words = words[0:MAX_LENGTH-1]     #保证下面'<EOS>'不被截除
        words = words + ['<EOS>']
        words = words + ['<PAD>'] * (MAX_LENGTH - len(words))   #等长化
        indexes = [lang.word2index.get(word, 1) for word in words]
    else:
        pass
    return torch.LongTensor(indexes).to(device)                #张量化并返回
```

（5）定义数据集类，调用 sentence2tensor()函数来完成各个句子的索引编码，并张量化。定义代码如下：

```
class MyDataSet(Dataset):
    def __init__(self, pairs):
        super(MyDataSet, self).__init__()
        self.pairs = pairs
    def __len__(self):
        return len(self.pairs)
    def __getitem__(self, idx):
        pair = self.pairs[idx]
        en_sentence = pair[0]           #英文句子
        zh_sentence = pair[1]           #中文句子
        #传入英文词表和英文句子，返回英文句子的张量(由单词的索引构成)
        en_input = sentence2tensor(eng_lang, en_sentence, flag='encoder_in')
        #传入中文词表和中文句子，返回中文句子的张量(由词的索引构成)
        de_input = sentence2tensor(chi_lang, zh_sentence, flag='decoder_in')
        #传入中文词表和中文句子，返回中文句子的张量，是解码器期望的输出
        #(相当于标记)
        de_output = sentence2tensor(chi_lang, zh_sentence, flag='decoder_out')
        return en_input, de_input, de_output
```

（6）利用上述函数，执行下列代码即可完成对各个中文句子和英文句子的索引编码及其张量化：

```
eng_lang, chi_lang, pairs = getData(pairs)
mydataset = MyDataSet(pairs)
loader = DataLoader(mydataset, batch_size=9, shuffle=True)
```

（7）定义实现翻译任务的类，其主要功能是对送入 Transformer 前的索引张量进行预处理，如位置编码、词嵌入表示等，形成可以输入 Transformer 进行处理的张量；调用 Transformer 对输入的张量进行处理；对输出 Transformer 的张量进行线性变换，以符合生成目标词汇的要求。定义代码及相关说明如下：

```
class MyTransformer(nn.Module):
    def __init__(self, d_model, nhead, layer_num, dim_ff, src_vocab_size, tgt_vocab_
    size):
        super(MyTransformer, self).__init__()
        #利用调用 nn.Transformer()来实例化类的对象，构建 Transformer 模型
        self.transformer = nn.Transformer(d_model=d_model, nhead=nhead,
                                          num_encoder_layers=layer_num,
                                          num_decoder_layers=layer_num,
                                          dim_feedforward=dim_ff)
        #定义面向英文单词的嵌入层
        self.src_embedding = nn.Embedding(src_vocab_size, d_model)
        #定义面向中文词的嵌入层
        self.tgt_embedding = nn.Embedding(tgt_vocab_size, d_model)
        self.pos_encoding = PosEncoding(d_model, max_len=MAX_LENGTH)
        #在本例中原始句子和目标句子的最大长度设置为一样长，
        #故可共享编码函数 PosEncoding_for_Embedding(编码的嵌入方式)
```

```
        #self.pos_embedding = nn.Embedding.from_pretrained(\
        #PosEncoding_for_Embedding(d_model, MAX_LENGTH), freeze=True)
        self.fc = nn.Linear(d_model, tgt_vocab_size, bias=False)
    def forward(self, en_input, de_input):
        cur_len = de_input.shape[1]                        #获取目标句子的固定长度
        #产生一个三角掩码矩阵
        tgt_mask = self.transformer.generate_square_subsequent_mask(cur_len).
        to(device)
        #分别产生编码器和解码器输入的布尔掩码矩阵
        src_key_padding_mask = en_input.data.eq(0).to(device)
        tgt_key_padding_mask = de_input.data.eq(0).to(device)
        #对编码器输入进行嵌入表示
        src_emb = self.src_embedding(en_input).permute([1, 0, 2])
        src_pos_code = self.pos_encoding(en_input)  #对编码器输入进行位置编码
        #src_pos_emb = self.pos_embedding(pos_code(en_input)).permute([1, 0, 2])
        #pos_code()等函数的代码在前面已经给出,在此不再重复罗列
        #嵌入向量加上位置向量,构成编码器的输入向量
        en_inputs = src_emb + src_pos_code
        #en_inputs = src_emb + src_pos_emb                 #(编码的嵌入方式)
        #对解码器输入进行嵌入表示
        tgt_emb = self.tgt_embedding(de_input).permute([1, 0, 2])
        tgt_pos_code = self.pos_encoding(de_input)    #对解码器输入进行位置编码
        #tgt_pos_emb = self.pos_embedding(pos_code(de_input)).permute([1, 0, 2])
        #嵌入向量加上位置向量,构成解码器的输入向量
        de_inputs = tgt_emb + tgt_pos_code
        #de_inputs = tgt_emb + tgt_pos_emb                 #(编码的嵌入方式)
        #送入 Transformer
        dec_outputs = self.transformer(src=en_inputs, tgt=de_inputs,\
                    tgt_mask = tgt_mask,\
                    src_key_padding_mask = src_key_padding_mask,\
                    tgt_key_padding_mask = tgt_key_padding_mask)
        dec_outputs = self.transformer(src=en_inputs, tgt=de_inputs)
        #对 Transformer 的输出进行调整,使输出尺寸为目标语言的词汇数
        tmp = self.fc(dec_outputs.transpose(0, 1))
        de_pre_y = tmp.view(-1, tmp.size(-1))
        return de_pre_y
```

(8) 设置主要参数,并训练模型。相关代码及其说明如下:

```
#设置 Transformer 的主要参数
d_model = 256                           #嵌入向量的长度
nhead = 4                               #多头注意力的头数
layer_num = 2                           #编码器和解码器的层数
dim_ff = 512                            #FeedForward 的维度,隐含层神经元个数
src_vocab_size = len(eng_lang.word2index)         #英文单词数量
tgt_vocab_size = len(chi_lang.word2index)         #中文词的数量
transformer_model = MyTransformer(d_model=d_model, nhead=nhead, \
        layer_num=layer_num, dim_ff=dim_ff, src_vocab_size=src_vocab_size,\
        tgt_vocab_size=tgt_vocab_size).to(device)
optimizer = optim.SGD(transformer_model.parameters(), lr=1e-3, momentum=0.99)
```

```
for ep in range(150):
    total_loss = 0
    for en_input,de_input,de_label in loader:
        en_input, de_input, de_label = en_input.to(device), de_input.to(device), \
                                       de_label.to(device)
        de_pre_y = transformer_model(en_input, de_input)   #调用 Transformer 实例
        loss = nn.CrossEntropyLoss(ignore_index=0)(de_pre_y, de_label.view(-1))
        total_loss += loss        #累加所有句子对的损失函数值
        optimizer.zero_grad()
        loss.backward()
        optimizer.step()
    print('Epoch:', '%04d' %(ep + 1), 'loss =', \
          '{:.6f}'.format(total_loss / len(loader.dataset)))
```

（9）设置主要参数，并训练模型。相关代码及其说明如下：

```
transformer_model.eval()
#先给定待翻译的英文句子
mysentence = "for geostrategists however the year that naturally comes\
to mind in both politics and economics is 1989 "
mysentence = mysentence.lower()       #小写
#张量化
en_input = sentence2tensor(eng_lang, mysentence, flag='encoder_in')
                                                        #torch.Size([30])
en_input = en_input.unsqueeze(0).to(device)
start_index = chi_lang.word2index["<SOS>"]     #获取目标语言词表的开始标识符
de_input = torch.LongTensor([[]]).to(device)   #初始化解码器的输入张量
next_index = start_index
while True:
    #解码器输入最开始为标志位"<SOS>",然后逐个拼接新生成的词,直到遇到
    #结束标识符"<EOS>",最后得到的 de_input 即为翻译的句子(的编码)
    de_input = torch.cat([de_input.detach(), \
             torch.tensor([[next_index]]).to(device)], -1)
    de_pre_y = transformer_model(en_input, de_input)      #调用 Transformer 实例
    prob = de_pre_y.max(dim=-1, keepdim=False)[1]
    next_index = prob.data[-1]
    if next_index == chi_lang.word2index["<EOS>"]:
        break
word_indexes = de_input.squeeze().cpu()
out_words = [chi_lang.index2word[index.item()] for index in word_indexes]
out_sentence = ' '.join(out_words[1:])
print('翻译得到的句子: ', out_sentence)
```

执行上述代码构成的.py程序，在笔者计算机上输出下列句子：

```
翻译得到的句子: 然而 作为 地域 战略 学家 无论是 从 政治 意义 还是 从 经济 意义 上 让 我 自
然 想到 的 年份 是 1989 年
```

这也说明，该程序基本上能够翻译简单的英文句子，但翻译水平有待进一步提高——需要更多的数据来训练，同时需要不断完善相关参数。

我们注意到，同样的数据量，Transformer 程序会比循环神经网络程序快得多。这是由

于 Transformer 采用了位置编码，使得待处理数据可以并行地送入 Transformer 进行计算。但是，Transformer 不宜处理过长的序列（如长度超过 50 的序列），否则其训练时间会急剧增加。也就是说，在处理长文本（如长度超过 200）时，LSTM 等传统循环神经网络比 Transformer 表现出更好的效果。

8.3 BERT 及其在 NLP 中的应用

8.3.1 关于 BERT

BERT(Bidirectional Encoder Representations from Transformer)是谷歌公司于 2018 年 10 月发布的一种语言表示模型[6]。BERT 是一种面向 NLP 任务的大型预训练模型，有上亿个参数。它是利用维基百科和书籍语料组成的大规模语料进行训练而得到的。BERT 的出现是自然语言处理领域中的一个里程碑事件，预示自然语言处理进入一个新的时代。

BERT 完全是在 Transformer 框架的基础上构建的，它包含了两层双向 Transformer 模型，多头注意力机制仍然是其核心部件。但 BERT 只利用了 Transformer 的左边部分——编码器，主要用于学习序列的特征，没有解码器，因而不利于文本生成。

根据上面对 Transformer 框架的介绍，在运用 Transformer 模型之前需要做分词、索引编码、词嵌入表示、位置编码等预处理工作，但 BERT 模型则尽可能地把这些工作囊括进去，为程序员减少这些繁杂的工作。实际上，BERT 提供了 WordPiece 工具对数据进行预处理。相对 Transformer 而言，它几乎实现了端到端的数据处理功能。更重要的是，与 Transformer 相比，它能够处理更长的句子（甚至实现篇章级处理），能完成更复杂的任务。

BERT 的结构如图 8-11 所示。

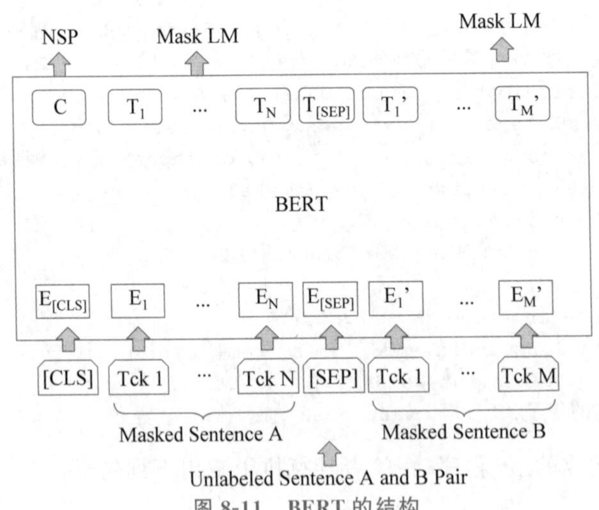

图 8-11 BERT 的结构

BERT 的输入可以是一个句子也可以是一个句子对，且都不需要对句子进行标记，它使用 WordPiece 对句子进行切分。WordPiece 与一般的单词切分和中文分词不一样。对于英文句子，WordPiece 会把单词本身和时态表示拆分开来。例如，work、worked 和 working 这 3 个单词分别被拆分成 work，work 和 # # ed，work 和 # # ing。这种拆分方法不但可以减少词表的大小，而且可以提升单词的区分度。

对于中文句子，WordPiece 则按字对句子进行切分，实际上是将一个句子拆分成为一系列的字和标点符号。由于 BERT 主要是用英文语料训练的，因此 BERT 对中文的处理没有对英文的处理效果好。为此，有的学者提出了面向中文的 BERT 改进版，感兴趣的读者可参考文献[7]。

BERT 有两个预训练任务：掩码语言模型(Masked Language Model，MLM)和下一句子预测(Next Sentence Prediction，NSP)。

注意，为使用预训练模型 BERT 及后面介绍的 GPT，需要先安装 pytorch_transformers：

```
pip install pytorch_transformers==1.0
```

1. MLM 模型

该模型将输入文本中的部分单词进行掩码(mask)，即以[mask]替换被掩码的单词，同时用[CLS]表示句子的开始，用[SEP]隔开不同的句子或标志句子的结束(训练时一次输入一个句子对，即两个句子)。例如，如果输入下列句子对“我是中国人。我爱我的祖国!”，则表示成下列输入格式：

```
texts = ['[CLS]我是中国人。[SEP]我爱我的[MASK]国！[SEP]']
```

其中，“祖”被掩码了。

注意，BERT 可以接收一个句子或一个句子对。输入的句子必须以'[CLS]'开始，如果有两个句子，则以'[SEP]'隔开。

然后，对输入的文本进行切分(token 化)、索引编码。例如，对上述 texts 的 token 化，可用下列代码实现：

```
from pytorch_transformers import BertTokenizer, BertModel
tokenizer = BertTokenizer.from_pretrained('bert-base-chinese')      #加载词表
tokenized_texts = [tokenizer.tokenize(word) for word in texts]     #token 化
```

结果得到下列内容(即 tokenized_texts 的内容)：

```
[['[CLS]', '我', '是', '中', '国', '人', '。', '[SEP]', '我', '爱', '我', '的',
'[MASK]', '国', '！', '[SEP]']]
```

这个结果是按字来切分的，这与分词不一样。进一步对其进行索引编码，可调用下列代码来实现：

```
input_ids = [tokenizer.convert_tokens_to_ids(token) for token in tokenized_texts]
input_ids = torch.LongTensor(input_ids)
```

结果，input_ids 的内容为：

```
tensor([[101, 2770, 3222, 705, 1745, 783, 512, 102, 2770, 4264, 103, 4639, 4863,
1745, 8014, 102]])
```

可以看到，从 token 化到索引编码，整个过程都是调用 BertTokenizer 模块来完成的。当然，为了构造一个数据批量(batch)，还需要对 input_ids 进行填充，实现等长化。

此后，就可以把 input_ids 输入 BERT 进行训练了。

MLM 模型正是通过对某些词进行掩码,然后训练模型,使之可以根据上下文来预测被掩码的词。这样,只要输入无标记的文本,我们就可以得到能够预测部分残缺词的模型,实现无监督学习。这就是 MLM 模型的任务。

2. NSP 模型

BERT 还有一个功能就是对给定一个句子,预测下一个句子。为此,需要给 BERT 输入一系列的句子对,以此来训练模型。具体做法是,从语料库中选择相邻的两个句子 A 和 B,然后由 A 和 B 组成一个训练样本。例如,'[CLS]我是中国人。[SEP]我爱我的[MASK]国! [SEP]'就是一个训练样本。

当 A 和 B 的顺序与语料库中的原始顺序一样时,相应的样本称为正样本,否则称为负样本。一般通过随机调整 A 和 B 的顺序来构造正样本和负样本,并维持正负样本各占大约 50%,以保持类平衡。NSP 模型正是利用这样的样本集来训练,使得该模型可以预测两个句子的顺序是否正确。

正是 MLM 模型和 NSP 模型,使得 BERT 具备了自然语言理解功能。

训练好的 BERT 模型可以很好地支持诸多的 NLP 下游任务,如文本分类、阅读理解、文本相似度计算等。

8.3.2 BERT 的使用方法

BERT 是一种预训练模型。预训练模型的使用方法大致分为两种:一种是在线加载,另一种是离线加载。离线加载需要找到官方网站,然后下载代码文件和参数文件,接着利用代码文件创建模型,利用参数文件对模型装入训练好的参数。这种方法将在 8.5 节中介绍,这里先介绍第一种方法——在线加载。

在线加载方法会自动连接官方网站并自动下载所需的文件,然后自动创建模型。其优点是操作方便。但如果模型参数很多或者网络信号不够稳定,那么容易导致加载失败。因此,这种方法一般适用于轻量级预训练模型。

下面,以 BERT 为例,介绍通过在线加载方式使用预训练模型开发应用程序的方法。

首先要加载预训练模型 BERT:

```
from pytorch_transformers import BertTokenizer, BertModel
#处理中文文本
model = BertModel.from_pretrained('bert-base-chinese', \
      cache_dir="./Bert_model")
#处理英文文本
#model = BertModel.from_pretrained('bert-base-uncased', \
       cache_dir="./Bert_model")
```

上述语句中,第一条表示加载的 BERT 模型用于处理中文文本,第二条则表示相应的 BERT 用于处理英文文本。BERT 模型都很大(有上亿个参数),第一次执行时,由于./Bert_model 目录下没有相应的模型文件,因而需要自动从网站(https://s3.amazonaws.com/, https://huggingface.co/models)下载,所以需要一定的时间。如果./Bert_model 目录下已保存有相应的文件,那么再次运行上述语句则相对快些。

对于大的预训练模型,上述在线加载方式可能会常常出现网络连接超时而导致加载失败的情况。这时，建议用第三方下载工具下载相关参数文件，然后再用参数文件加载。相关说明请参见官方网站(https://s3.amazonaws.com/)。

注意，在 Transformer 模型库中，预训练模型一般有 3 类文件，分别是模型参数文件、词表文件和配置文件。模型参数文件是以二进制格式保存的，而词表文件和配置文件是文本文件。下载时，应确保下载这 3 类文件。

BERT 模型的 forward()含有多个参数，其中对常用的参数说明如下。

- input_ids：接收由 token 在词表中的索引构成的张量。该选项为必选项，形状为(batch_size，seq_length)，其中 batch_size 和 seq_length 分别表示当前批量的大小和序列的长度。
- attention_mask：用于标识 input_ids 中哪些元素是填充值(填充值没有实际意义，不参与注意力计算)。当 attention_mask 中某一位置的值为 0 时，则表示 input_ids 中对应位置的元素是填充值，为 1 表示是非填充值。该选项为可选项，其形状为(batch_size，seq_length)；如果缺省，则表示 input_ids 中的元素均为非填充值。
- token_type_ids：用于标识当前 token 属于哪一句子，0 表示属于第一个句子，1 表示属于第二个句子。该选项为可选项，其形状为(batch_size，seq_length)。当输入序列中包含两个句子时，需要使用该选项。如果该选项缺省，则表示每个序列中只包含一个句子。

函数 forward()的返回值即为 BERT 模型的返回值。默认情况下，该函数返回值是一个元组(tuple)，其中包含两个张量。假设用 outputs 表示 forward()的返回值，则 outputs 为一个元组，其中第一个元素 outputs[0]和第二个元素 outputs[1]都是张量，它们形状分别为(batch_size，seq_length，hidden_size)和(batch_size，seq_length)，而 hidden_size 固定等于 768。

outputs[0]是 BERT 最后一层输出的隐层状态，该状态向量多用于进一步微调。outputs[1]是 BERT 最后一层输出的第一个 token(classification token)的隐层状态(对应于特殊标记符号[CLS]的输出向量)，通常以该状态向量作为句子的特征，送入全连接网络进行分类。

输入 BERT(即输入函数 forward())的是索引编码后形成的张量。BERT 可以接收一个句子的输入，或者接收两个句子的输入。下面通过一个例子来说明如何构造这样的输入张量，即在调用 BERT 模型之前如何进行数据预处理。

假设要向 BERT 中输入如下两条语句：

```
我是中国人。我爱我的祖国！
他努力！他学习英语。
```

数据预处理的过程如下：

(1) 添加特殊符号。在句子中添加特殊标记符号[CLS]、[SEP]，其中[CLS]表示文本的起始符号，[SEP]表示句子的结束符号。添加结果如下：

```
[CLS]我是中国人。我爱我的祖国！[SEP]
[CLS]他努力！他学习英语。[SEP]
```

在上述输入中，将“我是中国人。我爱我的祖国！”视为一个句子，“他努力！他学习英语。”也被视为一个句子。

如果将“我是中国人。我爱我的祖国！”视为两个句子，分别是句子“我是中国人。”和句子“我爱我的祖国！”，则相应输入应该表示为：

```
[CLS]我是中国人。[SEP]我爱我的祖国！[SEP]
```

类似地，如果“他努力！他学习英语。”也被视为两个句子：“他努力！”和“他学习英语。”，则相应输入应该表示为：

```
[CLS]他努力！[SEP]他学习英语。[SEP]
```

(2) 填充至固定长度。在使用 BERT 时，需要确定句子的固定长度（句子中 token 的个数）。这里设置固定长度为 20，不足 20 的，就在句子后面添加特殊符号[PAD]，它表示句子的填充符号，其索引值为 0。填充结果如下：

```
[CLS]我是中国人。[SEP]我爱我的祖国！[SEP][PAD][PAD][PAD][PAD]
[CLS]他努力！[SEP]他学习英语。[SEP][PAD][PAD][PAD][PAD][PAD][PAD][PAD]
```

填充后，上述每个句子的长度都为 20。注意，[CLS]、[SEP]和[PAD]都只算一个 token。

(3) token 化。将填充完的两个句子保存在变量 texts 中，然后对其中的每个句子进行 token 化，即切分为一系列的字：

```
from pytorch_transformers import BertTokenizer, BertModel
texts = ['[CLS]我是中国人。[SEP]我爱我的祖国！[SEP][PAD][PAD][PAD][PAD]', \
         '[CLS]他努力！[SEP]他学习英语。[SEP][PAD][PAD][PAD][PAD][PAD][PAD]' \
         +'[PAD]']
tokenizer = BertTokenizer.from_pretrained('bert-base-chinese')
tokenized_texts = [tokenizer.tokenize(word) for word in texts]     #token 化
```

这时，tokenized_texts 的内容如下：

```
[['[CLS]', '我', '是', '中', '国', '人', '。', '[SEP]', '我', '爱', '我', '的', '祖',
'国', '！', '[SEP]', '[PAD]', '[PAD]', '[PAD]', '[PAD]'], ['[CLS]', '他', '努', '力',
'！', '[SEP]', '他', '学', '习', '英', '语', '。', '[SEP]', '[PAD]', '[PAD]', '[PAD]',
'[PAD]', '[PAD]', '[PAD]', '[PAD]']]
```

(4) 索引编码。进一步对 tokenized_texts 的内容进行索引编码并张量化：

```
input_ids = [tokenizer.convert_tokens_to_ids(token) for token in tokenized_texts]
#索引编码
input_ids = torch.LongTensor(input_ids)          #张量化
```

这时，张量 input_ids 的内容如下：

```
tensor([[101, 2770, 3222, 705, 1745, 783, 512, 102, 2770, 4264, 2770, 4639, 4863,
1745, 8014, 102, 0, 0, 0, 0], [101, 801, 1223, 1214, 8014, 102, 801, 2111, 740, 5740,
6428, 512, 102, 0, 0, 0, 0, 0, 0]])
```

上述代码编写的思路很清晰，但略显啰唆，可用下面更为简洁的代码实现上述编码功能：

```
input_ids2 = [tokenizer.encode(text) for text in texts]
input_ids2 = torch.LongTensor(input_ids2)
#texts2 = tokenizer.decode(input_ids2[0].tolist())      #解码获得原文本
```

其中，input_ids2 和 input_ids 的内容是完全一样的。

input_ids 的这些整数就是各个 token 的索引，它们对 BertTokenizer 而言是固定的。同时可以看到，3 个特殊标记符号[CLS]、[SEP]和[PAD]的索引分别为 101、102 和 0。

(5) 构造注意力掩码矩阵。在矩阵中，0 表示对应的位置为填充符号，不需要参与注意力计算：

```
attention_mask = [[1, 1, 1, 1, 1, 1, 1, 1, 1, 1, 1, 1, 1, 1, 1, 1, 0, 0, 0, 0],\
                  [1, 1, 1, 1, 1, 1, 1, 1, 1, 1, 1, 1, 1, 0, 0, 0, 0, 0, 0, 0]]
attention_mask = torch.tensor(attention_mask)
```

(6) 构造句子掩码矩阵。矩阵中，0 表示第一个句子中的 token，1 表示第二个句子中的 token：

```
token_type_ids = [[0, 0, 0, 0, 0, 0, 0, 0, 1, 1, 1, 1, 1, 1, 1, 1, 1, 1, 1, 1],\
                  [0, 0, 0, 0, 0, 0, 1, 1, 1, 1, 1, 1, 1, 1, 1, 1, 1, 1, 1, 1]]
token_type_ids = torch.tensor(token_type_ids)
```

(7) 加载 BERT 模型并将预处理后的句子送入 BERT 模型：

```
from pytorch_transformers import BertModel
model = BertModel.from_pretrained('bert-base-chinese', cache_dir="./Bert_model")
#调用 BERT 模型对输入的两个句子对进行处理
outputs = model(input_ids=input_ids,\
                attention_mask=attention_mask, \
                token_type_ids=token_type_ids)
```

BERT 模型返回的 outputs 是一个元组(tuple)，包含两个元素，其中第一个元素 outputs[0]的形状为(2,20,768)，第二个元素 outputs[1] 的形状为(2,768)，其中 2 为批量大小，20 为句子的固定长度，768 为表示句子中每个 token(此处为字)的向量的长度。前者一般用于进一步微调，后者一般用作输入句子(对)的特征向量。

8.3.3　基于 BERT 的文本分类

BERT 模型主要有两种使用方法。一种是把 BERT 模型当作特征提取器，即只使用 BERT 模型来提取文本的特征，然后将特征交给下游程序去处理，而 BERT 模型本身不再参与下游程序的训练。另一种是对 BERT 模型进行微调(fine-tuning)，即通过微调将 BERT 模型嵌入到下游程序中，在下游程序训练时 BERT 模型一起参与训练，BERT 模型中的参数也一并被更新。一般来说，第二种方法是目前主流方法，用得到比较多。在本节中也使用第二种方法。

下面结合具体的例子来说明 BERT 模型的使用方法。

【例 8.4】　利用预训练模型 BERT 实现一个文本分类的网络程序。

本例使用的文本语料来自清华大学自然语言处理实验室网站(http://thuctc.thunlp.org/)。我们从该网站上下载 THUCNews.zip 文件，解压后从中随机取 18 万条新闻标题构成文本文件 train.txt、1 万条构成文件 test.txt，分别用作训练集和测试集。这些数据一共分为10个类别,分别是金融、房地产、股票、教育、科学、社会、政治、体育、游戏和娱乐等,其类别索引分别是0,1,…,9。在文件train.txt和文件test.txt中,每条样本占一行,一行中前面是文本内容,后面是类别索引,中间用制表键(\t)隔开。数据集的存储结构如图8-12所示。

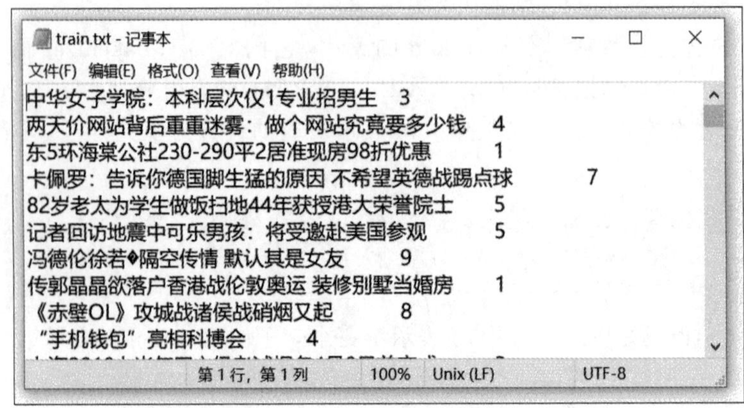

图8-12　数据集的保存格式

我们按如下步骤来编写该神经网络程序。

(1) 定义函数getTexts_Labels(fn),用于从指定的TXT文件中读取数据,将文本和类别索引分开,以字符串的形式保存文本,保存在列表texts中;以整数的形式保存类别索引,保存在列表labels中。texts和labels中的元素一一对应。该函数的定义代码如下:

```
def getTexts_Labels():
    with open(fn, 'r', encoding='utf-8') as f:
        lines = list(f)
    texts,labels = [],[]
    for line in lines:
        line = line.strip().replace('\n','')
        line = line.split('\t')
        if len(line)!=2:
           continue
        text,label = line[0],line[1]
        texts.append(text)
        labels.append(int(label))
return texts, labels
```

(2) 定义函数equal_len_coding(),用于从保存文本的列表中读取文本,然后按字对其进行切分(token化),再对每个token进行索引编码,最后进行等长化和张量化。该函数的定义代码及其说明如下:

```
def equal_len_coding(texts):
    train_tokenized_text = [tokenizer.tokenize(sentence) for sentence in texts]
    #token化
    #按索引对每个token进行编码
    input_ids = [tokenizer.convert_tokens_to_ids(char) for char in train_tokenized_
    text]
    #input_ids中列表的长度可能不一样,下面代码通过截取和填充,将每个列表
    #设置为固定长度MAX_LEN
    for i in range(len(input_ids)):
```

```
        tmp = input_ids[i]
        input_ids[i] = tmp[:MAX_LEN]                    #截取
        #填充 0,使之达到固定长度 MAX_LEN,其中 0 是填充符号<PAD>的索引
        input_ids[i].extend([0] * (MAX_LEN - len(input_ids[i])))
    input_ids = torch.LongTensor(input_ids)             #张量化
    return input_ids
```

(3) 利用上面两个函数从磁盘文件中读取数据，然后利用 WordPiece 工具切分文本，接着进行索引编码、等长化和张量化，最后打包数据。相应代码如下：

```
MAX_LEN = 50                    #设置句子的最大长度
batch_size = 32
tokenizer = BertTokenizer.from_pretrained('bert-base-chinese')
#加载 WordPiece 工具
path = r'./data/THUCNews'
name = r'train.txt'
fn = path + '\\' + name
train_texts, train_labels = getTexts_Labels(fn)         #读取训练集
name = r'test.txt'
fn = path + '\\' + name
test_texts, test_labels = getTexts_Labels(fn)           #读取测试集
train_input_ids = equal_len_coding(train_texts) #切分文本,索引编码,等长化和张量化
train_labels = torch.LongTensor(train_labels)
test_input_ids = equal_len_coding(test_texts)
test_labels = torch.LongTensor(test_labels)
#分别对训练集和测试集进行打包
train_set = TensorDataset(train_input_ids,train_labels)
train_loader = DataLoader(dataset=train_set,batch_size=batch_size,shuffle=True)
test_set = TensorDataset(test_input_ids,test_labels)
test_loader = DataLoader(dataset=test_set,batch_size=batch_size,shuffle=True)
```

以上相当于预处理操作。由于 BERT 提供了相应工具进行文本切分和编码等，所以这些预处理代码相对比较少。

(4) 定义文本处理类 Bert_Model()，实现文本的特征学习和文本的分类功能，其中加载了用于处理中文文本的 BERT 模型。代码如下：

```
class Bert_Model(nn.Module):
    def __init__(self):
        super(Bert_Model, self).__init__()
        #加载预训练模型
        self.model = BertModel.from_pretrained('bert-base-chinese', \
                     cache_dir="./Bert_model").to(device)
        self.dropout = nn.Dropout(0.1)
        self.fc = nn.Linear(768, 10)      #有 10 个类
    def forward(self, x, attention_mask=None):
        outputs = self.model(input_ids=x,\
               attention_mask=attention_mask,\
               token_type_ids=None      #只有一句话,故不需设置该参数
               )
        o = outputs[1]                    #取池化后的结果,形状为(batch_size, 768)
```

```
        o = self.dropout(o)
        o = self.fc(o)                    #分类
        return o
```

在上述代码中，调用 BERT 模型后，会返回两个结果，分别存放在 outputs[0]和 outputs[1]中。outputs[0]和 outputs[1]的形状分别为(batch_size,seq_length,768)和(batch_size,768)，其中 batch_size 和 seq_length 分别为批量的大小和序列的长度，768 为编码的向量长度(这个数字是固定的)。显然，这两个返回结果与 LSTM 和 GRU 返回的结果很相似。一般选用 outputs[1]作为输入句子的特征，进而送入全连接网络进行分类。

(5) 编写训练代码并进行训练：

```
bert_Model = Bert_Model().to(device)
optimizer = optim.Adam(bert_Model.parameters(), lr=1e-5)
for ep in range(5):
    for i, (data, target) in enumerate(train_loader):
        data, target = data.to(device), target.to(device)
        #构造注意力掩码矩阵
        mask = data.data.eq(0)                              #0 为[PAD]的索引
        mask = mask.logical_not().byte()                    #转化为 0,1 矩阵
        output = bert_Model(data,mask)                      #调用 BERT 模型
        loss = nn.CrossEntropyLoss()(output, target)        #计算损失函数值
        if i%10==0:
            print(ep+1,i,len(train_loader.dataset),loss.item())
        optimizer.zero_grad()
        loss.backward()
        optimizer.step()
```

(6) 利用测试集对训练好的模型 bert_Model 进行测试，代码如下：

```
bert_Model.eval()
correct = 0
for i, (data, target) in enumerate(test_loader):
    data,target = data.to(device),target.long().to(device)
    mask = data.data.eq(0)
    mask = mask.logical_not().byte()
    output = bert_Model(data,mask)                  #调用训练好的模型 bert_Model
    pred = torch.argmax(output, 1)
    correct += (pred == target).sum().item()        #统计正确预测的样本数
print('正确分类的样本数: {},样本总数: {},准确率: {:.2f}%'.format(correct, \
    len(test_loader.dataset), 100. * correct / len(test_loader.dataset)))
```

在笔者计算机上，预测输出结果如下：

```
… …
5 5590 180000 0.09294451028108597
5 5600 180000 0.10058289766311646
5 5610 180000 0.08927912265062332
5 5620 180000 0.03275177627801895
正确分类的样本数: 8938,样本总数: 10000,准确率: 89.38%
```

结果显示，在 10 个类别的中文数据集上，BERT 仍然获得比较高的准确率，而且编写的

代码量比较少。这得益于预训练模型 BERT 强大的上下文表示能力。

8.3.4　基于 BERT 的阅读理解

机器阅读理解是 NLP 中的一个重要的任务，下面观察一个使用 BERT 开发的单篇章抽取式阅读理解程序的例子。

【例 8.5】　利用预训练模型 BERT 实现一个阅读理解的网络程序。

单篇章抽取式阅读理解的任务可描述为：对于一个给定的问题 query 和一个篇章 passage，机器需要根据篇章内容，给出该问题的答案 answer。因此，在训练阶段，数据集中的样本具有三元组<query，passage，answer>的结构。例如，下面是一个样本的例子：

问题 query：乾隆通宝一枚多少钱？
篇章 passage：您好，根据七七八八收藏上乾隆通宝的价位，目前大概价位在几十到上千之间，这个与您的商品品相和您的商品类别有很大的关系，建议您可进入七七八八收藏上进行查看，同时您亦可注册商店自行销售，不仅可出售钱币还可以出售其他老旧物品，如书籍、旧海报、旧报纸、各种老旧物品等，您可进入查看，谢谢！
答案 answer：几十到上千。

注意，问题 query 可能不是"原封不动"地来自篇章 passage 中，但答案 answer 必须是篇章 passage 的部分内容(子串)。这是这类阅读理解的基本特征。因此，答案 query 一般是以起止位置的形式给出的。例如，上述答案 answer"几十到上千"在训练语料中实际上是表示为二元组(27,32)，其中 27 是答案 answer "几十到上千"在 passage 中的起始位置索引(索引从 0 开始计算)，32 是 answer 在 passage 中终止字符的下一个字符的位置索引，即 27 至 32－1＝31 是 answer 的有效位置索引。也就是说，在机器阅读训练中，样本通常表示为如下的四元组：

$$<query, passage, start\_ind, end\_ind>$$

其中，query 和 passage 分别表示给定的问题文本和篇章文本，start_ind 和 end_ind 分别表示答案 answer 在 passage 中的起始位置索引和终止位置的下一位置索引(以下简称"终止位置索引")。

因此，抽取式阅读理解的任务可以具体化为：根据输入的 query 和 passage，模型要预测 answer 在 passage 中的起始位置索引 start_ind 和终止位置索引 end_ind。

在开发该程序时，有如下几个关键技术问题需要注意。

(1) 在用 BERT 开发阅读理解程序时，需要解决的一个关键问题是答案 answer 起止位置索引在编码前后的映射问题。具体地，在将 query 和 passage 输入 BERT 之前，需要对它们进行索引编码。但在进行索引编码后，答案 answer 的起止位置索引可能发生变化。例如，对于下列样本：

```
query = '谁去参加比赛？ '
passage = '2022 年，张三去参加比赛。'  #注：'2022'和'年'之间有一个空格
answer = '张三'
```

answer 在 passage 中起止位置索引分别是 7 和 11，即(start_ind，end_ind)＝(7,11)。但是，在调用 BERT 的分词器 WordPiece 对 passage 和 answer 进行分词后，分别得到下面的结果：

```
['2022', '年', ',', '张', '三', '去', '参', '加', '比', '赛', '。']
['张', '三']
```

在上述结果中,answer 被切分为'张'和'三',它们在['2022','年',',','张','三','去','参','加','比','赛','。']中的位置索引分别为 3 和 4。也就是说,(start_ind,end_ind)由分词前的(7,11)变为分词后的(3,4)。造成这个变化的原因主要是分词器 WordPiece 在分词时会去掉空格以及把一些子串(如'2022'等)当作一个整体来处理。然而,BERT 实际使用的是分词后的位置索引,因此我们需要给出分词前后之间字符位置的索引映射关系,以便把语料中给出的位置索引转化为编码后的位置索引,进而用于训练。

需要说明一点,对于分词后得到的分词列表,再对其进行索引编码时会得到一个索引列表。这个索引列表和原来的分词列表是一一对应的,因而它们的位置索引也是一一对应的。例如,分词列表['2022','年',',','张','三','去','参','加','比','赛','。']的索引编码为[10550,2399,8024,2476,676,1343,1346,1217,3683,6612,511],这两个列表中各个元素是一一对应的,因而它们的位置索引也是一一对应的。

那么,对于给定语料中答案的起止位置索引,如何将它们映射为编码后的位置索引呢?这可以利用 BertTokenizerFast 来实现。该模块可以通过参数 offset_mapping 返回处理后每个 token 是对应于分词前 passage 中的哪些字符。

注意,在从 transformers 导入 BertTokenizerFast 时,需要动态链接库文件 cudart64_101.dll。如果没有该文件,可从 https://www.dll-files.com 上下载(或联系笔者),然后放到 C:\Windows\System32 目录下(注意备份同名文件)。

例如,利用下面代码可以获得 passage 的索引编码以及编码前后位置索引之间的关系信息:

```
from transformers import BertTokenizerFast
tokenizer = BertTokenizerFast.from_pretrained('bert-base-chinese')
tokenizing_result = tokenizer.encode_plus(passage,\
                          return_offsets_mapping=True, \ #需要返回
                          add_special_tokens=False)      #不添加 CLS、SEP 等特殊符号
paragraph_ids = tokenizing_result['input_ids']
token_span = tokenizing_result['offset_mapping']
```

执行上述代码时,返回的结果 tokenizing_result 是一个字典,其中 tokenizing_result['input_ids']保存的是 passage 中各词的索引编码(略过了分词这个步骤),tokenizing_result['offset_mapping']保存的是编码前后位置索引之间的关系信息,其中 tokenizing_result['input_ids']和 tokenizing_result['offset_mapping']的长度是一样的,它们的元素是一一对应的。

tokenizing_result['input_ids']和 tokenizing_result['offset_mapping']的内容分别如下:

```
[10550, 2399, 8024, 2476, 676, 1343, 1346, 1217, 3683, 6612, 511]
[(0, 4), (5, 6), (6, 7), (7, 8), (8, 9), (9, 10), (10, 11), (11, 12), (12, 13), (13,
14), (14, 15)]
```

在这个结果中,10550 是'2022'的索引编码、2399 是'年'的索引编码、6612 是'赛'的索引编码,等等。同时,(0,4)表示:编码 10550 是对应分词前 passage 中位置索引为 0 至 4−1=3 之

间的字符，即对应'2022'；(5,6)表示：编码2399是对应分词前passage中位置索引为5至6－1＝5之间的字符，即对应'年'，其他情况亦可类推。

显然，利用tokenizing_result['offset_mapping']提供的信息，我们可以构造一个函数，使其可以计算passage中任一位置索引在编码后的位置索引值，代码如下：

```
def getIndInEncoding(pos, token_span, passage):
    #先构建数组 CharInd_TokenInd,其长度与 passage 的长度一样,
    #用于存放 passage 中每一字符对应编码后的位置索引
    CharInd_TokenInd = [[] for _ in range(len(passage) + 1)]
    CharInd_TokenInd[len(passage)] = [len(passage)]
    #通过倒序遍历 token_span 来获得数组 CharInd_TokenInd 中的元素值
    for token_ind, char_sp in enumerate(token_span):
        for text_ind in range(char_sp[0], char_sp[1]):
            CharInd_TokenInd[text_ind] += [token_ind]
    for k in range(len(CharInd_TokenInd) - 2, -1, -1):   #填补空格
        if CharInd_TokenInd[k] == []:
            CharInd_TokenInd[k] = CharInd_TokenInd[k + 1]
    return CharInd_TokenInd[pos]
```

然后执行下列代码：

```
for pos in range(len(passage)):
    ind = getIndInEncoding(pos, token_span, passage)[0]
    print(pos, '--->', ind)
```

产生如下结果：

```
0 ---> 0
1 ---> 0
2 ---> 0
3 ---> 0
4 ---> 1
5 ---> 1
6 ---> 2
7 ---> 3
8 ---> 4
9 ---> 5
10 ---> 6
11 ---> 7
12 ---> 8
13 ---> 9
14 ---> 10
```

该结果给出了passage中每一个字符的位置索引(0～14)的映射结果。例如，'2022'中的字符在passage中的位置索引为0～3，在编码后它们都变为0(因为'2022'编码为10550，而该编码的位置索引为0)，4和5都变为1('2022'和'年'之间有一个空格，该空格和'年'的位置索引分别为4和5，而'年'被编码为2399，该编码的索引为1)。其他情况以此类推。

当然，该函数的效率有待提高，如数组CharInd_TokenInd应该放在函数外面去定义和构建，这里主要是为了可读性。

(2) 模型需要预测答案在编码后序列中的起始位置索引和终止位置索引，而预测每一

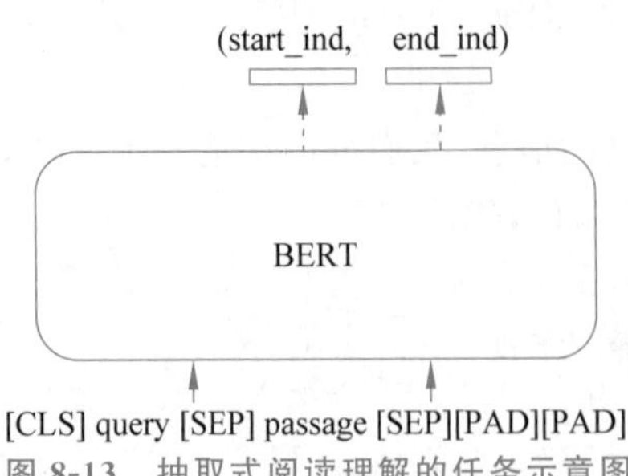

图 8-13 抽取式阅读理解的任务示意图

个索引都是一个多分类问题，因而是一个双任务的多分类预测问题。图 8-13 也展示了该双任务的基本示意图。

假设编码后序列的固定长度为 max_len，则预测每个索引都是一个有 max_len 个分类的多分类问题。当然，此处还可以进一步优化，比如固定问题 qurery 的固定编码长度，从而缩短起止位置索引的范围，以提高准确率，但限于篇幅不再展开。

令起始位置索引 start_ind 和终止位置索引 end_ind 的预测任务的损失函数值分别为$\mathcal{L}_{start}$和$\mathcal{L}_{end}$，则整个预测任务的损失函数值为$\mathcal{L}=(\mathcal{L}_{start}+\mathcal{L}_{end})/2$，其中$\mathcal{L}_{start}$和$\mathcal{L}_{end}$可定义为交叉熵损失函数。然后，我们利用$\mathcal{L}$来优化模型的参数。

为此，我们定义如下类 BertForReading 来实现该双预测任务：

```
class BertForReading(nn.Module):
    def __init__(self):
        super(BertForReading, self).__init__()
        #加载预训练模型
        self.model = BertModel.from_pretrained('bert-base-chinese',\
                    cache_dir="./Bert_model").to(device)  #加载模型
        self.qa_outputs = nn.Linear(768, 2)                 #有两个预测任务
    def forward(self, b_input_ids, b_attention_mask, b_token_type_ids):
        #各输入的形状都是 torch.Size([8, 512])
        outputs = self.model(input_ids=b_input_ids,\
                       attention_mask=b_attention_mask,\
                       token_type_ids=b_token_type_ids)
        sequence_output = outputs[0]
        logits = self.qa_outputs(sequence_output) #torch.Size([8, 512, 2])
        return logits
```

相应的训练代码如下：

```
reading_model = BertForReading().to(device)                 #实例化
optimizer = optim.Adam(reading_model.parameters(), lr=1e-5)
#开始训练
for ep in range(5):
    for k, (b_input_ids, b_attention_mask, b_token_type_ids, b_labels) in \
                                 enumerate(data_loader):
        b_input_ids, b_attention_mask = b_input_ids.to(device), \
                                 b_attention_mask.to(device)
        b_token_type_ids, b_labels = b_token_type_ids.to(device), b_labels.to(device)
        logits = reading_model(b_input_ids, b_attention_mask, b_token_type_ids)
        #logits 的形状为 torch.Size([8, 512, 2])
        start_logits = logits[:, :, 0] #torch.Size([8, 512])
        end_logits = logits[:, :, 1]
        loss_fun = nn.CrossEntropyLoss()                       #交叉熵损失函数
        start_label = b_labels[:, 0]
        end_label = b_labels[:, 1]
```

```
        start_loss = loss_fun(start_logits, start_label)      #计算损失函数值
        end_loss = loss_fun(end_logits, end_label)         #计算损失函数值
        loss = (start_loss + end_loss) / 2    #取平均值
        if k%10==0:
            print(loss.item())
        optimizer.zero_grad()
        loss.backward()
        optimizer.step()
```

此外，本例使用的数据集为压缩包 dureader_robust-data.tar.gz 中的文件 train.json，该压缩包的下载链接为 https://dataset-bj.cdn.bcebos.com/dureader_robust/data/ dureader_robust-data.tar.gz。有关英文阅读理解数据集、知识问题数据集见 https://rajpurkar.github.io/SQuAD-explorer。

下面函数用于从 fn 指定的 train.json 文件中读取数据：

```
def get_query_passage_answer(fn):
    with open(fn, 'r', encoding='utf-8') as reader:
        data = json.load(reader)['data']
    examples = []
    data = data[0]len(data)=1
    for paragraph in data['paragraphs']: #data['paragraphs']是长度为 100 的 list
        paragraph_text = paragraph['context']     #篇章的内容
        qa = paragraph['qas'][0] #paragraph['qas']是长度为 1 的 list,里面有一个字典
        query = qa['question']  #问题文本
        id = qa['id']
        #问题和篇章以及三个特殊符号的总长度不超过固定长度 MAX_LEN
        if len(query+paragraph_text)+3>MAX_LEN:
            continue
        answer = qa['answers'][0]['text']                  #答案文本
        answer_start = qa['answers'][0]['answer_start']  #起始位置索引
        answer_end = answer_start+len(answer)              #终止位置索引
        item = (query,paragraph_text,answer_start,answer_end)
        examples.append(item)
return examples
```

该函数返回由一系列四元组(query，paragraph_text，answer_start，answer_end)组成的列表，其中每一个四元组表示一个样本。

上述代码中直接弃用长度超过固定长度 MAX_LEN 的样本(BERT 只允许最大长度为 512)。实际上，对于超出 MAX_LEN 的文本，可以采用滑动窗口将文本分成多段，每段分别与问题相组合，形成多个训练样本，这就是所谓的滑动窗口技术。利用滑动窗口等技术来解决长度超过 512 的样本，这样就能更好地利用样本数据提供的信息。但限于篇幅，在此略过。

在由函数 get_query_passage_answer()获得以四元组表示的样本后，需要对问题文本和篇章文本进行分词和索引编码，以及对答案的起始位置索引和终止位置索引进行映射。我们将这些操作放在数据集类 MyDataSet()来实现。该类的代码及其说明如下：

```
class MyDataSet(Dataset):
    def __init__(self, query_passage_answer):
        super(MyDataSet, self).__init__()
        self.query_passage_answer = query_passage_answer
    def __len__(self):
        return len(self.query_passage_answer)
    def __getitem__(self, idx):
        query_passage_answer = self.query_passage_answer[idx]
        query = query_passage_answer[0]                    #获得问题文本
        passage = query_passage_answer[1]                  #获得篇章文本
        answers_start = query_passage_answer[2]            #获得答案的起始位置索引
        answers_end = query_passage_answer[3]              #获得答案的终止位置索引
        #answers = passage[answers_start:answers_end]
        #对篇章文本进行索引编码,同时返回编码前后位置索引之间的关系信息
        tokenizing_result = tokenizer.encode_plus(passage,\
                                  return_offsets_mapping=True,\
                                  add_special_tokens=False)
        #对问题文本进行分词和索引编码
        query_ids = tokenizer.convert_tokens_to_ids(tokenizer.tokenize(query))
        passage_ids = tokenizing_result['input_ids']  #获取篇章文本的索引编码
        #获得编码前后位置索引之间的关系信息
        token_span = tokenizing_result['offset_mapping']
        #在问题文本前后分别加上[CLS]和[SEP]的索引
        query_ids = [101]+query_ids+[102]
        passage_ids = passage_ids+[102]  #在篇章文本编码后面加上[SEP]的索引
        sen1_len = len(query_ids)        #输入 BERT 的句子长度
        sen2_len = len(passage_ids)      #填充长度
        sen_len = sen1_len + sen2_len
        #填充[PAD],0 为[PAD]的索引
        input_ids = query_ids + passage_ids + [0] * (MAX_LEN - sen_len)
        #(1)构造问题+篇章的索引编码
        input_ids = torch.tensor(input_ids)
        #(2)构造句子掩码向量 torch.Size([512]
        token_type_ids = [0] * sen1_len + [1] * (MAX_LEN - sen1_len)
        #(3)构造注意力掩码向量 torch.Size([512]
        attention_mask = [1] * sen_len + [0] * (MAX_LEN - sen_len)
        token_type_ids = torch.tensor(token_type_ids)
        attention_mask = torch.tensor(attention_mask)
        #建立分词前后之间字符位置的索引映射关系
        CharInd_TokenInd = [[] for _ in range(len(passage)+1)]
        CharInd_TokenInd[len(passage)] = [len(passage)]
        for token_ind, char_sp in enumerate(token_span):
            for text_ind in range(char_sp[0], char_sp[1]):
                CharInd_TokenInd[text_ind] += [token_ind]
        for k in range(len(CharInd_TokenInd) - 2, -1, -1):    #填补空格
            if CharInd_TokenInd[k] == []:
                CharInd_TokenInd[k] = CharInd_TokenInd[k + 1]
        answers_start_ids = sen1_len + CharInd_TokenInd[answers_start][0]
        answers_end_ids = sen1_len + CharInd_TokenInd[answers_end][0]
        #(4)构造答案的起始位置索引张量(标签)
```

```
        labels = [answers_start_ids,answers_end_ids]
        labels = torch.tensor(labels)
        return  input_ids, attention_mask, token_type_ids, labels
```

该函数的返回用于输入 BERT 的文本索引编码(问题+篇章文本的索引编码)、注意力掩码向量、句子掩码向量和答案的起始位置索引张量(标签)。结合该类,并利用 DataLoader,对数据集进行打包,然后训练模型。相关代码及代码的说明如下:

```
import torch
import torch.nn as nn
from torch import optim
from pytorch_transformers import BertTokenizer,BertModel
from transformers import BertTokenizerFast
from torch.utils.data import Dataset,DataLoader
import json
device = torch.device("cuda" if torch.cuda.is_available() else "cpu")
MAX_LEN = 512
#tokenizer = BertTokenizer.from_pretrained('bert-base-chinese')
tokenizer = BertTokenizerFast.from_pretrained('bert-base-chinese',\
                add_special_tokens=False, \               #不自动添加[CLS],[SEP]
                do_lower_case=False)                      #不区分大小写字母
#定义函数和类的代码的地方
path = r'.\data\dureader_robust-data'
name = r'train.json'
fn = path +'\\'+name
query_passage_answer = get_query_passage_answer(fn)    #样本数量为 12649
mydataset = MyDataSet(query_passage_answer)
data_loader = DataLoader(mydataset, batch_size=8, shuffle=True)      #打包数据集
print('数据集大小: ',len(data_loader.dataset))
reading_model = BertForReading().to(device)            #实例化
optimizer = optim.Adam(reading_model.parameters(), lr=1e-5)
#训练模型的代码的地方
torch.save(reading_model,'reading_model')
```

执行由上述全部代码以恰当顺序构成的 Python 文件,会生成模型 reading_model。然后编写下列代码,以测试该模型在训练集上的准确率:

```
reading_model = torch.load('reading_model')
reading_model.eval()
correct = 0
for k, (b_input_ids, b_attention_mask, b_token_type_ids, b_labels) in\
                                                    enumerate(data_loader):
    b_input_ids, b_attention_mask = b_input_ids.to(device), \
                                    b_attention_mask.to(device)
    b_token_type_ids, b_labels = b_token_type_ids.to(device), b_labels.to(device)
    logits = reading_model(b_input_ids, b_attention_mask, b_token_type_ids)
    start_logits, end_logits = logits.split(1, dim=-1)
    start_logits = start_logits.squeeze(-1)
    end_logits = end_logits.squeeze(-1)
    pre_start_pos = torch.argmax(start_logits, dim=1).long()
    pre_end_pos = torch.argmax(end_logits, dim=1).long()
```

```
        start_positions = b_labels[:, 0]
        end_positions = b_labels[:, 1]
        t1 = (pre_start_pos == start_positions).byte()
        t2 = (pre_end_pos == end_positions).byte()
        t = (t1 * t2).sum()
        correct += t
    correct = 1. * correct/len(data_loader.dataset)
    print('准确率: ',round(correct.item(),3))
```

在笔者计算机上,获得的准确率为99.4%。此外,也可以利用reading_model,对给定的问题和篇章,找出问题的答案。请读者自行完成。

8.4 基于GPT的文本生成

8.4.1 关于GPT

文本生成是自然语言处理的重要任务之一,而GPT正是用于文本生成的一种预训练语言模型。GPT的全称是Generative Pre-trained Transformer,它是OpenAI公司于2018年提出的一种生成式预训练语言模型。GPT只采用Transformer框架的解码器结构,其主要功能是利用上文预测下一个单词出现的概率,是一种典型的语言模型,适合于自然语言生成类的任务(NLG),如摘要生成、机器翻译、诗歌创作等。而BERT主要适合于自然语言理解任务(NLU),如文本分类、阅读理解、文本相似度计算等。

GPT采用一种无监督学习方法,使其可以对大量无标注的文本数据进行学习,形成了规模庞大的预训练模型,并且可以为下游任务提供良好的支持。也就是说,在未知下游任务的前提下,再用足够无标注文本数据训练而得到的GPT,也可以在具体的下游任务上有很好的表现,如阅读理解、机器翻译、知识问答和文本摘要等。即使不做微调而直接应用,在部分下游任务中它也可以获得相当不错的效果。在做微调时,GPT一般也只需要少量的训练数据即可达到或超过state-of-the-art的方法。

如今提及的GPT一般是指一系列GPT版本的统称。OpenAI公司于2018年6月提出GPT是GPT的第一个版本,该版本的GPT约有1.17亿个参数,用了大约5GB的语料来训练。2019年2月,OpenAI公司发布了GPT-2,该版本的GPT约有15亿个参数,所用的训练语料大约为40GB。2020年5月,OpenAI公司又发布了GPT-3,参数量约为1750亿,使用的训练语料高达45TB。据报道,很快就要问世的GPT-4将拥有远超GPT-3的复杂度,包括网络结构、参数量和训练数据量等。显然,这些大模型的训练离不开大数据和大算力的支持,这也决定了大型预训练模型不是小公司、小单位能"玩得起"的。

2022年11月,OpenAI公司进一步发布了ChatGPT。在极短时间内,ChatGPT迅速受到了人们的极大关注,掀起了人们了解、学习和研究GPT的新热潮(2023年2月,谷歌公司官宣了其与ChatGPT竞争的产品Bard)。ChatGPT是基于GPT-3和在导入强化学习的基础上开发出来的一种自动问答系统和技术。也可以说,ChatGPT是通过对GPT-3进行微调而开发出来的下游任务模型;与GPT-3相比,ChatGPT的回答更趋向理性,更能符合人类的良性认知,而且其应用范围十分广泛,包括从闲聊、回答问题到小说和诗歌创作以及编写程序等方面,它都能表现出惊人的效果。

8.4.2　使用 GPT2 生成英文文本——直接使用

GPT2 是一种语言模型，它主要功能是利用上文预测下一个最可能出现的词，所以它通常用于文本生成之类的应用。通过微调，还可以使之生成特定格式或特定主题的文本，如诗歌、新闻、戏剧等。下面，先结合一个具体的例子介绍 GPT2 的基本使用方法。

如果生成英文文本，我们可以直接使用 GPT 来生成，而不需要微调（当然，如果要生成特定主题的英文文本，如戏剧等，那还是需要微调）

例如，假设欲生成以"I am a student"作为开头的一段文本，可以按照下面步骤来完成：

（1）加载预训练模型 GPT2 以及分词器：

```
from pytorch_transformers import GPT2LMHeadModel, GPT2Tokenizer
gpt2_model = GPT2LMHeadModel.from_pretrained('gpt2')
gpt2_model.eval()
tokenizer = GPT2Tokenizer.from_pretrained('gpt2')
```

（2）对给定句子进行索引编码并张量化：

```
text = "I am a student"
token_ids = tokenizer.encode(text)              #索引编码
token_tensor = torch.tensor([token_ids])        #张量化,torch.Size([1, 4])
```

（3）调用 GPT2 模型，生成下一个单词。其中，先将 token_tensor 输入 GPT2 模型：

```
outputs = gpt2_model(token_tensor)
```

形成的 outputs 是一个二元组，其中 outputs[0]的形状为(batch_size，seq_len，vocab_size)=(1，4，50257)。可以简单地理解为：在处理序列中每个单词时都输出一个长度为 50257 的向量。一般用最后一个单词的输出向量作为当前整个序列的特征向量，即用 outputs[0][0,-1,:]作为当前整个序列的特征向量，其形状为(50257)。

实际上，50257 为词表的长度，因而可理解为：该向量是词表中各个单词的权重向量。于是，选择其中权重最大的单词作为当前句子的下一个单词。但这样做可能会导致模型连续输出同一个单词，无法构成有意义的句子。通常做法是，从权重排在前面的若干个（如 6 个）单词中随机选择一个单词作为下一个单词。

```
word_weight = torch.topk(outputs[0][0, -1, :], 6)[1].tolist()
                                        #选中权重最大的前 6 个单词
random.shuffle(word_weight)  #随机排列单词(的索引)
next_index = word_weight[0]   #选择第一个单词作为下一个单词(效果相当于随机选择了)
```

然后，将 next_index 表示的单词“加入”token_tensor 中，重复上面的操作即可生成指定长度的文本。例如，下列代码可以生成长度为 100 的英文文本：

```
for _ in range(100):
    outputs = gpt2_model(token_tensor)
    word_weight = torch.topk(outputs[0][0, -1, :], 6)[1].tolist()
    random.shuffle(word_weight)
    next_id = word_weight[0]
    token_ids = token_ids + [next_id]
    token_tensor = torch.tensor([token_ids])
```

```
generated_text = tokenizer.decode(token_tensor[0].tolist())
print('生成的文本：',generated_text)
```

（4）加入下列模块的导入代码：

```
import torch
from pytorch_transformers import GPT2Tokenizer
from pytorch_transformers import GPT2LMHeadModel
import random
```

最后执行由上述代码构成的 Python 文件，在笔者计算机上生成下列文本：

```
I am a student, and have worked with my family, but this was not what we had planned to achieve, which is what I was trying so hard for, so this would have never occurred, which is the worst of everything I know of my life, which I can say I've been through, which is not the case, and this was my first time doing that," said the mother-child duo of two at one of their most emotional rallies, which they say was attended in solidarity by their families and the
```

可以看到，生成的结果还是相当不错的。

GPT2 主要是利用英文语料来训练的，因此用于生成英文本文效果是比较好的，不能直接用于生成中文文本。例如，在上例中，如果把"I am a student"改为“我是一位学生”，则会生成乱码。

也就是说，如果使用 GPT2 来生成中文，则一般需要一定量的中文语料对 GPT2 进行微调，这样才能用于生成中文文本。这将在下一小节中介绍。

8.4.3 使用 GPT2 生成中文文本——微调方法

基于 GPT2 的中文文本生成大致分为两个过程：一是利用一定量的中文语料对 GPT2 模型进行训练（微调），二是利用微调后的 GPT2 模型生成中文文本。第二个过程与上述利用 GPT2 模型直接生成英文文本的方法类似。下面先简要介绍第一个过程，然后通过一个例子说明如何生成中文文本。

对 GPT2 模型的微调主要分为两个步骤。第一，先读取中文语料，并将它们拼接在一起，中间用[SEP]隔开，然后对它们进行索引编码并对形成的列表进行“等长折断”，最后张量化，以便输入 GPT2 模型。

例如，假设有下面三句话：

```
text1 = '我是学生。'
text2 = '她学习努力。'
text3 = '她成绩很好!'
```

将它们拼接在一起，中间用[SEP]隔开，然后进行索引编码：

```
texts = text1 + '[SEP]' + text2 + '[SEP]' + text3 + '[SEP]'
tokenizer = BertTokenizer.from_pretrained('bert-base-chinese')  #利用 BERT 的分词器
input_ids = tokenizer.convert_tokens_to_ids(tokenizer.tokenize(texts))
```

结果得到如下的索引编码列表：

```
input_ids = [2769, 3221, 2110, 4495, 511, 102, 1961, 2110, 739, 1222, 1213, 511, 102, 1961, 2768, 5327, 2523, 1962, 8013, 102]
```

进而对该索引列表 input_ids 进行“等长折断”和张量化。假设设置的序列长度 seq_len=6，由于 input_ids 的长度为 20，故 input_ids 可以“折”为四段，但最后一段只有两个索引，导致不等长。有两种解决方法：①弃用最后一段，这可能导致丢失一些信息；②用 input_ids 中倒数的 seq_len 个元素来代替最后一段，使之等长化。我们使用后者，结果如下：

```
input_ids = [
            [2769, 3221, 2110, 4495, 511, 102],
            [1961, 2110, 739, 1222, 1213, 511],
            [102, 1961, 2768, 5327, 2523, 1962],
            [2768, 5327, 2523, 1962, 8013, 102]]
```

最后对上述四个等长的列表进行张量化，得到形状为(4,6)的张量：

```
input_ids = torch.LongTensor(input_ids)
```

第二，用输入张量对 GPT2 模型进行训练(微调)。首先加载 GPT2，然后将张量 input_ids 输入模型进行训练，代码如下：

```
model = GPT2LMHeadModel.from_pretrained('gpt2')
model.train()
optimizer = torch.optim.Adam(model.parameters(), lr=1e-5)
loss, logits, _ = model(input_ids=input_ids, labels=input_ids)
```

上述代码用到如下的模块：

```
import torch
from transformers import BertTokenizer
from pytorch_transformers import GPT2LMHeadModel
```

注意到，上述参数 input_ids 和 labels 都被赋予了相同的张量。这实际上是 GPT2 模型的特点和优点，因为训练 GPT2 无需样本的标记，或者样本标记就是样本本身。GPT2 是通过掩码技术实现自监督学习。

另外，我们无需对 GPT2 模型的输出计算损失函数值，它已经自动为我们计算了。上述代码中，loss 返回的值就是 GPT2 模型自动输出的损失函数值。

利用 loss 构造相应的循环，即可实现对 GPT2 模型的训练。此后，就可以利用训练好的模型来生成中文文本了。下面举一个中文文本生成的例子。

【例 8.6】 利用 GPT2 构建一个中文文本生成程序。

本例利用例 8.4 中的教育类文本作为训练语料，即用下列代码从文件 train.txt 中读取类别索引为 3 的文本，在经过索引编码后保存在列表 input_ids 中。代码如下：

```
tokenizer = BertTokenizer.from_pretrained('bert-base-chinese')
                                                    #利用 BERT 的分词器
path = r'./data/THUCNews'
name = r'train.txt'
fn = path + '\\' + name
train_texts, train_labels = getTexts_Labels(fn)     #该函数代码见例 8.4
input_ids = []
for text,label in zip(train_texts, train_labels):
    if label != 3:
        continue
```

```
    text = text + '[SEP]'
    text_ids = tokenizer.convert_tokens_to_ids(tokenizer.tokenize(text))
    input_ids += text_ids
```

结果,input_ids 为长度为 336162 的索引列表。进而用上述方法,对 input_ids 进行"等长折断"并张量化和打包。代码如下:

```
seq_len = 512          #序列的长度设置为 512(序列越长,对内存的要求越高)
#使得 input_ids 的长度为 sample_num * seq_len 并运用所有的训练文本
sample_num = len(input_ids)//seq_len
if len(input_ids)%seq_len>0:
    input_ids = input_ids[:sample_num * seq_len] + input_ids[-seq_len:]
    sample_num = sample_num + 1
else:
    input_ids = input_ids[:sample_num * seq_len]
input_ids = torch.LongTensor(input_ids)
input_ids = input_ids.reshape(-1,seq_len)  #torch.Size([657, 512])
train_loader = DataLoader(input_ids,batch_size=3, shuffle=False)
print('数据集大小: ',len(train_loader.dataset))
```

接着,加载 GPT2 模型,采用梯度累加方法对模型进行训练。代码如下:

```
text_model = GPT2LMHeadModel.from_pretrained('gpt2').to(device)
text_model.train()
optimizer = torch.optim.Adam(text_model.parameters(), lr=1e-5)
acc_steps = 4
for ep in range(30):
    for k,b_input_ids in enumerate(train_loader):
        b_input_ids = b_input_ids.to(device)
        #输入 GPT2 模型,对其进行训练
        outputs = text_model.forward(input_ids=b_input_ids, labels=b_input_ids)
        loss, logits = outputs[:2]
        loss = loss / acc_steps
        loss.backward()                    #梯度累加
        if (k+1)%acc_steps ==0:            #采用梯度累计方法对模型进行训练
            print(ep, loss.item())
            optimizer.step()               #梯度更新
            optimizer.zero_grad()          #梯度清零
torch.save(text_model,'text_model')
```

梯度累计方法主要是用于解决 GPU 显存不足的问题。在数据打包时,如果批量的大小 batch_size 设置得比较大,那么容易导致内存溢出。所以,对于长序列,batch_size 一般设置得比较小,如本例设置为 3。但是,当 batch_size 过小(尤其等于 1) 时,容易造成程序收敛不稳定,甚至引起收敛震荡而难以收敛。一种解决方法就是使用梯度累加方法。该方法每计算一个批量的梯度时,不进行梯度清零,也不做参数更新,而只是做梯度累加;当累加到既定的次数以后,再做网络参数更新,并将梯度清零。假设既定的累加次数是 acc_steps,则梯度累加方法的效果几乎相当于设置批量大小为 acc_steps * batch_size 的数据打包效果,而不易于产生 GPU 显存溢出。

例如,对于上述代码而言,相当于采用了 batch_size=3×4=12 的数据打包效果。如果在数据打包时，直接设置 batch_size＝12，而不采用梯度累加方法，则笔者计算机上会报出 GPU 显存溢出的错误。

最后，参照上一节中直接使用 GPT2 模型生成英文文本的方法，利用训练好的模型 text_model 来生成中文文本。代码如下：

```
text_model = torch.load('text_model')
text_model.eval()
text = '高考'
seq_len = 512
tokens = tokenizer.convert_tokens_to_ids(tokenizer.tokenize(text))
tokens_tensor = torch.LongTensor(tokens).to(device)
tokens_tensor = tokens_tensor.unsqueeze(0)  #torch.Size([1, 2])
generated_tonken_tensor = tokens_tensor
with torch.no_grad():
    for _ in range(100):
        outputs = text_model(generated_tonken_tensor)
        next_token_logits = outputs[0][0, -1, :]
        next_token_logits[tokenizer.convert_tokens_to_ids('[UNK]')] = -float('Inf')
        top6 = torch.topk(next_token_logits, 6)[0]  #torch.Size([6])
        top6 = top6[-1] #取最小的权值
        #将低于这 6 个权值的分量值都设置为负无穷小(-float('Inf'))
        next_token_logits[next_token_logits < top6] = -float('Inf')
        #按归一化后的权重概率选择下一个词
        next_token = torch.multinomial(torch.softmax(next_token_logits, dim=-1),\
                num_samples=1)
        #将选中的词加入到 generated_tonken_tensor 当中，以便用于产生下一个词
        generated_tonken_tensor = torch.cat((generated_tonken_tensor,\
                next_token.unsqueeze(0)), dim=1)
        generated_tonkens = tokenizer.convert_ids_to_tokens(\
                generated_tonken_tensor[0].tolist())
        generated_text = ''.join(generated_tonkens).replace('[SEP]','。')
print('产生的中文文本：',generated_text)
```

上述代码使用了如下的库、模块和设备：

```
import torch
from transformers import BertTokenizer
from pytorch_transformers import GPT2LMHeadModel
from torch.utils.data import DataLoader,TensorDataset
device = torch.device("cuda" if torch.cuda.is_available() else "cpu")
```

执行由上述代码构成的 Python 文件，在笔者计算机上输出结果如下：

```
产生的中文文本：高考试成绩查询开通。2010 年北京高考录取结果查询系统开通。2010 年考研复试线公布公务员考试复习资料(二)。2011 年北京中招三本院校录取计划公布。高招本科一批录取结束一本录取结果。高考状元：高分生源的五大要求。高考分
```

可以看到，该模型似乎能够产生像样的中文文本了。但要达到实用水平，显然还需增加训练数据、优化程序代码、不断尝试调参等。

8.5 视觉 Transformer(ViT)

8.5.1 关于 ViT

Transformer 是为自然语言处理(NLP)而诞生的,它在 NLP 领域的出色表现令人们对其刮目相看。自然地,人们希望将其拓展到图像处理领域中,发挥其特有的功能,而 ViT 便是这种拓展研究的成果之一。在本章中,我们也顺便简要介绍 ViT 的迁移和使用方法。

ViT 的全称是 Vision Transformer,意为视觉 Transformer(即是面向视觉的 Transformer),也就是面向图像处理的 Transformer,它是由谷歌技术团队于 2020 年提出来的[4]。

对于尺寸为 224×224×3 的输入图像,ViT 的主要实现步骤说明如下。

(1) 将输入图像划分成 196 个 16×16×3 的图像块(Patch),然后将每一个图像块扁平化为向量(长度为 16×16×3=768),所有 196 个这样的向量放在一起就形成了一个输入序列(这类似于一个文本序列)。

(2) 定义一个类别嵌入向量(Class Embedding),其长度也为 768,该向量与上面的向量放在一起,而且放在序列的最左边(索引值为 0),其作用相当于[CLS]向量在 BERT 中的作用,即模型收敛后该向量的值刻画了整个序列的特征,也可以简单地将[CLS]向量理解为 ViT 模型的输出向量。这样,这个长度为 197 的序列便是 ViT 模型的输入序列。

(3) 定义 197 个位置嵌入向量,与上面的 197 个输入向量分别相加,然后送入 Transformer。

(4) 按照输入的参数结构对 Transformer 模型进行设计(如注意力的头数、编码器的层数等),同时利用类别嵌入向量(类似于[CLS]向量)的输出作为输入,在 Transformer 模型的输出端再构建一个分类网络,进而形成一个完整的深度网络。

(5) 按照 Transformer 的一般训练方法对该网络进行训练,直到收敛为止。

谷歌技术团队是在规模为 3 亿张图像的 JFT-300 数据集上训练 ViT 的。这表明,对 ViT 的训练需要大量的数据。同时,文献[4]也明确表示:... and therefore do not generalize well when trained on insufficient amounts of data。这意味着,如果训练集不足够大,很难训练出像 ViT 这样的模型。

限于篇幅和技术条件,在本书中我们不打算从零开始介绍 ViT 的设计和训练方法,而是介绍如何使用谷歌已训练好的 ViT 预训练模型,这对应用开发更具有实际意义。

8.5.2 ViT 预训练模型的使用方法

如前面所述,预训练模型的使用方法大致可以分为两种:一种是在线加载,然后微调和使用;另一种是离线加载,这需要到官方网站下载代码文件和参数文件,然后利用代码文件定义模型并利用参数文件装入参数。

本章前面介绍的预训练模型方法基本上都属于第一种——在线加载。这种方法的优点是操作简单、易于实现,但其缺点也是明显的,那就是容易导致加载失败,尤其是在加载大模型或在网络信号不稳定的情况下,失败率非常高。

第二种方法(离线加载)要求先找到预训练模型的官方网站,然后下载代码文件和参数文件(参数文件一般比较大,多用第三方专业软件下载)。显然,这个查找、对比和下载过程是比较烦琐的,这是这种方法的缺点。但是,一旦成功下载代码文件和参数文件,后续的操作就相对容易。

本小节主要介绍第二种方法——离线加载,以下举例说明。

为了使用 ViT 预训练模型,我们通过下列步骤下载代码文件和参数文件并使用它们:

(1) 在网站 https://github.com/WZMIAOMIAO/deep-learning-for-image-processing/tree/master/pytorch_classification/vision_transformer 上下载代码文件。下载后,自动打包为压缩包文件 vision_transformer.zip,解压后产生 vit_model.py 等文件。

(2) 文件 vit_model.py 包含了 ViT 不同实现版本的代码。例如,下面是其中的 6 种版本:

- vit_base_patch16_224()。
- vit_base_patch16_224_in21k()。
- vit_base_patch32_224()。
- vit_base_patch32_224_in21k()。
- vit_large_patch16_224()。
- vit_large_patch16_224_in21k()。

假设要使用函数 vit_base_patch16_224_in21k()来定义 ViT 模型,则可使用下列代码先导入该函数:

```
from vit_model import vit_base_patch16_224_in21k as create_model
```

之后就可以调用它来创建相应的 ViT 模型了:

```
model = create_model()
```

(3) 但该模型中的参数是随机初始化的,因而当前并没有预测功能。为此,还需下载谷歌已经训练好的参数文件,然后装入到该模型中。

实际上,在 vit_model.py 文件中,对每个函数的使用都有相应的说明,包括其参数文件的下载地址等。例如,对函数 vit_base_patch16_224_in21k()给出如下的说明:

```
ViT-Base model (ViT-B/16) from original paper (https://arxiv.org/abs/2010.11929).
ImageNet-21k weights @ 224x224, source https://github.com/google-research/vision_transformer.
weights ported from official Google JAX impl:
https://github.com/rwightman/pytorch-image-models/releases/download/v0.1-vitjx/jx_vit_base_patch16_224_in21k-e5005f0a.pth
```

该说明表明,相应的参数文件可下载来自链接 https://github.com/rwightman/pytorch-image-models/releases/download/v0.1-vitjx/jx_vit_base_patch16_224_in21k-e5005f0a.pth,即下载后得到的文件 jx_vit_base_patch16_224_in21k-e5005f0a.pth 就是函数 vit_base_patch16_224_in21k()对应的参数文件。接着,运用下列代码将该参数文件中的参数装入上面创建的模型 model 中:

```
weights = './weights/jx_vit_base_patch16_224_in21k-e5005f0a.pth'
weights_dict = torch.load(weights, map_location=device)
model.load_state_dict(weights_dict, strict=False)
```

至此，模型 model 已经成为谷歌训练出来的一种 ViT 模型。此后，通过微调等迁移方法，可以将之应用于下游任务。下一节将通过例子来说明这种迁移和使用。

8.5.3 基于 ViT 的图像分类

通过下面例子，读者可以更好地理解如何使用 ViT 预训练模型进行图像分类。

【例 8.7】 基于 ViT 预训练模型的图像分类。

本例使用的图像数据集是 CIFAR-100（该数据集下载自网站 https://aistudio.baidu.com/aistudio/datasetdetail/85769），保存在./data/cifar100 目录下（"."代表本书资源文件所在的根目录，这些资源文件都可以从清华大学出版社网站上免费下载）。该数据集按类别文件夹存放，即一个类别的图像文件存放在同一个子目录下。./data/cifar100 一共包含 100 个子目录，每个子目录下存放 500 张图像，其中图像的尺寸为 32×32×3。也就是说，一共有 5 万张图像，分为 100 类别。

按照上一节介绍的方法下载代码文件和参数文件，其中解压后产生的代码文件存放./vision_transformer 目录下，下载的参数文件 jx_vit_base_patch16_224_in21k-e5005f0a.pth 存放在./vision_transformer/weights 目录下。此后，按照下列步骤开发该程序：

(1) 创建模型并加载参数。利用函数 vit_base_patch16_224_in21k()创建 ViT 模型并装入参数：

```
model = create_model().to(device)
weights = './weights/jx_vit_base_patch16_224_in21k-e5005f0a.pth'
weights_dict = torch.load(weights, map_location=device)     #读取参数文件
model.load_state_dict(weights_dict, strict=False)           #装入参数
```

(2) 微调模型。通过查看函数 vit_base_patch16_224_in21k()的参数或利用 print(model)打印模型结构，我们可以发现该模型有 21843 个输出。因而，需要做微调，使其变为 100 个输出。为此，定义类 ViTforCifar100，对模型 model 的输出进行微调，结果类 ViTforCifar100 有 100 个输出：

```
class ViTforCifar100(nn.Module):
    def __init__(self):
        super().__init__()
        self.model = model
        self.fc1 = nn.Linear(21843, 1024)   #第 1 个全连接层
        self.fc2 = nn.Linear(1024, 100)     #第 2 个全连接层
    def forward(self,x):                    #torch.Size([32, 3, 224, 224])
        out = self.model(x)                 #torch.Size([32, 21843])
        out = torch.relu(out)
        #以下对 model 的输出做微调
        out = self.fc1(out)
        out = torch.relu(out)
        out = self.fc2(out)                #输出张量的形状为torch.Size([32, 100])
        return out
```

(3) 读取数据并划分为训练集和测试集。CIFAR-100 数据集的一个特点是按类别文件夹存放图像文件，即一个类别的图像文件都存放在一个目录下，而这些目录都位于./data/cifar100 目录下。这样，利用 datasets 类的 ImageFolder()方法，通过指定./data/cifar100 为

根目录，自动读取这些图像文件并自动对图像文件进行标记（标记为 0，1，…，99）。代码如下：

```
dataset = datasets.ImageFolder(
    root="../data/cifar100",  #指定根目录(不能设置为别的目录,否则不能正确读取数据)
    transform=transforms.Compose([\
        transforms.Resize(256),\
        transforms.CenterCrop(224),\        #调整为 224×224×3 尺寸的图像
        transforms.ToTensor(),\
        transforms.Normalize([0.5, 0.5, 0.5], [0.5, 0.5, 0.5]),\
    ]),
)
```

读取后，图像数据都存放在对象 dataset 中。进一步，按照 7：3 将数据划分为训练集和测试集：

```
#以下代码将数据集对象划分为训练集和测试集,最后分别打包
sample_indices = list(range(len(dataset)))
random.shuffle(sample_indices)                          #打乱样本的索引顺序
train_len = int(0.7 * len(sample_indices))              #确定训练集的长度
train_indices = sample_indices[:train_len]              #训练集样本的索引
test_indices = sample_indices[train_len:]               #测试集样本的索引
#利用索引来构建数据集对象
train_set = torch.utils.data.Subset(dataset, train_indices)    #Subset 类型
test_set = torch.utils.data.Subset(dataset, test_indices)
train_loader = DataLoader(dataset=train_set, batch_size=32, shuffle=True)
#训练集
test_loader = DataLoader(dataset=test_set, batch_size=32, shuffle=True)
#测试集
```

（4）训练模型。先利用类 ViTforCifar100 创建模型，然后利用训练集 train_loader 对模型进行训练。代码如下：

```
vit_cifar100_model = ViTforCifar100().to(device)
optimizer = optim.Adam(vit_cifar100_model.parameters())
start=time.time()
for epoch in range(20):                                          #迭代 20 代
    for i, (imgs, labels) in enumerate(train_loader):
        imgs = imgs.to(device)
        labels = labels.to(device)
        pre_imgs = vit_cifar100_model(imgs)                      #torch.Size([32, 100])
        loss = nn.CrossEntropyLoss()(pre_imgs, labels)           #使用交叉熵损失函数
        print(epoch,loss.item())
        optimizer.zero_grad()
        loss.backward()
        optimizer.step()
end = time.time()
torch.save(vit_cifar100_model,'vit_cifar100_model')          #保存训练好的模型
print('time cost(耗时): %0.2f 分钟'%((end - start)/60.0))
```

以上代码使用了如下的模块和设备。

```
import torch
import torch.nn as nn
import torch.optim as optim
from PIL import Image
from torchvision import transforms
from torchvision import datasets
from torch.utils.data import DataLoader
import random
import time
from vit_model import vit_base_patch16_224_in21k as create_model
device = torch.device("cuda:0" if torch.cuda.is_available() else "cpu")
```

将上述代码按照恰当的顺序保存为 Python 文件(本例保存为"例 8.7—ViT 图像分类.py")并存放在./vision_transformer 目录下即可正常运行。成功运行后,产生的模型会保存在 vit_cifar100_model 文件中。此后,利用此模型可对测试集进行测试,以判断模型的效果。

当然,在训练过程中需要不断调整超参数,如学习率、网络结构等,以期获得最佳的测试结果。请读者自行试之。

8.6 ChatGPT 及其使用方法

8.6.1 关于 ChatGPT

ChatGPT 的全名为 Chat Generative Pre-Trained Transformer,是由美国 OpenAI 公司开发的人工智能聊天机器人(软件)。自从 2022 年 11 月 30 日发布后,在短短两个月的时间内,ChatGPT 的月活跃用户数就超过 1 亿,这使其成为史上用户数增长最快的聊天软件。相比之下,TikTok(抖音国际版)达到 1 亿用户用了 9 个月的时间,而 Instagram(照片墙)则花费了两年半的时间。

当提到 ChatGPT,就绕不开 OpenAI 公司。OpenAI 是美国的一家人工智能公司,由马斯克、Sam Altman 等人于 2015 年 12 月在美国旧金山共同创立。该公司的目标很明确,就是制造"通用"机器人和使用自然语言的聊天机器人。2018 年,马斯克因在公司发展方向上与其他创始人产生分歧而离开。2019 年 7 月,微软公司向 OpenAI 公司投资 10 亿美元。据报道,2023 年微软公司继续向 OpenAI 公司投资 100 亿美元,同时将 ChatGPT 整合入微软搜索引擎 Bing,而且还考虑将其整合进 Office 办公三套件 Word、Excel、PowerPoint 中。

OpenAI 因推出自然语言处理模型系列——GPT 系列而闻名于世。GPT 就是一种语言模型,用于生成语言文本。GPT 系列是从 2018 年 6 月开始推出的,相关信息如表 8.1 所示。

表 8.1 GPT 系列模型的基本信息

模型系列	发布时间	参数量	所需训练数据量
GPT-1	2018 年 6 月	1.17 亿	5GB
GPT-2	2019 年 2 月	15 亿	40G
GPT-3	2020 年 5 月	1750 亿	45TB
ChatGPT	2022 年 11 月	?	?

可以看到，GPT 系列模型变化的基本特征是，模型的参数量和预训练所需的数据量几乎都是呈指数增长的态势。虽然 OpenAI 公司还没有明确公开 ChatGPT 所使用的数据集（及其代码和技术），但据估计模型的参数量应不低于千亿级，训练数据量可能达到百 T 级。OpenAI 将在不久的将来继续推出 GPT-4（2023 年 3 月已推出）。或许，ChatGPT 是 OpenAI 在推出 GPT-4 之前的演练，也可能用于为训练 GPT-4 而收集大量的用户对话数据。显然，这类模型的设计和训练都需要大算力和大财力的支撑，是有实力的大公司才能玩得起的“游戏”。

根据 Open AI 官网对 ChatGPT 的介绍，ChatGPT 的训练数据主要以 GPT3.5 所用的数据为核心，在技术上遵循 GPT 的文本生成技术，重点增加了一种称为 RLHF（Reinforcement Learning from Human Feedbac，人类反馈强化学习）的训练技术，同时增加了更多的基于人工监督的微调技术。

相比于以前的 GPT 版本，ChatGPT 的特点主要体现在以下几个方面：

（1）超强的归纳能力。ChatGPT 支持连续多轮对话，它能够捕捉以前的对话内容来回答当前问题，甚至能够回答一些假设性问题，回答内容非常流畅，符合用户的意图。这体现了其非常强的上下文理解能力和对问题的归纳能力，大大增强了用户在对话互动模式下的用户体验。这也是它受到“世人追捧”的重要原因。

（2）良好的纠错能力。ChatGPT 可以主动承认自身错误，能够接受用户指出其存在的错误，会听取用户意见并据此对答案进行优化。

（3）具有一定的创造能力。ChatGPT 的创造能力主要体现在语言任务方面，比如它可以编写故事、撰写小说和诗歌等，并且它可以对其创造的作品进行不断完善。

（4）具有一定的“安全意识”。ChatGPT 可以在考虑道德、政治、法律等因素的情况下，拒绝回答不安全的问题或生成引发安全问题的答案。例如，在试图问它如何制造枪械时，它会善意地拒绝回答。

ChatGPT 被许多人认为是通往通用人工智能（Artificial general intelligence，AGI）的第一步，被寄予厚望。根据资料显示，ChatGPT 在生活中初步呈现出了其震撼人心的一面。例如，ChatGPT 通过了谷歌 L3 入职面试，可以通过美国多个州的律师资格考试，美国 89% 的大学生用 ChatGPT 写作业，甚至拿下论文最高分，等等。

但是 ChatGPT 的局限性也是明显的，主要体现如下。

（1）逻辑推理能力不足。ChatGPT 的推理能力还停留在浅层的逻辑推理，难以准确处理深层逻辑问题，尤其是对含数字的文字材料的逻辑归纳和总结往往是不准确的。另外，由于训练集等问题（据报道，ChatGPT 训练用的数据都是 2021 年之前的数据），ChatGPT 在专业性领域的建模和推理以及创新创造等方面还有很大的不足。也就是说，对于非常专业的事情，ChatGPT 是难以完成的。

（2）可靠性和可解释性有待提高。在谈到 ChatGPT 缺点时，经常听用户说得比较多的话是：“（ChatGPT）正儿八经的胡说八道”，或“胡编乱造”等。一方面，这说明 ChatGPT 还会犯错误；另一方面，由于 ChatGPT 对其每一次回答未能给出有效、简便的解释（虽然能给出一些信息来源的链接，但有时候是无关的链接；就算链接是有效的，但需要用户通过阅读文本去确认，这非常麻烦），从而给用户造成极大的不信任感。因此，ChatGPT 要真正落地，其可靠性和可解释性仍然需要进一步提高。

(3) 知识学习的实时性尚需提升。ChatGPT 无法在线更新知识，目前知识更新的方式还是重新训练 GPT 模型，耗费成本高，不现实。

(4) 稳定性需要提高。例如，笔者也曾尝试问它：为何孙悟空和鲁智深当年都离开了贾府？我们发现，有时候它回答得非常准确、到位，但有时候还是正儿八经地胡说八道。因此，它的回答还有很大的不确定性。

当然，ChatGPT 还有其他一些问题，在此就不一一列举了。但我们相信，在不久的将来人类将迎来一个更具通用智能的 ChatGPT，也许 GPT-4 能带来这种震撼。

8.6.2 ChatGPT 的使用方法

2023 年 2 月，微软公司推出了新的人工智能搜索引擎 Bing(中文一般称 Bing 为"必应")和 Edge 浏览器。该搜索引擎整合了最新的 ChatGPT 技术，为用户提供基于多轮对话模式的网络搜索和内容创建服务。显然，这种搜索服务范式必将对传统搜索服务方式提出了严峻的挑战，或许这将掀开新一轮互联网革命风暴。

本小节主要介绍如何使用微软公司的搜索引擎 Bing，主要步骤如下：

(1) 需要先安装 Edge 浏览器。为此，从微软公司官方网站上(https://www.microsoft.com/zh-cn/edge/download? form = MA13FJ)下载 Microsoft Edge 浏览器安装工具 MicrosoftEdgeSetup.exe(为了方便读者，我们已将该工具放在./tool 目录下)，然后运行该工具并提示操作即可完成 Edge 的安装。

(2) 打开 Edge 浏览器，在地址栏中输入网址 https://www.bing.com/new 并回车，这时会出现如图 8-14 所示的界面。

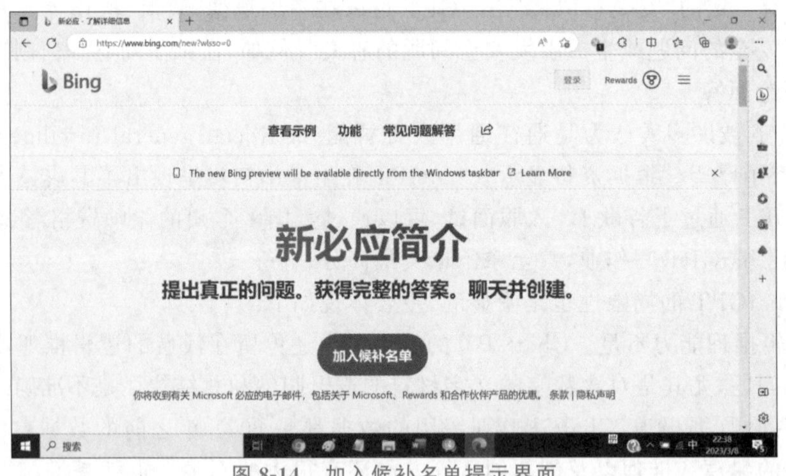

图 8-14 加入候补名单提示界面

图 8-14 所示的界面要求用户先加入候补名单。为此，按提示，单击【加入候补名单】按钮，在文本框中输入 Microsoft 登录名(如果没有，则单击链接"创建一个"，然后按要求创建一个自己的 Microsoft 登录名)。此处，笔者输入已经创建的 Microsoft 登录名——mengzuqiang@163.com，如图 8-15 所示。

接着单击【下一步】按钮，进入输入密码界面。在相应的文本框输入密码后，单击【登录】按钮，随后进入如图 8-16 所示的等待界面。

图 8-15 Bing 登录界面

图 8-16 Microsoft 登录名等待生效的界面

图 8-16 所示的界面表示，刚输入的 Microsoft 登录名已经进入 Bing 的候补名单，这意味着在等待 Bing 官方的审核。这个等待过程一般需要几天时间。在等待期间，你也可以继续访问 https://www.bing.com/new，并单击 Edge 浏览器右上角的【登录】按钮(见图 8-14)，尝试访问 Bing，但这时登录后仍然显示图 8-16 所示的等待界面。

笔者在等待 4 天时间之后，终于通过审核。在单击 Edge 浏览器右上角的【登录】按钮并按要求输入登录名和密码后，打开如图图 8-17 所示的界面。这表示，我们可以使用 Bing 进行聊天了。

在如图 8-17 所示的界面中单击【立即聊天】按钮，这时出现如图 8-18 所示的对话界面。

这时，在图 8-18 所示界面的文本框(位于界面底部)中输入相应问题，回车后 Bing 立刻为你生成答案。你可以在这里进行多轮对话，可以聊科技，可以聊文化，可以聊天南地北，Bing 都能够以文本或表格的形式为你提供答案。而且你可以发现，Bing 的回答非常流畅，能够正确理解答问上下文的含义，会令你非常震撼。

例如，笔者在文本输入框中输入问题文本：如何才能学好深度学习？Bing 给出的回答如图 8-19 所示。从图 8-19 中可以看到，Bing 的回答已经非常中规中矩了。

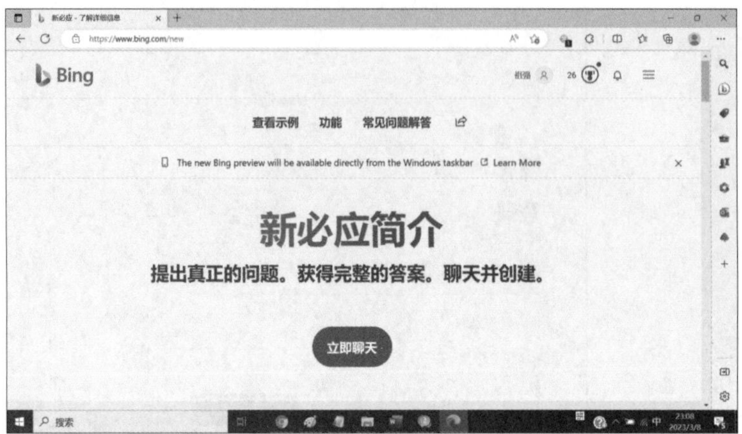

图 8-17　Microsoft 登录名生效的界面

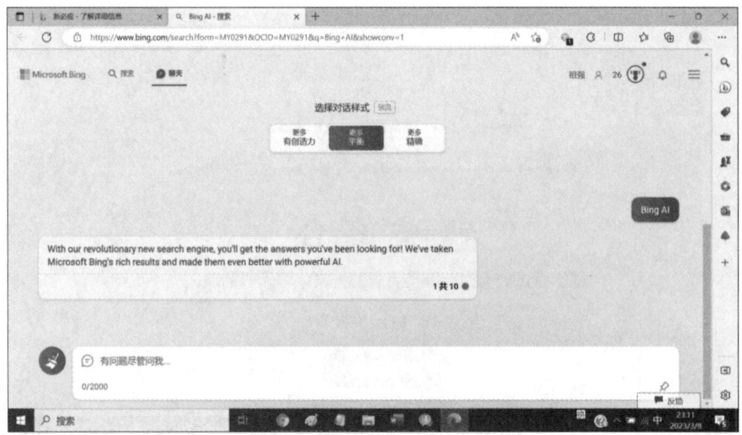

图 8-18　Bing 的对话界面

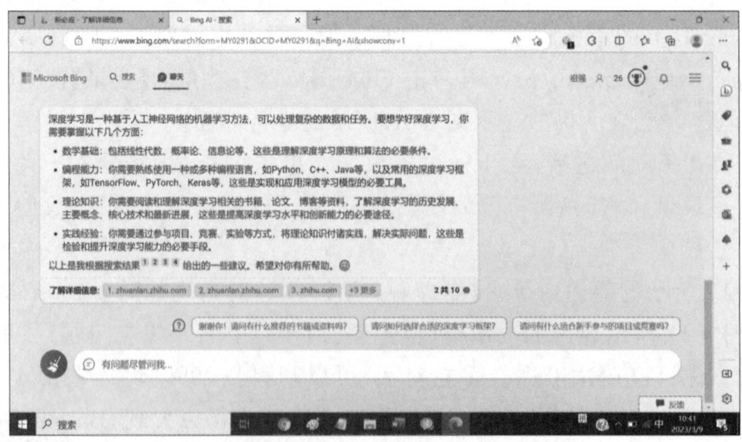

图 8-19　Bing 的问题回答界面

8.7　本章小结

本章先介绍了Seq2Seq的经典网络结构，然后介绍了Transformer框架及其使用方法，接着重点介绍基于Transformer框架开发和训练完成的大型预训练模型BERT和GPT，详细说明了这两个预训练模型的使用方法，并通过具体案例详细介绍基于BERT文本分类方法（自然语言理解范畴）和基于GPT2的文本生成方法（自然语言生成范畴），从而较好地阐述了自然语言处理的核心问题及其解决方法。此外，介绍基于Transformer框架的面向图像处理的视觉Transformer（ViT），提供了一种用自然语言处理技术来解决图像问题的方法。

8.8　习　　题

1. 什么是Seq2Seq结构？请简要说明。
2. 什么是注意力机制？它在深度学习中有何作用？
3. 什么是Transformer框架？请简要说明它在自然语言处理领域中的意义。
4. Transformer、BERT和GPT三者之间有何区别与联系？
5. 什么是Transformer的位置编码？它有何作用？如何实现这种位置编码？
6. 什么是自然语言理解？什么是自然语言生成？它们有何区别与联系？
7. 请简述BERT的设计原理，它有何优点和缺点？
8. 请简述GPT的设计原理，它有何优点和缺点？
9. 请补充例8.5的代码，使得程序可以利用训练形成的模型reading_model对给定的问题和篇章，生成相应的答案（文本）。
10. 请用BERT对例7.3中的文本数据集corpus(./data/corpus)进行分类。
11. 请自行在网络上下载一定量的中文语料，然后使用GPT2实现基于这些语料的文本生成。

第 9 章

面向解释的深度神经网络可视化方法

深度神经网络是一种典型的“黑盒模型”。对于训练好的模型，只要输入合规的数据，它就能输出一个结果，至于为什么得到这样的结果，我们就不得而知了。然而，对于许多实际应用而言，高精准的模型固然重要，但是为模型决策的过程和结果给出合理和可信的解释同样很重要。例如，在诊疗、金融、安全等领域，如果模型未能给出应有的解释，那么用户可能难以接受模型的结果，从而限制深度模型的应用范围。

深度模型的可解释性研究是当前人工智能研究的热点之一，目前主要分为两种：一种是构造本身可解释性模型（本身可解释性），另一种是事后构造模型的可解释性（事后可解释性）。前者对模型的结构要求很高，可能需要更改模型的结构，容易导致模型性能下降；后者则对训练好的模型构造可解释表达，实现对模型的解释，但容易产生额外的误差。

本章主要介绍用可视化方法对深度模型的决策原因给出一定程度的解释，属于事后可解释性。深度模型的可解释性研究既是人工智能领域中研究的热点，也是难点。本章主要是抛砖引玉，希望对感兴趣深度模型可解释性的读者能起到一定的启发作用。

9.1 CNN 各网络层输出的可视化

众所周知，CNN 网络通常是用于提取图像特征的，它主要是由卷积层和池化层组成。对于一个 CNN 网络层，其输入是一个特征图，其输出也是一个特征图。对于一个给定的卷积层，假设其输入特征图的通道数为 n，输出特征图的通道数为 m，则该层上每个卷积核的深度（或说通道数）为 n，一共有 m 个卷积核。可以看出，输出特征图的通道与卷积核是一一对应的，即一个卷积核产生一条输出通道。卷积核的作用就是提取特征，提取的结果正是体现在输出特征图的相应通道上。

池化层一般不改变特征图的通道数，但会改变通道的大小，其主要作用是提取输入特征图的“显著”特征，同时起到降维的作用。

自然地，有时候我们希望能看到卷积层和池化层到底能提取到什么样的特征，并希望能借助这些特征的特点来优化模型设计和对模型的决策结果给出合理且必要的解释。

下面以 VGG16 为例，介绍如何查看各网络层输出特征图的通道，并总结它们的一些特点。

【例 9.1】 对 VGG16 网络层的输出进行可视化，并总结各层输出的特征图的特点。

本例可视化的基本思路是，将 VGG16 各个网络层“拆除”，然后重新“组装”成为与原来 VGG16 一样功能的模型，在“组装”时留下各层的输出“接口”，以便截获相关网络层的输出，从而对其可视化。

先加载 VGG16：

```
model = models.vgg16_bn(pretrained=True)   #加载 VGG16
model.eval()
```

利用打印语句 print(model)查看 VGG16 的结构(见图 5-1)，然后据此将卷积网络部分的各个网络层依次抽取并存放到列表 cnn_layers 当中：

```
cnn_layers = []
for k in range(43+1):                    #添加卷积网络层
    cnn_layers.append(model.features[k])
cnn_layers.append(model.avgpool)      #自适应平均池化层
```

接着读入图片并张量化：

```
path = r'./data/Interpretability/images'
name = 'both.png'
fn = path + '\\' + name
tfs = transforms.Compose([transforms.Resize(256),\
                transforms.CenterCrop(224),\
                transforms.ToTensor(),\
                transforms.Normalize([0.5, 0.5, 0.5], [0.2, 0.2, 0.2])])
origin_img = Image.open(fn).convert('RGB')      #打开图片并转换为 RGB 模型
img = tfs(origin_img)         #图片预处理 torch.Size([3, 224, 224])
img = img.unsqueeze(0)        #添加批次的维 torch.Size([1, 3, 224, 224])
```

将张量化后的图片依次输入列表 cnn_layers 中的相应网络层，进而可视化输出特征图的相应通道图像。为了能以一定方式观察到输出的结果，我们先定义一个“调色板”cmap：

```
cmap = cm.get_cmap('jet')
```

该调色板给出了[0,255]的无符号整数(颜色值)所对应的颜色，如图 9-1 所示。其中，0 对应调色板上最左的颜色，这是一种淡蓝色；255 对应最右边的颜色，这是一种深蓝色。随着颜色值从 0～255 逐渐增大，调色板上的颜色从左到右，逐渐变红、变深、变蓝。这样，通过将通道图像上的特征值归一化到[0,255]后，利用该调色板对它们进行可视化，就可以通过颜色的深浅来判断特征值的大小，实现通道图像的可视化，从而判断一个输出的通道图像大致表示原始图像的哪些特征。

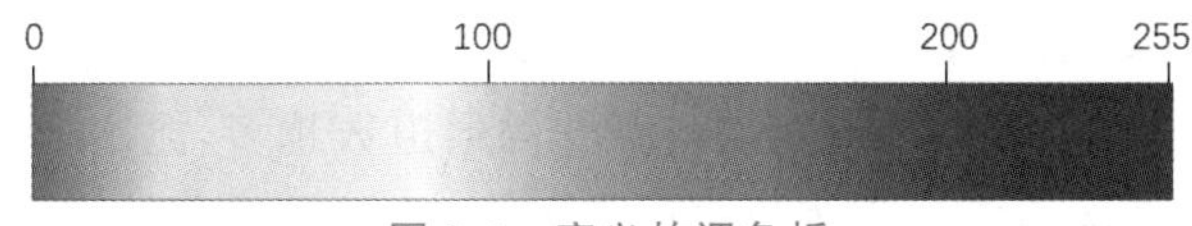

图 9-1　定义的调色板

下面函数利用该调色板在 plt 中显示给定的通道图像。

```
def showImg(channel_img):                      #channel_img 表示特征图的一个通道图像
    channel_img = torch.relu(channel_img)    #torch.Size([224, 224])
    max_min = channel_img.max()-channel_img.min()
    if max_min == 0:
        max_min = 1e-6
        channel_img = (channel_img-channel_img.min())/max_min      #归一化到[0,1]
    channel_img = (channel_img**2) * 255       #在归一化到[0, 255]
```

```
    img = np.array(channel_img.data).astype(np.uint8)
    cmap = cm.get_cmap('jet')        #定义调色板
    img = cmap(img)[:, :, 1:]        #使用调色板
    plt.imshow(img)                  #显示图像
    plt.show()
return
```

根据第5章的介绍我们知道，VGG16第二卷积层输出的特征图一共有64条通道，各条通道的图像大小为224×224；自适应平均池化层输出的特征图有512条通道，各条通道的图像大小为7×7。作为例子，我们从这两个特征图中各选择4条通道图像来显示，代码如下：

```
out = img
for k,m in enumerate(cnn_layers):
    out = m(out)
    if k == 3:                #cnn_layers[3]存放VGG16的第二个卷积层
        print('第二个卷积层输出特征图的形状：', out.shape)
        showImg(out[0, 0])
        showImg(out[0, 20])
        showImg(out[0, 40])
        showImg(out[0, 60])
    elif k == 44:             #cnn_layers[44]存放VGG16的自适应平均池化层
        print('自适应平均池化层输出特征图的形状：', out.shape)
        showImg(out[0, 0])
        showImg(out[0, 20])
        showImg(out[0, 40])
        showImg(out[0, 60])
```

图9-2所示是输入VGG16的原始图像(both.png)。执行上述代码后产生第二个卷积层和自适应平均池化层输出的特征图，从这两个特征图中分别选择4条通道图像来显示，结果分别如图9-3和图9-4所示。

图9-2　输入VGG16的图像

横向对比我们发现，对给定的输入图像，有的卷积核(一个输出通道对应一个卷积核)可能提取不到有用的特征，如图9-3(c)、图9-4(c)；有的卷积核可以提取到丰富的特征信息，如图9-3(b)、图9-3(d)、图9-4(a)和图9-4(d)等。各条通道图一般都不一样，因此输出特征图的通道数越多，能表征和提取的图像的特征信息就更多；当然，这意味着需要训练更多的参数，需要提供更多的算力来支撑。

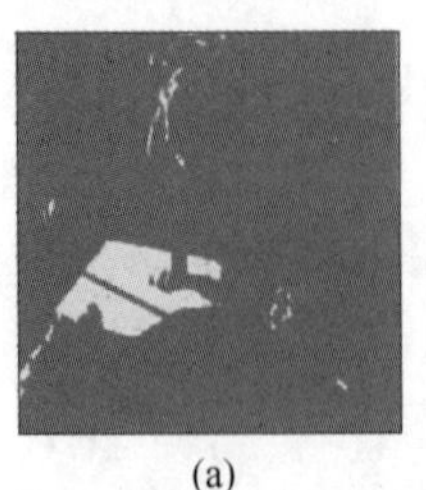

(a)

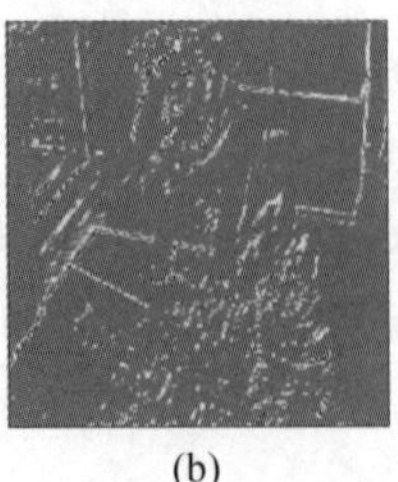

(b)

(c)

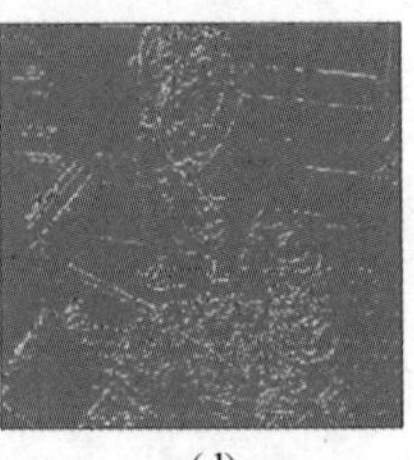

(d)

图9-3　第二个卷积层输出特征图的4条通道图像

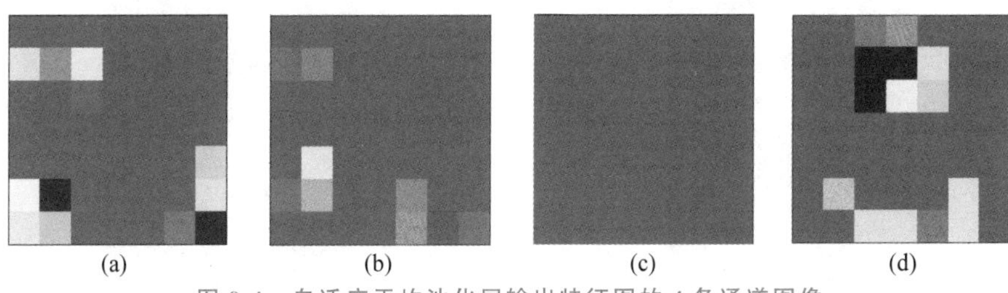

图 9-4　自适应平均池化层输出特征图的 4 条通道图像

纵向对比可以发现，低层的网络层能提取局部的纹理特征和边缘特征，如图 9-3(b)和图 9-3(d)；而高层的网络层则提取抽象的全局语义特征，这种特征可能难以从视觉上看出来，如图 9-4(a)、图 9-4(b)和图 9-4(d)。但是，我们可以利用双三次插值方法将通道图像扩展为与原来输入图像一样大小的图像，并将它覆盖到原来的图像上，从而观察该高层特征大致表示什么内容。

例如，对于图 9-4(d)所示的通道图像，扩展后的效果如图 9-5 所示，之后将它覆盖到原图像上，效果如图 9-6 所示。主要实现代码如下：

```
out = img
for k,m in enumerate(cnn_layers):
    out = m(out)
    if k == 44:
        img44_60 = out[0, 60]
#归一化到[0,1]
img44_60 = (img44_60-img44_60.min())/(img44_60.max()-img44_60.min())
img44_60 = np.array(img44_60.data)                      #转化为数组
#转化为 PIL 格式,以准备调用 resize()方法进行插值缩放
img44_60 = to_pil_image(img44_60, mode='F')
h,w,_ = np.array(origin_img).shape                      #获取原图像的尺寸
#通过双三次插值方法扩展为与原图像一样大小
over_img = img44_60.resize((h,w), resample=Image.BICUBIC)
over_img = np.array(over_img) * 255
over_img = over_img.astype(np.uint8)                    #归一化到[0,255]
cmap = cm.get_cmap('jet')
over_img = cmap(over_img)[:, :, 1:]                     #使用调色板
over_img = (255 * over_img).astype(np.uint8)            #over_img 为数组类型
origin_img = np.array(origin_img)
a = 0.7
#融合两张图像
origin_over_img = Image.fromarray((a * origin_img + \
               (1 - a) * over_img).astype(np.uint8))
plt.imshow(over_img)                #显示扩展后的通道图像
plt.show()
plt.imshow(origin_over_img)         #显示融合后的图像
plt.show()
```

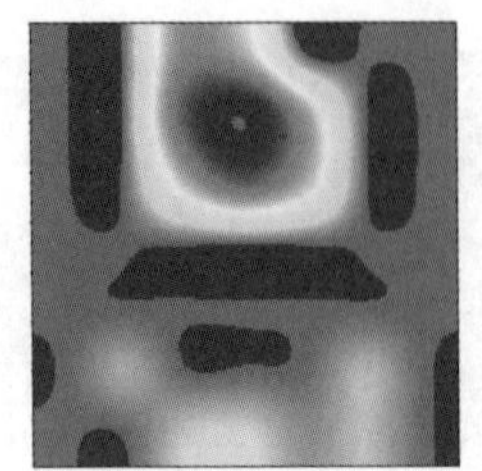
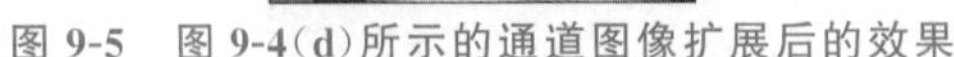
图 9-5　图 9-4(d)所示的通道图像扩展后的效果

图 9-6　扩展图像覆盖到原图像上的效果

从图 9-5 和图 9-6 可以看出，该通道图像主要表征了狗的脸部及其四周。该网络层输出的特征图一共有 512 条通道，不同通道表征不同的模式，从而形成丰富的表征模型。但是，如何表示各通道表征的模式和内容，并对其进行有效的量化分析，进而量化研究不同卷积核所能识别的模式及其表达，仍然是可解释深度模型需要进一步研究的问题。

以上代码主要导入了下面的库和模块：

```
import torch
from torchvision import models
import numpy as np
import torchvision.transforms as transforms
from PIL import Image
import torch.nn as nn
import matplotlib.pyplot as plt
from torchvision.transforms.functional import to_pil_image
from matplotlib import cm
```

9.2　CNN 模型决策原因的可视化方法

一般来说，CNN 模型主要用于对图像进行分类。当将输入图像被划分到一个类别时，这其实就是一个决策。在许多场合下，我们希望能够知道 CNN 模型为何做出这样的决策，它的决策依据和原因是什么。遗憾的是，模型本身不提供这样的信息，但我们可以在事后通过一定的方法，找到模型决策时所依赖输入图像的关键区域。也就是说，这里提及的决策原因可视化是指对输入图像中对决策起关键作用的区域进行标注(用不同的颜色来区分)，以让用户明白模型主要是根据哪一个区域进行决策的，从而为用户提供一定程度的解释。

决策原因可视化一般是利用类激活图(CAM)来实现，实现方法可分为基于类别权重的方法和基于梯度的方法。

9.2.1　基于类别权重的类激活图(CAM)

第 4 章已经指出，一个深度神经网络一般由两部分组成：卷积神经网络(CNN)和全连接神经网络(FC)。前者用于提取特征，后者则用于分类。也就是说，严格意义上讲，卷积神经网络(CNN)是不包含全连接神经网络的。本章提及的 CNN 均指此意义下的 CNN，而 CNN 的输出则是指 CNN 最后一层的输出。

对于 CNN 输出的特征图，当对其通道图像进行加权叠加并进行 ReLU 激活后，对得到的单通道特征图进行插值扩充，还原为与输入图像一样大小，则非负值所在的区域即为输入图像中物体所在区域，这个区域就是模型决策的主要依据。当将扩充的单通道特征图叠加到输入图像上时，即得到高亮物体区域的新图，称为类激活图（Class Activation Map，CAM）；而实现类激活图的方法称为类激活映射（Class Activation Mapping，CAM）。这就是论文 *Learning Deep Features for Discriminative Localization*[7] 的主要贡献。

显然，在类激活映射中，各通道的权值的产生是非常关键的。根据论文[7]介绍的方法，先对 CNN 输出特征图的各条通道图像进行全局平均池化，这样每条通道图像在维度坍塌后就形成一个数值，然后将这些数值输入到一个全连接网络层进行分类。假设这样的通道个数为 n，类别个数为 c，则该全连接层的参数矩阵 $\boldsymbol{W}$ 为 $c\times n$ 矩阵。如果输入图像被分类为 y 类（y 为索引），则向量 $\boldsymbol{W}[y,:]$即为通道图像的权重向量。

下面举一个例子来说明如何使用类别权重来构建类激活图。

【例 9.2】 基于类别权重构建类激活图 CAM，进而实现决策原因的可视化。

本例以 resnet18 作为基本模型，介绍类激活图的构建方法。

根据上面的介绍，构建 CAM 图的一个关键是获取 CNN 部分的输出。例 9.1 通过“拆除”一个预训练模型，然后再将其“组装”而获得每一层的输出。但如果只想要某一层的输出，那么用这种方法显得过于“繁杂”。为此，下面先介绍一种用 register_forward_hook()函数通过网络层注册来获取某一层输入和输出的方法。

register_forward_hook()函数可以为指定的某一网络层注册一个前向 hook（钩子）。当在调用 forward()函数而执行到该层时，这个 hook 会被调用并获得 3 个输入，分别是该网络层本身、该网络层的输入和输出（也可简单理解为：该 hook 会“勾住”这 3 个对象，而不“破坏”模型的网络结构）。

假如 layer 为一个网络层，我们先定义一个 hook：

```
def hook_fun(model, input, output):
    … …
```

然后为网络层 layer 注册该 hook：

```
handle = layer.register_forward_hook(hook_fun)
```

这样，在调用模型的 forward()函数而执行到网络层 layer 时，参数 model、input 和 output 将分别“截获”layer 本身、layer 的输入和输出。在本例中，我们主要是利用网络层的输出，因此只需要参数 output。

在用完了以后可以删除该 hook：

```
handle.remove()
```

使用 register_forward_hook()函数的优点是：在不需要“拆装”现有模型的情况下获得某一层的输入和输出。

下面开始介绍基于 resnet18 实现类激活图的方法。

(1) 加载预训练模型 resnet18，然后定义一个 hook；接着用 print()查看 resnet18 的结构，发现其 CNN 部分的最后一个网络层是 model.layer4[1].bn2，因此该层的输出即为 CNN 部分的输出，于是为该网络层注册已定义的 hook。相关代码如下：

```
model = models.resnet18(pretrained=True)        #加载模型
def hook_fun(model, input, output):              #定义 hook
```

```
    global out_FM          #定义全局变量,用于存放输出的特征图
    out_FM = output
handle = model.layer4[1].bn2.register_forward_hook(hook_fun) #注册一个前向 hook
```

注意,在执行了模型的 forward()方法以后,全局变量 out_FM 才被定义和赋值,而在此之前它是不存在的,因而也不能被引用,否则会出现运行错误。

(2) 读入图像,在经过适当变换后送入 resnet18 进行分类,代码如下:

```
tfs = transforms.Compose([transforms.Resize(256), transforms.CenterCrop(224),\
                          transforms.ToTensor(),\
                          transforms.Normalize([0.5, 0.5, 0.5], [0.2, 0.2, 0.2])])
path = r'./data/Interpretability/images'
name = 'both.png'
img_path = path + '\\' + name
img = Image.open(img_path).convert('RGB')  #打开图片并转换为 RGB 模型
origin_img = img                           #保存原图
img = tfs(img)                             #转化为张量
img = torch.unsqueeze(img, 0)         #增加 batch 维度 torch.Size([1, 3, 224, 224])
#下列语句在前向计算而执行到 model.layer4[1].bn2 层时会调用到 hook_fun()函数
#传入该函数的分别是 model.layer4[1].bn2 层本身以及该层的输入和输出
out = model(img)
#这时 out_FM 已经保存了 model.layer4[1].bn2 层的输出
pre_y = torch.argmax(out).item()      #获取预测类别的索引
```

(3) 实现通道图像的加权求和。在特征图从网络层 model.layer4[1].bn2 输出后,送入一个全局池化层 AdaptiveAvgPool2d。经过该层后,每条通道图像都被平均池化,形成一个数值,一共有 512 个这样的数值。然后,再进入一个全连接层——model.fc 层。因此,model.fc.weight.data[pre_y,:]实际上是预测的类别 pre_y 到各条通道图像的权重向量,其中的每个分量值实际上就是相应通道连接到类别 pre_y 的边的权重,不妨称为类别权重。也就是说,以这 512 个类别权重作为对应通道图像的权重,然后进行加权求和。当然,在加权求和之前,还要做相应的形状变换。相关代码如下:

```
weights = model.fc.weight.data[pre_y,:]            #获取类别权重,作为通道加权时的权重
#对特征图的通道进行加权叠加,获得 CAM
#(512, 1, 1) * (512, 7, 7) ----> (512, 7, 7)
weights = weights.reshape(*weights.shape,1,1) #(512, 1, 1)
out_FM = out_FM.squeeze(0)                    #(512, 7, 7)
weighted_FM = (weights * out_FM).sum(0)       #加权求和,结果形状为(7, 7)
handle.remove()
```

(4) 构建类激活图 CAM。对加权后形成的单通道特征图 weighted_FM 运用 relu()激活函数,以保留非负值,并做一次平方运算,以降低小特征值对显示结果的干扰;然后通过双三次插值方法,将 weighted_FM 扩充为与原图一样大小的数值矩阵;接着定义一个调色板,将 expanded_FM 转化为可视图,其中值大的像素显示为红色或深蓝色,值小的为浅蓝色;最后将 expanded_FM 覆盖到原图上,形成类激活图 CAM,并进行显示。相关代码如下:

```
#运用激活函数,仅保留非负值;平方的目的是降低小特征值的干扰
weighted_FM = torch.relu(weighted_FM)**2
weighted_FM = (weighted_FM-weighted_FM.min()) \
```

```
    /(weighted_FM.max()-weighted_FM.min())      #归一化
    #将 weighted_FM 转换成 PIL 格式,以调用 resize()函数
    weighted_FM = to_pil_image(np.array(weighted_FM.detach()), mode='F')
    #通过插值,将加权求和后的单通道特征图扩充为与原图一样大小
    expanded_FM = weighted_FM.resize(origin_img.size, resample=Image.BICUBIC)
    #运用调色板,将 expanded_FM 转化为可视图,其中值大的像素
    #显示为红色或深蓝色,值小的为浅蓝色
    expanded_FM = 255 * cm.get_cmap('jet')(np.array(expanded_FM))[:, :, 1:]
    expanded_FM = expanded_FM.astype(np.uint8)
    #将原图和可视化后的单通道特征图叠加(融合),形成类激活图 CAM
    CAM = cv2.addWeighted(np.array(origin_img), 0.6, np.array(expanded_FM), 0.4, 0)
    plt.imshow(CAM)                                   #显示类激活图 CAM
    plt.show()
```

上述代码使用了如下的库和模块:

```
import torch
import torchvision.transforms as transforms
from PIL import Image
import torchvision.models as models
from matplotlib import cm
from torchvision.transforms.functional import to_pil_image
import matplotlib.pyplot as plt
import numpy as np
import cv2
```

执行由上述代码构成的 Python 文件,结果输出的类激活图如图 9-7(a)所示(图 9-7(b)是原图)。

(a)

(b)

图 9-7 形成的类激活图

从图 9-7(a)所示的类激活图看,resnet18 将原图(图 9-7(b))判别为狗的图片,其主要是根据狗的嘴巴、颈部及其周围的特征。直觉告诉我们,这种决策依据似乎是可信的,因而这种类激活图为我们提供了一种直观的解释,即提供了决策原因的可视化解释。

9.2.2 基于梯度的类激活图(CAM)

我们注意到,例 9.2 实际上是要求:对于 CNN 部分输出特征图的各条通道图像,需要求它们的平均值,然后以此送入一个全连接层,最后执行分类。换而言之,如果一个网络拓扑结构不满足这种要求,可能就难以用这种方法来构造类激活图。

例如,对于 VGG16 的 CNN 部分,其输出的特征图也包含 512 条通道图像,但它采用一层自适应平均池化层 AdaptiveAvgPool2d(output_size=(7,7)),使得不管通道图像的尺寸为多少,在经过这一个池化层后,特征图的尺寸变为 512×7×7,而不是 512×1×1;其次,后面送入的是 3 个全连接层构成的分类网络,而不是一个。

实际上仔细分析例 9.2 可以知道,构造类激活图的关键是需要获得 CNN 部分输出特征图的每条通道图像的权重。例 9.2 是以类别权重作为相应通道图像的权重,进而加权求和。但在像 VGG16 这样的网络中,由于上述原因,没有这种"天然"的边的权值作为各通道图像的权重。因而,在这里介绍另一种方法——一种利用梯度来构建各通道权重的方法。

【例 9.3】 基于梯度构建类激活图 CAM,进而实现决策原因的可视化。

本例则以 VGG16 作为基本模型,介绍使用梯度信息来构建类激活图的方法。

对于 VGG16,其 CNN 部分也可以视为由 features 部分和 AdaptiveAvgPool2d 部分组成,即把自适应平均池化层 AdaptiveAvgPool2d(output_size=(7,7))也视为 CNN 部分。这意味着,CNN 部分输出的特征图的形状恒定为 512×7×7。该特征图在经过扁平化处理后送入含有多个全连接层组成的分类网络,最后实现分类。

现在的问题是,我们如何为输出特征图的 512 条通道图像计算各自的权重?

我们注意到,利用网络的最后预测输出,可计算相对于各通道图像中每个参数的导数;导数值越大,说明相应参数对分类的贡献越大,反之越小。显然,如果一条通道包含做贡献大的参数越多,则该通道越重要,其权重也应该越大,反之越小。利用这种思路来构建各通道图像的权重,进而构建类激活图,这就是所谓的基于梯度的类激活图的构建方法。

但这种方法还需要解决另外一个问题——如何计算相对于各通道图像中每个参数的导数?深度网络中间层产生的特征图一般都属于中间变量。如何获取相对于中间变量的导数?这又涉及另外一种函数——register_hook()。该函数与上面刚用到的 register_forward_hook()函数似乎很相似,但实际上它们有很大的差别。

PyTorch 框架在反向传播过程中,默认不保留中间变量的梯度。但是,有时候我们又需要某一个中间变量的梯度信息(如上面这种情况),这时 register_hook()函数就派上用场了。用 register_hook()函数可以为某一个中间变量注册一个 hook,此后每当求导"经过"该中间变量时,相对于该中间变量的导数会被该 hook"勾住"而被保留下来。

例如,假设给定函数:

$$y = x^2$$
$$z = 4y$$

那么,可以使用下列代码计算 z 关于 x 在 $x=3$ 上的导数:

```
x = torch.tensor([3.], requires_grad=True)
y = torch.pow(x, 2)
z = 4 * y
z.backward()            #反向求导
print('z关于x的导数为: ', x.grad.item())
```

执行后输入结果如下:

```
z关于x的导数为: 24.0
```

这与运用数学方法计算的结果是一样的。

从数学上还可以推知，z 关于中间变量 y 的导数为 4。但是，由于 PyTorch 默认不保留中间变量 y 的导数，因此想通过 y.grad.item()来获取这个导数，那是不行的。但可以用 register_hook()函数来实现，代码如下：

```
def grad_hook(grad):                          #定义一个 hook
    global temp_grad                          #定义全局变量,用于存放梯度
    temp_grad = grad
    return None
x = torch.tensor([3.], requires_grad=True)
y = torch.pow(x, 2)
z = 4 * y
handle = y.register_hook(grad_hook)           #对 y 注册一个反向 hook
z.backward()                                  #求导
print('z 相对于 y 的导数为: ',temp_grad.item())
handle.remove()
```

执行上述代码，输出结果如下：

```
z 相对于 y 的导数为: 4.0
```

这与我们预想的是一致的。这说明，register_hook()函数能够截取指定中间变量的梯度。

在此基础上，下面我们介绍本例的实现过程。

(1) 加载 VGG16，然后定义一个前向 hook，进而为 model.avgpool 层注册该 hook (model.avgpool 层视为 CNN 部分的最后一层)，当调用模型而执行 forward()方法时该 hook 会自动被调用而将 CNN 部分输出的特征图保存到全局变量 out_FM 中。相关代码如下：

```
model = models.vgg16_bn(pretrained=True)         #加载 VGG16
model.eval()
def hook_fun(model, input, output):              #定义前向 hook
    global out_FM                                #定义全局变量,用于存放输出的特征图
    out_FM = output
    return None
model.avgpool.register_forward_hook(hook_fun) #注册一个前向 hook
tfs = transforms.Compose([transforms.Resize(256), transforms.CenterCrop(224),\
                    transforms.ToTensor(),\
                    transforms.Normalize([0.5, 0.5, 0.5], [0.2, 0.2, 0.2])])
path = r'./data/Interpretability/images'
name = 'both.png'
img_path = path + '\\' + name
img = Image.open(img_path).convert('RGB')   #打开图片并转换为 RGB 模型
origin_img = img                            #保存原图
img = tfs(img)                              #转化为张量
img = torch.unsqueeze(img, 0)               #增加 batch 维度
out = model(img)                            #执行该语句后,out_FM 才产生
pre_y = torch.argmax(out).item()            #预测类别
```

(2) 定义一个后向 hook，并将之注册到上述代码执行后产生特征图 out_FM 上。代码如下：

```
def grad_hook(grad):                         #定义一个后向 hook
    global temp_grad                         #定义全局变量,用于存放梯度
    temp_grad = grad
    return None
out_FM.register_hook(grad_hook)              #对 out_FM 注册一个反向 hook
```

注意,register_hook()函数用于对张量注册一个反向 hook,而 register_forward_hook()函数是用于对一个网络层注册一个前向 hook。这也是它们在运用对象上的重要区别。

(3) 利用预测的索引 pre_y,获取网络的概率预测值 out[:,pre_y],然后据此反向求导。由于我们已对 CNN 部分输出的特征图(一种中间结果)注册了一个反向 hook,因此在特征图包含的参数上都得到相应的导数,形成与特征图一样形状的张量,并保存到全局变量 temp_grad 中,最后根据该变量来构建各通道的权重,进而完成通道的加权求和。代码如下:

```
pre_class = out[:, pre_y]
pre_class.backward()                                 #执行该语句后,temp_grad 才产生
#out_FM 和 temp_grad 的形状完全一样——torch.Size([1, 512, 7, 7]),
#但前者是特征图,后者是关于特征图的导数,是构造权重的依据
out_FM = out_FM[0]                                   #torch.Size([512, 7, 7])
temp_grad = temp_grad[0]                             #torch.Size([512, 7, 7])
weights = torch.nn.AdaptiveAvgPool2d((1, 1))(temp_grad)        #对各通道平均池化
#(512, 1, 1) * (512, 7, 7)-->(512, 7, 7)
weighted_FM = weights * out_FM
weighted_FM = weighted_FM.sum(0)                     #torch.Size([7, 7])
```

执行上述代码后,得到的 weighted_FM 就是各通道加权求和后的结果。

(4) 剩下的工作就是将 weighted_FM 扩展,然后覆盖到原图上,最后得到类激活图。相关代码如下(这些代码与例 9.2 后半代码相同):

```
weighted_FM = torch.relu(weighted_FM)**2
weighted_FM = (weighted_FM-weighted_FM.min()) \
            /(weighted_FM.max()-weighted_FM.min())     #归一化
#将 weighted_FM 转换成 PIL 格式,以条用 resize()函数
weighted_FM = to_pil_image(np.array(weighted_FM.detach()), mode='F')
expanded_FM = weighted_FM.resize(origin_img.size, resample=Image.BICUBIC)
expanded_FM = 255 * cm.get_cmap('jet')(np.array(expanded_FM))[:, :, 1:]
expanded_FM = expanded_FM.astype(np.uint8)
#将原图和可视化后的单通道特征图叠加(融合),形成类激活图 CAM
CAM = cv2.addWeighted(np.array(origin_img), 0.6, np.array(expanded_FM), 0.4, 0)
plt.imshow(CAM)              #显示类激活图 CAM
plt.show()
```

这些代码用到如下的库和模块导入语句:

```
import torch
import torchvision.transforms as transforms
from PIL import Image
import torchvision.models as models
from matplotlib import cm
from torchvision.transforms.functional import to_pil_image
import matplotlib.pyplot as plt
import numpy as np
import cv2
```

执行由上述代码构成的 Python 文件，产生如图 9-8 所示的结果。

图 9-8　利用梯度构建的类激活图

直觉告诉我们，利用梯度构建的类激活图的效果也很好，似乎更能聚焦关键部位，而且这种方法可以适用于更多类型的网络结构。

9.3　面向 NLP 任务的可视化方法

与图像处理任务不同，NLP 任务主要是处理文本序列，所用的网络主要是循环神经网络。单纯针对循环神经网络进行可视化是非常困难的，目前提到针对 NLP 任务的可视化主要是结合注意力机制进行的。本节也正是从这一点出发来介绍面向 NLP 任务的可视化方法。

9.3.1　NLP 任务中注意力机制可视化的一般方法

一般情况下，当我们向 NLP 模型输入一个句子以后，模型就需要结合这个句子中的词(或 token)和自身的“知识”做出决策(如分类等)。显然，句子中不同的词对决策的形成有不同程度的影响。注意力机制的一般做法是，设计一个网络来为句子中的每个词预测相应的权重参数，使得一个词的影响程度越大，它的权重就越大。

可视化的目的就是通过视觉的方式让用户快速感知哪些词的影响最大？哪些次之？哪些几乎没有作用？其中，常用的视觉标记方式就是采用不同深浅的颜色(如红色)来标注有不同影响程度的词，即影响程度越大的词，用越深的红颜色来标注；影响程度越小的词，则用越浅的红颜色来标记。

假设输入的句子是“努力实现中华民族的伟大复兴”，分词后得到如下的词序列：

```
words = ['努力', '实现', '中华', '民族', '的', '伟大', '复兴']
```

并假设注意力网络生成如下的权重：

```
att_weights = [0.05, 0.10, 0.20, 0.05, 0.00, 0.20, 0.40]
```

从权重看，'复兴'的权重最大，为 0.40，其次是'中华'和'伟大'的权重，均为 0.20，最小的是'的'的权重，为 0。

显然，对用户来说，通过读权重来了解各词对决策的影响程度还是很费劲的。如果能够按如图 9-9 所示采用不同深浅的红颜色来标注，那么用户可以一目了然(这在学术论文中也经常用到)。

努力　实现　中华　民族　的　伟大　复兴

图 9-9　词的注意力机制可视化效果

当然，还有很多种方法也可以实现这种可视化的效果。这里，我们介绍比较常用的一种可视化方法。其原理很简单：①先在 PyTorch 框架中根据输入的词序列及形成的注意力权重向量，用 PyTorch 程序生成 tex 文件的代码，使得权重大的词在 tex 文件打开时能够以较深的红颜色来显示；权重小的，则以浅的红颜色来显示。②用 LaTeX 编辑器打开生成的 tex 文件并显示该文件内容。

例如，对于上面提及的例子，我们可以通过执行下列代码来生成 tex 文件——sample.tex：

```
def generate(words, attw, latex_file, color='red'):
    assert (len(words) == len(attw))
    word_num = len(words)
    with open(latex_file, 'w', encoding='utf-8') as f:
        string = r'''\documentclass{article}\usepackage{ctex}
            \special{papersize=210mm,297mm}\usepackage{color}
            \usepackage{tcolorbox}\usepackage{adjustbox}\tcbset{width=0.9
            \textwidth,boxrule=0pt,colback=red,arc=0pt, auto outer arc,
            left=0pt,right=0pt,boxsep=5pt}\begin{document}''' + '\n'
        f.write(string)
        string=r'''{\setlength{\fboxsep}{0pt}\colorbox{white!0}
                {\parbox{0.9\textwidth}{'''+"\n"
        for k in range(word_num):
            string += "\\colorbox{%s!%s}{" %(color, attw[k]) + \
                "\\strut " + words[k] + "} "
        string += "\n}}}"
        f.write(string + '\n')
        f.write(r'''\end{document}''')
        f.close()
    return None
#sentence = '努力实现中华民族的伟大复兴'
words = ['努力','实现','中华','民族','的','伟大','复兴']
att_weights = [0.05, 0.1, 0.2, 0.05, 0.0, 0.2, 0.4]
att_weights = [w * 100 for w in att_weights]
color = 'red'
generate(words, att_weights, "sample.tex", color)
```

此后，用 LaTeX 编辑器打开 sample.tex 文件并显示文件内容，即可得到如图 9-9 所示的可视化效果。

如果需要，读者可以在官方网站 https://miktex.org/download 上下载 LaTeX 编辑器的安装程序。

9.3.2 自注意力机制的可视化

依赖 Transformer 框架的 BERT 和 GPT 等 NLP 处理模型基本上都是由多层自注意力网络堆叠而成。例如，在比较小的 BERT 模型中，有 12 个网络层（由 12 个 Encoder 堆叠而成），每层有 12 个自注意力网络，词向量维度是 768。

自注意力刻画了词(token)与词之间的关系；多头自注意力可以刻画不同类型的关系，从而可以表达丰富的语义。因此，对自注意力的可视化有助于理解基于 Transformer 框架的预训练模型对词之间关系的学习能力。

HuggingFace 网站(https://huggingface.co)针对多种预训练模型，提供了自注意力机制的在线可视化工具。打开链接 https://huggingface.co/exbert，可以看到如图 9-10 所示的界面。

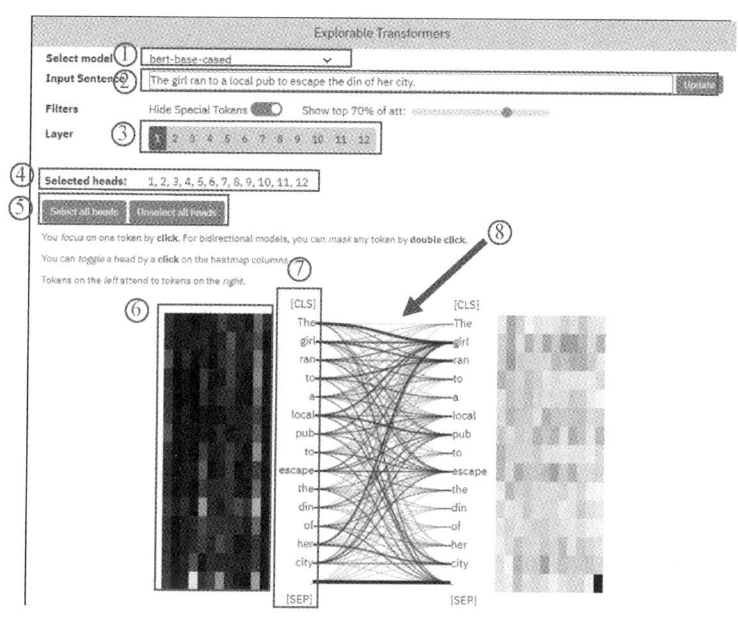

图 9-10　HuggingFace 可视化工具界面

HuggingFace 可视化工具主要是对注意力权重进行可视化，体现在⑧处线条的粗细上，即注意力权重越大，则对应的线条越粗。在介绍各线条具体意义之前，我们先说明一些基本设置。

在图 9-10 所示的界面中，主要设置的地方有如下几处。

- 在①处，单击下拉按钮可以选择相应的预训练模型，默认为 bert-base-cased，这是适用于处理英文文本的 BERT 模型。
- 在②处的输入框中，可以输入一个句子，然后单击【Update】按钮，我们就可以观察句子中每一个词(token)对同句中所有词的关注程度。
- 在③处，可以单击其中任何一个数字，表示要选择相应的网络层，默认是第一层。
- 在④处，显示当前已被选中的注意力头。
- 在⑤处，如果单击【Selected all heads】按钮，则表示选择所有的注意力头，这时在④处会显示 1～12 一共 12 个数字；如果单击【Unselected all heads】按钮，则表示取消所有的注意力头，这时在④处没有显示任何数字。
- 在⑥处所示的方框中，每一行对应的一个词，每一列对应一个注意力头。当光标停留在某一列上时，相应的注意力头会起作用(同时弹出相应的提示框，以提示是哪个注意力头，如“Head：6”等)，这时⑧处会显示相应的线条来表示注意力权重大小的区别。方框中每一列都是一个“点选开关”：当某一列被单击时，如果它未被选中(灰色)，则变为被选中(蓝色)；如果它已被选中，则变为未被选中。与此同时，④处的数字也会跟着变化——显示当前所有被选中的注意力头。
- 在⑧处，显示了一个词与同句子中所有词之间的关注关系。注意到，左右两边实际上都是在②处输入的句子，这样竖着两边摆放的目的是方便观看。左边的每一个词都是代表要查看的词，当鼠标移到其上面或单击该词时，右边中被线条连接的词

(token)是该待查看词在整个句子中所关注的词,线条的粗细反映了关注的强弱。图 9-10中⑧处的线条非常多,这是因为在默认情况下该界面同时显示每一个词与所有词之间的关注关系。如果我们任意单击左边中的一个词,这时只显示该词与所有词之间的关注关系,从而线条就变得少多了。

作为例子,假设输入的句子是"I want to buy an Apple phone."。现在想查看在 BERT 模型(bert-base-cased)第 4 个网络层和第 1、3、5 和 10 个注意力头作用下,单词 Apple 与同句中所有词的关注关系。

这时,我们需要做的是:

- 在①处选择默认值 bert-base-cased;
- 在②处,输入句子"I want to buy an Apple phone.",然后单击【Update】按钮;
- 在③处,单击数字 4,表示选择第 4 个网络层;
- 在⑤处,点选【Unselected all heads】按钮,先取消所有的注意力头;
- 在⑥处所示的方框中,分别点选第 1、3、5 和 10 列(此时这 4 个列都变成蓝色);
- 在⑧处的左边单击单词 Apple。

至此,操作完毕,得到如图 9-11 所示的结果。

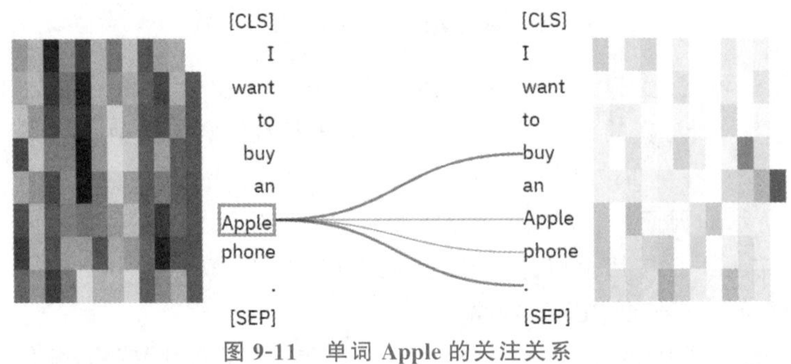

图 9-11 单词 Apple 的关注关系

从图 9-11 中看出,在既定条件下,单词 Apple 会关注 buy、Apple、phone、"."，或者说,它的含义取决于这 4 个单词的联合作用。

通过这个例子可以看到,HuggingFace 可视化工具的功能非常强大,而且可以在不需要安装的情况下直接线上使用。

除此以外,BertViz 也是一个注意力可视化的工具。它支持 transformers 库中的所有模型,如 BERT、GPT-2、XLNet、RoBERTa、XLM、CTRL 等。该工具可从 https://github.com/jessevig/bertviz 上下载,然后在 Jupyter Notebook 下编辑运行。但本书不对此展开介绍,感兴趣的读者请自行参考相关资料。

9.4 本章小结

本章先以 VGG16 为例,介绍了如何对卷积神经网络各层输出的特征图进行可视化,并总结了不同卷积层的作用。然后,介绍了使用类激活图(CAM)来可视化决策原因的方法,包括使用类别权重来构造类激活图的方法和使用梯度信息来构造类激活图的方法。最后,介绍了面向 NLP 任务的可视化方法,其中给出了 NLP 任务中注意力机制可视化的一般方法以及基于 BERT、GPT 的自注意力机制的可视化。

这些方法都属于事后对深度模型的可视化解释方法。深度网络模型的可解释性研究刚刚起步，很多问题有待于进一步研究。希望本章对该领域的研究起到抛砖引玉的作用。

9.5 习 题

1. 什么是深度网络模型的可解释性？为什么要研究可解释性？

2. 如何可视化 CNN 各层输出的特征图？请在实现原理上简要回答。

3. 请简要说明 register_forward_hook()函数和 register_hook()函数的联系与区别。

4. 什么是类激活图(CAM)？它有何作用？

5. 有哪些方法可以构建类激活图？请简要说明它们的基本原理。

6. NLP 任务中，如何对注意力机制进行可视化？请简要说明主要实现思路。

7. 如何对自注意力机制进行可视化？以 BERT 中的自注意力机制为例。

8. 请选择 resnet18 网络中的某一个卷积层，对其输出的特征图进行可视化，并总结各层的作用。

9. 例 5.5 使用了预训练模型 EfficientNet 来提取图像的特征，请改写该例代码，使用类激活图对模型的决策原因进行可视化。

10. 请改写例 7.3 中的代码，加入注意力机制，并对注意力机制进行可视化，进而通过可视化效果说明注意力机制的作用。

第 10 章 多模态学习与多模态数据分类

通过视觉、听觉、嗅觉、味觉、触觉等感官进行综合感知，人类可以由此形成对周围世界的感知和认知并据此做出有效的决策。随着智能技术的发展，人们渴望机器智能也具有人类智能类似的功能，这也是跨媒体智能的主要目标。跨媒体智能是我国《新一代人工智能发展规划》制定的下一代人工智能核心内容之一。

多模态学习是一种机器学习方法，它旨在建立能够处理和关联多种模态信息的模型与方法，以综合理解文本、图像、语音、视频等多种模态数据，打破单一模态数据的局限性。多模态学习是现在人工智能领域研究的一个热点方向，被认为是实现跨媒体智能的重要途径之一，但尚有许多基础问题需要进一步研究，如跨场景、跨模态的统一知识表示模型与方法等。

本章主要介绍多模态学习的概念、发展过程以及主要任务，并着重介绍作为多模态学习主要任务之一的多模态数据分类。

10.1 多模态学习

本节主要介绍多模态学习的概念、发展过程以及主要任务等内容。

10.1.1 多模态学习的发展过程

多模态学习(Multimodal Learning)是多模态机器学习(Multimodal Machine Learning)的简称，它旨在建立能够处理和关联多种模态信息的模型与方法[13]，是对多源异构的多模态数据进行分析和挖掘的一种机器学习，也有的学者将其称为多视角学习(Multi-view Learning)[14]。早期，多模态的相关概念主要用于教育学、心理学和认知科学领域。后来随着计算机技术的发展，多模态概念拓展至信息科学领域，逐渐成为描述信息资源的重要手段，基于多模态数据的机器学习也逐渐引起学者们的关注。20 世纪 80 年代至 21 世纪初，统计机器学习方法在智能信息处理领域中取得了令人瞩目的成就，有力推动了机器学习方法在数据分类、概率推理和自然语言处理等方面的应用。在多模态学习方面，早期比较有影响的工作是 Petajan 等开发的唇语-声音语音识别系统[15]，获得了较高的识别准确率。也有的学者设计了基于手势、声音、语义三模态的机器感知系统[16]，并用于人机交互场景。但这些基于统计学的多模态机器学习方法在面向大规模数据处理时暴露了诸多缺点，并未得到真正推广应用。

2012 年以来，深度学习技术迅猛发展，取得了惊人的成就。例如，深度卷积神经网络(CNN)在图像分类任务中取得了超越人类的表现，具有代表性的成果包括 AlexNet、ResNet 和 GoogLeNet 等大模型；循环神经网络(RNN，包括 LSTM、GRU 等)以及基于

Transformer 架构[2]的 GPT[17]、BERT 等预训练模型则在自然语言处理方面取得了巨大的进步。总之,深度神经网络在许多单一模态的学习任务中已经取得了优于传统方法的效果。得益于深度学习的迅猛发展和惊人成就,基于深度神经网的多模态学习自然成为多模态学习的主流,一般又称为多模态深度学习。

一般认为,比较系统地研究多模态学习始于 Ngiam 等发表于 ICML 2011 的 *Multimodal Deep Learning*[18]。该工作利用深度学习模型对视频、音频数据进行编码,形成多模态数据的联合表示,进而实现对各模态的识别。最近几年,多模态学习已成为机器学习、数据挖掘领域的研究热点之一,在图像描述、图像检索、视频检索、多模态信息摘要生成、多模态情感分析、机器翻译、多模态人机对话等方面得到了广泛应用。

10.1.2 多模态学习的主要任务

多模态学习被认为是通向通用人工智能的重要途径之一,其涉及的任务非常广泛。以下简要介绍几种常见的多模态学习任务。

1. 多模态传译

模态传译是指将一种模态数据翻译或映射为另一种模态数据,翻译前后两种模态所蕴含的语义信息是一样的。模态传译实际上是实现信息在不同模态间的流通,主要包括图像和文本、图像和图像、文本和文本、视频和语音、语音和文本等模态之间的模态传译。例如,图像描述是根据输入的图片自动生成其对应的文本描述,属于"图像到文本"这一类模态传译。在基于深度神经网络的方法中,图像描述任务通常采用 CNN+RNN 架构(编码-解码结构)。也就是说,用卷积神经网络提取图像的特征向量,然后将特征向量输入到一种 RNN 中去解码,形成文字输出,即为该图像的描述。目前,图像描述多结合注意力机制,使得图像高关联的局部特征得到关注。视频描述与图像描述类似,是针对视频内容生成相应的文本描述,如视频字幕等。此外,还有图像到图像(如图片风格迁移)、文本到文本、文本到图像等多种转译任务。但限于目前的技术,生成的文本多为短句子文本,生成的图像也是小尺寸的图像。

2. 多模态对齐

模态对齐是指辨别不同模态中元素之间的对应关系。例如,我们希望视频中人物讲话和文本字幕同步,这是视频和文本这两种模态之间的对齐。在翻译任务中,我们希望源语言和目标语言之间对应的词汇要关联起来,如在将"I am a student"翻译为"我是一位学生"时,"I""am""a""student"应该分别关联到"我""是""一位""学生"。实际上,这是一种细粒度的对齐。

根据实现对齐方式的不同,模态对齐可以分为注意力对齐和语义对齐。在注意力对齐方式中,主要考虑当前生成的目标模态元素一般与输入模态中的某些元素关联程度大,因而用注意力机制通过加权求和方法来实现这种关联,它可以较好地解决长程依赖问题。注意力对齐多应用于涉及模态传译的多模态学习任务,如机器翻译、图像标注、语音识别等。实际上,不仅在模态对齐和模态传译任务中,而且在多模态表征学习、数据融合、数据分类等领域中注意力机制均有良好的表现。

在语义对齐方式中,主要考虑不同模态中元素之间的语义对应关系,这种关系一般通过设计语义相似性函数来量化和衡量,以此来构造对齐的多模态数据集可以直接赋给模型对齐能力，因而可以为其他学习任务（如多模态数据分类、图像标注等）提供支持。

从模态中元素定义的粒度看，对齐又可以分为不同粒度的对齐，如细粒度对齐和粗粒度对齐等。例如，上面提及的“I”和“我”的对齐是一种细粒度对齐，而两个不同模态文件的对齐一般是粗粒度对齐。

3. 多模态数据分类

多模态数据分类是指利用各模态数据构成的数据集（多模态数据集）训练一个分类器，然后用该分类器对新的多模态数据进行类别预测。从可查阅的文献看，目前多模态数据分类在多模态情感识别方面的应用比较多。例如，Truong 等提出了一种称为视觉注意力网络的情感分析新方法[19]，实际上就是一种多模态情感数据分类。还有的文献[20]通过特征融合方法提出了一个统一的网络来共同学习图像和文本之间的联合表征，并可以在部分模态缺失环境下实现多模态数据分类任务；我们在多模态情感分类方面也做了相应的研究，主要是通过特征级融合来构造多模态数据的联合表征[21]。多模态数据分类过程通常包括数据预处理、特征提取、特征学习和分类 4 个步骤。特征提取一般用神经网络（如 CNN 或 RNN 等）来完成。在特征学习中，一般用到前面提及的特征融合方法来实现，而这种融合的前提是用于特征提取的模态数据应先对齐，这对数据预处理提出了比较高的要求。

4. 多模态联合学习

由于存在模态表示强弱不一致（甚至是模态缺失）、缺少标注模态数据、噪声数据等问题，需要用一个模态知识来辅助另一个资源匮乏的模态进行建模。这时就需要利用多模态联合学习方法，其应用场景主要分为两类：平行数据和非平行数据。平行数据是指已经对齐的多模态数据，而非平行数据则是指未对齐或存在模态缺失的多模态数据。

多模态联合学习对平行数据采用弱监督方法进行协同训练（Co-training）。其基本思想是：对各模态，先分别用带标签的少量数据样本训练各自的分类器，然后用这些分类器预测各自模态内无标签的数据，并用置信度较高的分类结果作为相应未标注数据的标签，接着将新标注的数据连同原来数据重新训练各自的分类器。多次重复这种训练，当达到一定条件时，交互模态数据，继续训练这些分类器。这种协同训练可以使分类器学习到各模态数据的特点，使分类器具备更好的泛化性能。

对于非并行数据，通常运用迁移学习方法来学习更好的特征表达。其方法是先学习高质量模态数据的特征表达，然后将特征表达中有价值的信息迁移用于学习含噪声的模态数据的特征。这种类型的迁移学习通常采用协同表征的特征表达方式来实现。例如，Mahasseni 等[22]利用 3D 骨骼数据训练自动编码器 LSTM，并通过强化其隐层状态之间的相似性来调整基于彩色视频的 LSTM，该方法在动作识别中获得较好的性能。

多模态数据融合和多模态表征学习实际上是多模态学习的基础，因为多模态学习的性能和效果在很大程度上依赖于多模态表征学习的方法和多模态数据融合的技术。

10.2 多模态数据分类

多模态数据分类是多模态学习的一种重要任务。本节以图像和文本构成的二模态数据为例，介绍目前常采用的多模态数据分类方法的基本原理。

图-文二模态数据经常存在的问题包括文本模态缺失、图像模态缺失、模态对齐错误等。多模态数据分类方法必须面对这些存在的问题，并给出恰当的解决方法。本节主要针对正常对齐的模态数据介绍相关的分类方法，但针对模态缺失等问题也适当给出相应的解决思路。

10.2.1　文本特征提取方法

文本是典型的序列数据，通常用循环神经网络对其进行建模和表示。文本处理的主要步骤如下。

（1）对文本进行必要的清洗，然后对其进行分词或token化。对于英文文本，一般以空格为分隔符，将句子切分为单词序列。如果使用预训练模型（如BERT），则由预训练模型自带的工具和词表对其进行token化。对于中文文本，可以使用jieba等工具对其进行分词，形成词汇序列。如果使用预训练模型，则由预训练模型提供的工具对其进行token化，形成token序列。

（2）建立词表并对文本进行索引编码和等长化表示，进而转化为张量。在PyTorch框架中一般使用字典来建立词表，然后通过访问字典建立文本的索引编码。等长化是转化为张量的基本前提，这在索引编码之前或之后做都可以。张量化可以利用torch.tensor()函数或相关函数实现。

（3）对编码形成的索引向量进行嵌入表示。这可以利用Word2Vec或词嵌入技术来实现。

（4）利用循环神经网络提取文本的特征。将形成的词嵌入表示输入到相应的神经网络，以网络的相应输出作为文本的特征向量。LSTM、GRU以及预训练模型BERT等都可以作为神经网络来提取文本的特征。例如，在使用LSTM作为特征提取器时，可以尝试使用图7-13所示的最后一个计算单元的隐藏层输出作为文本的特征，也可以结合注意力机制，尝试使用各计算单元的输出加权和作为文本的特征。当使用预训练模型BERT作为特征提取器时，也可以采用类似的尝试。

具体例子，请参考第7章。

10.2.2　图像特征提取方法

一般来说，图像特征的提取多用卷积神经网络。卷积神经网络几乎可以实现端到端的数据处理功能，所以在提取图像特征时主要是变换图像的尺寸，然后进行张量化和数据打包，接着送入卷积神经网络，所需步骤要比提取文本特征时少许多。

卷积神经网络的输出通常是包含若干条通道的特征图，这时只要对特征图进行扁平化即可将其转变为向量（针对单张输入图像而言），这个向量即为输入图像的特征向量。

10.2.3　多模态数据融合方法

多模态数据融合方法可以分为基于模型的融合方法和模型无关的融合方法[13]。基于模型的融合方法通常是指融合的过程和方式与具体的任务有关，因而与所设计的模型结构有关。例如，视觉问答、多模态对话系统等都是采用此类融合方法。

模型无关的融合方法是指多模态数据融合算法与其所依赖的模型无关，适合于任何的特征提取网络。传统的多模态数据融合方法一般是指这一类的融合方法,可进一步分为特征级融合、决策级融合以及混合融合方法等。下面将主要介绍这3种方法。

1. 特征级融合

在对图像和文本提取特征以后,将这两种特征通过一定的方式融合在一起,从而实现多模态数据在特征级上的融合。这种融合方式又分为两种,一种是拼接方式,一种是线性组合(加权组合)。

假设两种模态数据在提取特征后分别得到向量($a_1,a_2,\cdots,a_n$)和向量($b_1,b_2,\cdots,b_m$)。如果两个向量的长度相等,即$n=m$,则可以使用线性组合方式进行融合,如图10-1所示。

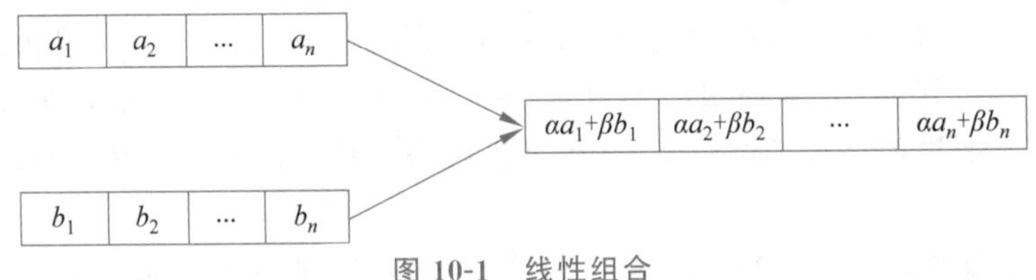

图10-1 线性组合

图10-1中,α和β多为[0,1]的权值系数,可根据模态的重要性来设置,或者利用注意力机制通过学习产生。例如,如果令$\alpha=\beta=0.5$,则相当于取两个向量的平均值。

如果两个向量的长度不相等,即$n \neq m$,一般采用拼接的方式进行融合,如图10-2所示。当然,在$n=m$的情况下也可以运用这种方式,要视具体的效果而定。

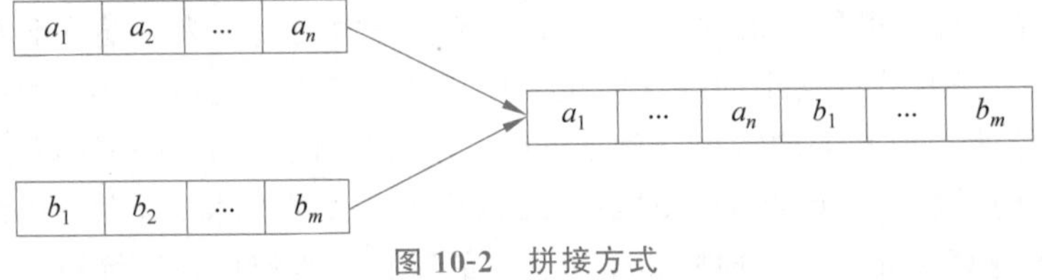

图10-2 拼接方式

显然,拼接方式是将两个向量的"尾"和"首"连在一起,从而产生长度为$n+m$的向量。

在对模态数据提取特征以后,产生的特征向量一般是表示模态的高层语义特征,所以也称为语义向量。两个模态的语义向量在特征级上融合后自然也联合表示两个模态共同的语义特征,因而也称为多模态语义向量,所构成的向量空间称为多模态语义共享空间。

2. 决策级融合

特征级融合要求各模态必须已经对齐,而且不能缺失。这在部分场景下可能难以满足,于是人们提出了决策级融合。

决策级融合的基本思路是,对各模态分别提取特征,然后分别训练各自的分类器,最后在分类器输出上通过投票、取最大值、线性组合等方式综合各个分类器的结果,形成最终的输出。

在决策级融合方式下,当某一个模态缺失时可用另一模态数据继续训练分类器,因而决策级融合可以在模态缺失的情况下继续工作。然而,决策级融合需要同时训练多个分类器,这涉及诸多超参数调试,这个过程的代价也不小。

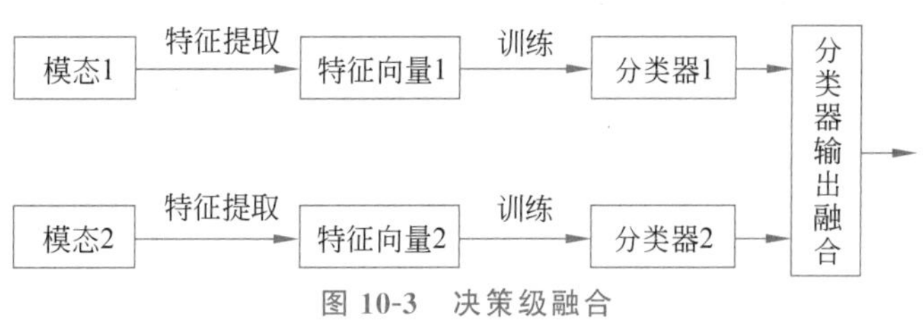

图 10-3　决策级融合

3. 混合融合方法

还有一种融合方法是将特征级融合和决策级融合综合在一起，进而形成多级别、多层次的融合方法，称为混合融合方法。混合融合方法的基本架构可用图 10-4 表示。

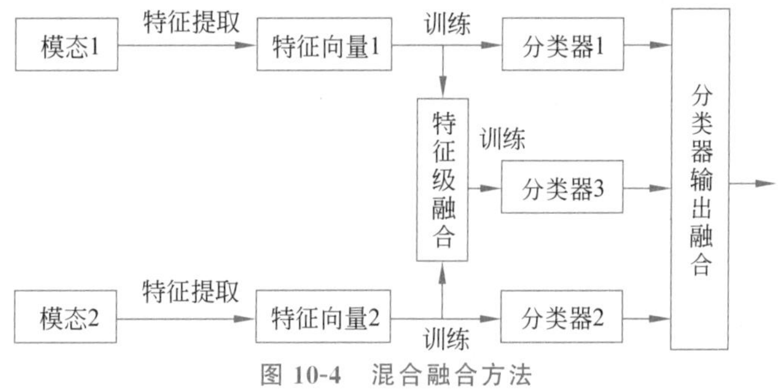

图 10-4　混合融合方法

当然，混合融合方法综合了两种方法的优点，同时继承了它们的一些缺点，其中调试困难、训练时间长是比较突出的问题。

10.3　多模态数据分类案例

本节以图-文二模态数据的分类问题为例，介绍如何通过特征级融合实现多模态数据的分类。

【例 10.1】　利用特征级融合方法，实现一个图-文二模态数据的分类程序。

本例使用的多模态数据集来自网站 https://mcrlab.net/research/mvsa-sentiment-analysis-on-multi-view-social-data/。从该网站下载文件 MVSA_Single.rar，解压后产生两个文件：ID-label.txt 和 labelResultAll.txt，以及一个目录 data。目录 data 中存放了图像文件和文本文件，它们按文件名关联。例如文件 3.jpg 和文件 3.txt 是对应的，前者是图像文件，后者是对应的文本文件，它们是一个图像-文本对。文件 ID-label.txt 则存放各图像-文本对的 ID 号和类别信息，用 0、1 和 2 分别表示 3 个类别。

我们按照 8:2 将 ID-label.txt 随机分为文件 ID-label-train.txt 和文件 ID-label-test.txt，然后用这两个文件分别构建训练集和测试集。

我们按照下列步骤编写该程序。

(1) 读取文本文件，对文本进行 token 化，并进行索引编码和等长化，同时读取图像文件，转化为张量。

为此，首先定义函数 readTxtFile(fn)，令其读取由 fn 指定文件名的文本文件，代码如下：

```
def readTxtFile(fn):                                    #读指定文件的内容
    fg = open(fn, 'r', encoding='gb18030')              #读中文文本
    text = list(fg)
    assert len(text)==1
    text = text[0]
    text = text.replace('\n','')
    return text
```

然后，定义函数 get_txt_img_lb(path,txtname)，其作用是读取文件 ID-label-train.txt 或文件 ID-label-test.txt 中的信息，该函数返回由文本、图像文件名和类别标记构成的数据集，其中 txtname 为 ID-label-train.txt 或 ID-label-test.txt。该函数代码如下：

```
def get_txt_img_lb(path,txtname):          #获取由"文本-图像路径-类别标记"构成的数据集
    fn = path+'\\'+txtname
fg = open(fn, encoding='utf-8')
    samples = []
    for line in fg:
        line = line.strip()
        if 'ID' in line:
            continue
        file_id, label = line.split(',')
        text_path = path + '\\data\\' + file_id + '.txt'
        img_path = path + '\\data\\' + file_id + '.jpg'
        text = readTxtFile(text_path)
        item = (text,img_path,label)
        samples.append(item)
    return samples
```

接着，定义数据集类 MyDataSet，在该类中，调用 AutoTokenizer()函数对文本进行索引编码和等长化，同时构造句子掩码矩阵和注意力掩码矩阵，此外还读取图像文件并调整图像的形状，转化为张量。相关代码如下：

```
tokenizer = AutoTokenizer.from_pretrained('albert-base-v2') #需要下载词表,可先保存
tsf = transforms.Compose([transforms.RandomResizedCrop(224),\
                          transforms.RandomHorizontalFlip(),\
                          transforms.ToTensor(),\
                          transforms.Normalize([0.485, 0.456, 0.406], \
                                               [0.229, 0.224, 0.225])])
class MyDataSet(Dataset):                                          #定义类 MyDataSet
    def __init__(self, samples):
        self.samples = samples
    def __len__(self):
        return len(self.samples)
    def __getitem__(self, idx):
        text, img_path, label = self.samples[idx]
        text_list = [text]
        #索引编码:
        txtdata = tokenizer.batch_encode_plus(batch_text_or_text_pairs=text_list,\
                                  truncation=True,\
```

```
                              padding='max_length',\
                              max_length=128, \ #固定长度为 128
                              return_tensors='pt',\
                              return_length=True)
        input_ids = txtdata['input_ids']
        token_type_ids = txtdata['token_type_ids']
        attention_mask = txtdata['attention_mask']
        img = Image.open(img_path)
        if img.mode != 'RGB':
            print('不是 RGB 图像!')
            exit(0)
        img = tsf(img)                              #改变形状为 torch.Size([3, 224, 224])
        label = int(label)
        return input_ids[0],token_type_ids[0],attention_mask[0], img, label
```

(2) 定义神经网络类 Multi_Model。该类利用预训练模型 AlbertModel，并基于文本的索引编码提取文本的特征；通过微调，利用 EfficientNet 提取图像的特征。然后采用拼接融合方法对文本和图像的特征进行融合，最后送入全连接网络进行分类。类 Multi_Model 的定义代码如下：

```
#加载预训练模型 Bert:
bert_model = AlbertModel.from_pretrained('albert-base-v2', \
        cache_dir="./AlBert_model").to(device)
#加载预训练模型 EfficientNet:
effi_model = EfficientNet.from_pretrained('efficientnet-b7').to(device)
for e in effi_model.parameters():
    e.requires_grad = False                    #冻结参数
effi_model._fc = nn.Linear(2560, 768)          #修改预训练模型的输出层
class Multi_Model(nn.Module):                  #定义深度神经网络模型类
    def __init__(self):
        super().__init__()
        self.bert_model = bert_model
        self.effi_model = effi_model
        self.fc = nn.Linear(768 + 768, 3)
    def forward(self,data):
        input_ids, token_type_ids, attention_mask, img, _ = data
        input_ids, token_type_ids, attention_mask, img = input_ids.to(device), \
          token_type_ids.to(device), attention_mask.to(device), img.to(device)
        outputs = self.bert_model(input_ids=input_ids, \       #输入文本的索引编码
                    attention_mask=attention_mask,\
                    token_type_ids=token_type_ids)
        text_feature = outputs[1]            #文本的特征,形状为 torch.Size([8, 768])
        effi_outputs = self.effi_model(img) #图像的特征,形状为 torch.Size([8, 768])
        #采用拼接融合方式,cat_feature 的形状为 torch.Size([8, 1536])
        cat_feature = torch.cat([text_feature, effi_outputs], -1)
        out = self.fc(cat_feature)           #torch.Size([16, 3])
        return out
```

(3) 定义函数 train()，用于对模型进行训练，代码如下：

```
def train(model:Multi_Model, data_loader):  #对模型进行训练
    optimizer = optim.Adam(model.parameters(), lr=1e-4, weight_decay=1e-6, \
                    amsgrad=False)
    scheduler = CosineAnnealingWarmRestarts(optimizer, T_0=10,\
                    T_mult=1, eta_min=1e-6, last_epoch=-1)
    criterion = nn.CrossEntropyLoss()
    lr = scheduler.get_last_lr()[0]
    print('epochs :0   lr:{}'.format(lr))
    print('训练中..........')
    epochs = 11
    for ep in range(epochs):
        for k,data in enumerate(data_loader):
            input_ids, token_type_ids, attention_mask, img, label = data
            label = label.to(device)
            pre_y = model(data)
            loss = criterion(pre_y, label)
            optimizer.zero_grad()
            loss.backward()
            optimizer.step()
        scheduler.step()
        lr = scheduler.get_last_lr()[0]
        if not ep + 1 == epochs:
            print('epochs :{}   lr:{:.6f}'.format(ep + 1, lr))
        if ep %5 == 0:                              #每 5 轮循环保存一次模型参数
            torch.save ({'model_state_dict': model.state_dict()}, \
                    f'multi_model_new.pt')
            check_point = torch.load(f'multi_model_new.pt')
            model.load_state_dict(check_point['model_state_dict'])
    torch.save({'model_state_dict': model.state_dict()}, f'multi_model_new.pt')
    print('训练完毕! ')
    return None
```

训练过程使用了学习率衰减技术，实际上是一种学习率的周期性循环衰减方法。其中，初始学习率设置为 1e-4，最小学习率为 1e-6，学习率逐轮减小，每 10 轮重新循环。此外，每循环 5 轮保存一次模型参数。与保存整个模型相比，仅保存模型参数的方式可以提高保存速度，加快训练过程。

另外，还编写测试模型准确率的函数，该函数与训练函数 train()的部分代码相似，其代码如下：

```
def getAccOnadataset(model:Multi_Model, data_loader):        #测试模型的准确率
    model.eval()
    correct = 0
    with torch.no_grad():
        for i, data in enumerate(data_loader):
            input_ids, token_type_ids, attention_mask, img, label = data
            label = label.to(device)
            pre_y = multi_model(data)
            pre_y = torch.argmax(pre_y, dim=1)
            t = (pre_y == label).long().sum()
```

```
            correct += t
        correct = 1. * correct / len(data_loader.dataset)
    model.train()
    return correct.item()
```

(4) 最后,编写主函数代码。通过调用上述函数,读取文本数据和图像数据,并进行张量化和打包,然后创建网络类实例,构建网络模型,并利用文本和图像张量对模型进行训练,最后测试模型的准确率。相关代码如下:

```
if __name__ == '__main__':
    batch_size = 8
    path = r'.\data\multimodal-cla'
    samples_train = get_txt_img_lb(path, 'ID-label-train.txt')     #读取训练集,3609
    samples_test = get_txt_img_lb(path, 'ID-label-test.txt')     #读取测试集,902
    #实例化训练集和测试集
    train_dataset = MyDataSet(samples_train)
    train_loader = DataLoader(train_dataset, batch_size=batch_size, shuffle=True)
    test_dataset = MyDataSet(samples_test)
    test_loader = DataLoader(test_dataset, batch_size=batch_size, shuffle=True)
    multi_model = Multi_Model().to(device)
    train(multi_model, train_loader)                      #对模型进行训练
    print('测试中..........')
    check_point = torch.load(f'multi_model_new.pt')      #加载已训练的模型参数
    multi_model.load_state_dict(check_point['model_state_dict'])
    acc_test = getAccOnadataset(multi_model, test_loader)
    print('在测试集上的准确率: {:.1f}%'.format(acc_test * 100))
```

此外,上述代码使用了如下的库、模块和设备:

```
import torch
from torch.utils.data import Dataset
import torch.nn as nn
from torch.utils.data import DataLoader
from PIL import Image
from torch.optim.lr_scheduler import CosineAnnealingWarmRestarts
from transformers import AutoTokenizer
import torch.optim as optim
from transformers import AlbertModel
from torchvision import transforms
from efficientnet_pytorch import EfficientNet
device = torch.device("cuda" if torch.cuda.is_available() else "cpu")
```

执行由上述代码构成的 Python 文件,输出结果如下:

```
训练中..........
训练完毕!
测试中..........
在测试集上的准确率: 63.2%
```

结果表示,该模型在测试集上的准确率为63.2%。显然,这个准确率并不高,还需要进

一步调试和优化。但是,该例子给我们展示了如何对多模态数据进行分类,由此不难总结处理多模态数据的一般过程和方法。

在训练过程中,我们还采用了学习率衰减技术,具体做法是:学习率从1e-4逐步衰减至1e-6,以10轮循环为一个周期,不断重复,以尽可能找到精准解。本例学习率的变化曲线如图10-5所示,该图非常清晰地展示了本例学习率的变化趋势。

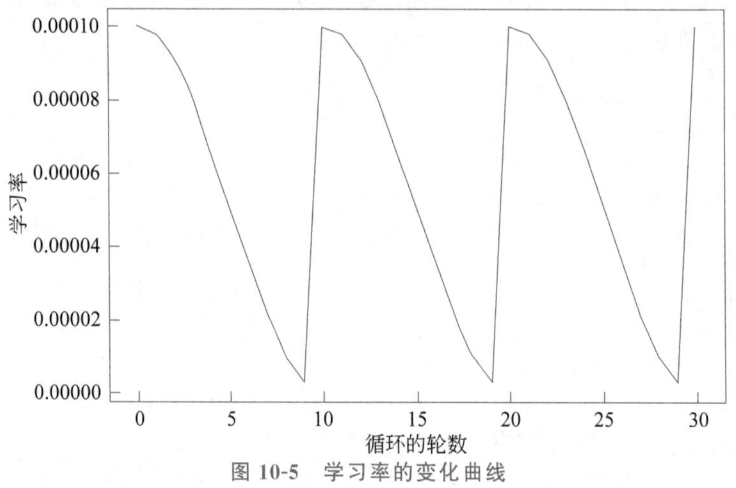

图 10-5 学习率的变化曲线

实际上,拼接融合和线性加权融合在复杂场景下显得有点"机械化",它无法体现不同模态特征之间的互补性和相关性。我们将特征融合方式改为由 Transformer 编码器来实现,并采用如图10-6所示的网络结构。结果发现,准确率可以提高到75%左右。读者可以按照该网络结构尝试用 Transformer 编码器来实现多模态特征的融合。

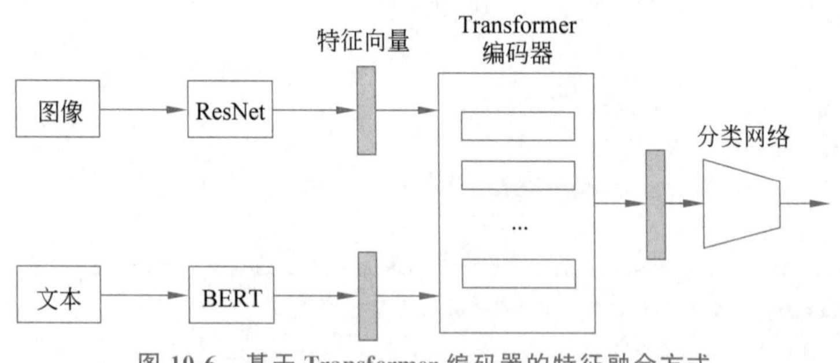

图 10-6 基于 Transformer 编码器的特征融合方式

10.4 本章小结

多模态学习是现今人工智能研究的前沿领域,也是一种重要的机器学习方法。本章主要介绍多模态学习的概念和发展过程,详细说明了多模态学习的几个主要任务,以让读者了解多模态学习研究的内容。然后着重介绍了作为多模态学习重要任务之一的多模态数据分类,涉及文本特征提取方法、图像特征提取方法以及多模态特征的融合方法等。最后,通过一个具体的案例,详细介绍了基于 PyTorch 框架的多模态数据分类的实现方法。

10.5　习　　题

1. 什么是多模态学习？它有怎样的发展过程？

2. 多模态学习有哪些主要任务？请简述之。

3. 请简述文本特征和图像特征提取的方法。

4. 多模态特征的融合方法有哪些？它们有何区别与联系？

5. 请从网站 https://mcrlab.net 下载有关的多模态数据集，然后自己着手搭建一个神经网络程序，实现对多模态数据的分类。

6. 请尝试按图 10-6 所示的网络结构，开发一个基于 Transformer 编码器的多模态数据分类程序。

参考文献

图 书 资 源 支 持

感谢您一直以来对清华版图书的支持和爱护。为了配合本书的使用，本书提供配套的资源，有需求的读者请扫描下方的“书圈”微信公众号二维码，在图书专区下载，也可以拨打电话或发送电子邮件咨询。

如果您在使用本书的过程中遇到了什么问题，或者有相关图书出版计划，也请您发邮件告诉我们，以便我们更好地为您服务。

我们的联系方式：

地　　址：北京市海淀区双清路学研大厦 A 座 714

邮　　编：100084

电　　话：010-83470236　010-83470237

客服邮箱：2301891038@qq.com

QQ：2301891038（请写明您的单位和姓名）

资源下载：关注公众号“书圈”下载配套资源。

资源下载、样书申请

书圈

图书案例

清华计算机学堂

观看课程直播